高等学校规划教材

工程流体力学（水力学）

（第二版）

伍悦滨　曹慧哲　主编

中国建筑工业出版社

图书在版编目（CIP）数据

工程流体力学（水力学）/伍悦滨，曹慧哲主编. —2
版. —北京：中国建筑工业出版社，2018.3
高等学校规划教材
ISBN 978-7-112-21772-4

Ⅰ.①工… Ⅱ.①伍…②曹… Ⅲ.①工程力
学-流体力学-高等学校-教材②水力学-高等学校-教材
Ⅳ.①TB126②TV13

中国版本图书馆CIP数据核字（2018）第009459号

本书涵盖了全国勘察设计注册公用设备工程师（给水排水）执业资格
考试基础考试大纲中对流体力学、水力学部分的全部内容。全书共13章：
绪论、流体静力学、流体运动学、流体动力学基础、量纲分析和相似原
理、流动阻力和能量损失、边界层和绕流运动、不可压缩流体的管道流
动、明渠恒定流、堰流、渗流、紊流射流和扩散基本理论、流动要素测
量。每章均有思考题和习题，附录有各章主要专业术语中英文对照以及习
题答案。

责任编辑：田启铭　张文胜
责任校对：李欣慰

高等学校规划教材
工程流体力学（水力学）（第二版）
伍悦滨　曹慧哲　主编
＊
中国建筑工业出版社出版、发行（北京海淀三里河路9号）
各地新华书店、建筑书店经销
霸州市顺浩图文科技发展有限公司制版
大厂回族自治县正兴印务有限公司印刷
＊
开本：787×1092毫米　1/16　印张：18½　字数：457千字
2018年6月第二版　2018年6月第七次印刷
定价：**39.00**元
ISBN 978-7-112-21772-4
（31609）

本书编委会

伍悦滨　曹慧哲　主编

伍悦滨　曹慧哲　王　芳　朱蒙生　参编

第二版前言

本书根据高等学校给排水科学与工程学科专业指导委员会编制的《高等学校给排水科学与工程本科指导性专业规范》编写，为中国建筑工业出版社出版的"高等学校规划教材"。

作为给排水科学与工程专业主干课程之一的教材，本书第一版自 2006 年出版以来，被许多高等院校师生和相关工程技术人员广泛应用，并提出了宝贵意见，在此基础上编者开始着手进行修订工作。本书仍维持第一版的结构体系和主要内容，全面更正了第一版存在的文字和公式疏漏，精简了部分课后习题，同时在书后增加了习题参考答案。

参加本书编写工作的有哈尔滨工业大学的伍悦滨、曹慧哲、王芳和朱蒙生四位老师，并由伍悦滨和曹慧哲任主编。伍悦滨编写第 1、9、10、11 章，曹慧哲编写第 3、4、6、8 章，王芳编写第 7、12、13 章，朱蒙生编写第 2、5 章。曹慧哲、王芳负责再版修订统稿及习题参考答案。

由于编者水平所限，书中难免有疏漏不妥之处，敬请读者予以批评指正。同时借此机会，向使用本教材的广大师生和工程技术人员致以由衷的感谢。

全体编者
2017 年 12 月

第一版前言

本书是为高等学校给水排水专业水力学课程编写的教材，也可作为工民建、道路桥梁与交通工程、建筑环境与设备工程、环境工程等专业的流体力学和水力学教学参考用书。同时，由于本书内容覆盖了全国注册公用设备工程师（给水排水）执业资格考试基础考试大纲中对流体力学、水力学部分的内容要求，本书还可作为注册公用设备工程师（给水排水）流体力学、水力学复习考试的首选参考书。

本书的编写广泛吸收了国内各类优秀流体力学和水力学教材的精华，并结合了编者多年教学实践，力求有所发展和提高。为适应给水排水专业发展和培养目标的需要，加强了必要的理论基础并做到与专业密切结合；根据注册公用设备工程师（给水排水）执业资格基础考试大纲的要求，精心设计了全书的知识体系和内容；为培养学生科学思维、提高分析和解决工程问题的能力，各章均精心选编并设计了思考题和习题。

本书共 13 章，主编伍悦滨，副主编王芳。具体编写分工如下：第 1、9、10、11 章由伍悦滨编写，第 3、7、12、13 章由王芳编写，第 4、6、8 章由曹慧哲编写，第 2、5 章由朱蒙生编写。

鉴于编者水平有限，书中疏漏和不妥之处恳请各位读者、专家批评指正。

编 者

2005 年 8 月

目　录

第1章 绪 论

1.1 流体力学及其发展史

1.1.1 流体力学的研究对象

液体与气体统称为流体。

流体力学是研究流体机械运动规律及其应用的科学。

工程流体力学则主要研究流体力学的基本原理及其在工程中的应用。

流体区别于固体的最基本力学特征就是具有流动性。观察流动现象,诸如微风吹过平静的水面,水面因受气流的摩擦力(沿水面作用的切力)而流动;斜坡上的水因受重力沿坡面方向的切向分力而流动。这些现象表明,流体静止时不能承受切力,或者说任何微小切力的作用,都会使流体流动,直到切力消失,流动才会停止,这就是流动性的力学解释。此外,流体无论静止或运动都几乎不能承受拉力。

流体力学研究的内容是机械运动规律。流体运动遵循机械运动的普遍规律,如质量守恒定律、牛顿运动定律、能量转化和守恒定律等,并以这些普遍规律,作为建立流体力学理论的基础。

1.1.2 连续介质模型

流体力学研究的对象是流体,从微观角度来看,流体是由大量的分子构成的,这些分子都在作无规则的热运动。由于分子之间存在空隙,描述流体的诸物理量(如密度、压强和流速等)在空间的分布是不连续的。同时,由于分子的随机运动,导致空间任一点上流体物理量在时间上的变化也是不连续的。显然,以分子为对象来研究流体的运动,将极为困难。现代物理研究表明,在标准状况下,$1cm^3$ 的水中约有 3.3×10^{22} 个水分子,分子间的距离约为 $3\times10^{-8}cm$;$1cm^3$ 气体约有 2.7×10^{19} 个分子,分子间的距离约为 $3\times10^{-7}cm$。可见分子间距离之微小,即使在很小的体积中也含有大量的分子,足以得到与分子数目无关的各项统计平均特性。

流体力学的研究目的是流体的宏观机械运动规律,而这一规律恰恰是研究对象中所有分子微观运动的宏观表现。1755 年瑞士数学家和力学家欧拉(L. Euler 1707—1783),首先提出把流体当做是由密集质点构成的、内部无空隙的连续体来研究,这就是连续介质模型。所谓质点,是指含有大量分子的,与一切流动空间相比体积可忽略不计的,又具有一定质量的流体微团。建立连续介质模型,是为避开分子运动的复杂性,对流体物质结构的简化。建立连续介质模型后,流体运动中的物理量都可视为空间坐标和时间变量的连续函数,这样就可用数学分析方法来研究流体运动。

连续介质模型对于学过固体力学的读者并不陌生。在材料力学和弹塑性力学中,都是把受力构件当做连续介质,来研究应力和变形的规律。可以说连续介质模型是固体力学和流体力学等许多分支学科共同的理论基础。

1.1.3　流体力学的研究方法

流体力学的研究方法主要为理论分析、数值计算和实验研究三种。

理论分析是通过对流体性质及流动特性的科学抽象,提出合理的理论模型,应用已有的普遍规律,建立控制流体运动的闭合方程组,将实际的流动问题转化为数学问题,在相应的边界条件和初始条件下求解。理论分析的研究方法由欧拉首先创立,并逐步完善,迄今已发展成流体力学的一个分支——理论流体力学,成为流体力学的主要组成部分。但由于数学上的困难,许多实际流动问题还难以精确求解。

数值计算是在应用计算机的基础上,采用各种离散化方法(有限差分法、有限元法等),建立各种数值模型,通过计算机进行大规模数值计算和数值实验,得到在时间和空间上许多数字组成的集合体,最终获得定量描述流场的数值解。近年来,这一方法得到很大发展,也已形成流体力学的一个分支——计算流体力学。

实验研究则是通过对具体流动的观察与测量来认识流动的规律。理论上的分析结果需要经过实验验证,实验又需要理论来指导。流体力学的实验研究包括原型观测和模型试验,通常以模型试验为主。

上述三种方法互相结合,为发展流体力学理论,解决复杂的工程技术问题奠定了基础。

1.1.4　流体力学的发展史

流体力学形成和发展的历史可分为四个阶段。

第一阶段　流体力学形成的萌芽阶段(16 世纪以前的时期)。

最早的流体力学理论是公元前 250 年左右由希腊哲学家阿基米德(Archimedes B. C. 287－B. C. 212)提出的《论浮体》,它至今仍是流体静力学的一个重要的组成部分。但此后长达 1700 多年,流体力学未见有重大的进展。直到 15 世纪后期,在由意大利开始的文艺复兴时期,流体力学发展的停滞局面才被打破。公元 1500 年意大利物理学家和艺术家达·芬奇(Da Vinci 1452—1519)提出了《论水的运动和水的测量》一文,并导出了不可压缩流体的质量守恒方程。但他的著作直到 19 世纪末 20 世纪初才被发现。

总的看来,在 16 世纪以前,近代的自然科学还未形成。人类对自然界的认识,还只是一些直观的轮廓,以及和哲学混在一起的观念。流体力学还没有具备发展成一门独立科学的条件。但是人类在长期生产实践中积累的丰富经验,为流体力学的发展打下了感性认识的基础。

第二阶段　流体力学奠定了作为一门独立科学的基础阶段(16 世纪中叶～18 世纪中叶)。

16 世纪中叶～17 世纪中叶是这一阶段的前期。此时由于人们还未找到力和运动之间的普遍联系,尚未发现数学分析的方法,所以当时的一些成就都偏重于流体静力学方面。

17 世纪中叶～18 世纪中叶是这一阶段的后期。1687 年牛顿(I. Newton 1642—1727)提出了著名的力学定律,奠定了物质机械运动的理论基础。大致同时创立的微积分原理,也为流体力学的发展提供了必要的条件。1738 年瑞士物理学家伯努利(D. Bernoulli 1700—1782)在他写的《水动力学》一书中首次系统地阐明了水动力学的一些基本概念,并用能量守恒原理解决了一些流动问题。1755 年瑞士数学家欧拉在他的著作《流体运动的一般原理》中建立了理想流体运动微分方程式。他首先应用数学分析方法研究流体力学问题,为理论流体力学的发展开辟了新的道路。这些成就为流体动力学奠定了基础。

第三阶段 流体力学沿着古典流体力学和水力学两条道路发展的阶段(18世纪中叶～19世纪末)。

欧拉提出的不考虑流体内部摩擦阻力的理想流体,是一种经过简化的抽象的流体。只有在摩擦阻力很小的流动中,由这个方程得到的解答才能较好地符合实际。否则,理论得到的结果甚至可能是荒谬的。到19世纪,急剧发展的工程技术又向流体力学提出了许多用理想流体无法解决的问题。在这种情况下,1826年法国工程师纳维(L. M. H. Navier 1785—1836)首先提出了考虑流体内部摩擦阻力的黏性流体运动微分方程。此后,很多人致力于研究该微分方程的数学解答。这些研究大大丰富了流体力学的内容,逐渐形成了现在的所谓古典流体力学。

黏性流体运动微分方程虽然考虑了摩擦阻力,但它的形式比较复杂,只有在极简单的情况下才能推导出解析解。但是,当时迅速发展的生产又向流体力学提出了一系列实际问题,要求解决。于是人们不得不求助于实验,以便根据工程总结与模型试验来解决工程技术问题。水力学就是这样逐渐形成的。水力学是在伯努利方程的基础上,利用大量的实验资料,来解决那些在古典流体力学中无法解决的问题。

第四阶段 发展成为近代流体力学的阶段(由19世纪末至今)。

从19世纪后期开始,流体力学以空前的速度蓬勃地发展起来。流体力学在这一阶段的发展有以下两个特点。

(1)理论与实验密切结合,大大促进了流体力学的发展速度。英国人雷诺(O. Reynolds 1842—1912)于1882年首先阐明的相似原理大大提高了对实测资料进行理论概括的能力,从而加速了理论与实验的结合。雷诺以后,实验技术有了很大提高,实验作用也有所扩大。研究流体运动的实验室(水力学实验室和空气动力学实验室)陆续建立。水力学实验由以现场进行的实物观测为主,逐渐发展为实物观测与模型试验并重。试验的目的也不像先前那样局限于解决具体工程问题,同时还加强了对基本理论的验证和基本规律的寻求。理论与实验的密切结合,是近代流体力学迅速发展的重要因素。

(2)理论与生产实践的密切联系,使流体力学的研究领域不断扩大,出现了很多新的分支。这一阶段的最重要特点还在于理论与生产实践的紧密联系。流体力学逐渐广泛地应用于生产实践。在生产实践的推动下,大大丰富了流体力学的内容。流体力学的研究领域不断扩大,出现了许多新的分支。

近代流体力学的发展,首先是和20世纪航空事业的蓬勃兴起分不开的。例如平面势流理论、机翼理论、螺旋桨理论和边界层理论等,都是在航空事业的推动下发展起来的。其中德国人普朗特(L. Prandtl 1875—1953)于1904年首先提出的边界层理论,对进一步推动流体力学与生产实践的联系起了重大作用。其他如与多方面问题有关的紊流理论,与高速飞行和涡轮机制造有关的气体动力学理论等都取得了巨大的成就。20世纪40年代以来,由于超高速飞行、火箭技术、原子能利用、电子计算机等尖端技术以及其他新兴工业的发展,给流体力学提供了许多新的课题,大大开拓了流体力学的研究领域,促使一些流体力学新分支的诞生,如电磁流体力学、物理化学流体力学、计算流体力学、非牛顿流体力学、多相流体力学等等,这些新分支一般都具有边缘科学的性质。流体力学正越来越多地和其他有关的学科交叉并结合,这正是人们的认识由简单到复杂,逐渐了解物质的不同运动形式之间的相互联系和转化关系的结果。

我国在防治水害和运用水利方面有着悠久的历史。在中国古代的典籍中,就有相传4000多年前大禹治水"疏壅导滞",使滔滔洪水各归于河的记载。先秦时期(B. C. 256—B. C. 251)在岷江中游建都江堰,从此成都平原"水旱从人,食无饥馑,无凶年"。东汉初杜诗制造了水排,就是利用山溪水流驱动鼓风机用于炼铁,这可以说是近代水力机械的先驱。古时计时工具——铜壶滴漏的出现,说明当时对孔口出流的规律已有了定量的认识。只是近代中国长期处在封建统治之下,科学技术严重滞后,致使我国在流体力学发展成为一门严密学科的关键时期,未能作出应有的贡献。

中华人民共和国成立以来,随着工农业发展的需要,人们对流体力学进行了大量的理论和实验研究,获得了很多重要的成果。我国著名科学家钱学森、周培源、郭永怀等在流体力学方面都有卓越的成就和巨大的贡献。特别是改革开放以来,我国在与流体力学有关的工农业生产、工程以及国防建设工程等方面都取得很大的进展和成就。1992年开始兴建的长江三峡工程已经如期实现水库初期蓄水、永久船闸通航和首批机组并网发电三大目标。南水北调工程分西、东、中三条调水方案,其中东线和中线工程已顺利通水。同时我国在防治水污染、保护和合理利用水资源、保护和改善大气环境质量、市政建设、给水排水工程等方面也都取得了可喜成绩。

1.1.5 工程流体力学(水力学)的研究对象和任务

水力学是研究液体平衡和机械运动规律及其在生产实践中应用的一门科学。水力学研究的主要对象是以水为代表的液体,并因此得名。传统水力学由水静力学和水动力学两大部分组成,其理论基础和流体力学是相同的,但以一维总流的分析方法为主。近二三十年来,现代生产建设的迅速发展,如高坝和巨型电站的建设、海洋开发和环境污染的防治等,对水力学提出了更多问题;同时科学技术的进步又为水力学的研究提供了更多更好的方法,这样水力学的研究就从以一维流动为主,扩展到二维、三维流动;从单相扩展到多相流动;从水量计算扩展到水质分析等等。水力学的分支也由传统的管道水力学、河流水力学、地下水力学等,扩展增加了电站水力学、计算水力学、环境水力学等新的分支。总之,随着社会的发展和科学技术的进步,水力学学科的研究内容正在不断变化、发展和深入。

水力学是许多工程实践的基础。工农业生产的许多部门,例如给水排水、水利工程、道路桥梁、石油开采和机械制造等方面,都能碰到大量与液体运动规律有关的生产技术问题。例如,在建筑工程和交通土建工程中,基坑排水、围堰修建、桥渡设计等都要用到水力学知识;在给水排水工程中,无论是地表取水、水厂的水处理和输配水管路设计都离不开水力学基本理论。因此水力学是很多工科专业非常重要的一门专业基础课。

1.2 作用在流体上的力

力是造成机械运动的原因,因此研究流体机械运动的规律,就要从分析作用于流体上的力入手。作用在流体上的力,按作用方式可分为两类。

1.2.1 表面力

表面力是通过直接接触,施加在接触表面上的力。

在流体中取隔离体为研究对象,如图1.1所示,周围流体对隔离体的作用以分布的表面力代替。表面力的大小用应力来表示。设 A 为隔离体表面上的一点,包含 A 点取微小面积

ΔA,若作用在 ΔA 上的总表面力为 $\Delta \boldsymbol{F}_s$,将其分解为法向分力(压力)ΔP 和切向分力 ΔT,则 $\overline{p} = \dfrac{\Delta P}{\Delta A}$ 为 ΔA 上的平均压应力,取极限

$p_A = \lim\limits_{\Delta A \to 0} \dfrac{\Delta P}{\Delta A} = \dfrac{\mathrm{d}P}{\mathrm{d}A}$ 为 A 点的压应力,又称为 A 点的压强;$\tau_A =$

$\lim\limits_{\Delta A \to 0} \dfrac{\Delta T}{\Delta A} = \dfrac{\mathrm{d}T}{\mathrm{d}A}$ 为 A 点的切应力。

图 1.1 表面力

应力的单位是帕斯卡(Pascal),简称帕,以符号 Pa 表示,$1\mathrm{Pa} = 1\mathrm{N/m^2}$。

1.2.2 质量力

质量力是指施加在隔离体每个质点上的力,重力是最常见的质量力。此外,若所取坐标系为非惯性系,建立力的平衡方程时,其中的惯性力如离心力、科里奥利(Coriolis)力也归为质量力。

质量力大小用单位质量力表示。设均质流体的质量为 m,所受质量力为 $\boldsymbol{F}_B$,则单位质量力为

$$f_B = \frac{\boldsymbol{F}_B}{m}$$

单位质量力在各坐标轴上的分量为

$$X = \frac{F_{Bx}}{m}, \quad Y = \frac{F_{By}}{m}, \quad Z = \frac{F_{Bz}}{m}$$

$$\boldsymbol{f}_B = X\boldsymbol{i} + Y\boldsymbol{j} + Z\boldsymbol{k}$$

图 1.2 重力

若作用在流体上的质量力只有重力,如图 1.2 所示,则

$$F_{Bx} = 0, \quad F_{By} = 0, \quad F_{Bz} = -mg$$

单位质量力则分别为 $X = 0, Y = 0, Z = \dfrac{-mg}{m} = -g$。单位质量力的单位为 $\mathrm{m/s^2}$,与加速度单位相同。

1.3 流体的主要物理性质

流体的物理性质是决定流动状态的内在因素,同流体运动有关的主要物理性质有惯性、黏滞性和压缩性。

1.3.1 惯性

惯性是物体保持原有运动状态的性质,要改变物体的运动状态,就必须克服惯性的作用。

质量是惯性大小的度量,单位体积的质量称为密度,以符号 ρ 表示。若均质流体的体积为 V,质量为 m,其密度为

$$\rho = \frac{m}{V} \tag{1.1}$$

密度的单位是 $\mathrm{kg/m^3}$。

液体的密度随压强和温度的变化量很小,一般可视为常数。通常情况下,水的密度为 $1000\mathrm{kg/m^3}$,水银的密度为 $13600\mathrm{kg/m^3}$。气体的密度随压强和温度变化,一个标准大气压下,0℃空气的密度为 $1.29\mathrm{kg/m^3}$。在一个标准大气压条件下,水的密度见表 1.1,其他几种常见流体的密度见表 1.2。

温度(℃)	0	4	10	20	30	40	60	100
密度(kg/m³)	999.87	1000.0	999.73	998.23	995.67	992.24	983.24	958.38

水　的　密　度　　表 1.1

流体名称	空气	酒精	四氯化碳	水银	汽油	海水
温度(℃)	20	20	20	20	15	15
密度(kg/m³)	1.20	799	1590	13550	700～750	1020～1030

几种常见流体的密度　　表 1.2

1.3.2　黏滞性

黏滞性是流体固有的物理性质。

(1)黏滞性　图 1.3 所示的两个平行平板间充满静止流体,两平板间距离为 h,以 y 方向为法线方向。保持下平板固定不动,使上平板沿所在平面以速度 U 运动。与上平板表面相邻的一层流体,随平板以速度 U 运动,并逐层向内影响,各层相继流动,直至与下平面相邻的速度为零的流层。在 U 和 h 都较小的情况下,各流层的速度沿法线方向呈直线分布。

上平板带动与其相邻的流层运动,而能影响到内部各流层运动,说明内部各流层间存在着切向力,即内摩擦力,这就是黏滞性的宏观表象。也就是说,黏滞性就是流体的内摩擦特性。

图 1.3　黏滞性实验

(2)牛顿内摩擦定律　通过大量的实验,牛顿(Newton)在 1687 年提出:流体的内摩擦力(切力)T 与流速梯度 $\dfrac{\mathrm{d}u}{\mathrm{d}y}$ 成比例;与流层的接触面积 A 成比例;与流体的性质有关;与接触面上的压力无关。即

$$T=\mu A\frac{\mathrm{d}u}{\mathrm{d}y} \tag{1.2}$$

以应力表示

$$\tau=\mu\frac{\mathrm{d}u}{\mathrm{d}y} \tag{1.3}$$

式(1.3)称为牛顿内摩擦定律,式中 $\dfrac{\mathrm{d}u}{\mathrm{d}y}$ 为流速在法线方向的变化率,称为速度梯度。为进一步说明该项的物理意义,在厚度为 $\mathrm{d}y$ 的上、下两流层间取矩形流体微团,如图 1.3 所示。因上、下层的流速相差 $\mathrm{d}u$,经 $\mathrm{d}t$ 时间,微团除位移外,还发生剪切变形 $\mathrm{d}\gamma$,即

$$\mathrm{d}\gamma\approx\tan(\mathrm{d}\gamma)=\frac{\mathrm{d}u\mathrm{d}t}{\mathrm{d}y}$$

$$\frac{\mathrm{d}u}{\mathrm{d}y}=\frac{\mathrm{d}\gamma}{\mathrm{d}t}$$

可知速度梯度$\frac{\mathrm{d}u}{\mathrm{d}y}$实为流体微团的剪切变形速率$\frac{\mathrm{d}\gamma}{\mathrm{d}t}$,故牛顿内摩擦定律又可表示为

$$\tau=\mu\frac{\mathrm{d}\gamma}{\mathrm{d}t} \tag{1.4}$$

上式表明流体因黏滞性产生的内摩擦力与微团的剪切变形速率成正比,所以黏滞性的定义又可表示为流体抵抗剪切变形的特性。

凡符合牛顿内摩擦定律的流体,称为牛顿流体,如水、空气、汽油、煤油、乙醇等;凡不符合的流体,称非牛顿流体,如聚合物液体、泥浆、血浆等。牛顿流体和非牛顿流体的区别,可用图 1.4 表示,τ_0 为初始(屈服)切应力。本书只讨论牛顿流体。

μ 是比例系数,称为动力黏滞系数,单位是 Pa·s。动力黏滞系数是流体黏滞性大小的度量,μ 值越大,流体越黏,流动性越差。

在分析黏性流体运动规律时,动力黏滞系数 μ 和密度 ρ 经常以比的形式出现,将其定义为流体的运动黏滞系数

图 1.4 非牛顿流体的流动曲线

$$\nu=\frac{\mu}{\rho} \tag{1.5}$$

单位为 m^2/s。

气体的黏滞性不受压强影响,液体的黏滞性受压强影响也很小。黏滞性随温度而变化,不同温度下水和空气的动力黏滞系数分别见表 1.3 和表 1.4。

不同温度下水的黏滞系数　　　　　　　　　　　　　表 1.3

$t(℃)$	$\mu(10^{-3}\mathrm{Pa \cdot s})$	$\nu(10^{-6}\mathrm{m}^2/\mathrm{s})$	$t(℃)$	$\mu(10^{-3}\mathrm{Pa \cdot s})$	$\nu(10^{-6}\mathrm{m}^2/\mathrm{s})$
0	1.792	1.792	40	0.654	0.659
5	1.519	1.519	45	0.597	0.603
10	1.310	1.310	50	0.549	0.556
15	1.145	1.146	60	0.469	0.478
20	1.009	1.011	70	0.406	0.415
25	0.895	0.897	80	0.357	0.367
30	0.800	0.803	90	0.317	0.328
35	0.721	0.725	100	0.284	0.296

不同温度下空气的黏滞系数　　　　　　　　　　　　表 1.4

$t(℃)$	$\mu(10^{-5}\mathrm{Pa \cdot s})$	$\nu(10^{-6}\mathrm{m}^2/\mathrm{s})$	$t(℃)$	$\mu(10^{-5}\mathrm{Pa \cdot s})$	$\nu(10^{-6}\mathrm{m}^2/\mathrm{s})$
0	1.72	13.7	50	1.96	18.6
10	1.78	14.7	60	2.01	19.6
20	1.83	15.7	70	2.04	20.5
30	1.87	16.6	80	2.10	21.7
40	1.92	17.6	90	2.16	22.9

续表

$t(℃)$	$\mu(10^{-5}\text{Pa}\cdot\text{s})$	$\nu(10^{-6}\text{m}^2/\text{s})$	$t(℃)$	$\mu(10^{-5}\text{Pa}\cdot\text{s})$	$\nu(10^{-6}\text{m}^2/\text{s})$
100	2.18	23.6	180	2.51	33.2
120	2.28	26.2	200	2.59	35.8
140	2.36	28.5	250	2.80	42.8
160	2.42	30.6	300	2.98	49.9

由表1.3和表1.4可见,水的动力黏滞系数随温度升高而减小,空气的动力黏滞系数则随温度升高而增大。原因是液体分子间的距离小,分子间的引力即内聚力是构成黏滞性的主要因素,温度升高,分子动能增大,间距增大,内聚力减小,动力黏滞系数随之减小;气体分子间的距离远大于液体,分子热运动引起的动量交换是形成黏滞性的主要因素,温度升高,分子热运动加剧,动量交换加大,动力黏滞系数随之增大。

(3)理想流体　流体黏滞性的存在,往往给流体运动规律的研究带来极大困难。为了简化理论分析,特引入理想流体概念,即所谓无黏性的流体($\mu=0$)。理想流体实际上是不存在的,它只是一种对物性简化的力学模型。

由于理想流体不考虑黏滞性,使得对流动的分析大为简化,从而容易得出理论分析的结果,该结果对某些黏滞性影响很小的流动,能够较好地符合实际;对黏滞性影响不能忽略的流动,则可通过实验加以修正,从而能比较容易地解决许多实际流动问题。这是处理黏性流体运动问题的一种有效方法。

【例1.1】　旋转圆筒黏度计,外筒固定,内筒由同步电机带动旋转。内外筒间充入实验液体,如图1.5所示。已知内筒半径 $r_1=1.93\text{cm}$,外筒半径 $r_2=2\text{cm}$,内筒高 $h=7\text{cm}$。实验测得内筒转速 $n=10\text{r/min}$,转轴上扭矩 $M=0.0045\text{N}\cdot\text{m}$。试求该实验液体的黏度。

【解】　充入内外筒间隙的实验液体,在内筒带动下作圆周运动。因间隙很小,速度近似直线分布,不计内筒端面的影响,内筒壁的切应力为

$$\tau=\mu\frac{\mathrm{d}u}{\mathrm{d}y}=\mu\frac{\omega r_1}{\delta}$$

式中　　　　　　$\omega=\dfrac{2\pi n}{60},\delta=r_2-r_1$

扭矩　　　　　　$M=\tau A r_1=\tau\times2\pi r_1 h\times r_1$

解得　　　　　　$\mu=\dfrac{15M\delta}{\pi^2 r_1^3 hn}=0.952\text{Pa}\cdot\text{s}$

图1.5　旋转黏度计

1.3.3　压缩性和热胀性

压缩性是流体因压强增大,分子间距离减小,体积缩小,密度增大的性质。热胀性是温度升高,分子间距离增大,体积膨胀,密度减小的性质。

(1)液体的压缩性和热胀性　液体的压缩性用压缩系数 κ 表示。若在一定温度下,液体的体积为 V,压强增加 $\mathrm{d}p$ 后,体积减小 $\mathrm{d}V$,则压缩系数为

$$\kappa=-\frac{\mathrm{d}V/V}{\mathrm{d}p} \tag{1.6}$$

单位为 m^2/N。根据液体压缩前后质量不变

$$dm=d(\rho V)=\rho dV+V d\rho=0$$

$$-\frac{dV}{V}=\frac{d\rho}{\rho}$$

则

$$\kappa=\frac{d\rho/\rho}{dp} \tag{1.7}$$

液体的压缩系数随温度和压强变化,水在 0℃,不同压强下的压缩系数见表 1.5。表中符号 at 表示工程大气压,1at＝98000Pa。

水的压缩系数   表 1.5

压强(at)	5	10	20	40	80
压缩系数(m^2/N)	0.538×10^{-9}	0.536×10^{-9}	0.531×10^{-9}	0.528×10^{-9}	0.515×10^{-9}

压缩系数的倒数是体积模量,即

$$K=\frac{1}{\kappa}=-V\frac{dp}{dV}=\rho\frac{dp}{d\rho} \tag{1.8}$$

K 的单位是 N/m^2。进行水击计算时,水的体积模量可取 $K=2.1\times10^9 N/m^2$。

液体的热胀性用热胀系数 α_V 表示,若在一定压强下,液体的体积为 V,温度升高 dT 后,体积增加 dV,则

$$\alpha_V=\frac{dV/V}{dT}=-\frac{d\rho/\rho}{dT} \tag{1.9}$$

α_V 的单位是温度的倒数,为 $℃^{-1}$ 或 K^{-1}。液体的热胀系数随压强和温度而变化,水在 1 标准大气压(atm)下,不同温度时的热胀系数见表 1.6。

水的热胀系数   表 1.6

温度(℃)	10~20	40~50	60~70	90~100
热胀系数($℃^{-1}$)	1.5×10^{-4}	4.2×10^{-4}	5.5×10^{-4}	7.2×10^{-4}

由表 1.5 和表 1.6 可见,水的压缩性和热胀性都很小,一般均可忽略不计。但在特殊情况下,如有压管道中的水击,水中爆炸波的传播等,就必须考虑水的压缩性;在液压封闭系统或热水采暖系统中,要考虑当工作温度变化较大时体积膨胀对系统造成的影响。

(2)气体的压缩性和热胀性　气体具有显著的压缩性和热胀性。压强与温度的变化对气体密度的影响很大。通常情况下,气体密度、压强与温度之间的关系满足理想气体状态方程式

$$\frac{p}{\rho}=RT \tag{1.10}$$

式中　　p——气体的绝对压强,Pa;

T——气体的热力学温度,K;

ρ——气体的密度,kg/m^3;

R——气体常数,$J/(kg\cdot K)$。对于空气,$R=287J/(kg\cdot K)$;对于其他气体,在标准状况下,$R=\frac{8314}{n}$,n 为气体的分子量。

(3)不可压缩流体　实际流体都是可压缩的,然而有些流体在流动过程中,密度变化很

9

小,可以忽略,由此引出不可压缩流体的概念。所谓不可压缩流体,是指每个质点在运动全过程中,密度不变的流体。对于均质的不可压缩流体,密度时时处处都不变化,即 $\rho=$ 常数。不可压缩流体是又一理想化的力学模型。

液体的压缩系数很小(体积模量很大),在一定的压强变化范围内,密度几乎不变。一般的液体平衡和运动问题,都可按不可压缩流体进行理论分析。

气体的压缩性远大于液体,是可压缩流体。但在气流的速度不大,远小于音速(约340m/s),管道也不很长的气体流动过程中,诸如建筑工程中的通风管道、低温烟道等,密度没有明显变化,也可作为不可压缩流体处理。

1.3.4 表面张力特性

在液体自由表面的分子作用半径范围内,由于分子引力大于斥力,在表层沿表面方向会产生张力,这种张力称表面张力。它不仅在液体与气体接触的周界面上发生,而且还会在液面与固体或一种液体与另一种液体相接触的周界面上发生。表面张力的大小可用表面张力系数 σ 来度量。σ 是自由表面上单位长度所受的张力,单位为 N/m。σ 值随液体的种类和温度而变化。水的 σ 值列于表1.7。

水的表面张力系数　　　　　　　　　　表1.7

温度 T (℃)	0	5	10	15	20	25	30	40	50	60	70	80	90	100
表面张力系数 σ (N/m)	0.0756	0.0749	0.0742	0.0735	0.0728	0.0720	0.0712	0.0696	0.0679	0.0662	0.0644	0.0626	0.0608	0.0589

由于表面张力的作用,如果把细管竖立在液体中,液体就会在细管中上升(如水)或下降(如水银),分别如图1.6(a)、(b)所示,这种现象称毛细现象。因为表面张力很小,一般流动过程分析不考虑它的影响。在某些情况,如用细管做测压管或液体在土壤颗粒中流动等情况下,需考虑毛细现象。

图1.6　毛细现象

1.3.5 汽化压强

液体分子逸出液面向空间扩散的过程称为汽化,液体汽化为蒸汽。汽化的逆过程称为凝结,蒸汽凝结为液体。在液体中,汽化与凝结同时存在,当这两个过程达到动态平衡时,宏观的汽化现象停止。此时该液体的蒸汽称为饱和蒸汽,饱和蒸汽所产生的压强称为饱和蒸汽压,或汽化压强。液体的汽化压强与温度有关,水的汽化压强见表1.8。

水的汽化压强　　　　　　　　　　表1.8

水温 (℃)	0	5	10	15	20	40	50	60	70	90	100
汽化压强 (kPa)	0.61	0.87	1.23	1.70	2.34	7.38	12.3	19.9	31.2	70.1	101.33

当水流某处的压强低于其汽化压强时,该处会汽化,形成空化现象,对水流和相邻的固体壁面将产生不良影响,出现汽蚀。

思考题

1-1　试从力学分析的角度,比较流体与固体对外力抵抗能力的差别。

1-2　何谓连续介质模型?为了研究流体机械运动的规律,说明引用连续介质模型的必要性和可能性。

1-3　按作用方式的不同,以下作用力:压力、重力、引力、摩擦力、惯性力,哪些是表面力?哪些是质量力?

1-4　为什么说流体运动的摩擦阻力是内摩擦阻力?它与固体运动的摩擦力有何不同?

1-5　什么是流体的黏滞性?它对流体流动有什么作用?动力黏滞系数 μ 和运动黏滞系数 ν 有何区别及联系?

1-6　液体和气体的黏度随着温度变化的趋向是否相同?为什么?

1-7　液体和气体在压缩性和热胀性方面有何不同?他们对密度有何影响?

1-8　理想流体和不可压缩流体这两种力学模型各自的特点是什么?

1-9　举例说明非牛顿流体有哪些类型?它们与牛顿流体的区别是什么?

习　题

1-1　水的密度为 $1000kg/m^3$,2 升水的质量和重量是多少?

1-2　体积为 $0.5m^3$ 的油料,重量为 4410N,试求该油料的密度是多少?

1-3　当空气的温度从 0℃增加到 20℃时,运动黏滞系数 ν 值增加 15%,密度减少 10%,问此时动力黏滞系数 μ 值增加多少?

1-4　为了进行绝缘处理,将导线从充满绝缘涂料的模具中间拉过。已知导线直径为 0.8mm,涂料的动力黏滞系数 $\mu=0.02Pa \cdot s$,模具的直径为 0.9mm,长度为 20mm,导线的牵拉速度为 50m/s(题 1-4 图)。试求所需牵拉力?

1-5　某底面积为 60cm×40cm 的木块(题 1-5 图),质量 5kg,沿着一与水平面成 20°的涂有润滑油的斜面下滑。油层厚度为 0.6mm,如以等速度 $U=0.84m/s$ 下滑时,求油的动力黏滞系数 μ。

题 1-4 图　　　　　　　　　　　　题 1-5 图

1-6　温度为 20℃的空气,在直径为 2.5cm 的管中流动,距管壁上 1mm 处的空气速度为 3cm/s。求作用于单位长度管壁上的黏滞切力为多少?

1-7　一圆锥体绕其铅直中心轴等速旋转(题 1-7 图),锥体与固定壁面间的距离 $\delta=1mm$,用 $\mu=0.1Pa \cdot s$ 的润滑油充满间隙。当旋转角速度 $\omega=16s^{-1}$,锥体底部半径 $R=0.3m$,高 $H=0.5m$ 时,求作用于圆锥的阻力矩。

1-8　水在常温下,压强由 5at 增加到 10at 时,密度改变多少?

1-9　体积为 $5m^3$ 的水,在温度不变的情况下,当压强从 1at 增加到 5at 时,体积减少 1 升,求水的压缩系数和体积模量。

题 1-7 图　　　　　　　　　　　　　题 1-10 图

1-10　题 1-10 图所示的采暖系统,由于水温升高会引起水的体积膨胀,为了防止管道及暖气片胀裂,特在系统顶部设置一膨胀水箱,使水的体积有自由膨胀的余地。若系统内水的总体积 $V=8m^3$,加热后温差 50℃,水的热胀系数为 0.0005℃$^{-1}$,求膨胀水箱的最小容积。

1-11　钢贮罐内装满 10℃ 的水,密封加热到 75℃,在加热增压的温度和压强范围内,水的热胀系数为 4.1×10^{-4}℃$^{-1}$,体积模量为 2×10^9Pa,罐体坚固,假设容积不变,试估算加热后管壁所承受的压强的增加值。

1-12　汽车上路时,轮胎内空气的温度为 20℃,绝对压强为 395kPa,行驶后轮胎内空气的温度上升到 50℃,试求此时的压强。

第 2 章 流体静力学

流体静力学研究流体在静止或相对静止状态下的力学规律及其在工程技术中的应用，例如计算压力容器所受静水总压力、浸没于静止流体中的物体所受的浮力，以及静止大气中不同高度的压强分布等，都需要流体静力学的知识。当流体处于静止或相对静止时，各质点之间均不产生相对运动，因而流体的黏滞性不起作用，所以研究流体静力学必然用理想流体的力学模型。根据流动性可知，在静止状态下，流体只存在压应力——压强。

2.1　静止流体中压强的特性

静止流体中的压强，简称静压强，具有以下两个特性：

特性一：静压强的方向和作用面的内法线方向一致。

为了论证这一特性，在静止流体中任取截面 $N—N$ 将其分为 Ⅰ、Ⅱ 两部分。取 Ⅱ 为隔离体，Ⅰ 对 Ⅱ 的作用由 $N—N$ 面上连续分布的应力代替，如图 2.1 所示。若 $N—N$ 面上，任一点应力 p 的方向不是作用面的法线方向，则 p 可分解为法向应力 p_n 和切向应力 τ。而静止流体不能承受切力，以上情况在静止流体中不可能存在。又因为流体不能承受拉力，故 p 的方向只能和作用面的内法线方向一致，即静止流体中只存在压应力——压强。

图 2.1　静止流体中压强的方向

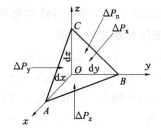

图 2.2　微元四面体

特性二：静压强的大小与作用面方位无关。

设在静止流体中任取一点 O，围绕 O 点取微元直角四面体 $OABC$ 为隔离体，正交的三个边长分别为 dx、dy、dz。以 O 为原点，沿四面体的三个正交边选坐标轴，如图 2.2 所示。分析作用在四面体上的力，包括

表面力：压力 ΔP_x、ΔP_y、ΔP_z、ΔP_n

质量力：$\Delta F_{Bx} = X\rho \dfrac{1}{6}dxdydz$

$$\Delta F_{By} = Y\rho \frac{1}{6}dxdydz$$

$$\Delta F_{Bz} = Z\rho \frac{1}{6}dxdydz$$

四面体静止,各方向作用力平衡

$$\sum F_x = 0, \sum F_y = 0, \sum F_z = 0$$

由 $\sum F_x = 0$,有 $\qquad \Delta P_x - \Delta P_n \cos(n,x) + \Delta F_{Bx} = 0$

式中 (n,x) 为倾斜平面 ABC(面积 ΔA_n)的外法线方向与 x 轴夹角。以三角形 BOC 的面积

$\Delta A_x = \Delta A_n \cos(n,x) = \dfrac{1}{2} \mathrm{d}y \mathrm{d}z$ 除上式,得

$$\frac{\Delta P_x}{\Delta A_x} - \frac{\Delta P_n}{\Delta A_n} + \frac{1}{3} \rho X \mathrm{d}x = 0$$

令四面体向 O 点收缩,对上式取极限,其中

$$\lim_{\Delta A_x \to 0} \frac{\Delta P_x}{\Delta A_x} = p_x, \ \lim_{\Delta A_n \to 0} \frac{\Delta P_n}{\Delta A_n} = p_n, \ \lim_{\mathrm{d}x \to 0}\left(\frac{1}{3}\rho X \mathrm{d}x\right) = 0$$

于是 $\qquad\qquad\qquad p_x - p_n = 0,\ 即\ p_x = p_n$

同理,由 $\sum F_y = 0, \sum F_z = 0$, 可得

$$p_y = p_n, p_z = p_n$$

由此可得 $\qquad\qquad\qquad p_x = p_y = p_z = p_n$

因为 O 点和 n 的方向都是任选的,故静止流体内任一点上,压强的大小与作用面方位无关,各个方向的压强可用同一个符号 p 表示,p 只是该点坐标的连续函数,即

$$p = p(x,y,z) \tag{2.1}$$

2.2 流体平衡微分方程

在已知静止流体应力特性的基础上,根据力的平衡原理,推求流体静压强的分布规律。

2.2.1 流体平衡微分方程

在静止流体内,任取一点 $O'(x,y,z)$,该点压强 $p = p(x,y,z)$,以 O' 为中心取微元直角六面体,正交的三个边分别与坐标轴平行,长度为 $\mathrm{d}x$、$\mathrm{d}y$、$\mathrm{d}z$,如图 2.3 所示。微元六面体静止,各方向的作用力相平衡,以 x 方向为例作受力分析。表面力只有作用在 $abcd$ 和 $a'b'c'd'$ 面上的压力。两个受压面中心点 M、N 的压强可取泰勒(Taylor)级数展开式的前两项表示

$$P_M = p\left(x - \frac{\mathrm{d}x}{2}, y, z\right) = p - \frac{1}{2}\frac{\partial p}{\partial x}\mathrm{d}x$$

$$P_N = p\left(x + \frac{\mathrm{d}x}{2}, y, z\right) = p + \frac{1}{2}\frac{\partial p}{\partial x}\mathrm{d}x$$

因为受压面为微小平面,P_M、P_N 可作为所在面的平均压强,故 $abcd$ 和 $a'b'c'd'$ 面上的压力为

$$P_M = \left(p - \frac{1}{2}\frac{\partial p}{\partial x}\mathrm{d}x\right)\mathrm{d}y\mathrm{d}z$$

$$P_N = \left(p + \frac{1}{2}\frac{\partial p}{\partial x}\mathrm{d}x\right)\mathrm{d}y\mathrm{d}z$$

图 2.3 平衡微元六面体

质量力 $F_{Bx} = X\rho\mathrm{d}x\mathrm{d}y\mathrm{d}z$,则列 x 方向平衡方程

$\sum F_x = 0$ 得

$$\left(p-\frac{1}{2}\frac{\partial p}{\partial x}dx\right)dydz-\left(p+\frac{1}{2}\frac{\partial p}{\partial x}dx\right)dydz+X\rho dxdydz=0$$

化简得

$$X-\frac{1}{\rho}\frac{\partial p}{\partial x}=0$$

同理 y、z 方向可得

$$\left.\begin{array}{c} Y-\dfrac{1}{\rho}\dfrac{\partial p}{\partial y}=0 \\[2mm] Z-\dfrac{1}{\rho}\dfrac{\partial p}{\partial z}=0 \end{array}\right\}$$ (2.2)

式(2.2)表示成向量方程的形式为

$$\boldsymbol{f}-\frac{1}{\rho}\nabla p=0$$ (2.3)

式中符号 ∇ 为矢量微分算子,称为哈密尔顿(Hamilton)算子

$$\nabla=\boldsymbol{i}\frac{\partial}{\partial x}+\boldsymbol{j}\frac{\partial}{\partial y}+\boldsymbol{k}\frac{\partial}{\partial z}$$ (2.4)

式(2.2)和式(2.3)为流体平衡微分方程,由瑞士数学家和力学家欧拉(Euler)于 1755 年导出,又称欧拉平衡微分方程。方程表明,在静止流体中各点单位质量流体所受表面力和质量力相平衡。

2.2.2 平衡微分方程的全微分式

将式(2.2)中各分式分别乘以 dx、dy、dz,然后相加,得

$$\frac{\partial p}{\partial x}dx+\frac{\partial p}{\partial y}dy+\frac{\partial p}{\partial z}dz=\rho(Xdx+Ydy+Zdz)$$ (2.5)

压强 $p=p(x,y,z)$ 是坐标的连续函数,由全微分定理,等号左边是压强 p 的全微分,即

$$dp=\rho(Xdx+Ydy+Zdz)$$ (2.6)

上式是欧拉平衡微分方程的全微分表达式,也称平衡微分方程的综合式。通常作用于流体的单位质量力是已知的,将其代入(2.6)式积分,便可求得流体静压强的分布规律。

2.2.3 等压面

压强相等的空间点构成的面(平面或曲面)称为等压面,例如液体的自由表面。等压面的一个重要性质是,等压面与质量力正交,证明如下。设等压面如图 2.4 所示,面上各点的压强相等,故 $dp=0$,代入(2.6)式得

$$dp=\rho(Xdx+Ydy+Zdz)=0$$

式中 $\rho\neq0$,则等压面方程为

$$Xdx+Ydy+Zdz=0$$ (2.7)

图 2.4 等压面

等压面上某点 M 的单位质量力 $\boldsymbol{f}$ 在坐标 x、y、z 方向的投影分别为 X、Y、Z,dx、dy、dz 为该点处微小有向线段 dl 在坐标 x、y、z 方向的投影,于是有

$$Xdx+Ydy+Zdz=\boldsymbol{f}\cdot d\boldsymbol{l}=0$$

即 $\boldsymbol{f}$ 和 $d\boldsymbol{l}$ 正交。这里 $d\boldsymbol{l}$ 在等压面上有任意方向,由此证明,等压面与质量力正交。

由等压面的这一性质,便可根据质量力的方向来判断等压面的形状。例如,质量力只有重力时,因重力的方向铅垂向下,可知等压面是水平面。若重力之外还有其他质量力的作用,则等压面是与各质量力的合力正交的非水平面。

2.3 重力场中流体静压强的分布规律

工程中最常见的质量力是重力。因此,在流体平衡一般规律的基础上,研究重力作用下静止液体中压强的分布规律,非常有实用意义。

2.3.1 液体静力学基本方程

对重力作用下的静止液体,选直角坐标系 $Oxyz$,如图 2.5 所示,自由液面的位置高度为 z_0,压强为 p_0。液体中任一点的压强,由式(2.6)

$$dp = \rho(Xdx + Ydy + Zdz)$$

其中质量力只有重力,$X = Y = 0, Z = -g$,代入上式得

$$dp = -\rho gdz$$

考虑均质液体密度 ρ 是常数,积分上式得

$$p = -\rho gz + c' \tag{2.8}$$

由边界条件 $z = z_0, p = p_0$,定出积分常数为

$$c' = p_0 + \rho gz_0$$

代入(2.8)式,得

$$p = p_0 + \rho g(z_0 - z)$$

$$p = p_0 + \rho gh \tag{2.9}$$

图 2.5 静止液体

式中 p——静止液体内某点的压强,Pa;

      p_0——液体表面压强,对于液面通大气的开口容器,p_0 即为大气压强,并以符号 p_a 表示,Pa;

      h——某点到液面的距离,称淹没深度,m;

      z——某点在水平坐标面以上的高度,m。

式(2.9)表示了重力作用下液体静压强的分布规律,称液体静力学基本方程式。

2.3.2 气体静压强的计算

式(2.9)是针对液体得出的,在不考虑压缩性时,该式也适用于气体。但由于气体的密度很小,在高差不大时,气柱所产生的压强很小,可忽略不计。则式(2.9)可简化为

$$p = p_0 \tag{2.10}$$

表示气体空间各点的压强都相等。

2.3.3 压强的度量

压强值的大小,可从不同的基准算起。由于起算基准不同,同一点的压强可用不同的值来描述。

(1)绝对压强与相对压强   绝对压强是以无气体分子存在的完全真空为基准起算的压强,以符号 p_{abs} 表示。

相对压强是以当地大气压为基准起算的压强,以符号 p 表示。绝对压强和相对压强之间相差一个当地大气压强 p_a,如图 2.6 所示。

$$p = p_{abs} - p_a \tag{2.11}$$

普通工程结构、工业设备都处在当地大气压的作用下,采用相对压强往往能使计算简

化。例如,在确定压力容器壁面所受压力时,若采用绝对压强计算,还需减去外面大气压对壁面的压力;用相对压强计算,则不必再考虑外面大气压的作用。图2.7所示开口容器中液面下某点的相对压强可简化为

$$P = \rho g h \tag{2.12}$$

图 2.6　压强的度量　　　　　　　　　　图 2.7　开口容器

工程中使用的一种压强测量仪表——压力表,因测量元件处于大气压作用之下,测得的压强值是该点的绝对压强超过大气压强的部分,即相对压强。故相对压强又称为表压强。

本书中有关压强的文字和计算,如不特别指明,均为相对压强。

(2)真空压强　当绝对压强小于当地大气压时,相对压强出现负值,这种状态称为真空。真空的大小用真空压强,或真空值来度量。真空压强是绝对压强不足于当地大气压的差值,以符号 P_v 表示,如图2.6所示。

$$P_v = P_a - P_{abs} \tag{2.13}$$

或

$$P_v = -(P_{abs} - P_a) = -P \tag{2.14}$$

真空压强又可表示为相对压强的负值,故又称负压。

【例2.1】　试求露天水池(图2.8),水深3m处的相对压强和绝对压强。已知当地大气压为101325Pa。

【解】　由(2.12)式得该点的相对压强

$$P = \rho g h = 1000 \times 9.8 \times 3 = 29400 \text{Pa}$$

由(2.11)式得该点的绝对压强

$$P_{abs} = P_a + P = 101325 + 29400 = 130725 \text{Pa}$$

图 2.8　露天水池

【例2.2】　某点的真空值 $P_v = 70000$pa。试求该点的绝对压强和相对压强,已知当地大气压为100000Pa。

【解】　由(2.13)式得

$$P_{abs} = P_a - P_v = 100000 - 70000 = 30000 \text{Pa}$$

$$P = -P_v = -70000 \text{Pa}$$

【例2.3】　密闭盛水容器,如图2.9所示,水面上压力表读值为10000Pa,当地大气压强为98000Pa。试求水面下2m处的压强。

【解】　$P = P_0 + \rho g h = 10000 + 9.8 \times 10^3 \times 2 = 29600 \text{Pa}$,因压力表读值是相对压强,所以上面的计算值也是相对压强,其绝对压强为

$$P_{abs} = P_a + P = 98000 + 29600 = 127600 \text{Pa}$$

图 2.9　密闭容器

2.3.4　水头、液柱高度和能量守恒

（1）测压管高度与测压管水头　以单位体积液体的重量 ρg 除流体静力学式（2.8）中各项，得液体静力学基本方程式的另一种形式

$$z+\frac{P}{\rho g}=c \tag{2.15}$$

下面结合图 2.10，说明上式中各项的意义。

z 为某点（如 A 点）在基准面以上的高度，可直接量测，称为位置高度或位置水头。它的物理意义是单位重量液体具有的相对于基准面的位置势能，简称位能。

图 2.10　测压管水头

$\dfrac{P}{\rho g}$ 是可以直接量测的高度。量测的方法是，当该点的绝对压强大于大气压时，在该点接一根竖直向上的开口玻璃管，称为测压管。液体在压强 P 的作用下沿测压管上升的高度 h_p，按式（2.12）可求得

$$h_p=\frac{P}{\rho g} \tag{2.16}$$

h_p 称为测压管高度或压强水头。其物理意义是单位重量液体具有的压强势能，简称压能。

$z+\dfrac{P}{\rho g}$ 则称为测压管水头，是单位重量液体具有的总势能。$z+\dfrac{P}{\rho g}=c$ 表示，静止液体中各点的测压管水头相等，各点测压管水头的连线即测压管水头线是水平线。其物理意义是静止液体中各点单位重量液体具有的总势能相等。

（2）真空度　当某点的绝对压强小于当地大气压，即处于真空状态时，$\dfrac{P_v}{\rho g}$ 也是可以直接量测的高度。方法是在该点接一根竖直向下插入液槽内的玻璃管，如图 2.11 所示，槽内的液体在管内外压强差 P_a-P_1 的作用下沿玻璃管上升了 h_v 的高度。因玻璃管内液面的压强等于被测点的压强，故根据液体静力学基本方程式有

$$P_a=P_1+\rho g h_v$$

$$h_v=\frac{P_a-P_1}{\rho g}=\frac{P_v}{\rho g} \tag{2.17}$$

h_v 称为真空高度，简称真空度。

图 2.11　真空高度

2.3.5　压强的计量单位

应力单位是压强的定义单位，它的国际单位制（SI）单位是帕（Pa），$1Pa=1N/m^2$。当压强很高时，常采用千帕（kPa 或 $10^3\,Pa$）或兆帕（MPa 或 $10^6\,Pa$）。

工程中曾习惯用大气压强的倍数来表示压强的大小。以海平面的大气压强作为大气压的基本单位，称为标准大气压，记为 atm，$1atm=101325Pa$。工程中为了简化计算，一般采用工程大气压，记为 at，$1at=98000Pa$。

压强的大小还可用液柱高度表示。常用的有米水柱（mH_2O）、毫米水柱（mmH_2O）或毫米汞柱（mmHg）。根据测压管高度和真空高度的定义，相对压强为 p 时可维持的液柱高为

$h=\dfrac{P}{\rho g}$，真空压强为 P_v 时可维持的液柱高为 $h_v=\dfrac{P_v}{\rho g}$。例如 1 标准大气压可维持的水柱高为

$$h=\frac{P}{\rho g}=\frac{101325}{1000\times9.8}=10.33\mathrm{mH_2O}$$

1 工程大气压可维持的水柱高为

$$h=\frac{P}{\rho g}=\frac{98000}{1000\times9.8}=10\mathrm{mH_2O}$$

以上三种压强计量单位的换算关系见表 2.1。

压强单位换算表　　　　　　　　　　　　　　表 2.1

压强单位	Pa	mmH₂O	mH₂O	mmHg	at	atm
	9.8	1	0.001	0.0735	10^{-4}	9.67×10^{-5}
	9800	1000	1	73.5	0.1	0.0967
换算关系	133.33	13.6	0.0136	1	0.00136	0.0132
	98000	10000	10	735	1	0.967
	101325	10332	10.332	760	1.033	1

2.4　流体的相对平衡

前面导出了惯性坐标系中，流体的平衡微分方程式(2.2)及其综合式(2.6)。在工程实践中，还会遇到液体相对于地球运动，而流体和容器之间，以及液体各部分质点之间没有相对运动的情况，即流体处于相对平衡状态。例如水车沿直线等加速行驶，水箱内的水相对地球来说，随水车一起运动，水和水箱，以及各部分水质点之间没有相对运动，此时流体质点之间无相对运动，也无切应力，只有压强。根据达朗伯(d'Alembert)原理，在质量力中计入惯性力，使流体运动的问题，形式上转化为静力平衡问题，就可直接用式(2.6)求解。

2.4.1　等加速直线运动容器中流体的平衡

盛水容器(如水车)，静止时水深 H，该容器以加速度 a 作直线运动，液面形成倾斜平面。选坐标系(非惯性坐标系)$Oxyz$，O 点置于容器底面中心点，Oz 轴向上，如图 2.12 所示。

(1)压强分布规律　　　　　　$\mathrm{d}P=\rho(X\mathrm{d}x+Y\mathrm{d}y+Z\mathrm{d}z)$

质量力除重力外还计入惯性力，惯性力的方向与加速度的方向相反，即

$$X=0,\quad Y=-a,\quad Z=-g$$
$$\mathrm{d}P=\rho(-a\mathrm{d}y-g\mathrm{d}z)$$
$$P=\rho g\left(-\frac{a}{g}y-z\right)+c_0 \tag{2.18}$$

由边界条件，因为液面倾斜前后液体体积不变，故 e 点位置不变，$y=0$，$z=H$，$P=P_0$。确定积分常数 $c_0=P_0+\rho gH$，则

$$P=P_0+\rho g\left(H-z-\frac{a}{g}y\right)=P_0+\rho gh \tag{2.19}$$

式(2.19)表明,铅垂方向压强分布规律与静止液体相同,这是因为惯性力为水平方向,铅垂方向仍只有重力作用的结果。

对于开口容器 $P_0 = P_a$,以相对压强计算,则上式化简为 $P = \rho g h$,式中 h 是该点在液面下的淹没深度。

(2)等压面　在式(2.18)中,令 $P = $ 常数,得等压面方程

$$z = -\frac{a}{g}y + c$$

等压面是一族平行的倾斜平面,其斜率 $k_1 = -\dfrac{a}{g}$,

而质量力作用线的斜率 $k_2 = \dfrac{g}{a}$,两者的乘积

$k_1 k_2 = -1$,证明等压面与质量力正交。在(2.19)

式中,令 $P = P_0$,得自由液面方程

图 2.12　等加速直线运动

$$z_s = H - \frac{a}{g}y_s \tag{2.20}$$

式中 z_s、y_s 均为自由液面上点的坐标。

(3)测压管水头　由(2.18)式得

$$z + \frac{P}{\rho g} = \frac{c_0}{\rho g} - \frac{a}{g}y$$

可见,在同一个横断面(坐标 y 一定)上,各点的测压管水头相等,即

$$z + \frac{P}{\rho g} = c'$$

2.4.2　等角速度旋转容器中液体的平衡

盛有流体的圆柱形容器,静止时液体深度为 H,该容器绕铅垂轴以角速度 ω 旋转。由于液体的黏滞作用,经过一段时间后,容器内液体质点以同样角速度旋转,液体与容器以及液体质点之间无相对运动,液面形成抛物面。

选动坐标系(非惯性坐标系)$Oxyz$,O 点置于容器底面中心点,Oz 轴与旋转轴重合,如图 2.13 所示。

(1)压强分布规律　质量力除重力外还计入惯性力,惯性力的方向与加速度的方向相反,为离心方向,即

$$X = \omega^2 x, Y = \omega^2 y, Z = -g$$

由式(2.6)得　$\mathrm{d}P = \rho(\omega^2 x \mathrm{d}x + \omega^2 y \mathrm{d}y - g \mathrm{d}z)$

$$P = \rho g \left[\frac{\omega^2(x^2 + y^2)}{2g} - z\right] + c_0 = \rho g\left(\frac{\omega^2 r^2}{2g} - z\right) + c_0 \quad (2.21)$$

由边界条件 $r = 0, z = z_0, P = P_0$,确定积分常数 $c_0 = P_0 + \rho g z_0$,则

$$P = P_0 + \rho g \left[(z_0 - z) + \frac{\omega^2 r^2}{2g}\right] \tag{2.22}$$

(2)等压面　在(2.21)式中,令 $p = $ 常数,得等压面方程为

$$z = \frac{\omega^2 r^2}{2g} + c$$

图 2.13　等角速度旋转

等压面是一族旋转抛物面。

在(2.22)式中,令 $P=P_0$,得自由液面方程为

$$z_s=z_0+\frac{\omega^2 r^2}{2g} \tag{2.23}$$

将 $\frac{\omega^2 r^2}{2g}=z_s-z_0$ 代入式(2.22),得

$$P=P_0+\rho g[(z_0-z)+(z_s-z_0)]=P_0+\rho g(z_s-z)=P_0+\rho gh \tag{2.24}$$

式(2.24)表明,铅垂方向压强分布规律与静止液体相同。对于开口容器 $P_0=P_a$,以相对压强表示,上式化简为式(2.12)。

(3)测压管水头 由式(2.21),得

$$z+\frac{P}{\rho g}=\frac{c_0}{\rho g}+\frac{\omega^2 r^2}{2g}$$

在同一个圆柱面(r 一定)上,测压管水头相等,有

$$z+\frac{P}{\rho g}=c'$$

【例2.4】 水车沿直线等加速度行驶,长3m、宽1.5m、高1.8m、盛水深1.2m,如图2.14所示。试问为使水不溢出,加速度 a 的允许值是多少?

【解】 计算 $y_s=-1.5\mathrm{m}$、$z_s=1.8\mathrm{m}$ 时,a 的允许值。由(2.20)式得

$$a=\frac{g}{y_s}(H-z_s)=\frac{9.8}{-1.5}(1.2-1.8)=3.92\mathrm{m/s^2}$$

图2.14 等加速直线运动

图2.15 旋转球形容器

【例2.5】 半径为 R 的密闭球形容器,内部充满密度为 ρ 的液体,该容器绕铅垂轴以角速度 ω 旋转,如图2.15所示,试求最大压强作用点的 z 坐标。

【解】 设球心压强为 P_0,且 $x=y=z=0$,由式(2.21)得 $c_0=P_0$。又球壁上 $r^2=R^2-z^2$,代入式(2.21)得

$$P=P_0+\rho\left[\frac{\omega^2(R^2-z^2)}{2}-gz\right]$$

令 $\frac{\mathrm{d}P}{\mathrm{d}z}=0$ 得

$$\frac{\omega^2}{2}(-2z)-g=0$$

$$z=-\frac{g}{\omega^2}$$

$$r=\sqrt{R^2-\left(-\frac{g}{\omega^2}\right)^2}$$

即最大压强作用点在 $z=-\dfrac{g}{\omega^2}, r=\sqrt{R^2-\left(\dfrac{g}{\omega^2}\right)^2}$ 的圆周线上。

2.5　液体作用在平面上的总压力

工程中除了要确定点压强之外,还需确定静止流体作用在受压面上的总压力。对于气体,由于各点压强相等,因此总压力的大小就等于压强与受压面面积的乘积。对于液体,因不同高度压强不等而无法直接求出总压力的大小,而必须考虑液体静压强的分布规律。求解液体总压力的实质是求受压面上分布力的合力,其计算方法有解析法和图算法两种。

2.5.1　解析法

（1）总压力的大小和方向　设任意形状平面,面积为 A,与水平面夹角为 α,如图 2.16 所示。选坐标系,以平面的延伸面与液面的交线为 Ox 轴,Oy 轴垂直于 Ox 轴向下。将平面所在坐标面绕 Oy 轴旋转 $90°$,展现受压平面。在受压面上,围绕任一点 (h, y) 取微元面积 dA,液体作用在 dA 上的微元压力

图 2.16　解析法求平面上总压力

$$dP=\rho gh dA=\rho gy\sin\alpha dA$$

作用在平面上的总压力是平行力系的合力

$$P=\int dP=\rho g\sin\alpha\int_A y dA$$

积分 $\displaystyle\int_A y dA=y_C A$ 是受压面 A 对 Ox 轴的静矩,其中 C 点为受压面形心将其代入上式得

$$P=\rho g\sin\alpha y_C A=\rho gh_C A=p_C A \tag{2.25}$$

式中　　P——平面上静水总压力;

　　　　y_C——受压面形心点 C 到 Ox 轴的距离;

　　　　h_C——受压面形心点 C 的淹没深度;

　　　　p_C——受压面形心点 C 的压强。

式(2.25)表明,任意形状平面上,静水总压力的大小等于受压面面积与其形心点压强的乘积,总压力的方向沿受压面的内法线方向。

（2）总压力的作用点　设总压力作用点(压力中心) D 到 Ox 轴的距离为 y_D。根据合力矩定理得

$$Py_D=\int y dP=\rho g\sin\alpha\int_A y^2 dA$$

积分 $\displaystyle\int_A y^2 dA=I_x$ 是受压面 A 对 Ox 轴的惯性矩,代入上式得

$$Py_D=\rho g\sin\alpha I_x$$

将 $P=\rho g\sin\alpha y_C A$ 代入上式化简得

$$y_D=\frac{I_x}{y_C A}$$

由惯性矩的平行移轴定理 $I_x=I_C+y_C^2 A$,代入上式得

$$y_D = y_C + \frac{I_C}{y_C A} \tag{2.26}$$

式中　y_D——总压力作用点 D 到 Ox 轴的距离；

　　　　y_C——受压面形心点 C 到 Ox 轴的距离；

　　　　I_C——受压面对平行于 Ox 轴的形心轴的惯性矩，其中宽为 b 高为 h 的底边平行

　　　　　　　于 Ox 轴的矩形的惯性矩 $I_C = \frac{1}{12}bh^3$，直径为 D 的圆的惯性矩 $I_C = \frac{1}{64}\pi D^4$；

　　　　A——受压面的面积。

式(2.26)中 $\frac{I_C}{y_C A} > 0$，故 $y_D > y_C$，即总压力作用点 D 一般在受压面形心 C 之下，这是由于压强沿水深增加的结果。随着受压面淹没深度的增加，y_C 增大，$\frac{I_C}{y_C A}$ 减小，总压力作用点则靠近受压面形心。

在实际工程中，受压面多是有纵向对称轴(与 Oy 轴平行)的平面，总压力的作用点 D 必在对称轴上。这种情况只需算出 y_D，作用点的位置便可完全确定，不需计算 x_D。

【例 2.6】　矩形平板一侧挡水，与水平面夹角 $\alpha = 30°$，平板上边与水面齐平，水深 $h = 3m$，平板宽 $b = 5m$，如图 2.17 所示。试求作用在平板上的静水总压力。

【解】　总压力的大小由(2.25)式得

$$P = p_C A = \rho g h_C A = \rho g \frac{h}{2} b \frac{h}{\sin 30°} = 441kN$$

方向为受压面内法线方向。作用点由式(2.26)得

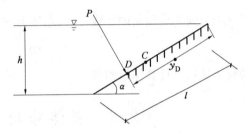

$$y_D = y_C + \frac{I_C}{y_C A} = \frac{l}{2} + \frac{\frac{bl^3}{12}}{\frac{l}{2} \times bl} = \frac{2}{3}\frac{h}{\sin 30°} = 4m$$

图 2.17　解析法求解例题

2.5.2　图算法

(1)压强分布图　压强分布图是在受压面承压的一侧，根据压强的特性，以一定比例尺的矢量线段表示压强大小和方向的图形，是液体静压强分布规律的几何图示。对于通大气的开敞容器，液体的相对压强 $P = \rho g h$，沿水深直线分布，只要把上下两点的压强用线段绘出，中间以直线相连，就得到相对压强分布图，如图 2.18 所示。

图 2.18　压强分布图

(2)图算法　设底边平行于液面的矩形平面 AB，与水平面夹角为 α，平面宽度 b，上、下

底边的淹没深度分别为 h_1，h_2，如图 2.19 所示。

图算法的步骤是：先绘出压强分布图，总压力的大小等于压强分布图的面积 S 乘以受压面的宽度 b，即

$$P = bS \tag{2.27}$$

同时总压力的作用线过压强分布图的形心，作用线与受压面的交点就是总压力的作用点。对于底边平行于液面的矩形平面，应用图算法计算静水总压力及作用点，更为便捷和形象化。

图 2.19　图算法求解平面总压力图　　　　　图 2.20　图算法求解例题

【例 2.7】　题同【例 2.6】，用图算法计算。

【解】　绘出压强分布图 ABC，如图 2.20 所示，由 (2.27) 式求出总压力的大小为

$$P = bS = b\,\frac{1}{2}\rho gh\,\frac{h}{\sin 30°} = b\rho gh^2 = 441\text{kN}$$

总压力方向为受压面内法线方向，总压力作用线过压强分布图的形心，即

$$y_D = \frac{2}{3}\frac{h}{\sin 30°} = 4\text{m}$$

两种方法所得计算结果相同。

2.6　液体作用在曲面上的总压力

实际工程中存在着大量的曲面壁面，如圆形贮水池池壁、圆管管壁、弧形闸门以及球形容器器壁等。与平面相比，作用在曲面壁上的压强不仅大小随位置而变，方向也因位置的不同而不同。本节从二向曲面入手，求出作用在其上的静水总压力，然后推广到三向曲面上。

2.6.1　曲面上的总压力

设二向曲面 AB（柱面），母线垂直于图面，曲面面积为 A，一侧承压。选坐标系，令 xOy 平面与液面重合，Oz 轴向下，如图 2.21 所示。

在曲面上沿母线方向任取条形微元面 EF，因各微元面上的压力 dP 方向不同，而不能直接积分求作用在曲面上的总压力。为此将 dP 分解为水平分力和铅垂分力，即

$$dP_x = dP\cos\alpha = \rho gh\,dA\cos\alpha = \rho gh\,dA_x$$

$$dP_z = dP\sin\alpha = \rho gh\,dA\sin\alpha = \rho gh\,dA_z$$

式中　　dA_x——EF 在铅垂投影面上的投影；

　　　　dA_z——EF 在水平投影面上的投影。

总压力的水平分力为

图 2.21　曲面上的总压力

$$P_x = \int dP_x = \rho g\int_{A_x} h\,dA_x$$

积分 $\displaystyle\int_{A_x} h\,\mathrm{d}A_x$ 是曲面的铅垂投影面 A_x 对 Oy 轴的静矩,将 $\displaystyle\int_{A_x} h\,\mathrm{d}A_x = h_C A_x$ 代入上式得

$$P_x = \rho g h_C A_x = p_C A_x \tag{2.28}$$

式中　　P_x——曲面上总压力的水平分力;

　　　　A_x——曲面的铅垂投影面积;

　　　　h_C——投影面 A_x 形心点的淹没深度;

　　　　p_C——投影面 A_x 形心点的压强。

公式(2.28)表明,液体作用在曲面上总压力的水平分力,等于作用在该曲面的铅垂投影面上的压力。

总压力的铅垂分力

$$P_z = \int \mathrm{d}P_z = \rho g \int_{A_z} h\,\mathrm{d}A_z = \rho g V \tag{2.29}$$

积分 $\displaystyle\int_{A_z} h\,\mathrm{d}A_z = V$ 是曲面到自由液面(或自由液面的延伸面)之间的铅垂柱体——压力体的体积。式(2.29)表明,液体作用在曲面上总压力的铅垂分力,等于压力体内液体的重量。

液体作用在二向曲面上的总压力是平面汇交力系的合力

$$P = \sqrt{P_x^2 + P_z^2} \tag{2.30}$$

总压力作用线与水平面夹角　　　　$\alpha = \arctan \dfrac{P_z}{P_x} \tag{2.31}$

过 P_x 作用线(通过 A_x 压强分布图形心)和 P_z 作用线(通过压力体的形心)的交点,作与水平面成 α 角的直线就是总压力作用线,该线与曲面的交点即为总压力作用点。

2.6.2　压力体

公式(2.29)中,积分 $\displaystyle\int_{A_z} h\,\mathrm{d}A_z = V$ 表示的几何体积称为压力体。压力体的界定方法是,设想取铅垂线沿曲面边缘平行移动一周,割出的以自由液面(或其延伸面)为上底,曲面本身为下底的柱体就是压力体。

因为曲面承压位置的不同,压力体有三种界定情况。

(1)实压力体　压力体和液体在曲面 AB 的同侧,如同压力体内实有液体,习惯上称为实压力体。P_z 方向向下,如图 2.22 所示。

(2)虚压力体　压力体和液体在曲面 AB 的异侧,其上底面为自由液面的延伸面,压力体内虚空,习惯上称为虚压力体,P_z 方向向上,如图 2.23 所示。

图 2.22　实压力体

图 2.23　虚压力体

图 2.24　压力体的叠加

（3）压力体叠加　对于水平投影重叠的曲面,分开界定压力体,然后相叠加。例如半圆柱面 ABC 的压力体,如图 2.24 所示,分别按曲面 AB、BC 确定,叠加后得到虚压力体 ABC,P_z 方向向上。

【例 2.8】　圆柱形压力水罐如图 2.25 所示,半径 $R=0.5\text{m}$,长 $l=2\text{m}$,压力表读值 $P_M=23.72\text{kPa}$。试求:(1)端部平面盖板所受水压力;(2)上、下半圆筒所受水压力;(3)连接螺栓所受总拉力。

【解】　(1)端盖板所受水压力　受压面为圆形平面,则

$$P=p_C A=(p_M+\rho g R)\pi R^2=(23.72+1.0\times9.8\times0.5)\times3.14\times0.5^2=22.47\text{kN}$$

（2）上、下半圆筒所受水压力　上、下半圆筒所受水压力只有垂直分力,上半圆筒压力体如图 2.26 所示。

$$P_{z\text{上}}=\rho g V_{\text{上}}=\rho g\left[\left(\frac{p_M}{\rho g}+R\right)2R-\frac{1}{2}\pi R^2\right]l$$

$$=1.0\times9.8\times\left[\left(\frac{23.72}{1.0\times9.8}+0.5\right)\times2\times0.5-\frac{1}{2}\times3.14\times0.5^2\right]\times2$$

$$=49.54\text{kN}$$

下半圆筒所受铅垂分力为

$$P_{z\text{下}}=\rho g V_{\text{下}}=\rho g\left[\left(\frac{p_M}{\rho g}+R\right)2R+\frac{1}{2}\pi R^2\right]l$$

$$=1.0\times9.8\times\left[\left(\frac{23.72}{1.0\times9.8}+0.5\right)\times2\times0.5+\frac{1}{2}\times3.14\times0.5^2\right]\times2$$

$$=64.93\text{kN}$$

图 2.25　圆柱形压力水罐

图 2.26　上半圆筒压力体

（3）连接螺栓所受总拉力　由上半圆筒计算得

$$T=P_{z\text{上}}=49.54\text{kN}$$

或由下半圆筒计算得

$$T=P_{z\text{下}}-N=P_{z\text{下}}-\rho g\pi R^2 l$$

$$=64.93-1.0\times9.8\times3.14\times0.5^2\times2$$

$$=49.54\text{kN}$$

式中 N 为支座反力。

【例 2.9】　压力管道(图 2.27)直径 $D=200\text{mm}$,管壁的允许应力 $[\sigma]=25\text{kN/mm}^2$。管壁厚 $\delta=10.5\text{mm}$,试求管道内液体的最大允许压强。

【解】　取 1m 长管段,沿直径平面剖分为两半,以其中一半为隔离体,如图 2.27 右侧图

所示。不计管内液体重量对压强的影响，液体的总压力

$$P = P_c A_x = p \cdot D \cdot l$$

总压力 P 等于两个管壁断面的张力，即 $P = 2T$。计算壁面张力所引起的应力，考虑制造缺陷及锈蚀影响，壁厚按规范留一定安全余量，本题取 $e = 4\text{mm}$，则

$$P \cdot D \cdot l = 2[\sigma](\delta - e) \cdot l$$

图 2.27　压力管道

$$p_{\max} = \frac{2[\sigma](\delta - e)}{D} = \frac{2 \times 25 \times 10^9 \times (10.5 - 4) \times 10^{-3}}{0.2} = 1625\text{MPa}$$

2.6.3　液体作用在潜体和浮体上的总压力

全部浸入液体中的物体，称为潜体。潜体表面是封闭曲面。选坐标系，令 xOy 平面与自由液面重合，Oz 轴向下，如图 2.28 所示。

（1）水平分力　取平行 Ox 轴的水平线，沿潜体表面移动一周，切点轨迹 ac 分封闭曲面为左右两半，由式（2.28）得

$$P_{x1} = \rho g h_C A_x \quad P_{x2} = \rho g h_C A_x$$

$$P_x = P_{x1} - P_{x2} = 0$$

坐标 x 方向是任意选定的，所以液体作用在潜体上总压力的水平分力为零。

（2）铅垂分力　取平行于 Oz 轴的铅垂线，沿潜体表面平行移动一周，切点轨迹 bd 分封闭曲面为上下两半，由式（2.29）得

$$P_{z1} = \rho g V_{bb'd'dc} \qquad 方向向下$$

$$P_{z2} = \rho g V_{bb'd'da} \qquad 方向向上$$

$$P_z = P_{z1} - P_{z2} = -\rho g V \tag{2.32}$$

图 2.28　潜体

负号表示 P_z 方向与坐标轴 Oz 方向相反，即浮力 B。

部分浸入液体中的物体称浮体，如图 2.29 所示。可将液面以下部分看成与潜体一样的封闭曲面，于是有

$$P_x = 0, \quad P_z = -\rho g V$$

综上所述，液体作用于潜体（或浮体）上的总压力，只有铅垂向上的浮力，大小等于所排开的液体重量，作用线通过潜体（或浮体）的几何中心。这就是公元前 250 年左右人类发现的水力学规律——阿基米德（Archimedes）原理。

图 2.29　浮体

【例 2.10】　某输水管道配有铰链、杠杆、橡皮压盖和浮球组成的自动关闭装置，如图 2.30 所示。当与杠杆连在一起的橡皮压盖压在管口时，输水管就停止向容器输水，此时管口处的压强为 245kPa。已知输水管道直径 15mm，杠杆长 $a = 10\text{cm}$，$b = 50\text{cm}$。试求当水刚淹没浮球即能保证自动关闭管口的浮球最小直径 d_0（不计装置的重量和摩擦）。

【解】　输水管出口处作用在橡皮压盖上的压力为

$$P = pA = 245 \times 10^3 \times \frac{\pi}{4} \times 0.015^2 = 43.3\text{N}$$

当水刚淹没浮球时,浮球所受浮力为

$$B = \rho g \times \frac{1}{6}\pi D^3$$

对铰链 O 点取力矩

$$P \times a = \frac{1}{6}\rho g \pi D^3 \times (a+b)$$

$$D = \sqrt[3]{\frac{6P \cdot a}{\rho g \pi(a+b)}}$$

$$= \sqrt[3]{\frac{6 \times 43.4 \times 0.1}{1000 \times 9.8 \times 3.14 \times (0.1+0.5)}} = 0.11\text{m}$$

图 2.30　浮球式自动关闭阀原理图

思考题

2-1　试述静力学基本方程 $z + \dfrac{p}{\rho g} = c$ 的物理意义与几何意义?

2-2　绝对压强、相对压强、真空度的定义是什么? 如何换算?

2-3　流体静压强有何特性?

2-4　液体表面压强不为零时,平面或曲面上的静水总压力如何计算?

2-5　处于相对平衡的流体的等压面是否为水平面? 为什么? 什么条件下的等压面是水平面?

习　题

2-1　密闭容器(题 2-1 图),测压管液面高于容器内液面 $h = 1.8\text{m}$,液体的密度为 850kg/m^3。求液面压强。

2-2　密闭水箱(题 2-2 图),压力表测得压强为 4900N/m^2,压力表中心比 A 点高 0.4m,A 点在液面下 1.5m。求水面压强。

题 2-1 图

题 2-2 图

2-3　水箱形状如图所示(题 2-3 图),底部有 4 个支座。试求水箱底面上的总压力和四个支座的支座反力,并讨论总压力与支座反力不相等的原因。

2-4　盛满水的容器(题 2-4 图),顶口装有活塞 A,直径 $d = 0.4\text{m}$,容器底的直径 $D = 1.0\text{m}$,高 $h = 1.8\text{m}$。如活塞上加力 2520N(包括活塞自重)。求容器底的压强和总压力。

2-5　多管水银测压计用来测水箱中的表面压强(题 2-5 图)。图中高程的单位为 m,试求水面的绝对压强 $p_{0\text{abs}}$。

2-6　水管 A、B 两点高差 $h_1 = 0.2\text{m}$(题 2-6 图),U 形管压差计中水银液面高差 $h_2 = 0.2\text{m}$。试求 A、B 两点的压强差。

题 2-3 图　　　　　　　　　　题 2-4 图

题 2-5 图　　　　　　　　　　题 2-6 图

2-7　盛有水的密闭容器(题 2-7 图),水面压强为 P_0,当容器自由下落时,求容器内水的压强分布规律。

2-8　已知 U 形管(题 2-8 图)水平段长 $l=30\text{cm}$,当它沿水平方向作等加速运动时,液面高差 $h=5\text{cm}$。试求它的加速度 a。

题 2-7 图　　　　　　　　　　题 2-8 图

2-9　圆柱形容器(题 2-9 图)的半径 $R=15\text{cm}$,高 $H=50\text{cm}$,盛水深 $h=30\text{cm}$。若容器以等角速度 ω 绕 z 轴旋转,试求 ω 最大为多少时不致使水从容器中溢出?

2-10　装满油的圆柱形容器(题 2-10 图),直径 $D=80\text{cm}$,油的密度 $\rho=801\text{kg/m}^3$,顶盖中心点装有真空表,读值为 4900Pa。试求:(1)容器静止时作用于该容器顶盖上总压力的大小和方向;(2)当容器以等角速度 $\omega=20\text{rad/s}$ 旋转时,真空表的读值不变,作用于顶盖上总压力的大小和方向。

题 2-9 图　　　　　　　　　　题 2-10 图

2-11　绘制题 2-11 图中 AB 面上的压强分布图。

题 2-11 图

2-12　矩形平板闸门 AB 一侧挡水（题 2-12），已知长 $l=2$m，宽 $b=1$m，形心点水深 $h_C=2$m，倾角 $\alpha=45°$，闸门上缘 A 处设有转轴，忽略闸门自重及门轴摩擦力。试求开启闸门所需拉力 T。

2-13　已知矩形闸门（题 2-13 图）高 $h=3$m，宽 $b=2$m，上游水深 $h_1=6$m，下游水深 $h_2=4.5$m。试求：(1)作用在闸门上的静水总压力；(2)压力中心的位置。

题 2-12 图　　　　　　　　　　　题 2-13 图

2-14　矩形平板闸门一侧挡水（题 2-14 图），宽 $b=0.8$m，高 $h=1$m，若要求箱中水深 h_1 超过 2m 时，闸门即可自动开启，铰链的位置 y 应是多少？

2-15　金属的矩形平板闸门（题 2-15 图），宽 1m，由两根工字钢横梁支撑。闸门高 $h=3$m，容器中水面与闸门顶齐平，如要求两横梁所受的力相等，两工字钢的位置 y_1、y_2 应为多少？

题 2-14 图

题 2-15 图

2-16　一弧形闸门(题 2-16 图),宽 2m,圆心角 $\alpha=30°$,半径 $r=3$m,闸门转轴与水平面齐平,求作用在闸门上静水总压力的大小与方向(即合力与水平面的夹角)。

2-17　挡水建筑物一侧挡水(题 2-17 图),该建筑物为二向曲面(柱面),$z=ax^2$,a 为常数。试求单位宽度挡水建筑物上静水总压力的水平分力 P_x 和铅垂分力 P_z。

题 2-16 图

题 2-17 图

2-18　球形密闭容器内部充满水(题 2-18 图),已知测压管水面标高 $\triangledown_1=8.5$m,球外自由水面标高 $\triangledown_2=3.5$m。球直径 $D=2$m,球壁重量不计。试求:(1)作用于半球连接螺栓上的总拉力;(2)作用于垂直柱上的水平力和竖向力。

2-19　密闭盛水容器(题 2-19 图),已知 $h_1=60$cm,$h_2=100$cm,水银测压计读值 $\Delta h=25$cm。试求半径 $R=0.5$m 的半球形盖 AB 所受总压力的水平分力和铅垂分力。

2-20　极地附近的海面上露出冰山的一角,已知冰山的密度为 920kg/m^3,海水的密度为 1025kg/m^3,试求露出海面的冰山的体积和海面下的体积之比。

题 2-18 图

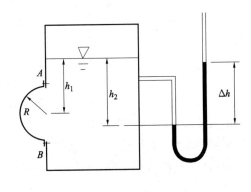
题 2-19 图

第 3 章　流体运动学

流体运动学从流体的连续介质模型出发来研究流体的运动规律,而不去探求运动产生和变化的原因,不会涉及力、质量等与动力学有关的物理量。本章将给出描述流体运动的方法,质点流速、加速度的变化和所遵循的规律,及其在工程中的应用等。

3.1　流体运动的描述方法

流体流动一般是在固体壁面所限制的空间内、外进行,例如:空气在室内流动,水在管内流动,风绕建筑物流动等。这些流动都是在房间墙壁、水管管壁和建筑物外墙等固体壁面所限定的空间内、外进行。我们把流体流动所占据的空间称为流场,流体力学的主要任务就是研究流场中的流动。

与固体不同,流体是一种具有流动性的连续介质,在流动的过程中,各质点间存在着与时间和空间均有关的相对运动。因此,如何用数学物理的方法来描述流体的运动是从理论上研究流体运动规律的首要问题。描述流体运动的方法通常有拉格朗日(Lagrange)法和欧拉(Euler)法两种。

3.1.1　拉格朗日法

拉格朗日法把流体的运动看作是无数个质点运动的总和,以流场中个别质点的运动作为研究的出发点加以描述,并将各个质点的运动汇总起来就得到整个流动。

由于流体质点是连续分布的,要研究某个确定质点的运动,首先必须有表征该质点的办法,以便识别、区分不同的流体质点。因为在每一时刻、每一质点都占有唯一确定的空间位置,拉格朗日法便用起始时刻各质点的空间坐标(a,b,c)来表征各质点。随着时间的推移,质点将改变位置,设(x,y,z)表示t时刻质点(a,b,c)的坐标,那么各质点在任意时刻的空间位置,将是x、y、z、t这四个量的函数:

$$\left.\begin{array}{l} x=x(a,b,c,t) \\ y=y(a,b,c,t) \\ z=z(a,b,c,t) \end{array}\right\} \tag{3.1}$$

式中的自变量a、b、c、t称为拉格朗日变数。当a、b、c为定值时,式(3.1)代表确定的某个质点的运动轨迹;当t为定值时,上式代表t时刻各个质点所处的位置。因此上式可以描述所有质点的运动,将其对时间求一阶和二阶偏导数,便得该质点的流速和加速度:

$$\left.\begin{array}{l} u_x=\dfrac{\partial x}{\partial t}=\dfrac{\partial x(a,b,c,t)}{\partial t} \\[2mm] u_y=\dfrac{\partial y}{\partial t}=\dfrac{\partial y(a,b,c,t)}{\partial t} \\[2mm] u_z=\dfrac{\partial z}{\partial t}=\dfrac{\partial z(a,b,c,t)}{\partial t} \end{array}\right\} \tag{3.2}$$

式中 u_x、u_y、u_z 为质点流速在 x、y、z 方向的分量；

$$
\left.
\begin{aligned}
a_x &= \frac{\partial u_x}{\partial t} = \frac{\partial^2 x}{\partial t^2} \\
a_y &= \frac{\partial u_y}{\partial t} = \frac{\partial^2 y}{\partial t^2} \\
a_z &= \frac{\partial u_z}{\partial t} = \frac{\partial^2 z}{\partial t^2}
\end{aligned}
\right\} \tag{3.3}
$$

式中 a_x、a_y、a_z 为质点加速度在 x、y、z 方向的分量。

拉格朗日法承袭自固体力学,是质点系力学研究方法的自然延续,物理概念清晰。但由于流体质点的运动轨迹极其复杂,应用这种方法描述流体的运动在数学上存在困难,而绝大多数的工程问题并不需要了解质点运动的全过程,即不探求水或空气中各个质点的来龙去脉,而只是着眼于流场中的某些固定点、固定断面或固定空间的流动。例如:扭开水龙头,水从管中流出;打开门窗,风从门窗流入;对于上述几个现象,工程中所关心的是水以怎样的流速从管中流出,风以多大的流速从门窗流入室内,即只要知道一定地点(水龙头处)、一定断面(门窗洞口断面)的流动状况就可,而不需要知道流体质点运动的轨迹及其沿轨迹的流速等物理量的变化;另外测量流体运动要素时,要跟着流体质点移动测量,测出不同瞬时的数值,这种测量方法较难,不易做到。因此除了在分析流体力学中某些流体运动(如波浪运动)和计算流体力学的某些问题中采用拉格朗日法外,其余的绝大多数流体力学问题均采用下述较简单的欧拉法来描述。

3.1.2 欧拉法

欧拉法以流场作为出发点,着眼于流体经过流场中各固定点时的运动情况,而不过问这些流体运动情况是哪些流体质点表现出来的,也不管那些质点的运动历程。综合流场中足够多的空间点上所观测到的运动参数,如流速、压强、密度等,将其汇总起来就形成了对整个流动的描述,故欧拉法又称为空间点法或流场法。流场中某一空间点的运动情况,既与该点的位置(空间坐标为 x,y,z)有关,也与时间 t 有关,该点流速、压强、密度分别表示为

$$
\left.
\begin{aligned}
u_x &= u_x(x,y,z,t) \\
u_y &= u_y(x,y,z,t) \\
u_z &= u_z(x,y,z,t)
\end{aligned}
\right\} \tag{3.4}
$$

$$
p = p(x,y,z,t) \tag{3.5}
$$

$$
\rho = \rho(x,y,z,t) \tag{3.6}
$$

上述三组公式中的自变量为 x、y、z、t,称为欧拉变数;其中式(3.4)中的 x、y、z 是流体质点在 t 时刻的运动坐标,对同一质点来说并非常数,而是时间 t 的函数。因此加速度需按复合函数求导法则得到,即欧拉法描述流体运动时的质点加速度表达式为

$$
\left.
\begin{aligned}
a_x &= \frac{\mathrm{d}u_x}{\mathrm{d}t} = \frac{\partial u_x}{\partial t} + \frac{\partial u_x}{\partial x}\frac{\mathrm{d}x}{\mathrm{d}t} + \frac{\partial u_x}{\partial y}\frac{\mathrm{d}y}{\mathrm{d}t} + \frac{\partial u_x}{\partial z}\frac{\mathrm{d}z}{\mathrm{d}t} \\
&= \frac{\partial u_x}{\partial t} + u_x\frac{\partial u_x}{\partial x} + u_y\frac{\partial u_x}{\partial y} + u_z\frac{\partial u_x}{\partial z} \\
a_y &= \frac{\mathrm{d}u_y}{\mathrm{d}t} = \frac{\partial u_y}{\partial t} + u_x\frac{\partial u_y}{\partial x} + u_y\frac{\partial u_y}{\partial y} + u_z\frac{\partial u_y}{\partial z} \\
a_z &= \frac{\mathrm{d}u_z}{\mathrm{d}t} = \frac{\partial u_z}{\partial t} + u_x\frac{\partial u_z}{\partial x} + u_y\frac{\partial u_z}{\partial y} + u_z\frac{\partial u_z}{\partial z}
\end{aligned}
\right\} \tag{3.7}
$$

上式也可表示为如下形式

$$a = \frac{\mathrm{D}\boldsymbol{u}}{\mathrm{D}t} = \frac{\partial \boldsymbol{u}}{\partial t} + (\boldsymbol{u} \cdot \nabla)\boldsymbol{u} \tag{3.8}$$

式(3.7)和式(3.8)均由两部分组成:第一部分 $\frac{\partial \boldsymbol{u}}{\partial t}$ 称为时变加速度或当地加速度,它表示在通过某固定空间点处,流体质点的流速随时间的变化率;第二部分 $(\boldsymbol{u} \cdot \nabla)\boldsymbol{u}$ 称为位变加速度或迁移加速度,它表示在同一时刻,流体质点的流速随空间点位置变化所引起的加速度。

例如图 3.1 中水箱里的水经收缩管流出时,若水箱无来水补充,水位 H 逐渐降低,管轴线上某点的流速随时间减小,时变加速度 $\frac{\partial u_x}{\partial t}$ 为负值;同时管道收缩,流速随质点的迁移而增大,位变加速度 $u_x \frac{\partial u_x}{\partial x}$ 为正值,该点的加速度 $a_x = \frac{\partial u_x}{\partial t} + u_x \frac{\partial u_x}{\partial x}$;若此时水箱有来水补充,水位 H 保持不变,该点的流速不随时间变化,时变加速度为零,但仍有位变加速度,即 $a_x = u_x \frac{\partial u_x}{\partial x}$。若出水管是等直径的直管,且水位 H 保持不变,如图 3.2 所示,则管内的流体质点,既无时变加速度,也无位变加速度,即 $a_x = 0$。上述欧拉法对质点加速度的分析方法,也适用于其他运动要素。

图 3.1 收缩管出流   图 3.2 等径直管出流

应该指出,拉格朗日法和欧拉法在研究流体运动时,只是着眼点不同,并无本质上的差别,对于同一个问题,用两种方法描述的结果是一致的,而且两种方法也是可以相互转换的。为了研究的方便,本书均采用欧拉法来描述流体运动。

3.2 欧拉法的基本概念

当用欧拉法描述流体运动时,常涉及下述基本概念。

3.2.1 流动的分类

为便于分析和研究,常根据流体流动的性质和特点,将流体的运动进行分类。

(1)恒定流和非恒定流 流场中各空间点上的运动要素(流速、压强、密度等)皆不随时间变化的流动是恒定流,反之是非恒定流。对于恒定流,诸运动要素只是空间坐标的函数,即

$$\left.\begin{array}{l} u_x = u_x(x, y, z) \\ u_y = u_y(x, y, z) \\ u_z = u_z(x, y, z) \end{array}\right\} \tag{3.9}$$

$$p = p(x, y, z) \tag{3.10}$$

$$\rho = \rho(x, y, z) \tag{3.11}$$

比较恒定流与非恒定流,前者欧拉变数中少了时间变量 t,使得问题的求解大为简化。实际工程中,多数系统正常运行时是恒定流,或虽为非恒定流,但运动参数随时间的变化缓慢,近似按恒定流处理就可满足工程需要。在上一节列举的水箱出流的例子中,当水位 H 保持不变时为恒定流,水位 H 随时间变化的是非恒定流。

(2)一元、二元和三元流动　所谓元是指影响运动参数的空间坐标分量。若空间点上的运动参数(主要是流速)是空间坐标的三个分量和时间变量的函数,流动是三元流动;若运动参数只与空间坐标的一个分量以及时间有关,流动则是一元的。严格地讲,实际工程问题中的流体运动一般都是三元流,但当运动要素在空间三个坐标方向都变化时,会使分析和研究变得复杂困难,只有一些边界条件比较简单的实际问题才能求得准确解,因此工程中常设法将三元流简化为一元流或二元流来处理。

(3)均匀流和非均匀流　在给定的某一时刻,若流体中各点迁移加速度为零,即

$$(\boldsymbol{u} \cdot \nabla)\boldsymbol{u} = 0 \tag{3.12}$$

流体是均匀流,反之则是非均匀流。均匀流各点流速都不随位置而变化,流体作均匀直线运动。在上一节列举的水箱出流的例子中,等直径直管内的流动是均匀流,如图 3.2 所示;变直径管道内的流动是非均匀流,如图 3.1 所示;水位 H 保持不变时,图 3.2 等直径直管内的流动是恒定均匀流。

3.2.2　流线

(1)流线的概念　为了将流动的数学描述转换成流动图像,特引入流线的概念。所谓流线是某一确定时刻在流场中所作的空间曲线,线上各质点在该时刻的速度矢量,都与之相切,如图 3.3 所示。

图 3.3　某时刻流线图

流线的性质是:在一般情况下不相交,否则位于交点的流体质点,在同一时刻就有与两条流线相切的两个不同方向的速度矢量,这是不可能的;同理,流线也不能是折线,而是光滑的曲线或直线。

联系前面对流动的分类,恒定流因各空间点上速度矢量不随时间变化,所以流线的形状和位置也不随时间变化,非恒定流一般来说流线随时间变化。均匀流质点的迁移加速度为零,速度矢量不随位移变化,在这样的流场中,流线是相互平行的直线,因此从流线图上看,流线为平行直线的流动是均匀流。

(2)流线方程　根据流线的定义,可直接得出流线的微分方程。设 t 时刻,在流线上某点附近取微元线段矢量 $d\boldsymbol{r}$,$\boldsymbol{u}$ 为该点的速度矢量,两者方向一致

$$d\boldsymbol{r} \times \boldsymbol{u} = 0 \tag{3.13}$$

在直角坐标系中,流线微分方程可写为

$$\frac{dx}{u_x} = \frac{dy}{u_y} = \frac{dz}{u_z} \tag{3.14}$$

公式(3.14)包括两个独立方程,式中 u_x、u_y、u_z 是空间坐标 x、y、z 和时间 t 的函数。因为流线总是针对某一瞬时的流场绘制的,所以微分方程中的时间 t 是参变量,当积分求流线方程时,作为常数处理。

由于通过流场中的每一点都可以绘一条流线,所以流线将布满整个流场。在流场中绘出

流线簇后,流体的运动状况就一目了然。某点流速的方向便是流线在该点的切线方向。流速的大小可由流线的疏密程度反映出来。流线越密处,流速越大;流线越稀疏处,流速越小。

(3)迹线 流体质点在某一时段的运动轨迹称为迹线。由运动方程有

$$\left.\begin{array}{l}dx=u_x dt\\dy=u_y dt\\dz=u_z dt\end{array}\right\} \tag{3.15}$$

便可得到迹线的微分方程

$$\frac{dx}{u_x}=\frac{dy}{u_y}=\frac{dz}{u_z}=dt \tag{3.16}$$

式中时间 t 是自变量,x、y、z 是 t 的因变量。

流线和迹线是两个不同的概念,要注意区别。流线是同一时刻连续流体质点的流动方向,而迹线是同一质点在连续时间内的流动轨迹线。流线是欧拉法对流动的描述,迹线是拉格朗日法对流动的描述。在恒定流中,流线不随时间变化,流线上的质点继续沿流线运动,此时流线和迹线在几何上是一致的,两者完全重合。在非恒定流中,流线和迹线不重合。由于流体力学中的大多数问题都采用欧拉法研究流体运动,因此本书将侧重于研究流线。

【例 3.1】 已知流速场 $u_x=a$、$u_y=bt$、$u_z=0$。试求:(1)流线方程及 $t=0$、$t=1$ 和 $t=2$ 时刻的流线图;(2)迹线方程及 $t=0$ 时过(0,0)点的迹线。

【解】 (1)由流线的微分方程式(3.14)得

$$\frac{dx}{a}=\frac{dy}{bt}$$

其中 t 是参变量,积分得

$$ay=btx+C$$

$$y=\frac{bt}{a}x+C$$

所得流线方程是直线方程,不同时刻($t=0$、$t=1$、$t=2$)的流线图是三组不同斜率的直线簇,如图 3.4 所示。

(2)由迹线的微分方程式(3.16)得

$$\frac{dx}{a}=\frac{dy}{bt}=dt$$

即

$$\begin{cases}dx=adt\\dy=btdt\end{cases}$$

式中 t 是自变量,积分得

$$\begin{cases}x=at+C_1\\y=\frac{b}{2}t^2+C_2\end{cases}$$

由 $t=0$、$x=0$、$y=0$,确定积分常数 $C_1=0$、$C_2=0$。消去时间变量 t,得 $t=0$ 时过点(0,0)的迹线方程

$$y=\frac{b}{2a^2}x^2$$

此迹线是抛物线,如图 3.4(a)。

本题 u_y 是时间 t 的函数,流动是非恒定流,流线和迹线不重合,如图 3.4(a)所示。

【例 3.2】 已知流速场 $u_x=ax$,$u_y=-ay$,$u_z=0$。式中 $y\geq0$,a 为常数。试求:(1)流线方程;(2)迹线方程。

（a）t=0

（b）t=1

（c）t=2

图 3.4　流线和迹线

【解】　由 $u_z=0$ 及 $y\geqslant 0$，可知流动限于平面 xOy 的上半平面。

（1）由流线的微分方程式（3.14）得

$$\frac{\mathrm{d}x}{ax}=\frac{\mathrm{d}y}{-ay}$$

积分得

$$\ln x=-\ln y+C_0$$
$$xy=C$$

流线是一族等角双曲线，如图 3.5 所示。

（2）由迹线的微分方程式（3.16）得

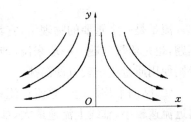

图 3.5　流线和迹线重合

$$\frac{\mathrm{d}x}{ax}=-\frac{\mathrm{d}y}{ay}=\mathrm{d}t$$

积分得迹线方程

$$\begin{cases}x=C_1\mathrm{e}^{at}\\ y=C_2\mathrm{e}^{-at}\end{cases}$$

消去时间变量 t 得

$$xy=C_1C_2\mathrm{e}^{at-at}=C_1C_2=C$$

迹线方程与流线方程相同，表明恒定流动的流线和迹线在几何上一致，两者相重合。

3.2.3　元流和总流

（1）**流管与流束**　在流场中垂直于流动方向的平面上，任取一非流线的封闭曲线，经此曲线上全部点作流线，这些流线所构成的管状表面称为流管。充满流体的流管称为流束，如图 3.6 所示。

图 3.6　流束

因为流线不能相交，所以流体不能由流管壁出入。恒定流中流线的形状不随时间变化，于是恒定流流管、流束的形状也不随时间变化。

（2）**过流断面**　流束上与流线正交的横断面是过流断面。过流断面不都是平面，只有在流线相互平行的均匀流段，过流断面才是平面；流线相互不平行的非均匀流段上，过流断面为曲面，如图 3.7 所示。

图 3.7　过流断面

（3）**元流和总流**　元流是过流断面无限小的流束，几何特征与流线相同。由于元流的过流断面无限小，断面上各点的运动参数，如 z（位置高度）、$\boldsymbol{u}$（点流速）、p（压强）等就可认为是均匀分布，任一点的运动参数代表了全部断面的相应值。

总流是过流断面为有限大小的流束，是由无数元流构成的，断面上各点的运动参数一般情况下不相同。

3.2.4 流量和断面平均流速

（1）流量　单位时间内通过某一过流断面流体的体积称为体积流量，简称流量，单位为 m^3/s，工程中还常使用升每秒（L/s）的单位。若以 dA 表示过流断面的微元面积，u 表示通过微元过流断面的流速，则总流的流量表示为

$$Q = \int_A u\,dA \tag{3.17}$$

有时，总流的流量用单位时间内通过某一过流断面流体的质量，即质量流量来表示

$$Q_\text{m} = \int_A \rho u\,dA \tag{3.18}$$

质量流量的单位为 kg/s。对于均质不可压缩液体，密度 ρ 为常数，则

$$Q_\text{m} = \rho Q \tag{3.19}$$

流量是一个重要的物理量，它具有普遍的实用意义。例如管道设计问题既是流体输送问题，也是流量问题。一般来说，涉及不可压缩流体时通常使用体积流量，涉及可压缩流体时则使用质量流量较方便简捷。

（2）断面平均流速　总流过流断面上各点的流速 u 一般是不相等的。以管流为例，管壁附近流速较小，轴线上流速最大，如图 3.8 所示。为了便于计算，设想过流断面上流速 v 均匀分布，通过的流量与实际流量相同，于是定义此流速 v 为该断面的断面平均流速，即

$$Q = \int_A u\,dA = vA \tag{3.20}$$

或 $$v = \frac{Q}{A}$$

图 3.8　圆管流速分布

【例 3.3】　已知半径为 r_0 的圆管中过流断面上的流速分布为 $u = u_\text{max}\left(\dfrac{y}{r_0}\right)^{1/7}$，式中 u_max 是位于轴线上的断面最大流速，y 为距管壁的距离，如图 3.9 所示。求流量和断面平均流速。

【解】　在过流断面半径 $r = r_0 - y$ 处取环形微元面积 $dA = 2\pi r\,dr$，微元面上各点流速 u 相等，流量为

图 3.9　流量计算

$$Q = \int_A u\,dA = \int_{r_0}^{0} u_\text{max}\left(\frac{y}{r_0}\right)^{1/7} 2\pi(r_0 - y)\,d(r_0 - y)$$

$$= \frac{2\pi u_\text{max}}{r_0^{1/7}} \int_0^{r_0} (r_0 - y)y^{1/7}\,dy = \frac{49}{60}\pi r_0^2 u_\text{max}$$

断面平均流速为 $$v = \frac{Q}{A} = \frac{49}{60}u_\text{max}$$

3.3　连续性方程

连续性方程是流体力学三个基本方程之一，是质量守恒原理的流体力学表达式。

3.3.1　连续性微分方程

在流场中取微小直角六面体空间为控制体，正交的三边长 dx、dy、dz 分别平行于 x、y、

z 坐标轴,如图 3.10 所示。控制体是流场中划定的空间,其形状、位置固定不变,流体可不受影响地通过。dt 时间内 x 方向流出与流入控制体的质量差,即 x 方向净流出质量为

$$\Delta M_x = \left[\rho u_x + \frac{\partial(\rho u_x)}{\partial x}dx\right]dydzdt - \rho u_x dydzdt$$

$$= \frac{\partial(\rho u_x)}{\partial x}dxdydzdt$$

同理,y、z 方向的净流出质量为

图 3.10 连续性微分方程

$$\Delta M_y = \frac{\partial(\rho u_y)}{\partial y}dxdydzdt$$

$$\Delta M_z = \frac{\partial(\rho u_z)}{\partial z}dxdydzdt$$

dt 时间内控制体的总净流出质量为

$$\Delta M_x + \Delta M_y + \Delta M_z = \left[\frac{\partial(\rho u_x)}{\partial x} + \frac{\partial(\rho u_y)}{\partial y} + \frac{\partial(\rho u_z)}{\partial z}\right]dxdydzdt$$

流体是连续介质,质点间无空隙。根据质量守恒原理,dt 时间里,控制体的总净流出质量,必等于控制体内由于密度变化而减少的质量,即

$$\left[\frac{\partial(\rho u_x)}{\partial x} + \frac{\partial(\rho u_y)}{\partial y} + \frac{\partial(\rho u_z)}{\partial z}\right]dxdydzdt = -\frac{\partial \rho}{\partial t}dxdydzdt$$

化简得

$$\frac{\partial \rho}{\partial t} + \frac{\partial(\rho u_x)}{\partial x} + \frac{\partial(\rho u_y)}{\partial y} + \frac{\partial(\rho u_z)}{\partial z} = 0 \tag{3.21}$$

即

$$\frac{\partial \rho}{\partial t} + \nabla \cdot (\rho \boldsymbol{u}) = 0 \tag{3.22}$$

式(3.21)和式(3.22)是连续性微分方程的一般形式。对于均质不可压缩流体,密度 ρ 为常数,式(3.21)化简为

$$\frac{\partial u_x}{\partial x} + \frac{\partial u_y}{\partial y} + \frac{\partial u_z}{\partial z} = 0 \tag{3.23}$$

$$\nabla \cdot \boldsymbol{u} = 0 \quad \text{或} \quad \text{div}\boldsymbol{u} = 0 \tag{3.24}$$

即散度为零

【例 3.4】 已知速度场 $u_x = \frac{1}{\rho}(y^2 - x^2)$,$u_y = \frac{1}{\rho}(2xy)$,$u_z = \frac{1}{\rho}(-2tz)$,$\rho = t^2$,试问流动是否满足连续性条件。

【解】 此流动为可压缩流体的非恒定流动

$$\frac{\partial \rho}{\partial t} = 2t \quad \frac{\partial(\rho u_x)}{\partial x} = \frac{\partial}{\partial x}(y^2 - x^2) = -2x$$

$$\frac{\partial(\rho u_y)}{\partial y} = \frac{\partial}{\partial y}(2xy) = 2x \quad \frac{\partial(\rho u_z)}{\partial z} = \frac{\partial}{\partial z}(-2tz) = -2t$$

将以上各项代入连续性微分方程式(3.21)得

$$\frac{\partial \rho}{\partial t} + \frac{\partial(\rho u_x)}{\partial x} + \frac{\partial(\rho u_y)}{\partial y} + \frac{\partial(\rho u_z)}{\partial z} = 0$$

此流动满足连续性条件,流动可能出现。

【**例 3.5**】　在水头 H 不变时，管道中的不可压缩流体作均匀流动，如 3.1 节中的图 3.2 所示，此流动是否满足连续性方程？

【**解**】　管中不可压缩流体作均匀流动，$u_y = u_z = 0$，沿 x 方向流速不变，说明 u_x 与 x 无关，它只能是 y、z 的函数，$u_x = f(y,z)$，则

$$\frac{\partial u_x}{\partial x} + \frac{\partial u_y}{\partial y} + \frac{\partial u_z}{\partial z} = \frac{\partial f(y,z)}{\partial x} + 0 + 0 = 0$$

因此满足连续性方程，即在均匀流条件下，不管断面流速如何分布，均满足连续性条件。

【**例 3.6**】　已知速度场 $u_x = cx^2 yz$，$u_y = (1-cx)y^2 z$，其中 c 为常数。试求坐标 z 方向的速度分量 u_z。

【**解**】　此流动为不可压缩流体的空间流动

$$\frac{\partial u_x}{\partial x} = 2cxyz \qquad \frac{\partial u_y}{\partial y} = 2yz - 2cxyz$$

由不可压缩流体连续性微分方程式(3.23)

$$\frac{\partial u_z}{\partial z} = -\left(\frac{\partial u_x}{\partial x} + \frac{\partial u_y}{\partial y}\right) = -2yz$$

积分上式　　　　　　　　　　　　$u_z = -yz^2 + f(x,y)$

式中 $f(x,y)$ 是 x、y 的任意函数，满足连续性微分方程的 u_z 有无数个，其中最简单的情况可取 $f(x,y) = 0$，即 $u_z = -yz^2$。

3.3.2　连续性微分方程对总流的积分

设不可压缩流体的恒定总流，以过流断面 1-1、2-2 及侧壁面围成的固定空间为控制体，体积为 V，如图 3.11 所示。将不可压缩流体的连续性微分方程式，对控制体进行空间积分，根据高斯(Gauss)定理可得

$$\iiint\limits_{V}\left(\frac{\partial u_x}{\partial x} + \frac{\partial u_y}{\partial y} + \frac{\partial u_z}{\partial z}\right)\mathrm{d}V = \oiint\limits_{S} u_n \mathrm{d}S \quad (3.25)$$

图 3.11　总流连续性方程

式中 S 为体积 V 的封闭表面，对于恒定流，流管的全部表面 S 包括两端断面和四周侧表面；u_n 为 u 在微元面积 $\mathrm{d}S$ 外法线方向的投影，因流管侧表面上 $u_n = 0$，则式(3.25)化简为

$$-\int_{A_1} u_1 \mathrm{d}A + \int_{A_2} u_2 \mathrm{d}A = 0$$

式中 A_1 为流管的流入断面面积，A_2 为流出断面面积，上式第一项取负号是因为速度 u_1 的方向与 $\mathrm{d}A_1$ 的外法线方向相反。于是

$$\int_{A_1} u_1 \mathrm{d}A = \int_{A_2} u_2 \mathrm{d}A \tag{3.26}$$

或　　　　　　　　　　　　　　$v_1 A_1 = v_2 A_2$ 　　　　　　　　　　　　(3.27)

式中 v_1、v_2 分别为总流过流断面 A_1、A_2 的断面平均流速。式(3.26)和式(3.27)称为恒定总流连续性方程，它是流体总流运动的基本方程。

【**例 3.7**】　变直径水管，如图 3.12 所示。已知粗管段直径 $d_1 = 200\text{mm}$，断面平均流速 $v_1 = 0.8\text{m/s}$，细管直径 $d_2 = 100\text{mm}$。试求细管段的断面平均流速 v_2。

图 3.12　变直径水管

【解】 由总流连续性方程式(3.27)

$$v_2 = v_1 \frac{A_1}{A_2} = v_1 \left(\frac{d_1}{d_2}\right)^2 = 3.2 \text{m/s}$$

以上所列连续性方程,只反映了总流两过流断面与侧表面所围空间的质量收支平衡。根据质量守恒原理,还可将连续性方程推广到任意空间。例如三通管的合流和分流、管网的总管流入和支管流出,都可以从质量守恒和流动连续观点,提出连续性方程的相应形式,如

合流三通(图 3.13*a*) $\qquad Q_1 + Q_2 = Q_3$

$$v_1 A_1 + v_2 A_2 = v_3 A_3$$

分流三通(图 3.13*b*) $\qquad Q_1 = Q_2 + Q_3$

$$v_1 A_1 = v_2 A_2 + v_3 A_3$$

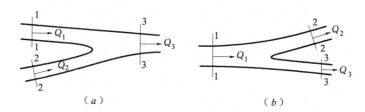

图 3.13 合流三通及分流三通

【例 3.8】 输水管道经三通管分流,如图 3.14 所示。已知管径 $d_1 = d_2 = 200 \text{mm}$,$d_3 = 100 \text{mm}$,断面平均流速 $v_1 = 3 \text{m/s}$,$v_2 = 2 \text{m/s}$。试求断面平均流速 v_3。

【解】 流入和流出三通管的流量应相等,即

$$Q_1 = Q_2 + Q_3$$

$$v_1 A_1 = v_2 A_2 + v_3 A_3$$

$$v_3 = (v_1 - v_2) \left(\frac{d_1}{d_3}\right)^2 = 4 \text{m/s}$$

图 3.14 三通管分流

3.4 流体微团运动的分析

欧拉法的基本概念是以流线为基础建立的总流运动。按连续介质模型,流体是由无数质点或者称为微团所构成的,认识流场的特点,探索流体运动的各种规律,都需从分析流体微团运动入手。

3.4.1 微团运动的分解

刚体力学早已证明,刚体的一般运动,可以分解为移动和转动两部分。流体是具有流动性且极易变形的连续介质,可想而知,流体微团在运动过程中,除移动和转动之外,还将有变形运动,如何把这三种运动显示出来呢? 最终德国力学家亥姆霍兹(Helmhotz)于 1858 年提出的速度分解定理,从理论上解决了这个问题。现把该定理简述如下。

某时刻 t,在流场中取微团,如图 3.15 所示。令其中一点 $O'(x, y, z)$ 为基点,速度 $\boldsymbol{u} = \boldsymbol{u}(x, y, z)$。在 O' 点的邻域内任取一点 $M(x + \delta x, y + \delta y, z + \delta z)$,$M$ 点的速度以 O' 点的速度按泰勒(Taylor)级数展开并取前两项

$$u_{Mx} = u_x + \frac{\partial u_x}{\partial x}\delta x + \frac{\partial u_x}{\partial y}\delta y + \frac{\partial u_x}{\partial z}\delta z \left.\right\}$$

$$u_{My} = u_y + \frac{\partial u_y}{\partial x}\delta x + \frac{\partial u_y}{\partial y}\delta y + \frac{\partial u_y}{\partial z}\delta z \qquad (3.28)$$

$$u_{Mz} = u_z + \frac{\partial u_z}{\partial x}\delta x + \frac{\partial u_z}{\partial y}\delta y + \frac{\partial u_z}{\partial z}\delta z$$

为显示出移动、旋转和变形运动,对以上各式加减相同项,做恒等变换,即

$$u_{Mx} = u_x + \frac{\partial u_x}{\partial x}\delta x + \frac{\partial u_x}{\partial y}\delta y + \frac{\partial u_x}{\partial z}\delta z \pm \frac{1}{2}\frac{\partial u_y}{\partial x}\delta y \pm \frac{1}{2}\frac{\partial u_z}{\partial x}\delta z$$

$$u_{My} = u_y + \frac{\partial u_y}{\partial x}\delta x + \frac{\partial u_y}{\partial y}\delta y + \frac{\partial u_y}{\partial z}\delta z \pm \frac{1}{2}\frac{\partial u_z}{\partial y}\delta z \pm \frac{1}{2}\frac{\partial u_x}{\partial y}\delta x$$

$$u_{Mz} = u_z + \frac{\partial u_z}{\partial x}\delta x + \frac{\partial u_z}{\partial y}\delta y + \frac{\partial u_z}{\partial z}\delta z \pm \frac{1}{2}\frac{\partial u_x}{\partial z}\delta x \pm \frac{1}{2}\frac{\partial u_y}{\partial z}\delta y$$

采用符号

$$\varepsilon_{xx} = \frac{\partial u_x}{\partial x}, \varepsilon_{yz} = \varepsilon_{zy} = \frac{1}{2}\left(\frac{\partial u_z}{\partial y} + \frac{\partial u_y}{\partial z}\right), \omega_x = \frac{1}{2}\left(\frac{\partial u_z}{\partial y} - \frac{\partial u_y}{\partial z}\right)$$

$$\varepsilon_{yy} = \frac{\partial u_y}{\partial y}, \varepsilon_{zx} = \varepsilon_{xz} = \frac{1}{2}\left(\frac{\partial u_x}{\partial z} + \frac{\partial u_z}{\partial x}\right), \omega_y = \frac{1}{2}\left(\frac{\partial u_x}{\partial z} - \frac{\partial u_z}{\partial x}\right) \qquad (3.29)$$

$$\varepsilon_{zz} = \frac{\partial u_z}{\partial z}, \varepsilon_{xy} = \varepsilon_{yx} = \frac{1}{2}\left(\frac{\partial u_y}{\partial x} + \frac{\partial u_x}{\partial y}\right), \omega_z = \frac{1}{2}\left(\frac{\partial u_y}{\partial x} - \frac{\partial u_x}{\partial y}\right)$$

则式(3.28)恒等于

$$u_{Mx} = u_x + (\varepsilon_{xx}\delta x + \varepsilon_{xy}\delta y + \varepsilon_{xz}\delta z) + (\omega_y\delta z - \omega_z\delta y) \left.\right\}$$

$$u_{My} = u_y + (\varepsilon_{yx}\delta x + \varepsilon_{yy}\delta y + \varepsilon_{yz}\delta z) + (\omega_z\delta x - \omega_x\delta z) \qquad (3.30)$$

$$u_{Mz} = u_z + (\varepsilon_{zx}\delta x + \varepsilon_{zy}\delta y + \varepsilon_{zz}\delta z) + (\omega_x\delta y - \omega_y\delta x)$$

式(3.30)是微团运动速度的分解式,表示流体微团运动的速度为平移、变形(包括线变形和角变形)和旋转三种运动速度的组合,称为流体的速度分解定理。

3.4.2　微团运动的组成分析

式(3.30)中各项分别代表某一简单运动的速度。为简化分析,取平面运动的矩形微团 $O'AMB$,以 O' 为基点,该点的速度分量为 u_x、u_y,则 A、M、B 点的速度可由泰勒级数展开的前两项表示,如图 3.15 所示。

(1)平移速度 u_x、u_y、u_z　图 3.15 中 u_x、u_y 是微团各点共有的速度,如果微团只随基点平移,微团上各点的速度均为 u_x、u_y。从此意义上说,u_x、u_y 是微团平移在各点引起的速度,称为平移速度。同理,对于空间流场平移速度为 u_x、u_y、u_z。

(2)线变形速度 ε_{xx}、ε_{yy}、ε_{zz}　以 $\varepsilon_{xx} = \frac{\partial u_x}{\partial x}$ 为例,如图 3.16 所示。因微团的 O'、A 两点在 x 方向的速度不同,所以在 dt 时间内,两点 x 方向的位移量不等,$O'A$ 边发生线变形,平行 x 轴的直线都将发生线变形,即

$$\left(u_x + \frac{\partial u_x}{\partial x}\delta x\right)dt - u_x dt = \frac{\partial u_x}{\partial x}\delta x dt$$

故 $\varepsilon_{xx} = \frac{\partial u_x}{\partial x}$ 是单位时间微团 x 方向的相对线变形量,称为该方向的线变形速度。同理 $\varepsilon_{yy} = \frac{\partial u_y}{\partial y}$,$\varepsilon_{zz} = \frac{\partial u_z}{\partial z}$ 分别是微团在 y、z 方向的线变形速度。

图 3.15 流体微团运动

图 3.16 流体微团的线变形

（3）角变形速度 ε_{xy}，ε_{yz}，ε_{zx}　以 $\varepsilon_{xy}=\dfrac{1}{2}\left(\dfrac{\partial u_y}{\partial x}+\dfrac{\partial u_x}{\partial y}\right)$ 为例，因微团的 O'、A 两点在 y 方向的速度不同，在 $\mathrm{d}t$ 时间，两点 y 方向的位移量不等，$O'A$ 边发生偏转，如图 3.17 所示，偏转角度为

$$\delta\alpha=\frac{AA'}{\delta x}=\frac{\dfrac{\partial u_y}{\partial x}\delta x\mathrm{d}t}{\delta x}=\frac{\partial u_y}{\partial x}\mathrm{d}t \tag{3.31}$$

同理，$O'B$ 边也发生偏转，偏转角度为

$$\delta\beta=\frac{BB'}{\delta y}=\frac{\dfrac{\partial u_x}{\partial y}\delta y\mathrm{d}t}{\delta y}=\frac{\partial u_x}{\partial y}\mathrm{d}t \tag{3.32}$$

$O'A$、$O'B$ 偏转的结果，使微团由原来的矩形 $O'AMB$ 变成平行四边形 $O'A'M'B'$，微团在 xOy 平面上的这种剪切变形即角变形可用 $O'A$、$O'B$ 边偏转的平均值来衡量

$$\frac{1}{2}(\delta\alpha+\delta\beta)=\frac{1}{2}\left(\frac{\partial u_y}{\partial x}+\frac{\partial u_x}{\partial y}\right)\mathrm{d}t=\varepsilon_{xy}\mathrm{d}t \tag{3.33}$$

其中 $\varepsilon_{xy}=\dfrac{1}{2}\left(\dfrac{\partial u_y}{\partial x}+\dfrac{\partial u_x}{\partial y}\right)$ 是单位时间微团在 xOy 面上的角变形，称为角变形速度。同理，$\varepsilon_{yz}=\dfrac{1}{2}\left(\dfrac{\partial u_z}{\partial y}+\dfrac{\partial u_y}{\partial z}\right)$，$\varepsilon_{zx}=\dfrac{1}{2}\left(\dfrac{\partial u_x}{\partial z}+\dfrac{\partial u_z}{\partial x}\right)$ 分别是微团在 yOz、zOx 平面上的角变形速度。

（4）旋转角速度 ω_x，ω_y，ω_z　以 $\omega_z=\dfrac{1}{2}\left(\dfrac{\partial u_y}{\partial x}-\dfrac{\partial u_x}{\partial y}\right)$ 为例，若微团 $O'A$、$O'B$ 边偏转的方向相反，转角相等，$\delta\alpha=\delta\beta$，如图 3.17 所示，此时微团发生角变形，但变形前后的角分线 $O'C$ 的指向不变，以此定义微团没有旋转，是单纯的角变形。若偏转角不等，即 $\delta\alpha\neq\delta\beta$，如图 3.18 所示，则变形前后角分线 $O'C$ 的指向变化，表示该微团旋转。旋转角度规定以逆时针方向的转角为正，顺时针方向的转角为负

$$\delta\gamma=\frac{1}{2}(\delta\alpha-\delta\beta)$$

将式（3.31）、式（3.32）代入上式

$$\delta\gamma=\frac{1}{2}\left(\frac{\partial u_y}{\partial x}-\frac{\partial u_x}{\partial y}\right)\mathrm{d}t=\omega_z\mathrm{d}t \tag{3.34}$$

其中 $\omega_z=\dfrac{1}{2}\left(\dfrac{\partial u_y}{\partial x}-\dfrac{\partial u_x}{\partial y}\right)$ 是微团绕平行于 Oz 轴的基点轴的旋转角速度。同理，$\omega_x=$

$\dfrac{1}{2}\left(\dfrac{\partial u_z}{\partial y}-\dfrac{\partial u_y}{\partial z}\right),\omega_y=\dfrac{1}{2}\left(\dfrac{\partial u_x}{\partial z}-\dfrac{\partial u_z}{\partial x}\right)$ 分别是微团绕平行于 Ox、Oy 轴的基点轴的旋转角速度。

图 3.17　流体微团的角变形　　　　　　　图 3.18　流体微团的旋转

以上分析说明了速度分解定理式(3.30)的物理意义,即流体微团运动包括平移、旋转和变形运动(线变形和角变形)三部分,比刚体运动更为复杂。该定理对流体力学的发展有深远影响,由于在速度分解基础上,可以把微团自身的旋转运动从一般运动中分离出来,将流体运动分为有旋运动和无旋运动,并且两种运动的规律和计算方法不同,从而发展了对流动的分析和计算理论;此外,由于分解出微团的变形运动,从而建立了流体的应力和变形速度之间的关系,为最终建立黏性流体运动的基本方程式奠定了基础。另外需要注意流体速度分解定理和刚体速度分解有一个重要的区别:刚体速度分解定理对整个刚体成立,因此它是整体性的定理;流体速度分解定理只是在流体微团内成立,因此它是一个局部性的定理。例如,刚体的角速度是描述整个刚体转动的一个整体性的特征量;而流体的角速度只是描述流体微团旋转运动的一个局部性的特征量。

3.4.3　有旋运动(有涡流)和无旋运动(无涡流)

由速度分解定理可知,旋转角速度矢量 $\boldsymbol{\omega}$ 描述了流体微团运动的转动部分,其方向是流体微团瞬时旋转轴的方向,其大小代表旋转的角速度。根据流体微团在运动过程中是否旋转,流体运动又可分为以下两种类型:有旋运动(有涡流)和无旋运动(无涡流)。若流场中的流体微团不存在旋转运动,即各点的旋转角速度 $\boldsymbol{\omega}$ 都等于零

$$
\left.
\begin{aligned}
\omega_x&=\frac{1}{2}\left(\frac{\partial u_z}{\partial y}-\frac{\partial u_y}{\partial z}\right)=0 &&\Rightarrow \frac{\partial u_z}{\partial y}=\frac{\partial u_y}{\partial z}\\
\omega_y&=\frac{1}{2}\left(\frac{\partial u_x}{\partial z}-\frac{\partial u_z}{\partial x}\right)=0 &&\Rightarrow \frac{\partial u_x}{\partial z}=\frac{\partial u_z}{\partial x}\\
\omega_z&=\frac{1}{2}\left(\frac{\partial u_y}{\partial x}-\frac{\partial u_x}{\partial y}\right)=0 &&\Rightarrow \frac{\partial u_x}{\partial y}=\frac{\partial u_y}{\partial x}
\end{aligned}
\right\}
\tag{3.35}
$$

称之为无旋运动或无涡流。如在运动中流体微团存在旋转运动,即 ω_x、ω_y、ω_z 三者之中,至少有一个不为零,则称之为有旋运动或有涡流。

上述分类的依据仅仅是微团本身是否绕基点的瞬时轴旋转,不涉及是恒定流还是非恒定流、均匀流还是非均匀流,也不涉及微团(质点)运动的轨迹形状。即便微团运动的轨迹是圆,但微团本身无旋转,流动仍是无旋运动;只有微团本身有旋转,才是有旋运动。

自然界中大多数流动由于黏滞性的作用,一般都是有旋运动,这些有旋运动有些以明显可见的旋涡形式表现出来,如桥墩后的旋涡区,航船船尾后面的旋涡,大气中的龙卷风等。更多的情况下,有旋运动没有明显可见的旋涡,不是一眼能看出来的,需要对速度场进行分析加以判别。有旋运动的流场中存在旋转角速度矢量 $\boldsymbol{\omega}$,故可用与描述流速场相类似的方法引入一些新的概念来描述。

（1）涡线　与流线类似，涡线是一条在有旋运动中反映瞬时角速度方向的曲线，即在任意的同一时刻，处于涡线上所有各点的流体质点的角速度方向都与该点的切线方向相重合，如图 3.19 所示。涡线的作法与流线相似，同样与流线类比可写出涡线方程

图 3.19　涡线

$$\frac{\mathrm{d}x}{\omega_\mathrm{x}}=\frac{\mathrm{d}y}{\omega_\mathrm{y}}=\frac{\mathrm{d}z}{\omega_\mathrm{z}} \tag{3.36}$$

（2）涡量（也可称为旋度）　该量定义为旋转角速度 $\boldsymbol{\omega}$ 的两倍，即 $\boldsymbol{\Omega}=2\boldsymbol{\omega}$。旋转角速度越大，涡量越大，则涡的旋转强度必定也大。涡量的计算可直接从流速出发，根据旋度 rot $\boldsymbol{u}$ 的定义

$$\boldsymbol{\Omega}=\mathrm{rot}\ \boldsymbol{u}=\nabla\times\boldsymbol{u} \tag{3.37}$$

投影式为

$$\left.\begin{array}{l}\Omega_\mathrm{x}=\dfrac{\partial u_\mathrm{z}}{\partial y}-\dfrac{\partial u_\mathrm{y}}{\partial z}\\[2mm]\Omega_\mathrm{y}=\dfrac{\partial u_\mathrm{x}}{\partial z}-\dfrac{\partial u_\mathrm{z}}{\partial x}\\[2mm]\Omega_\mathrm{z}=\dfrac{\partial u_\mathrm{y}}{\partial x}-\dfrac{\partial u_\mathrm{x}}{\partial y}\end{array}\right\} \tag{3.38}$$

（3）涡管　与流管类似，由同一时刻的无数条涡线所组成的管状封闭面称为涡管，涡管内的有旋流体叫做元涡。元涡的涡通量为元涡的横断面（垂直于涡量）和涡量的乘积

$$\mathrm{d}I=\Omega\mathrm{d}A=2\omega\mathrm{d}A \tag{3.39}$$

（4）速度环量（简称环量）　如图 3.20 所示，流场中的流速沿任一封闭曲线 L 的线积分为速度环量 $\varGamma$

$$\varGamma=\oint_L\boldsymbol{u}\cdot\mathrm{d}\boldsymbol{L}=\oint_L u\cos\alpha\mathrm{d}L=\oint_L(u_\mathrm{x}\mathrm{d}x+u_\mathrm{y}\mathrm{d}y+u_\mathrm{z}\mathrm{d}z) \tag{3.40}$$

图 3.20　速度环量计算

环量 $\varGamma$ 与涡通量 I 之间存在以下关系（证明略）

$$\varGamma=\oint_L\boldsymbol{u}\cdot\mathrm{d}\boldsymbol{L}=\oint_A\boldsymbol{\Omega}\cdot\boldsymbol{n}\mathrm{d}A=I \tag{3.41}$$

上式表明沿周线 L 的速度环量 $\varGamma$ 等于通过该曲线所张的任意曲面 A 的涡通量，这一关系称为斯托克斯定理。

【例 3.9】　判断下列流动是有旋运动还是无旋运动：（1）已知速度场 $u_\mathrm{x}=ay$，$u_\mathrm{y}=u_\mathrm{z}=0$，其中 a 为常数，流线是平行于 x 轴的直线，如图 3.21(a)所示；（2）已知速度场 $u_\mathrm{r}=0$，$u_\theta=\dfrac{b}{r}$，其中 b 是常数，流线是以原点为中心的同心圆，如图 3.21(b)所示。

【解】　（1）本题为平面流动，只需判别 ω_z 是否为零即可。因为

$$\omega_\mathrm{z}=\frac{1}{2}\left(\frac{\partial u_\mathrm{y}}{\partial x}-\frac{\partial u_\mathrm{x}}{\partial y}\right)=\frac{1}{2}(0-a)=-\frac{a}{2}\neq0$$

故为有旋运动。

（2）取直角坐标，任意点 $P(x,y)$ 的速度分量

$$u_x = -u_\theta \sin\theta = -\frac{b}{r}\frac{y}{r} = -\frac{by}{r^2} = -\frac{by}{x^2+y^2}$$

$$u_y = u_\theta \cos\theta = \frac{b}{r}\frac{x}{r} = \frac{bx}{r^2} = \frac{bx}{x^2+y^2}$$

$$\omega_z = \frac{1}{2}\left(\frac{\partial u_y}{\partial x} - \frac{\partial u_x}{\partial y}\right) = 0$$

故为无旋运动。

（a）　　　　　　　　　　（b）

图 3.21　速度场

思考题

3-1　比较拉格朗日法和欧拉法，两种方法及其数学表达式有何不同？

3-2　流线和迹线有什么不同？流线有哪些主要性质，在什么条件下流线和迹线重合？

3-3　在同一流场中，同一时刻不同流体质点组成的曲线是否都是流线？

3-4　何谓均匀流及非均匀流？以上分类与过流断面上流速分布是否均匀有无关系？

3-5　流场为有旋运动时，流体微团一定做圆周运动吗？无旋运动时，流体微团一定做直线运动吗？

3-6　流体微团的旋转角速度与刚体的旋转角速度有什么本质差别？

习　题

3-1　已知流速场 $u_x = 2t+2x+2y$，$u_y = t-y+z$，$u_z = t+x-z$。求流场中点 $(2,2,1)$ 在 $t=3$ 时的加速度。

3-2　下列两个流动，其线变形速度为多少？哪个有旋？哪个无旋？哪个有角变形？哪个无角变形？（式中的 a、c 为常数）

（1）$u_x = -ay$，$u_y = ax$，$u_z = 0$；

（2）$u_x = -\dfrac{cy}{x^2+y^2}$，$u_y = \dfrac{cx}{x^2+y^2}$，$u_z = 0$。

3-3　已知平面流动的流速分布为 $u_x = a$，$u_y = b$，其中 a、b 为正数。求流线方程并画出若干条 $y>0$ 时的流线。

3-4　已知平面流动速度分布为 $u_x = -\dfrac{cy}{x^2+y^2}$，$u_y = \dfrac{cx}{x^2+y^2}$，其中 c 为正数，求流线方

程并画出若干条流线。

3-5 已知平面流动速度场分布为 $u=(4y-6x)ti+(6y-9x)tj$。求 $t=1$ 时的流线方程并绘出 $x=0$ 至 $x=4$ 区间穿过 x 轴的 4 条流线图形。

3-6 已知圆管中流速分布为 $u=u_{max}\left(\dfrac{y}{r_0}\right)^{1/7}$，$r_0$ 为圆管半径，y 为离开管壁的距离，u_{max} 为管轴处最大流速。求流速等于断面平均流速的点到管壁的距离 y。

3-7 对于不可压缩流体，下面的运动是否满足连续性条件？（1）$u_x=2x^2+y^2$，$u_y=x^3-x(y^2-2y)$；（2）$u_x=xt+2y$，$u_y=xt^2-yt$；（3）$u_x=y^2+2xz$，$u_y=-2yz+x^2yz$，$u_z=\dfrac{1}{2}x^2z^2+x^2y^4$。

3-8 已知不可压缩流体平面流动在 y 方向的速度分量为 $u_y=y^2-2x+2y$。求速度在 x 方向的分量 u_x。

3-9 已知两平行平板间的速度分布为 $u=u_{max}\left[1-\left(\dfrac{y}{b}\right)^2\right]$，式中 $y=0$ 为中心线，$y=\pm b$ 为平板所在位置，u_{max} 为常数，求两平行平板间流体的单宽流量。

3-10 如题 3-10 图所示的管段，$d_1=2.5$cm，$d_2=5$cm，$d_3=10$cm。（1）当流量为 4L/s 时，求各管段的平均流速；（2）旋动阀门，使流量增加至 8L/s 或使流量减少至 2L/s 时，平均流速如何变化？

3-11 水射器如题 3-11 图所示，高速水流 v_j 由喷嘴射出，带动管道内的水体流动。已知 1-1 断面管道内的水流速度和射流速度分别为 $v_1=3$m/s 和 $v_j=25$m/s，管道和喷嘴的直径分别为 0.3m 和 0.085m，求断面 2-2 处的平均流速 v_2。

题 3-10 图

题 3-11 图

3-12 在直径为 d 的圆形风管断面上（题 3-12 图），用下法选定五个点来测量局部风速。设想用与管轴同心，但不同半径的圆周，将全部断面分为中间是圆，其他是圆环的五个面积相等的部分。测点即位于等分此部分面积的圆周上。这样测得的各点流速，分别代表相应断面的平均流速。试计算各测点到管轴的距离，以直径的倍数表示；若各点流速分别为 u_1、u_2、u_3、u_4、u_5，空气密度为 ρ，试求质量流量 Q_m。

3-13 设计输水量为 300t/h 的给水管道，流速限制在 0.9～1.4m/s 之间。试确定管道直径，根据所选直径求流速（直径规定为 50mm 的倍数）。

题 3-12 图

3-14 如直径 $d_1=150$mm 管道内的断面平均流速为直径 $d_2=200$mm 管道内的一半，求通过这两个管道的流量比。

第4章 流体动力学基础

流体动力学是在研究流体运动的同时涉及力的规律及其在工程中的应用。本章中的流体动力学基本方程是将物质运动的普遍规律应用于流体运动后得到的,是用来分析和求解流体运动的最基本的理论工具。流体动力学基本方程既可用微分形式来表示,也可用积分形式来表示,两者在本质上是一样的。求解微分形式的基本方程,可得到速度、压强等流动参数在流场中的分布,给出流场的细节;求解积分形式的基本方程,可得到有限体积控制面上流动参数的关系。

4.1 理想流体运动微分方程

流体运动必须遵循机械运动的普遍定律——牛顿第二定律,上述定律应用于流体运动时,它的数学表达式在水力学中习惯地称为运动方程。下面介绍如何用微元分析法来推导理想流体运动微分方程。

在运动的理想流体中,取微小平行六面体(质点),相互正交的三个边 dx、dy、dz 分别平行于 x、y、z 坐标轴,如图 4.1 所示。设六面体的中心点 $O'(x,y,z)$ 速度为 u,压强为 p,分析该微小六面体 x 方向的受力和运动情况。

从表面力的角度看,理想流体内不存在切应力,只有压强。x 方向受压面($abcd$ 面和 $a'b'c'd'$ 面)形心点的压强为

图 4.1 理想流体微元六面体

$$p_M = p - \frac{1}{2}\frac{\partial p}{\partial x}dx$$

$$p_N = p + \frac{1}{2}\frac{\partial p}{\partial x}dx$$

受压面上的压力

$$P_M = p_M dydz$$

$$P_N = p_N dydz$$

质量力

$$F_{Bx} = X\rho dxdydz$$

由牛顿第二定律

$$\sum F_x = m\frac{du_x}{dt}$$

$$\left[\left(p - \frac{1}{2}\frac{\partial p}{\partial x}dx\right) - \left(p + \frac{1}{2}\frac{\partial p}{\partial x}dx\right)\right]dydz + X\rho dxdydz = \rho dxdydz\frac{du_x}{dt}$$

化简得

$$X - \frac{1}{\rho}\frac{\partial p}{\partial x} = \frac{du_x}{dt}$$

同理

$$\left.\begin{aligned} Y - \frac{1}{\rho}\frac{\partial p}{\partial y} &= \frac{du_y}{dt} \\ Z - \frac{1}{\rho}\frac{\partial p}{\partial z} &= \frac{du_z}{dt} \end{aligned}\right\} \tag{4.1}$$

将加速度项展开成欧拉法表达式

$$\left.\begin{array}{l} X-\dfrac{1}{\rho}\dfrac{\partial p}{\partial x}=\dfrac{\partial u_x}{\partial t}+u_x\dfrac{\partial u_x}{\partial x}+u_y\dfrac{\partial u_x}{\partial y}+u_z\dfrac{\partial u_x}{\partial z} \\[2mm] Y-\dfrac{1}{\rho}\dfrac{\partial p}{\partial y}=\dfrac{\partial u_y}{\partial t}+u_x\dfrac{\partial u_y}{\partial x}+u_y\dfrac{\partial u_y}{\partial y}+u_z\dfrac{\partial u_y}{\partial z} \\[2mm] Z-\dfrac{1}{\rho}\dfrac{\partial p}{\partial z}=\dfrac{\partial u_z}{\partial t}+u_x\dfrac{\partial u_z}{\partial x}+u_y\dfrac{\partial u_z}{\partial y}+u_z\dfrac{\partial u_z}{\partial z} \end{array}\right\} \tag{4.2}$$

用矢量表示为

$$\boldsymbol{f}-\frac{1}{\rho}\nabla p=\frac{\partial \boldsymbol{u}}{\partial t}+(\boldsymbol{u}\cdot\nabla)\boldsymbol{u} \tag{4.3}$$

式(4.2)和式(4.3)为理想流体运动微分方程式,是1755年欧拉在其所著的《流体运动的基本原理》中首次提出的,所以又称欧拉运动微分方程。该式是牛顿第二定律的水力学表达式,是控制理想流体运动的基本方程式,它表示流体质点运动和作用在它本身上的力的相互关系,适用于可压缩流体和不可压缩流体的恒定流和非恒定流、有势流等。当速度为零时,欧拉运动微分方程即为流体的平衡微分方程——欧拉平衡微分方程式(2.2)。当恒定流时,式(4.2)中的 $\dfrac{\partial u_x}{\partial t}=\dfrac{\partial u_y}{\partial t}=\dfrac{\partial u_z}{\partial t}=0$,计算得以简化。

【例 4.1】 理想流体速度场为 $u_x=ay$,$u_y=bx$,$u_z=0$,a、b 为常数,质量力忽略不计,试求等压面方程。

【解】 本题为理想流体平面运动,由欧拉运动微分方程式(4.2),不计质量力

$$\begin{cases} -\dfrac{1}{\rho}\dfrac{\partial p}{\partial x}=u_y\dfrac{\partial u_x}{\partial y}=abx \\[3mm] -\dfrac{1}{\rho}\dfrac{\partial p}{\partial y}=u_x\dfrac{\partial u_y}{\partial x}=aby \end{cases}$$

将方程组化为全微分形式

$$-\frac{1}{\rho}\left(\frac{\partial p}{\partial x}\mathrm{d}x+\frac{\partial p}{\partial y}\mathrm{d}y\right)=-\frac{1}{\rho}\mathrm{d}p=ab(x\mathrm{d}x+y\mathrm{d}y)$$

积分

$$p=-\rho ab\frac{x^2+y^2}{2}+c'$$

令 $p=$ 常数,得等压面方程 $\qquad\qquad x^2+y^2=c$

等压面是以坐标原点为中心的圆。

4.2 元流的伯努利方程

流体运动微分方程只有积分成普通方程式,在实用上才有意义。其中理想流体运动微分方程式(4.1)为非线性偏微分方程组,只有特定条件下的积分,其中最为著名的是伯努利积分。

4.2.1 理想流体运动微分方程的伯努利积分

将理想流体运动微分方程式(4.1)中的各式分别乘以沿同一流线上相邻两点间的坐标增量 $\mathrm{d}x$、$\mathrm{d}y$、$\mathrm{d}z$,然后相加得

$$(X\mathrm{d}x+Y\mathrm{d}y+Z\mathrm{d}z)-\frac{1}{\rho}\left(\frac{\partial p}{\partial x}\mathrm{d}x+\frac{\partial p}{\partial y}\mathrm{d}y+\frac{\partial p}{\partial z}\mathrm{d}z\right)=\frac{\mathrm{d}u_x}{\mathrm{d}t}\mathrm{d}x+\frac{\mathrm{d}u_y}{\mathrm{d}t}\mathrm{d}y+\frac{\mathrm{d}u_z}{\mathrm{d}t}\mathrm{d}z \tag{a}$$

引入限定条件：

(1)作用在流体上的质量力只有重力，即 $X=Y=0$、$Z=-g$，则

$$X\mathrm{d}x+Y\mathrm{d}y+Z\mathrm{d}z=-g\mathrm{d}z \tag{b}$$

(2)不可压缩流体、恒定流动，即 $\rho=$ 常数、$p=p(x,y,z)$，则

$$\frac{1}{\rho}\left(\frac{\partial p}{\partial x}\mathrm{d}x+\frac{\partial p}{\partial y}\mathrm{d}y+\frac{\partial p}{\partial z}\mathrm{d}z\right)=\frac{1}{\rho}\mathrm{d}p=\mathrm{d}\left(\frac{p}{\rho}\right) \tag{c}$$

(3)恒定流的流线与迹线重合，即 $\mathrm{d}x=u_x\mathrm{d}t$、$\mathrm{d}y=u_y\mathrm{d}t$、$\mathrm{d}z=u_z\mathrm{d}t$，则

$$\frac{\mathrm{d}u_x}{\mathrm{d}t}\mathrm{d}x+\frac{\mathrm{d}u_y}{\mathrm{d}t}\mathrm{d}y+\frac{\mathrm{d}u_z}{\mathrm{d}t}\mathrm{d}z=\mathrm{d}\left(\frac{u_x^2+u_y^2+u_z^2}{2}\right)=\mathrm{d}\left(\frac{u^2}{2}\right) \tag{d}$$

将(b)式、(c)式和(d)式代入(a)式，积分得

$$-gz-\frac{p}{\rho}-\frac{u^2}{2}=c'$$

$$z+\frac{p}{\rho g}+\frac{u^2}{2g}=c \tag{4.4}$$

或

$$z_1+\frac{p_1}{\rho g}+\frac{u_1^2}{2g}=z_2+\frac{p_2}{\rho g}+\frac{u_2^2}{2g} \tag{4.5}$$

上述理想流体运动微分方程沿流线的积分称为伯努利积分，所得式(4.4)和式(4.5)称为伯努利方程，以纪念在理想流体运动微分方程建立之前，1738 年瑞士物理学家及数学家伯努利(Bernoulli)根据动能原理首先推导出式(4.4)来计算流动问题。

由于元流的过流断面面积无穷小，所以沿流线的伯努利方程就是元流的伯努利方程。推导该方程引入的限定条件，就是理想流体元流伯努利方程的应用条件。归纳起来有：理想流体、恒定流动、质量力中只有重力、沿元流(流线)流动和不可压缩流体。

4.2.2　理想流体元流伯努利方程的物理意义和几何意义

(1)物理意义　式(4.4)中各项值都是在元流过流断面处的值，其中 z、$\frac{p}{\rho g}$、$z+\frac{p}{\rho g}$ 项的物理意义分别是单位重量流体从某一基准面算起所具有的位能(位置势能)、压能(压强势能)和总势能；$\frac{u^2}{2g}=\frac{1}{2}\frac{mu^2}{mg}$ 为单位重量流体具有的动能；$z+\frac{p}{\rho g}+\frac{u^2}{2g}$ 是单位重量流体具有的机械能。

因此式(4.4)表示理想流体元流的恒定流动，其物理意义是：沿同一元流(流线)的各过流断面上，单位重量流体所具有的机械能(位能、压能、动能之和)沿流程保持不变，即机械能守恒；同时也表示了元流在不同过流断面上，单位重量流体所具有的动能和势能、流速和压强之间可以相互转化的普遍规律。

(2)几何意义　式(4.4)及各项的几何意义是指不同的几何高度。如图 4.2 所示，z 是元流上某点到基准面的位置高度，又称位置水头；$h=\frac{p}{\rho g}$ 是该点的测压管高度，即断面压强 p 作用下流体沿测压管上升的高度，又称压强水头；两项之和 $H_\mathrm{p}=z+\frac{p}{\rho g}$ 则是该点测压管液面到基准面的

图 4.2　理想流体元流的水头线

总高度，又称测压管水头；$h_\mathrm{u}=\frac{u^2}{2g}$ 为以断面流速 u 为初速的铅直上升射流所能达到的理论

高度,又称流速水头;$H=z+\dfrac{p}{\rho g}+\dfrac{u^2}{2g}$称为总水头,是位置水头、压强水头和流速水头之和。

因此式(4.4)的几何意义是:对于液体来说,元流各过流断面上,总水头沿流程保持不变;同时也表示了元流在不同过流断面上位置水头、压强水头、流速水头之间可以相互转化的关系。这些可以形象地如图 4.2 所示,总水头线 H 是水平线,沿流程保持不变;测压管水头线 H_p 沿程可以上升,也可下降。

4.2.3 实际流体元流的伯努利方程

实际流体具有黏性,运动时产生流动阻力,克服阻力做功,使流体的一部分机械能不可逆地转化为热能而散失。因此实际流体流动时,单位重量流体具有的机械能沿程不守恒而是沿程减少。设 h_1' 为实际流体元流单位重量流体由过流断面 1-1 运动至过流断面 2-2 的机械能损失,又称为实际流体元流的水头损失,根据能量守恒原理,便可得到实际流体元流的伯努利方程

$$z_1+\frac{p_1}{\rho g}+\frac{u_1^2}{2g}=z_2+\frac{p_2}{\rho g}+\frac{u_2^2}{2g}+h_1' \tag{4.6}$$

此时水头损失 h_1' 也具有长度的量纲。

由式(4.6)可知,理想流体元流的总水头线是一条水平线(图 4.2),实际流体元流的总水头线沿程单调下降,下降的快慢可用单位长度上的水头损失,即水力坡度 J 来表示,如图 4.3 所示。取一实际流体元流段长度为 $\mathrm{d}l$,相应于这段的水头损失为 $\mathrm{d}h_1'$,则

$$J=-\frac{\mathrm{d}H}{\mathrm{d}l}=\frac{\mathrm{d}h_1'}{\mathrm{d}l} \tag{4.7}$$

因为在水力学中将顺流程向下的 J 视为正值,而 $\mathrm{d}H/\mathrm{d}l$ 总是负值,所以在上式中加负号,使 J 为正值。同理,单位长度上测压管水头的降低或升高,称测压管水力坡度 J_p

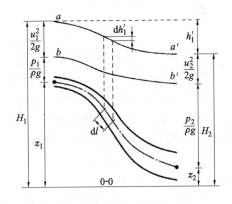

图 4.3 实际流体元流的水头线

$$J_p=-\frac{\mathrm{d}H_p}{\mathrm{d}l}=-\frac{\mathrm{d}\left(z+\dfrac{p}{\rho g}\right)}{\mathrm{d}l} \tag{4.8}$$

因为将顺流程向下的 J_p 视为正值,而 $\mathrm{d}H_p/\mathrm{d}l$ 不总是负值,所以在上式中加负号,使 J_p 可正、可负或为零。

4.3 实际流体总流的伯努利方程

上一节中已经得到了实际流体元流的伯努利方程式(4.6),现在进一步把它推广到总流,以得出在工程实际中对断面平均流速 v 和压强 p 的计算都非常重要的实际流体总流的伯努利方程式。

4.3.1 总流的伯努利方程

设恒定总流,截面 1-1、2-2 处过流断面面积分别为 A_1、A_2,如图 4.4 所示。在总流内任

取元流,过流断面的微元面积、位置高度、压强及流速
分别为 dA_1、dA_2、z_1、z_2、p_1、p_2、u_1、u_2。以单位时间内
通过元流某过流断面流体的重量 $\rho g u_1 dA_1 = \rho g u_2 dA_2 = \rho g dQ$ 分别乘以实际流体元流伯努利方程式(4.6)
中各对应项,得到单位时间通过元流两过流断面的能
量关系

图 4.4　总流的伯努利方程

$$\left(z_1 + \frac{p_1}{\rho g} + \frac{u_1^2}{2g}\right)\rho g u_1 dA_1 = \left(z_2 + \frac{p_2}{\rho g} + \frac{u_2^2}{2g}\right)\rho g u_2 dA_2 + h_l' \rho g dQ$$

总流既然可以看作是由无数元流构成的,那么将上式对总流过流断面积分,便得到单位
时间通过总流两过流断面的能量关系为

$$\int_{A_1}\left(z_1 + \frac{p_1}{\rho g}\right)\rho g u_1 dA_1 + \int_{A_1}\frac{u_1^2}{2g}\rho g u_1 dA_1 = \int_{A_2}\left(z_2 + \frac{p_2}{\rho g}\right)\rho g u_2 dA_2 + \int_{A_2}\frac{u_2^2}{2g}\rho g u_2 dA_2 + \int_{Q}h_l' \rho g dQ$$

$$(a)$$

现在将以上五项按能量性质分为三种类型,分别确定各类型的积分:

(1)势能项积分 $\int_A\left(z + \frac{p}{\rho g}\right)\rho g u dA$

该项表示单位时间通过过流断面
的流体总势能。作为总流伯努利方程
的导出条件,需要将 3.2 节中的非均匀
流概念,按照非均匀程度的不同,分为
渐变流和急变流。当流体质点的迁移
加速度很小,即 $(\boldsymbol{u}\cdot\nabla)\boldsymbol{u}\approx 0$ 时,流线近
似于平行直线的流动,定义其为渐变
流,否则是急变流,如图 4.5 所示。

显然,渐变流是均匀流的宽延,均

图 4.5　渐变流与急变流

匀流是渐变流的极限情况,所以均匀流的性质对于渐变流都近似成立,主要为:渐变流的过
流断面近于平面,面上各点的速度方向近于平行;可以证明,恒定渐变流过流断面上的动压
强按静压强的规律分布(此时内摩擦力在过流断面上的投影为零,对过流断面上的压强分布
没有影响),则有 $z + \frac{p}{\rho g} = c$。

由定义可知,渐变流和急变流的这种分类不是绝对的。渐变流的情况比较简单,易于进
行分析计算,但流动是否按渐变流处理,要根据计算结果能否满足工程要求的精度而定。若
所取过流断面为渐变流断面,面上各点单位重量流体的总势能相等 $z + \frac{p}{\rho g} = c$,则

$$\int_A\left(z + \frac{p}{\rho g}\right)\rho g u dA = \left(z + \frac{p}{\rho g}\right)\rho g Q$$

$$(b)$$

(2)动能项积分 $\int_A\frac{u^2}{2g}\rho g u dA = \int_A\frac{u^3}{2g}\rho g dA$　该项表示单位时间通过断面的流体动能。我
们建立方程的目的是求出断面平均速度 v,即以 $\int_A\frac{v^3}{2g}\rho g dA$ 代替 $\int_A\frac{u^3}{2g}\rho g dA$。但由于过流

断面各点 u 不同,实际上 $\int_A v^3 dA \neq \int_A u^3 dA$,为此需引入修正系数 α,使积分可按断面平均速度 v 计算

$$\int_A \frac{u^3}{2g}\rho g\, dA = \alpha \int_A \frac{v^3}{2g}\rho g\, dA = \frac{\alpha v^3}{2g}\rho g A = \frac{\alpha v^2}{2g}\rho g Q \qquad (c)$$

则

$$\alpha = \frac{\int_A \frac{u^3}{2g}\rho g\, dA}{\int_A \frac{v^3}{2g}\rho g\, dA} = \frac{\int_A u^3\, dA}{v^3 A} \qquad (4.9)$$

动能修正系数 α 是为修正以断面平均速度计算的动能与实际动能的差异而引入的,其值取决于过流断面上流速分布的均匀性。流速分布均匀时 $\alpha=1.0$;流速分布越不均匀,α 值越大。在分布较均匀的流动中(如管道中的紊流流动)$\alpha=1.05\sim1.10$;在实际工程计算中,通常取 $\alpha=1.0$。

(3)水头损失项积分 $\int_Q h_1' \rho g\, dQ$　该项表示单位时间总流由 1-1 至 2-2 断面克服阻力做功所引起的机械能损失。此项积分与上述两种积分不同,它不是沿同一过流断面的积分,而是沿流程的积分。由于总流中各元流的机械能损失沿流程变化,为了计算方便,定义 h_1 为总流的单位重量流体由 1-1 至 2-2 断面的平均机械能损失,称为总流的水头损失,则

$$\int_Q h_1' \rho g\, dQ = h_1 \rho g Q \qquad (d)$$

将 (b)、(c)、(d) 式代入 (a) 式得

$$\left(z_1 + \frac{p_1}{\rho g}\right)\rho g Q_1 + \frac{\alpha_1 v_1^2}{2g}\rho g Q_1 = \left(z_2 + \frac{p_2}{\rho g}\right)\rho g Q_2 + \frac{\alpha_2 v_2^2}{2g}\rho g Q_2 + h_1 \rho g Q$$

两断面间无分流及汇流,则 $Q_1 = Q_2 = Q$,并以 $\rho g Q$ 除上式得

$$z_1 + \frac{p_1}{\rho g} + \frac{\alpha_1 v_1^2}{2g} = z_2 + \frac{p_2}{\rho g} + \frac{\alpha_2 v_2^2}{2g} + h_1 \qquad (4.10)$$

式(4.10)称为实际流体总流的伯努利方程,是能量守恒原理的总流表达式。该方程表明:在流动的过程中单位时间流入上游断面的机械能,等于同时间流出下游断面的机械能加上该流段的机械能损失,同时实际流体总流的伯努利方程也表示了各项能量之间的转化关系。

总流伯努利方程的物理意义和几何意义同元流伯努利方程类似,需注意的是方程的"平均"意义。式中的 z、$\frac{p}{\rho g}$ 分别为总流过流断面上某点(所取计算点)单位重量流体的位能和势能;因为所取过流断面是渐变流断面,面上各点的势能相等,即 $z+\frac{p}{\rho g}$ 是过流断面上单位重量流体的平均势能,而 $\frac{\alpha v^2}{2g}$ 是过流断面上单位重量流体的平均动能,故三项之和 $z+\frac{p}{\rho g}+\frac{\alpha v^2}{2g}$ 是过流断面上单位重量流体的平均机械能。

4.3.2　总流伯努利方程的应用条件和应用方法

实际流体总流的伯努利方程是古典流体动力学中应用最广的基本方程,必须很好地掌握。应用伯努利方程时切忌不顾方程的应用条件,随意套用公式,必须对实际问题作具体分析,灵活应用。将实际流体元流伯努利方程式(4.6)推广为总流伯努利方程式(4.10)的过程

中所引入的某些限制条件,也就是应用总流伯努利方程时必须满足的条件:恒定流动;质量力只有重力;不可压缩流体(以上引自实际流体元流的伯努利方程);所取过流断面为均匀流或渐变流断面;两断面间无分流和汇流。

应用总流伯努利方程解题的步骤和方法,可概括为以下几点供参考。

(1)分析流动现象 首先要弄清楚流体运动的类型,建立流体运动的流线几何图形,判断是否能应用总流的伯努利方程。

(2)选取好基准面 基准水平面(0-0 断面)原则上可任意选择,一般将其选择在通过总流的最低点,使 z 值为正;也可通过两过流断面中较低断面的形心,使一断面 z 值为零,另一断面 z 值保持正值。当管道末端通向大气时,基准面常选在通过管道出口断面中心的水平面上,如例 4.2;当管道末端与水池连接时,基准面一般选在下游水池的水面上,如例 4.3。

(3)计算断面的选取是解题的关键 所取断面 1-1 和断面 2-2 必须在渐变流或均匀流区域,且要垂直于流线,同时根据已知条件和求解的问题,尽可能使所取断面有较多的已知值和较少的未知值(包括待求值)。通过对两断面上运动要素值进行分析,考虑哪些可忽略不计,例如当速度 v 较小时,使得速度水头 $\dfrac{\alpha v^2}{2g}$ 相对于方程中的其他各项为很小值,此时该项可忽略不计,简化求解,如例 4.2 中断面 1-1 的速度水头近似为零。

(4)合理地选择计算点 渐变流在同一过流断面上的 $z+\dfrac{p}{\rho g}=c$,故 $z+\dfrac{p}{\rho g}$ 在断面上的平均值就等于过流断面上任一点的 $z+\dfrac{p}{\rho g}$ 值,所以计算点原则上可以任选。考虑到计算时的简单和方便,有压管流的计算点一般取在管轴线上,明渠流取在自由液面上(因表面压强为大气压强,可作为已知量)。

(5)压强一般采用相对压强,也可用绝对压强计算,但在同一方程中等式两端必须一致;所取压强单位也应一致。

(6)全面分析和考虑所选取的两过流断面间的水头损失(详见第 6 章),做到一个不漏。下面举例说明伯努利方程的应用。

【例 4.2】 用直径 $d=100\text{mm}$ 的水管从水箱引水,如图 4.6 所示。水箱水面与管道出口断面中心的高差 $H=4\text{m}$ 保持恒定,水头损失 $h_1=3\text{m}$ 水柱。试求管道的流量 Q。

【解】 这是一道简单的总流问题,应用恒定总流伯努利方程(4.10)进行计算

$$z_1+\frac{p_1}{\rho g}+\frac{\alpha_1 v_1^2}{2g}=z_2+\frac{p_2}{\rho g}+\frac{\alpha_2 v_2^2}{2g}+h_1$$

为便于计算,选通过管道出口断面中心的水平面为基准面 0—0,如图 4.6 所示。计算断面应选在渐变流断面,并使其中一个已知量最多,另一个含待求量。按以上原则,本题选水箱水面为 1-1 断面,计算点在自由液面上,运动参数 $z_1=H$,$p_1=0$(相对压强),$v_1\approx0$。选管道出口断面为 2-2 断面,以出口断面的中心为计算点,运动参数 $z_2=0$,$p_2=0$,v_2 待求。将各量代入式(4-10)

图 4.6 管道出流

$$H+0+0=0+0+\frac{\alpha_2 v_2^2}{2g}+h_1$$

取 $\alpha_2=1.0$，则 $v_2=\sqrt{2g(H-h_1)}=4.43\text{m/s}$

$$Q=v_2A_2=0.035\text{m}^3/\text{s}$$

【例4.3】 离心泵从吸水池抽水，如图4.7所示。已知抽水量 $Q=5.56$L/s，泵的安装高度 $H_s=5$m，吸水管直径 $d=100$mm，吸水管的水头损失 $h_1=0.25$m水柱。试求水泵进口断面2-2的真空值。

图4.7　水泵吸水管

【解】 本题运用伯努利方程求解，选基准面0-0与吸水池水面重合。选吸水池水面为1-1断面，与基准面重合；水泵进口断面为2-2断面。以吸水池水面上的一点和水泵进口断面的轴心点为计算点，则运动参数为：$z_1=0$，$p_1=p_a$（绝对压强），$v_1\approx0$；$z_2=H_s$，p_2 待求，$v_2=Q/A=0.708$m/s。将上述各量代入总流伯努利方程

$$0+\frac{p_a}{\rho g}+0=H_s+\frac{p_2}{\rho g}+\frac{\alpha_2 v_2^2}{2g}+h_1$$

$$\frac{p_v}{\rho g}=\frac{p_a-p_2}{\rho g}=H_s+\frac{\alpha_2 v_2^2}{2g}+h_1=5.28\text{m}$$

$$p_v=5.28\rho g=51.74\text{kPa}$$

4.3.3　有能量输入或输出的伯努利方程

恒定总流的伯努利方程式(4.10)是在两过流断面间除水头损失之外，无能量输入或输出的条件下导出的。当两过流断面间有水泵、风机（图4.8）或水轮机、汽轮机（图4.9）等流体机械时，存在能量的输入或输出。此时根据能量守恒原理，应计入单位重量流体经流体机械获得或失去的机械能，式(4.10)便应扩展为有能量输入或输出的伯努利方程

$$z_1+\frac{p_1}{\rho g}+\frac{\alpha_1 v_1^2}{2g}\pm H_m=z_2+\frac{p_2}{\rho g}+\frac{\alpha_2 v_2^2}{2g}+h_1 \qquad (4.11)$$

式中　$+H_m$——单位重量流体通过流体机械获得的机械能，如水泵的扬程；

　　　　$-H_m$——单位重量流体给予流体机械的机械能，如水轮机的作用水头。

将上式中的 H_m 乘以 $\rho g Q$，回到能量的形式，则换算为功率，即流体机械的输入功率或输出功率为 $\rho g Q H_m$。

图4.8　有能量输入的总流

图4.9　有能量输出的总流

4.3.4　两断面间有合流或分流的伯努利方程

恒定总流的伯努利方程式(4.10)，是在两过流断面间无合流和分流的条件下导出的，而

实际工程中的管道沿程多有合流和分流,此时式(4.10)是否还能用呢? 对于两断面间有分流的流动,如图 4.10 所示,设想 1-1 断面的来流,分为两股(以虚线划分),分别通过 2-2、3-3 断面。对 $1'-1'$(1-1 断面中的一部分)和 2-2 断面列伯努利方程,其间无分流,则有

$$z_1' + \frac{p_1'}{\rho g} + \frac{\alpha_1' v_1'^2}{2g} = z_2 + \frac{p_2}{\rho g} + \frac{\alpha_2 v_2^2}{2g} + h_{l1'-2}$$

因所取 1-1 断面为渐变流断面,面上各点的总势能相等

$$z_1' + \frac{p_1'}{\rho g} = z_1 + \frac{p_1}{\rho g}$$

如 1-1 断面流速分布较为均匀,即

$$\frac{\alpha_1' v_1'^2}{2g} \approx \frac{\alpha_1 v_1^2}{2g}$$

图 4.10 沿程分流

于是

$$z_1' + \frac{p_1'}{\rho g} + \frac{\alpha_1' v_1'^2}{2g} = z_1 + \frac{p_1}{\rho g} + \frac{\alpha_1 v_1^2}{2g}$$

故下式近似成立

$$z_1 + \frac{p_1}{\rho g} + \frac{\alpha_1 v_1^2}{2g} = z_2 + \frac{p_2}{\rho g} + \frac{\alpha_2 v_2^2}{2g} + h_{l1-2}$$

同理

$$z_1 + \frac{p_1}{\rho g} + \frac{\alpha_1 v_1^2}{2g} = z_3 + \frac{p_3}{\rho g} + \frac{\alpha_3 v_3^2}{2g} + h_{l1-3}$$

由上两式得到

$$\rho g Q_1 \left(z_1 + \frac{p_1}{\rho g} + \frac{\alpha_1 v_1^2}{2g} \right) = \rho g Q_2 \left(z_2 + \frac{p_2}{\rho g} + \frac{\alpha_2 v_2^2}{2g} \right) + \rho g Q_3 \left(z_3 + \frac{p_3}{\rho g} + \frac{\alpha_3 v_3^2}{2g} \right) \qquad (4.12)$$

对于两过流断面间有合流的情况,如图 4.11 所示,做类似分析得

$$z_1 + \frac{p_1}{\rho g} + \frac{\alpha_1 v_1^2}{2g} = z_3 + \frac{p_3}{\rho g} + \frac{\alpha_3 v_3^2}{2g} + h_{l1-3}$$

$$z_2 + \frac{p_2}{\rho g} + \frac{\alpha_2 v_2^2}{2g} = z_3 + \frac{p_3}{\rho g} + \frac{\alpha_3 v_3^2}{2g} + h_{l2-3}$$

图 4.11 沿程合流

式中两断面间的水头损失项 h_{l1-3} 或 h_{l2-3} 可能有一项会出现负值,但该负值的出现并不意味着合流(3-3 断面处)的总机械能沿程不断增加。而是表明经过合流点后,部分总流(来自 1-1 或 2-2 断面处)的机械能将增加,这种增加是由于1-1 和 2-2 断面处两部分总流能量交换的结果。

由以上分析可知,对于实际工程中沿程有合流和分流的情况时,当所取过流断面为渐变流断面,断面上流速分布较为均匀时,可以直接将(4.10)式用于工程计算。

4.3.5 恒定气体总流的伯努利方程

恒定总流的伯努利方程式(4.10)是针对不可压缩流体导出的。与液体相比,气体虽易被压缩,但是对流速不很大($v < 68\text{m/s}$),压强变化不大的系统,如近地大气层、烟道、工业通风和空调管道等,气流在运动过程中密度的变化很小。在这样的条件下,伯努利方程仍可用于气流。

设恒定气流,如图 4.12 所示。气流的密度为 ρ,外部空气的密度为 ρ_a,高程 z_1、z_2 处的压强分别用相对压强 p_1、p_2 表示,p_l 为两断面间的压强损失,$p_l = \rho g h_l$,则得到用相对压

图 4.12 恒定气流

强表示的恒定气体总流的伯努利方程

$$p_1 + \frac{\rho v_1^2}{2} + (\rho_a - \rho)g(z_2 - z_1) = p_2 + \frac{\rho v_2^2}{2} + p_l \tag{4.13}$$

式(4.13)中各项的物理意义类似于恒定总流伯努利方程式(4.10)中的对应项,所不同的是对单位体积气体而言。

在许多气体流动问题中,气流密度和外界空气密度相差很小($\rho_a \approx \rho$),或两过流断面的高程差甚小($z_2 \approx z_1$)时,位压项$(\rho_a - \rho)g(z_2 - z_1)$可忽略不计,式(4.13)化简为

$$p_1 + \frac{\rho v_1^2}{2} = p_2 + \frac{\rho v_2^2}{2} + p_l \tag{4.14}$$

当气流的密度远大于外界空气的密度($\rho \gg \rho_a$)时,式(4.13)可进一步化简为式(4.10)。

4.4 总流的动量方程和动量矩方程

动量方程是动量定理在流体运动中的具体表达式,本节要介绍的动量方程以及前面阐述的连续性方程式(3.27)和伯努利方程式(4.10)是进行水力学计算的最基本、最常用的三个方程式。与之相似,动量矩方程是根据动量矩定理,针对通过控制体的流体推导出的。

4.4.1 总流的动量方程

由物理学知,动量定理是:质点系动量的增量等于作用于该质点系上外力的冲量

$$\sum \boldsymbol{F} \mathrm{d}t = \mathrm{d}\left(\sum m\boldsymbol{u}\right) \tag{4.15}$$

式中左边为冲量(作用于物体所有外力的合力与作用时间的乘积),右边为物体动量(质量与速度的乘积)的增量。

设恒定总流,取过流断面 1-1、2-2 为渐变流断面,断面面积分别为 A_1、A_2,以过流断面及总流的侧表面所围空间为控制体,如图 4.13 所示,两断面间无分流或合流。经 $\mathrm{d}t$ 时间,控制体内的流体由 1-2 运动到 $1'$-$2'$位置。

图 4.13 总流动量方程

我们从分析元流入手,在流过控制体的总流内任取元流,如图中虚线所示。元流过流断面 1-1、2-2 的面积、点流速和密度分别为 $\mathrm{d}A_1$、$\mathrm{d}A_2$、$\boldsymbol{u}_1$、$\boldsymbol{u}_2$、ρ_1、ρ_2,则在 $\mathrm{d}t$ 时间内元流动量的增量为

$$\mathrm{d}(m\boldsymbol{u}) = [(m\boldsymbol{u})_{1'\text{-}2'}]_{t+\mathrm{d}t} - [(m\boldsymbol{u})_{1\text{-}2}]_t = [(m\boldsymbol{u})_{1'\text{-}2} + (m\boldsymbol{u})_{2\text{-}2'}]_{t+\mathrm{d}t} - [(m\boldsymbol{u})_{1\text{-}1'} + (m\boldsymbol{u})_{1'\text{-}2}]_t$$

因为是恒定流动,$\mathrm{d}t$ 前后 $1'$-2 段的动量$(m\boldsymbol{u})_{1'\text{-}2}$无变化,则

$$\mathrm{d}(m\boldsymbol{u}) = (m\boldsymbol{u})_{2\text{-}2'} - (m\boldsymbol{u})_{1\text{-}1'}$$

$$= \rho_2\,\mathrm{d}s_2\,\mathrm{d}A_2\boldsymbol{u}_2 - \rho_1\,\mathrm{d}s_1\,\mathrm{d}A_1\boldsymbol{u}_1 = \rho_2 u_2\,\mathrm{d}t\,\mathrm{d}A_2\boldsymbol{u}_2 - \rho_1 u_1\,\mathrm{d}t\,\mathrm{d}A_1\boldsymbol{u}_1 \qquad (a)$$

设 $\boldsymbol{F}$ 为 $\mathrm{d}t$ 时段内作用在所取元流段上所有外力（包括质量力和表面力）的合力矢量。根据动量定理

$$\boldsymbol{F}\mathrm{d}t = \rho_2 u_2\,\mathrm{d}t\,\mathrm{d}A_2\boldsymbol{u}_2 - \rho_1 u_1\,\mathrm{d}t\,\mathrm{d}A_1\boldsymbol{u}_1 \qquad (b)$$

由不可压缩流体 $\rho_1 = \rho_2 = \rho$，整理式 (b) 得

$$\boldsymbol{F} = \rho u_2\,\mathrm{d}A_2\boldsymbol{u}_2 - \rho u_1\,\mathrm{d}A_1\,\boldsymbol{u}_1 \qquad (4.16)$$

上式即为不可压缩均质实际流体恒定元流的动量方程。

由于总流可以看作是由流动边界内无数元流所组成的，将上式对总流 A_1、A_2 进行积分，同时因所取过流断面为渐变流断面，各点的流速平行，按平行矢量和的法则，定义 $\boldsymbol{u} = u\boldsymbol{i}$，其中 $\boldsymbol{i}$ 为 u 方向的基本单位矢量，则有

$$\sum \boldsymbol{F} = \left(\int_{A_2} \rho u_2\,\mathrm{d}A_2 u_2\right)\boldsymbol{i}_2 - \left(\int_{A_1} \rho u_1\,\mathrm{d}A_1 u_1\right)\boldsymbol{i}_1$$

其中 $\sum\boldsymbol{F}$ 为作用在控制体上的合外力，并引入修正系数 β，以断面平均流速 v 代替点流速 u，积分得

$$\sum \boldsymbol{F} = (\rho\beta_2 v_2^2 A_2)\boldsymbol{i}_2 - (\rho\beta_1 v_1^2 A_1)\boldsymbol{i}_1 = \rho\beta_2 v_2 A_2\,\boldsymbol{v}_2 - \rho\beta_1 v_1 A_1\,\boldsymbol{v}_1 \qquad (c)$$

式中动量修正系数 β 表示为

$$\beta = \frac{\int_A u^2\,\mathrm{d}A}{v^2 A} \qquad (4.17)$$

为修正以断面平均速度 v 计算的动量与实际动量的差异而引入的动量修正系数 β，其值取决于过流断面上的速度分布，速度分布较均匀的流动，$\beta = 1.02 \sim 1.05$，通常可取 $\beta = 1.0$。

将连续性方程代入式 (c)，整理得恒定总流的动量方程

$$\sum \boldsymbol{F} = \rho Q(\beta_2\,\boldsymbol{v}_2 - \beta_1\,\boldsymbol{v}_1) \qquad (4.18a)$$

由于式 $(4.18a)$ 为矢量方程，为了计算方便，常将它写成三个正交方向的投影式

$$\begin{cases} \sum F_x = \rho Q(\beta_2 v_{2x} - \beta_1 v_{1x}) \\ \sum F_y = \rho Q(\beta_2 v_{2y} - \beta_1 v_{1y}) \\ \sum F_z = \rho Q(\beta_2 v_{2z} - \beta_1 v_{1z}) \end{cases} \qquad (4.18b)$$

式中 v_{1x}、v_{1y}、v_{1z} 和 v_{2x}、v_{2y}、v_{2z} 分别为断面 1-1 和 2-2 的断面平均流速在 x、y、z 轴的分量。该方程表明，作用于控制体内流体上的外力，等于单位时间内控制体流出动量与流入动量之差。综合推导式 (4.18) 所规定的条件，总流动量方程的应用条件有：恒定流；过流断面为渐变流断面；不可压缩流体。

作用在控制体上的合外力 $\sum\boldsymbol{F}$ 由质量力和表面力两部分组成。质量力仅有重力 G，它的大小为控制体的重量，方向垂直向下，如图 4.13 所示。表面力只需考虑作用在所取控制体表面的外力，其中过流断面 1-1、2-2 上的动压力 P_1、P_2 是控制体外的流体沿两过流断面对控制体的作用力，大小是断面形心压强乘以断面面积 A，方向垂直指向断面内侧；而控制体所受固体侧面的作用力 R' 与流体对固体的作用力 R 正好是一对作用力与反作用力，特别

是作用力 R 是大多数工程问题中的待求量。例如水泵叶轮对水所施加的力属于固体对流体的作用力,水流对水轮机叶轮属于流体对固体的作用力。许多流体机械都是依靠这种流体和固体之间的力的作用,来传递机械功的。

恒定总流动量方程给出了总流动量变化与作用力之间的关系。根据这一特点,求总流与边界面之间的相互作用力问题,以及因水头损失难以确定、运用伯努利方程受到限制的问题,适于用动量方程求解。运用恒定总流动量方程式(4.18)求解时,应注意以下几点。

(1)由于(4.18a)为矢量形式,首先应选择好坐标系并在图中标明 所选坐标系必须是惯性坐标系(牛顿第二定律只在惯性坐标系内成立),同时坐标系的选择不是唯一的,应以使计算简便为原则。

(2)正确选择控制体 由于动量方程解决的是固体壁面和流体之间相互作用的整体作用力或作用力之和问题,因此应使控制面既包含待求作用力的固体壁面,又不含其他的未知作用力的固体壁面,如例 4.4 中的控制体就不能包含弯管之外的直管段。

(3)注意式(4.18)中各矢量项在坐标轴上投影的正负 必须明确假定待求的固体壁面对流体的作用力方向,如果求解结果为负值,则表示实际方向与假设相反。由于题中关心的往往是流体对固体壁面的作用力,最后应明确回答该作用力的大小和方向。

(4)压强的表示方法 一般情况下,控制面常处于大气压强作用下,计算作用于控制面的压强时,宜采用相对压强。

【例 4.4】 水平设置的输水弯管,如图 4.14 所示,转角 $\theta=60°$,直径由 $d_1=200\text{mm}$ 变为 $d_2=150\text{mm}$。已知转弯前断面的相对压强 $p_1=18\text{kPa}$,输水流量 $Q=0.1\text{m}^3/\text{s}$,不计水头损失,试求水流对弯管的作用力。

【解】 在转弯段取过流断面 1-1、2-2 及管壁所围成的空间为控制体。选直角坐标系 xOy,令 Ox 轴与 v_1 方向一致。

通过分析可知,作用在控制体内液体上的力主要包括:过流断面上的动水压力 P_1、P_2;重力 G 在 xOy 面无分量;弯管对水流的作用力 R',此力在要列的方程中是待求量,假定分量 R'_x、R'_y 的方向如图 4.14 所示。列总流动量方程的投影式

图 4.14 输水弯管

$$P_1-P_2\cos60°-R'_x=\rho Q(\beta_2 v_2\cos60°-\beta_1 v_1)$$
$$P_2\sin60°-R'_y=\rho Q(-\beta_2 v_2\sin60°-0)$$

其中
$$P_1=p_1 A_1=18\times\frac{\pi}{4}\times0.2^2=0.565\text{kN}$$

$$v_1=\frac{4Q}{\pi d_1^2}=3.18\text{m/s} \qquad v_2=\frac{4Q}{\pi d_2^2}=5.66\text{m/s}$$

列 1-1、2-2 断面的伯努利方程,忽略水头损失,则有

$$0+\frac{p_1}{\rho g}+\frac{v_1^2}{2g}=0+\frac{p_2}{\rho g}+\frac{v_2^2}{2g}+0$$

$$p_2=p_1+\frac{v_1^2-v_2^2}{2g}\rho g=7.04\text{kPa}$$

$$P_2 = p_2 A_2 = p_2 \frac{\pi d_2^2}{4} = 0.12 \text{kN}$$

将上述各量代入总流动量方程,解得

$$R_x' = 0.54 \text{kN} \qquad R_y' = 0.60 \text{kN}$$

故水流对弯管的作用力与弯管对水流的作用力,大小相等方向相反,即 $R_x = 0.54 \text{kN}$,方向沿 Ox 方向;$R_y = 0.60 \text{kN}$,方向沿 Oy 方向。

【例 4.5】 水平分岔管路,如图 4.15 所示。干管直径 $d_1 = 600 \text{mm}$,支管直径 $d_2 = d_3 = 400 \text{mm}$,分岔角 $\alpha = 30°$,已知分岔前断面的压力表读值 $P_M = 70 \text{kPa}$,干管流量 $Q = 0.6 \text{m}^3/\text{s}$。不计水头损失,试求水流对分岔管的作用力。

图 4.15　分岔管

【解】 在分岔段取过流断面 1-1、2-2、3-3 及管壁所围成的空间为控制体。选直角坐标系 xOy,令 Ox 轴与干管轴线方向一致。作用在控制体内液体上的力包括:过流断面上的动水压力 P_1、P_2、P_3;因为对称分流,分岔管对水流的作用力只有沿干管轴向(Ox 方向)的分力,设 R_x' 方向与坐标轴 Ox 方向相反。列 Ox 方向总流的动量方程为

$$P_1 - P_2 \cos 30° - P_3 \cos 30° - R_x' = \left(\rho \frac{Q}{2} \beta_2 v_2 \cos 30° + \rho \frac{Q}{2} \beta_3 v_3 \cos 30° \right) - \rho Q \beta_1 v_1$$

$$\therefore R_x' = P_1 - 2P_2 \cos 30° - \rho Q (v_2 \cos 30° - v_1)$$

其中

$$P_1 = \frac{\pi d_1^2}{4} p_1 = 19.78 \text{kN}$$

$$v_1 = \frac{4Q}{\pi d_1^2} = 2.12 \text{m/s} \quad v_2 = v_3 = \frac{2Q}{\pi d_2^2} = 2.39 \text{m/s}$$

列 1-1、2-2(或 3-3)断面伯努利方程

$$0 + \frac{p_1}{\rho g} + \frac{v_1^2}{2g} = 0 + \frac{p_2}{\rho g} + \frac{v_2^2}{2g} + 0$$

$$p_2 = p_1 + \frac{v_1^2 - v_2^2}{2} \rho = 69.4 \text{kPa}$$

$$P_2 = \frac{\pi d_2^2}{4} p_2 = 8.72 \text{kN}$$

将各量代入总流动量方程,解得

$$R_x' = 4.72 \text{kN}$$

水流对分岔管段的作用力 $R_x = 4.72 \text{kN}$,方向与 Ox 方向相同。

【例 4.6】 水平方向的水射流,流量 Q_1、出口流速 v_1,在大气中冲击在前后斜置的光滑平板上,射流轴线与平板成 θ 角,如图 4.16 所示,不计水流在平板上的阻力。试求:(1)沿平板的流量 Q_2、Q_3;(2)射流对平板的作用力 R。

【解】 取过流断面 1-1、2-2、3-3 及射流侧表面与平板内壁为控制面构成控制体。选直角坐标系 xOy,O 点置于射流轴线与平板的交点,Oy 轴与平板垂直。

在大气中射流,控制面内各点的压强皆可认为等于大气压(即相对压强为零)。因不计水流在平板上的阻力,可知平板对水流的作用力 R' 与平板垂直,设 R' 的方向与 Oy 轴方向

相同。分别对 1-1、2-2 及 1-1、3-3 断面列伯努利方程可得 $v_1 = v_2 = v_3$。

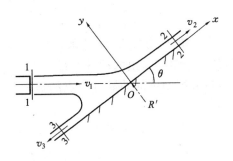

（1）求流量 Q_2 和 Q_3　列 Ox 方向的动量方程，作用在控制体内总流上的外力 $\sum F_x = 0$，故

$$\rho Q_2 v_2 + (-\rho Q_3 v_3) - \rho Q_1 v_1 \cos\theta = 0$$

整理得　　　　$Q_2 - Q_3 = Q_1 \cos\theta$

由连续性方程得 $Q_2 + Q_3 = Q_1$

联立上述两式解得

图 4.16　射流

$$Q_2 = \frac{Q_1}{2}(1 + \cos\theta)$$

$$Q_3 = \frac{Q_1}{2}(1 - \cos\theta)$$

（2）求射流对平板的作用力 R　列 Oy 方向的动量方程

$$R' = 0 - (-\rho Q_1 v_1 \sin\theta) = \rho Q_1 v_1 \sin\theta$$

射流对平板的作用力 R 与 R' 大小相等，方向相反，即指向平板。

4.4.2　总流的动量矩方程

由物理学知，动量矩定理是：物体的动量对某轴的动量矩（矢量）对时间的变化率，等于作用于此物体上所有外力对同一轴的力矩（矢量）之和。下面介绍根据动量矩定理来推导不可压缩均质实际流体恒定总流的动量矩方程，该方程可用于确定运动流体与固体边壁相互作用时的力矩。

利用恒定元流的动量方程(4.16)对某固定点取矩，可得到恒定元流的动量矩方程

$$\boldsymbol{r} \times \boldsymbol{F} = \rho u_2 \mathrm{d}A_2 (\boldsymbol{r}_2 \times \boldsymbol{u}_2) - \rho u_1 \mathrm{d}A_1 (\boldsymbol{r}_1 \times \boldsymbol{u}_1) \tag{4.19}$$

式中 $\boldsymbol{r}$、$\boldsymbol{r}_1$、$\boldsymbol{r}_2$ 分别是外力矢量 $\boldsymbol{F}$ 和速度矢量 u_1、u_2 到某轴的矢径，指向服从右手法则。将上式对总流过流断面积分，则得恒定总流的动量矩方程

$$\sum \boldsymbol{r} \times \boldsymbol{F} = \int_{A_2} \rho u_2 \mathrm{d}A_2 (\boldsymbol{r}_2 \times \boldsymbol{u}_2) - \int_{A_1} \rho u_1 \mathrm{d}A_1 (\boldsymbol{r}_1 \times \boldsymbol{u}_1)$$

积分得　　　　$M = \sum (\boldsymbol{r} \times \boldsymbol{F}) = \rho Q(\beta_2 \boldsymbol{r}_2 \times \boldsymbol{v}_2 - \beta_1 \boldsymbol{r}_1 \times \boldsymbol{v}_1) \tag{4.20}$

式中 M 代表总力矩，该式表明单位时间里控制体内恒定总流的动量矩变化（流出的动量矩与流入的动量矩的矢量差）等于作用在该控制体内流体上的外力矩的矢量和。

动量矩方程的一个最重要的应用是可利用它导出叶片式流体机械（泵、通风机、水轮机及涡轮机等）的基本方程。动量矩方程的应用条件和应用方法与动量方程相似。

【例 4.7】　水沿轴向由旋转轴心进入一个具有四条转臂的洒水器，如图 4.17 所示，再由喷嘴直径 $d = 1\mathrm{cm}$ 的转臂出口流出，转臂长 $l = 0.30\mathrm{m}$，出口射流与旋转圆周切线的夹角为 $30°$，如进入洒水器的流量 $Q = 2.5\mathrm{L/s}$，不计机械摩擦，求不让臂转动需要施加的力矩。

【解】　转臂不动时，可取喷嘴出口断面为控制面，对 O 点取矩，列动量矩方程。由于四条转臂对 O 点是轴对称放置的，转臂本身及其内水体的重量对 O 点的矩相互抵消，因此施加在转臂上的力矩应等于由控制体流出的动量矩与流进的动量矩之差。水由喷嘴流出的相对速度 v' 为

$$v' = \frac{1}{4}\frac{4Q}{\pi d^2} = \frac{0.0025}{\pi \times 0.01^2} = 7.96\text{m/s}$$

当喷嘴不动时，v' 就是水由控制体流出的绝对速度，故四个喷嘴流出的动量对 O 点的矩为 $r\rho Qv'\cos30°$，水流进入控制体的动量对 O 点的矩为零，故需施加的力矩为

$$T = r\rho Qv'\cos30° = 0.3 \times 10^3 \times 0.0025$$

$$\times 7.96 \times \frac{\sqrt{3}}{2} = 5.17\text{N} \cdot \text{m}$$

图 4.17　洒水器

4.5　恒定平面势流

在第 3.4 节中，将流体运动分为无旋运动(无涡流)和有旋运动(有涡流)。严格讲，只有理想流体的运动才可能是无旋运动。因为理想流体没有黏性，不存在切应力，不能传递旋转运动；它既不能使不旋转的流体微团产生旋转，也不能使已旋转的流体微团停止旋转。如果理想流体一开始运动时有旋，那么将永远是有旋运动；若运动初始无旋，将继续保持无旋运动，例如理想流体从静止状态开始的运动。

实际流体的运动都是有旋运动，此时黏性作用可使没有旋转的流体微团发生旋转，也可使旋转削弱甚至消失，因此只有在切应力相比起其他作用力，小到可忽略不计的情况时，实际流体才可作为理想流体处理，按无旋运动求得近似解。工程上经常遇到的水和空气，黏度很小，当其从静止状态过渡到流动状态时，若运动过程中的边壁摩擦并不显著，就可当做理想流体来处理。例如本书后续章节中将要介绍边界层外的流动、闸下出流、地下水流动(渗流)等，均可视为无旋流动。

4.5.1　速度势(流速势)

无旋运动的基本特征是每一流体微团的旋转角速度为零，即流速场必须满足式(3.35)

$$\omega_x = \frac{1}{2}\left(\frac{\partial u_z}{\partial y} - \frac{\partial u_y}{\partial z}\right) = 0 \quad \text{或} \quad \frac{\partial u_z}{\partial y} = \frac{\partial u_y}{\partial z} \left.\begin{array}{c} \\ \\ \end{array}\right\}$$

$$\omega_y = \frac{1}{2}\left(\frac{\partial u_x}{\partial z} - \frac{\partial u_z}{\partial x}\right) = 0 \quad \text{或} \quad \frac{\partial u_x}{\partial z} = \frac{\partial u_z}{\partial x}$$

$$\omega_z = \frac{1}{2}\left(\frac{\partial u_y}{\partial x} - \frac{\partial u_x}{\partial y}\right) = 0 \quad \text{或} \quad \frac{\partial u_y}{\partial x} = \frac{\partial u_x}{\partial y}$$

由数学分析中的全微分理论得知，上式就是使表达式 $u_x\mathrm{d}x + u_y\mathrm{d}y + u_z\mathrm{d}z$ 能成为某一函数 $\varphi(x,y,z)$ 的全微分的必要和充分条件，因此，对于无旋运动必然存在下列关系：

$$u_x\mathrm{d}x + u_y\mathrm{d}y + u_z\mathrm{d}z = \mathrm{d}\varphi = \frac{\partial\varphi}{\partial x}\mathrm{d}x + \frac{\partial\varphi}{\partial y}\mathrm{d}y + \frac{\partial\varphi}{\partial z}\mathrm{d}z \tag{4.21}$$

由上式可得

$$\frac{\partial\varphi}{\partial x} = u_x, \frac{\partial\varphi}{\partial y} = u_y, \frac{\partial\varphi}{\partial z} = u_z \tag{4.22}$$

故在恒定流动时，无旋运动中存在标量场 $\varphi(x,y,z)$。因为此标量场 $\varphi(x,y,z)$ 和速度场的关系式(4.22)，与物理学中引力场、静电场中的势相比，具有完全相同的关系式，所以函数 φ

(x,y,z)称为速度势(函数),即无旋运动的速度矢量是有势的。因此无旋运动又称为有势流动、有势流,简称势流;反之,有速度势的流动即是无旋运动,二者含义相同。

将速度势与速度的关系式(4.22)代入连续性微分方程式(3.23)可得

$$\frac{\partial^2 \varphi}{\partial x^2} + \frac{\partial^2 \varphi}{\partial y^2} + \frac{\partial^2 \varphi}{\partial z^2} = 0 \qquad (4.23a)$$

写成算子形式
$$\nabla^2 \varphi = 0 \text{ 或 } \Delta \varphi = 0 \qquad (4.23b)$$

式(4.23)是不可压缩均质理想流体恒定势流的基本方程,在数学上称为拉普拉斯(Laplace)方程,其中Δ(或∇^2)$= \frac{\partial^2}{\partial x^2} + \frac{\partial^2}{\partial y^2} + \frac{\partial^2}{\partial z^2}$,叫做拉普拉斯算子(或拉普拉斯算符)。凡满足拉普拉斯方程的函数是调和函数,所以速度势是调和函数,具有调和函数的一切性质。

我们知道平面流动是指:若流场中某一方向(如z轴方向)流速为零$u_z = 0$,而另两个方向的流速u_x、u_y与上述轴向坐标z无关的流动。此时平面流动的旋转角速度只有分量ω_z。当ω_z为零,即$\frac{\partial u_y}{\partial x} = \frac{\partial u_x}{\partial y}$时是平面无旋流动(又称平面势流),则式(4.23)可化简为

$$\frac{\partial^2 \varphi}{\partial x^2} + \frac{\partial^2 \varphi}{\partial y^2} = \nabla^2 \varphi = 0 \qquad (4.24)$$

以上推导表明平面势流的速度场可由速度势φ来确定,而φ仅须满足拉普拉斯方程。因此平面势流问题就归结为,在特定的边界条件下求解拉普拉斯方程,把解两个未知函数u_x、u_y的问题简化为求解一个未知函数φ的问题。只要求得速度势φ,就可由式(4.22)求得速度$\boldsymbol{u}$(u_x,u_y,u_z);再由元流伯努利方程式(4.5)求出压强p,问题得到解决。由于恒定平面势流的速度场是解拉普拉斯方程,拉普拉斯方程是二阶线性齐次偏微分方程,已有各种理论方法求得解析解,即使边界条件复杂,比起联立连续性微分方程和非线性的流体运动微分方程来求解有涡流的速度场也要简便得多,这就是将流体运动分为有势流和有涡流的目的和意义。

4.5.2 流函数

流体平面运动(不一定是势流)的流线方程为$\frac{dx}{u_x} = \frac{dy}{u_y}$,即

$$u_x dy - u_y dx = 0 \qquad (4.25)$$

不可压缩流体平面流动的连续性微分方程为

$$\frac{\partial u_x}{\partial x} + \frac{\partial u_y}{\partial y} = 0 \qquad (4.26)$$

由数学分析中的全微分理论知,式(4.26)恰好是使$u_x dy - u_y dx$能成为某一函数$\psi(x,y)$的全微分的充分和必要条件,则函数$\psi(x,y)$的全微分为

$$d\psi = u_x dy - u_y dx \qquad (4.27)$$

对式(4.27)积分得
$$\psi(x,y) = \int (u_x dy - u_y dx) \qquad (4.28)$$

函数$\psi(x,y)$通常被称为流函数,是两个自变量的函数,其全微分可写成

$$d\psi = \frac{\partial \psi}{\partial x}dx + \frac{\partial \psi}{\partial y}dy \qquad (4.29)$$

比较式(4.27)和式(4.29)可得

$$u_x = \frac{\partial \psi}{\partial y}, u_y = -\frac{\partial \psi}{\partial x} \qquad (4.30)$$

上式建立了流函数 $\psi(x,y)$ 与速度 u 的关系,该式也可看作是流函数的定义。在研究不可压缩流体平面运动时,如能求出流函数,即可求得任一点的两个速度分量,这样就简化了分析过程。由流函数的引出条件可知,凡是不可压缩流体的平面运动,只要连续性微分方程成立,不论无旋运动或有旋运动,都存在流函数,而只有无旋运动才有速度势,可见流函数比速度势更具有普遍性。三维流动除轴对称流动外,一般不存在流函数。流函数是研究流体平面运动的重要工具,有以下主要性质:

(1)流函数的等值线是流线　将流线方程式(4.25)代入式(4.27),得出等流函数线方程

$$\mathrm{d}\psi = u_x \mathrm{d}y - u_y \mathrm{d}x = 0 \tag{4.31}$$

将式(4.31)积分得 $\psi(x,y) = c$,即在同一流线上各点的流函数为一常数,故等流函数线就是流线,这是流函数的物理意义之一,也是函数 $\psi(x,y)$ 称为流函数的原因,给流函数以不同值,便得到流线簇。

(2)流函数值是沿流线方向逆时针旋转 $90°$ 后的方向增大　在平面势流的速度场中,速度势 φ 的增值方向与速度的方向一致;将速度方向逆时针旋转 $90°$ 后所得的方向,为流函数 ψ 的增值方向,即儒科夫斯基法则。只要知道流体的运动方向,就可利用此法则,确定速度势 φ 和流函数 ψ 的增值方向。

(3)任意两条流线上的流函数的差值 $(\psi_1 - \psi_2)$,等于通过该两条流线间的单宽流量 q

设在任两条流线 ψ 与 $\psi + \mathrm{d}\psi$ 之间有一固定流量 $\mathrm{d}q$,因为是平面问题,在 z 轴方向可以取一单位长度,所以 $\mathrm{d}q$ 应称为单宽流量。在流线数值为 ψ_1、ψ_2 的两条流线间任作曲线 AB,如图 4.18 所示,在 AB 上沿 A 至 B 方向取有向微元线段 $\mathrm{d}l$,其速度为 u,通过 $\mathrm{d}l$ 的流量

$$\begin{aligned}\mathrm{d}q &= \boldsymbol{u} \cdot \boldsymbol{n}\mathrm{d}l = u_x \cos(n,x)\mathrm{d}l + u_y \cos(n,y)\mathrm{d}l \\ &= u_x \mathrm{d}y - u_y \mathrm{d}x = \mathrm{d}\psi\end{aligned}$$

积分得
$$q = \int_A^B \mathrm{d}\psi = \psi_B - \psi_A \tag{4.32}$$

图 4.18　流函数性质

(4)平面势流的等流函数线(流线)与等势线正交　对于平面势流,同时存在速度势和流函数。由式(4.31)可知等流函数线方程上某一点的斜率为

$$m_1 = \frac{\mathrm{d}y}{\mathrm{d}x} = \frac{u_y}{u_x}$$

另一方面,速度势的等值线就是等势线,因此等势线方程为

$$\mathrm{d}\varphi = u_x \mathrm{d}x + u_y \mathrm{d}y = 0$$

同一点等势线的斜率
$$m_2 = \frac{\mathrm{d}y}{\mathrm{d}x} = -\frac{u_x}{u_y}$$

因此同一点上,流线和等势线斜率的乘积

$$m_1 m_2 = \left(\frac{u_y}{u_x}\right)\left(-\frac{u_x}{u_y}\right) = -1 \tag{4.33}$$

由解析几何理论可知,两直线垂直相交的条件是它们斜率的乘积等于 -1,这就证明了流线与等势线在同一点上是相互垂直(正交)的,故等势线也就是过流断面线。

(5)平面势流的流函数也满足拉普拉斯方程　由式(3.35)可知,在平面势流中

$$\omega_z = \frac{1}{2}\left(\frac{\partial u_y}{\partial x} - \frac{\partial u_x}{\partial y}\right) = 0$$

将式(4.30)代入上式得

$$\frac{\partial^2 \psi}{\partial x^2} + \frac{\partial^2 \psi}{\partial y^2} = 0 \qquad (4.34a)$$

写成算子形式

$$\nabla^2 \psi = 0 \quad 或 \quad \Delta\psi = 0 \qquad (4.34b)$$

这说明在平面势流中,流函数同速度势一样,也满足拉普拉斯方程,是调和函数。

比较式(4.22)和式(4.30),我们还可以得到

$$\left.\begin{array}{l} u_x = \dfrac{\partial \varphi}{\partial x} = \dfrac{\partial \psi}{\partial y} \\[2mm] u_y = \dfrac{\partial \varphi}{\partial y} = -\dfrac{\partial \psi}{\partial x} \end{array}\right\} \qquad (4.35)$$

这是平面势流中联系速度势和流函数的一对极重要的关系式,在复变函数中称为柯西—黎曼(Cauchy—Riemann)条件。满足此关系的两个函数被称为共轭函数,所以在恒定平面势流中,流函数 ψ 与速度势 φ 是一对共轭函数。如知道 u_x、u_y,就可利用式(4.35)推求 ψ 和 φ;或者知道其中一个共轭函数,可推出另一共轭函数。

【例 4.8】 已知速度场 $u_x = ax, u_y = -ay, u_z = 0$。式中 $y \geqslant 0$,a 为常数。试求:流函数、速度势函数,并绘出流线、等势线及等压线。

【解】 由 $u_z = 0$ 及 $y \geqslant 0$,可知流动限于平面 Oxy 的上半平面。

(1)流函数 由连续性微分方程 $\dfrac{\partial u_x}{\partial x} + \dfrac{\partial u_y}{\partial y} = a - a = 0$ 可知存在流函数,由式(4.28)得

$$\psi = \int(u_x dy - u_y dx) = \int(ax\,dy + ay\,dx) = a\!\int d(xy) = axy + c_1'$$

流线方程 $xy = c_1$ 与第3.2节中例3.2题相同,流线是一簇等角双曲线。

(2)等势线 由 $\dfrac{\partial u_y}{\partial x} = \dfrac{\partial u_x}{\partial y} = 0$ 知,流动满足无旋条件,有速度势函数

$$\varphi = \int(u_x dx + u_y dy) = \int(ax\,dx - ay\,dy) = \frac{a}{2}(x^2 - y^2) + c_2'$$

即等势线方程为 $x^2 - y^2 = c_2$。

(3)压强分布 设坐标原点(本题中是驻点)的压强为 p_0,任意点的压强 p,由式(4.5)得

$$0 + \frac{p_0}{\rho g} + 0 = 0 + \frac{p}{\rho g} + \frac{u^2}{2g}$$

式中 $u = \sqrt{u_x^2 + u_y^2} = a\sqrt{x^2 + y^2}$,代入上式解得

$$p = p_0 - \rho\frac{a^2}{2}(x^2 + y^2)$$

图 4.19 平面势流算例

即等压线方程为 $x^2 + y^2 = c$。流线、等势线及等压线如图4.19所示。

4.5.3 流网及其特征

在不可压缩流体的恒定平面势流中,由一簇等流函数线(即流线)与一簇等势线所构成的正交网格称为流网,如图4.20所示。由等势线和流线所组成的流网具有下列两个特征。

(1)组成流网的流线与等势线是相互正交的 详见流函数性质4。

(2)流网中的每一网格的相邻边长维持一定的比例 设在平面势流的流场中任取一点

M,如图 4.20 所示。流线在 M 点的切线方向上取增量 δs,对应的速度势增量为 $\delta\varphi$,法线方向上取增量 δn,对应的流函数增量为 $\delta\psi$。δs 与 x 轴的夹角为 θ,δn 与 y 轴的夹角也为 θ,则

$$\delta\varphi=\frac{\partial\varphi}{\partial x}\delta x+\frac{\partial\varphi}{\partial y}\delta y=u_x\delta x+u_y\delta y$$

$$=u\cos\theta\cdot\delta s\cos\theta+u\sin\theta\cdot\delta s\sin\theta=u\delta s(\cos^2\theta+\sin^2\theta)=u\delta s \tag{a}$$

$$\delta\psi=\frac{\partial\psi}{\partial x}\delta x+\frac{\partial\psi}{\partial y}\delta y=-u_y\delta x+u_x\delta y$$

$$=-u\sin\theta\cdot(-\delta n\sin\theta)+u\cos\theta\cdot\delta n\cos\theta=u\delta n(\cos^2\theta+\sin^2\theta)=u\delta n \tag{b}$$

由 (a)、(b) 可得 $\quad\dfrac{\delta\varphi}{\delta\psi}=\dfrac{\delta s}{\delta n}\quad$ (4.36)

式(4.36)说明,流网中每一网格的边长之比等于 φ 与 ψ 的增值之比。若取 $\delta\varphi=\delta\psi$,则 $\delta s=\delta n$,此时所有的网格就都是曲边正方形(曲边正方形只能保证各边在顶点正交,各边长度近似相等或两对角线正交并近似相等),这一特征可以简便地检查所画的流网是否合格。

图 4.20　流网特性图

　　流网可以显示流速的分布情况,因在流网中,任两相邻流线之间的 $\delta\psi$ 相同,也即单宽流量 δq 是一常数,所以任何网格中的流速为 $u=\delta q/\delta n$。由此可得

$$\frac{u_1}{u_2}=\frac{\delta n_2}{\delta n_1} \tag{4.37}$$

即流速 u 与 δn 成反比,在流网里可直接量出各处的 δn,根据上式就可得出流速的相对变化关系。如有一点的流速为已知,则由式(4.37)即可算出各点流速值,又可知流线越密集处流速越大,流线越稀疏处流速越小,所以流网图形可清晰地显示出流速分布情况,如图 4.21 所示。

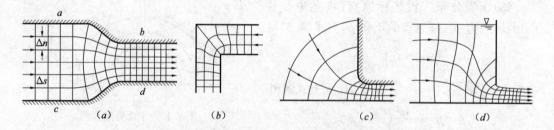

图 4.21　几种流动的流网图

　　流体中压强分布可以通过流网和元流伯努利方程式(4.5)求得,即

$$\frac{p_1-p_2}{\rho g}=\frac{\Delta p}{\rho g}=z_2-z_1+\frac{u_2^2-u_1^2}{2g} \tag{4.38}$$

若一点的压强为已知,根据式(4.38)可求得其他各点的压强,故可通过流网求解恒定平面势流问题。

恒定平面势流的控制方程是拉普拉斯方程,由于拉氏方程在各种具体边界条件下的积分不易求得,因此工程上常采用简捷易行的流网法求解势流问题,以得到流场的流速分布和压强分布。在特定的边界条件下,拉普拉斯方程有唯一解,故针对一种特定的边界,也只能绘出一种流网。此外,同一流网还适用于不同流量,也就是同一流网可应用于所有几何上相似的流动,因此用流网分析恒定平面势流是很方便的。

4.5.4 几种简单的平面势流

拉普拉斯方程在复杂的边界条件下,虽然难以求解,但一些简单平面势流的速度势和流函数却不难求得。研究这些简单的平面势流的意义在于通过简单势流的恰当叠加,组合成符合某些给定边界条件的较复杂流动,使实际工程问题得到解决。下面介绍几个简单平面势流及其可能存在的例子。

(1)等速均匀流　流场中各点的速度矢量皆相互平行,且大小相等的流动为等速均匀流,该流动是一种最简单的平面势流。设流速 u_0 与 x 轴成 α 角,如图4.22所示,则

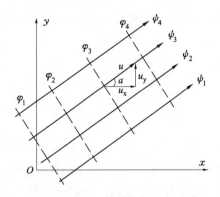

$$u_x = u_0 \cos\alpha$$
$$u_y = u_0 \sin\alpha$$

将其代入式(4.28)中,由于等速均匀流 u_0 及 u_x、u_y 均为常数,故积分得

$$\psi = u_x y - u_y x + c_1$$

同理

$$\varphi = \int \frac{\partial \varphi}{\partial x} dx + \frac{\partial \varphi}{\partial y} dy$$
$$= \int u_x dx + u_y dy = u_x x + u_y y + c_2$$

图4.22　等速均匀流

若令过 O 点的流线及等势线上的 ψ 值及 φ 值均为0,则 $c_1 = c_2 = 0$,故

$$\left.\begin{array}{l} \psi = u_x y - u_y x = u_0 (y\cos\alpha - x\sin\alpha) \\ \varphi = u_x x + u_y y = u_0 (x\cos\alpha + y\sin\alpha) \end{array}\right\} \tag{4.39}$$

当等速均匀流流速平行于 y 轴时,$\alpha = 90°$,则

$$\psi = -u_0 x \qquad \varphi = u_0 y \tag{4.40}$$

即流线与 y 轴平行,等势线与 x 轴平行。

当等速均匀流流速平行于 x 轴时,$\alpha = 0$,则

$$\psi = u_0 y \qquad \varphi = u_0 x \tag{4.41a}$$

即流线与 x 轴平行,等势线与 y 轴平行;由 $x = r\cos\theta, y = r\sin\theta$ 得上式的极坐标表达式为

$$\psi = u_0 r\sin\theta \qquad \varphi = u_0 r\cos\theta \tag{4.41b}$$

由于流场中各点速度都相同,根据式(4.5)可得 $z + \dfrac{p}{\rho g} =$ 常数。如果等速均匀流在水平面内,或重力影响可忽略不计(如气体),则 $p =$ 常数,即在流场中压强值处处都相等。等速均匀流动在实际中也有一些例子,如水洞或风洞中的试验段流动、绕顺流放置的无限薄平板流动,均可近似看作等速均匀流动。

(2)源流和汇流　某些平面流动用极坐标系表示更为方便,如源流和汇流。对流函数的直角坐标表达式(4.27)进行坐标变换,便可得到流函数的极坐标表达式

$$d\psi = u_r r d\theta - u_\theta dr \qquad (4.42)$$

对比极坐标系下流函数的全微分表达式

$$d\psi(r,\theta) = \frac{\partial \psi}{\partial \theta} d\theta + \frac{\partial \psi}{\partial r} dr$$

可知

$$u_r = \frac{1}{r} \frac{\partial \psi}{\partial \theta}, u_\theta = -\frac{\partial \psi}{\partial r} \qquad (4.43)$$

同理可得速度势的极坐标表达式

$$d\varphi = u_r dr + u_\theta r d\theta \qquad (4.44)$$

$$u_r = \frac{\partial \varphi}{\partial r}, u_\theta = \frac{1}{r} \frac{\partial \varphi}{\partial \theta} \qquad (4.45)$$

流体从水平的无限大平面内的一点 O（即源点）流出，均匀地沿径向直线流向四周的流动称为源流，如图 4.23 所示，其速度场为

$$u_r = \frac{q}{2\pi r}, u_\theta = 0 \qquad (4.46a)$$

其直角坐标系的表达式为

$$\left. \begin{array}{l} u_x = u_r \cos\theta = \dfrac{q}{2\pi r} \cdot \dfrac{x}{r} = \dfrac{qx}{2\pi(x^2+y^2)} \\[2mm] u_y = u_r \sin\theta = \dfrac{q}{2\pi r} \cdot \dfrac{y}{r} = \dfrac{qy}{2\pi(x^2+y^2)} \end{array} \right\} \qquad (4.46b)$$

式中 q 为由源点沿 z 轴方向上，单位厚度所流出的流量，称为源流强度。

流函数可由式（4.42）积分得到

$$\psi = \int u_r r d\theta - u_\theta dr = \int \frac{q}{2\pi r} r d\theta = \frac{q}{2\pi} \theta = \frac{q}{2\pi} \arctan \frac{y}{x} \qquad (4.47a)$$

速度势可由式（4.44）积分得到

$$\varphi = \int u_r dr + u_\theta r d\theta = \int \frac{q}{2\pi r} dr = \frac{q}{2\pi} \ln r = \frac{q}{2\pi} \ln \sqrt{x^2+y^2} \qquad (4.47b)$$

图 4.23　平面源流

图 4.24　平面汇流

分析以上两式，可知源流的流线（等流函数线）方程 $\psi = c, \theta = c$，流线是一簇从源点出发的径向射线；等势线方程 $\varphi = c, r = c$，等势线是一簇以源点为圆心的同心圆，这两簇线相互正交，构成流网。

由式(4.46a)可知,当$r \to 0$时,$u \to \infty$,因此$r=0$(即源点)这一点为奇点。除奇点之外,实际流体中有些流动与平面源流类似,例如,泉水从泉眼向外均匀流出、离心式水泵在某种情况下叶轮内的流动等,都是源流的近似。许多复杂的实际流型,可通过源流和其他简单流型的组合得到。

当流动以反向,即流体从四周沿径向均匀流入一点(汇点)的流动称为汇流,如图4.24所示,流入汇点的单位厚度流量称为汇流强度$-q$。汇流的流函数与速度势的表达式与源流相似,只是符号相反,即

$$\left.\begin{array}{l} \psi = -\dfrac{q}{2\pi}\theta = -\dfrac{q}{2\pi}\arctan\dfrac{y}{x} \\[3mm] \varphi = -\dfrac{q}{2\pi}\ln r = -\dfrac{q}{2\pi}\ln\sqrt{x^2+y^2} \end{array}\right\} \tag{4.48}$$

汇流和源流一样,原点也是一个"奇点",若将原点附近除外,则实际流动中地下水从四周均匀流入水井的过程,可以作为汇流的近似。

(3)环流(势涡流)　流体皆绕某一固定点O做匀速圆周运动,且速度与圆周半径成反比的流动称为环流(势涡流),如图4.25所示。把坐标原点置于环流中心,则速度场

$$u_r = 0, \quad u_\theta = \frac{\Gamma}{2\pi r} \tag{4.49}$$

式中用速度环量Γ来衡量势涡强度,称为环流强度。速度环量Γ通常是对封闭周边写出的,对于环流是沿某一流线得到的,是不随圆周半径而变的常数,具有方向性。$\Gamma > 0$时,为逆时针旋转;$\Gamma < 0$时,为顺时针旋转。由式(4.49)可知,环流的流速与半径的大小成反比,即流速向涡心方向增加,如图4.25所示;当$r \to 0$时,$u \to \infty$,故涡心是一个奇点。流函数和速度势分别由式(4.42)和式(4.44)积分得到:

$$\left.\begin{array}{l} \psi = -\dfrac{\Gamma}{2\pi}\ln r \\[3mm] \varphi = \dfrac{\Gamma}{2\pi}\theta \end{array}\right\} \tag{4.50}$$

由上面二式可知,环流的等势线是一簇由源点引出的径向射线$\varphi = c, \theta = c$;而流线则是一组同心圆$\psi = c, r = c$,与源流恰好相反。

应该注意,环流是圆周运动,但却不是有旋运动。因为除了原点这个特殊奇点外,各流体质点均无旋转角速度,是无涡流。如果把一个固体质点漂浮在环流中,如图4.25中的a质点,该质点本身将不旋转地沿圆周流动。大气中出现的气旋,除去涡核区以外的区域;河道或渠道中的立轴旋涡等,其流场均可近似地用环流来表征。

图 4.25　环流

【例4.9】　设源流强度$q = 10\text{m}^2/\text{s}$,直角坐标原点与源点重合,试求通过点$(0,2)$的流线的流函数值和该点的速度$u_x$、$u_y$。

【解】　由式(4.47a)可知,通过点$(0,2)$的流函数ψ值为

$$\psi = \frac{q}{2\pi}\arctan\frac{y}{x} = \frac{10}{2\pi}\arctan\frac{2}{0} = 2.5\text{m}^2/\text{s}$$

由式(4.46b)可知,通过点$(0,2)$的速度为

$$u_x = \frac{q}{2\pi} \cdot \frac{x}{x^2+y^2} = 0$$

$$u_y = \frac{q}{2\pi} \cdot \frac{y}{x^2+y^2} = \frac{10}{2\pi} \cdot \frac{2}{0^2+2^2} = 0.8\text{m}^2/\text{s}$$

从此例可知,如能求出流函数,便可求得流场中任一点的两个速度分量 u_x、u_y,简化了分析过程。

4.5.5　势流叠加

势流在数学上的一个非常有意义的性质就是其可叠加性。设两速度势 φ_1 和 φ_2 均满足拉普拉斯方程

$$\frac{\partial^2 \varphi_1}{\partial x^2} + \frac{\partial^2 \varphi_1}{\partial y^2} = 0$$

$$\frac{\partial^2 \varphi_2}{\partial x^2} + \frac{\partial^2 \varphi_2}{\partial y^2} = 0$$

这两个速度势之和 $\varphi = \varphi_1 + \varphi_2$ 也满足拉普拉斯方程,因为

$$\frac{\partial^2 \varphi_1}{\partial x^2} + \frac{\partial^2 \varphi_1}{\partial y^2} + \frac{\partial^2 \varphi_2}{\partial x^2} + \frac{\partial^2 \varphi_2}{\partial y^2} = \frac{\partial^2}{\partial x^2}(\varphi_1 + \varphi_2) + \frac{\partial^2}{\partial y^2}(\varphi_1 + \varphi_2) = \frac{\partial^2 \varphi}{\partial x^2} + \frac{\partial^2 \varphi}{\partial y^2} = 0$$

即两速度势之和形成新的势函数,代表新的流动,此流动叠加后的速度

$$u_x = \frac{\partial \varphi}{\partial x} = \frac{\partial \varphi_1}{\partial x} + \frac{\partial \varphi_2}{\partial x} = u_{x1} + u_{x2}$$

$$u_y = \frac{\partial \varphi}{\partial y} = \frac{\partial \varphi_1}{\partial y} + \frac{\partial \varphi_2}{\partial y} = u_{y1} + u_{y2}$$

是原两势流的流速叠加,亦即在平面上,将两速度分量 u_x、u_y 几何相加的结果。同理可证,叠加后流动的流函数等于原流动流函数的代数和,即 $\psi = \psi_1 + \psi_2$。

在工程实际中,常利用势流叠加原理解决一些较为复杂的势流问题。例如源环流的叠加可表示为,将强度为 q 的源流和强度为 Γ 的环流都放置在坐标原点上,使流体既作旋转运动,又作径向运动,称为源环流(或涡源流)。叠加后的流函数和速度势为

$$\left.\begin{array}{l} \psi = \dfrac{q}{2\pi}\theta - \dfrac{\Gamma}{2\pi}\ln r \\[2mm] \varphi = \dfrac{q}{2\pi}\ln r + \dfrac{\Gamma}{2\pi}\theta \end{array}\right\} \tag{4.51}$$

速度分量为

$$\left.\begin{array}{l} u_r = \dfrac{\partial \varphi}{\partial r} = \dfrac{q}{2\pi r} \\[2mm] u_\theta = \dfrac{\partial \varphi}{r \partial \theta} = \dfrac{\Gamma}{2\pi r} \end{array}\right\} \tag{4.52}$$

因源流的 $u_\theta = 0$,环流的 $u_r = 0$,所以叠加后的源环流,其 u_r 与源流相同,u_θ 与环流相同。令式(4.51)中 φ、ψ 为常数,则流线方程、等势线方程分别为

$$\left.\begin{array}{l} q\theta - \Gamma\ln r = c \text{ 或 } r = c_1 \text{e}^{\frac{q}{\Gamma}\theta} \\[2mm] q\ln r + \Gamma\theta = c' \text{ 或 } r = c_2 \text{e}^{\frac{\Gamma}{q}\theta} \end{array}\right\} \tag{4.53}$$

式中 c_1、c_2 为常数,源环流的流线、等势线均是一簇发自坐标原点的对数螺旋线,且互相正交,如图 4.26 所示,图中实线为流线,虚线为等势线。

水在离心式水泵压水室(蜗壳)叶轮内的流动、空气在风机内的流动,均可看作源环流。当叶轮不转且供水管供水时,叶轮内的流体流动可视为源流;当叶轮转动,而蜗壳内充满水后不供水时,可视为环流;当叶轮转动同时供水管供水,可视为源环流。为了避免流体在叶轮内流动时与叶轮碰撞,保证流动平顺,能量损失最小,工程上常将叶轮做成式(4.53)所示的流线形状,蜗壳做成对数螺旋线形的箱体。

图 4.26　源环流　　　　　　　　　　　　图 4.27　汇环流

若将源环流中的源流换成汇流,则组合成汇环流(涡汇流),如图 4.27 所示。其基本公式与源环流相似,可仿照上述过程自行推出。在实际工程中,水力涡轮机在引水室内导轮叶中的流动;水流由容器底部小孔旋转流出时容器内的流动;水力旋流器、油水分离器等设备中的旋转液流,均可近似地看作汇环流。

4.6　不可压缩黏性流体的运动微分方程

一切实际流体都具有黏性,因而理想流体运动微分方程存在着局限性,为此需要建立黏性流体的运动微分方程。

4.6.1　以应力表示的黏性流体运动微分方程

理想流体因不考虑黏滞性,运动时不出现切应力,所以只有法向应力,即动压强 p。用类似分析流体静压强特性的方法,便可证明任一点动压强的大小与作用面的方位无关,是空间坐标和时间变量的函数,即 $p=p(x,y,z,t)$。黏性流体的应力状态和理想流体不同,由于黏性作用,表面力不仅有法向应力,运动时还出现切应力,因此黏性流体的表面力不再垂直于作用面。

设在黏性流体的流场中取任意点 M,通过该点作一个垂直于 z 轴的水平面,如图 4.28 所示。作用在该平面上 M 点的表面应力 p_n 在 x、y、z 三个轴向都有分量:一个与平面成法向的压应力 p_{zz} 即动压强;另两个与平面成切向的切应力 τ_{zx} 和 τ_{zy}。压应力和切应力的第一个下标表示作用面的法线方向,即表示应力的作用面与哪一个轴相垂直;第二个下标表示应

71

力的作用方向,即表示应力作用方向与哪一个轴相平行。根据压强总是沿作用面的内法线方向作用的特征,p_{zz} 也可写作 p_z。显然通过任一点在三个相互垂直的作用面上的表面应力共有九个分量,其中三个是压应力 p_{xx}、p_{yy}、p_{zz},六个是切应力 τ_{xy}、τ_{xz}、τ_{yx}、τ_{yz}、τ_{zx}、τ_{zy}。

图 4.28　表面应力的分量

采用类似推导理想流体运动微分方程的方法,以上述任意点 M 为中心取一微元平行六面体,如图 4.29 所示,六面体的各边分别与直角坐标轴平行,边长分别为 dx、dy、dz。设 M 点的坐标为 (x, y, z),速度、压应力、切应力和单位质量力分别为 u_x、u_y、u_z,p_{xx}、p_{yy}、p_{zz},τ_{xy}、τ_{xz}、τ_{yx}、τ_{yz}、τ_{zx}、τ_{zy} 和 X、Y、Z。根据泰勒级数展开,并略去级数中二阶以上的各项,则六面体各表面上的应力如图 4.29 所示。各表面上的压应力和切应力可认为是均匀分布的,各表面力通过相应面的中心,下面先讨论该微元六面体内流体在 x 轴方向受力和运动的情况。

图 4.29　表面应力的示意图

作用于该微元体的力包括表面力和质量力,其中表面力中有作用于微元体前后面的压应力和上下左右面的切应力,分别为

$$
\left. \begin{aligned}
\left(p_{xx}-\frac{1}{2}\frac{\partial p_{xx}}{\partial x}dx\right)dydz-\left(p_{xx}+\frac{1}{2}\frac{\partial p_{xx}}{\partial x}dx\right)dydz \\
\left(\tau_{yx}+\frac{1}{2}\frac{\partial \tau_{yx}}{\partial y}dy\right)dxdz-\left(\tau_{yx}-\frac{1}{2}\frac{\partial \tau_{yx}}{\partial y}dy\right)dxdz \\
\left(\tau_{zx}+\frac{1}{2}\frac{\partial \tau_{zx}}{\partial z}dz\right)dxdy-\left(\tau_{zx}-\frac{1}{2}\frac{\partial \tau_{zx}}{\partial z}dz\right)dxdy
\end{aligned} \right\}
$$

上述三式相加得
$$
\left(-\frac{\partial p_{xx}}{\partial x}+\frac{\partial \tau_{yx}}{\partial y}+\frac{\partial \tau_{zx}}{\partial z}\right)dxdydz
$$

设作用于微元体的单位质量力在 x 轴上的分量为 X,则作用于微元体上的质量力为 $F_{Bx}=$

$X\rho\mathrm{d}x\mathrm{d}y\mathrm{d}z$,根据牛顿第二定律,沿 x 方向上 $\sum F_\mathrm{x}=m\dfrac{\mathrm{d}u_\mathrm{x}}{\mathrm{d}t}$,则

$$\left(-\frac{\partial p_\mathrm{xx}}{\partial x}+\frac{\partial\tau_\mathrm{yx}}{\partial y}+\frac{\partial\tau_\mathrm{zx}}{\partial z}\right)\mathrm{d}x\mathrm{d}y\mathrm{d}z+X\rho\mathrm{d}x\mathrm{d}y\mathrm{d}z=\rho\mathrm{d}x\mathrm{d}y\mathrm{d}z\frac{\mathrm{d}u_\mathrm{x}}{\mathrm{d}t}$$

将上式各项都除以 $\rho\mathrm{d}x\mathrm{d}y\mathrm{d}z$,即对单位质量而言,化简后

$$X+\frac{1}{\rho}\left(-\frac{\partial p_\mathrm{xx}}{\partial x}+\frac{\partial\tau_\mathrm{yx}}{\partial y}+\frac{\partial\tau_\mathrm{zx}}{\partial z}\right)=\frac{\mathrm{d}u_\mathrm{x}}{\mathrm{d}t}$$

同理在 y、z 方向上

$$Y+\frac{1}{\rho}\left(\frac{\partial\tau_\mathrm{xy}}{\partial x}-\frac{\partial p_\mathrm{yy}}{\partial y}+\frac{\partial\tau_\mathrm{zy}}{\partial z}\right)=\frac{\mathrm{d}u_\mathrm{y}}{\mathrm{d}t} \tag{4.54}$$

$$Z+\frac{1}{\rho}\left(\frac{\partial\tau_\mathrm{xz}}{\partial x}+\frac{\partial\tau_\mathrm{yz}}{\partial y}-\frac{\partial p_\mathrm{zz}}{\partial z}\right)=\frac{\mathrm{d}u_\mathrm{z}}{\mathrm{d}t}$$

上式即为以应力形式表示的黏性流体的运动微分方程。

对于不可压缩均质流体,密度 ρ 为常数,单位质量力的分量 X、Y、Z 通常是已知的,所以上式中有表面应力的九个分量和速度的三个分量,共十二个未知量,而式(4.54)只有三个方程式,加上连续性微分方程也只有四个方程式,无法求解,需通过分析流体质点的应力状态来补充其他关系式。

4.6.2 应力和变形速度的关系

黏性流体的应力与变形速度有关,其中切应力与角变形速度有关,压应力(法向应力)则与线变形速度有关。对于黏性流体,根据切应力互等定律可得 $\tau_\mathrm{xy}=\tau_\mathrm{yx}$、$\tau_\mathrm{yz}=\tau_\mathrm{zy}$、$\tau_\mathrm{zx}=\tau_\mathrm{xz}$(证明从略),即作用在两相互垂直的平面上且与该两平面的交线相垂直的切应力大小都是相等的。因此在九个表面应力分量中,实际只有六个是独立的,分别是 p_xx、p_yy、p_zz、τ_xy、τ_yz、τ_zx。

进一步分析流体中切应力和速度变化之间的关系,可以减少式(4.54)中的未知量。由牛顿内摩擦定律可求得在二维平行直线流中的切应力与剪切变形速度之间的关系

$$\tau_\mathrm{yx}=\mu\frac{\mathrm{d}u_\mathrm{x}}{\mathrm{d}y}=\mu\frac{\mathrm{d}\gamma}{\mathrm{d}t} \tag{4.55}$$

式中的直角变形速度 $\dfrac{\mathrm{d}\gamma}{\mathrm{d}t}$ 是流体微团运动中角变形速度的二倍,即 xOy 在平面上

$$\frac{\mathrm{d}\gamma}{\mathrm{d}t}=2\varepsilon_\mathrm{xy}=\frac{\partial u_\mathrm{y}}{\partial x}+\frac{\partial u_\mathrm{x}}{\partial y}$$

将上式代入式(4.55)中,并推广到一般空间流动

$$\left.\begin{aligned}
\tau_\mathrm{yz}=\tau_\mathrm{zy}&=\mu\left(\frac{\partial u_\mathrm{z}}{\partial y}+\frac{\partial u_\mathrm{y}}{\partial z}\right)\\
\tau_\mathrm{zx}=\tau_\mathrm{xz}&=\mu\left(\frac{\partial u_\mathrm{x}}{\partial z}+\frac{\partial u_\mathrm{z}}{\partial x}\right)\\
\tau_\mathrm{xy}=\tau_\mathrm{yx}&=\mu\left(\frac{\partial u_\mathrm{y}}{\partial x}+\frac{\partial u_\mathrm{x}}{\partial y}\right)
\end{aligned}\right\} \tag{4.56}$$

上式即为黏性流体中切应力的普遍关系式,称为广义的牛顿内摩擦定律。式(4.56)说明切应力可用流体的动力黏滞系数和与二倍的角变形速度的乘积来表示,这样就使得式(4.54)中的十二个未知量消去了六个。

因为黏性流体运动时存在切应力,所以压应力的大小与其作用面的方位有关,三个相互

垂直方向的压应力一般是不相等的,即压应力 $p_{xx} \neq p_{yy} \neq p_{zz}$。但在理论流体力学中可以证明:同一点上任意三个正交面上的压应力之和不变,且与作用面的方位无关,即

$$p_{xx} + p_{yy} + p_{zz} = p_{\xi\xi} + p_{\eta\eta} + p_{\zeta\zeta} = I$$

在实际问题中,某点压应力的各向差异并不很大,在实用上以平均值作为该点的压应力是允许的,据此在黏性流体中,把某点三个正交面上压应力的平均值定义为该点的动压强,以 p 表示

$$p = \frac{1}{3}(p_{xx} + p_{yy} + p_{zz}) \tag{4.57}$$

则黏性流体的动压强 p 也只是空间坐标和时间变量的函数,即 $p = p(x, y, z, t)$。根据动压强 p 的定义可知,各个方向的压应力可认为等于这个平均值加上一个附加压应力,即 $p_{xx} = p + p'_{xx}$、$p_{yy} = p + p'_{yy}$、$p_{zz} = p + p'_{zz}$。附加压应力是流体微团在法线方向上发生线变形(伸长或缩短),使得压应力的大小与理想流体相比有所改变引起的。在理论流体力学中可以证明,对于不可压缩均质流体来讲,附加压应力与线变形速度之间有类似于式(4.56)的关系,即附加压应力等于流体的动力黏滞系数与二倍的线变形速度的乘积。因此压应力与线变形速度的关系为

$$\left. \begin{array}{l} p_{xx} = p + p'_{xx} = p - 2\mu \dfrac{\partial u_x}{\partial x} \\[2mm] p_{yy} = p + p'_{yy} = p - 2\mu \dfrac{\partial u_y}{\partial y} \\[2mm] p_{zz} = p + p'_{zz} = p - 2\mu \dfrac{\partial u_z}{\partial z} \end{array} \right\} \tag{4.58}$$

式中的负号是因为当 $\dfrac{\partial u_x}{\partial x}$ 为正值时,流体微元处在伸长变形状态,周围流体对它作用的是拉力,p'_{xx} 应为负值;反之,当 $\dfrac{\partial u_x}{\partial x}$ 为负值时,流体微元处在压缩变形状态,周围流体对它作用的是压力,p'_{xx} 应为正值。因此在 $\dfrac{\partial u_x}{\partial x}$ 或 $\dfrac{\partial u_y}{\partial y}$ 或 $\dfrac{\partial u_z}{\partial z}$ 的前面应加负号,与流体微元的拉伸和压缩相适应。

根据以上分析,在黏性流体中任一点的应力状态就可由一个压应力 p(即动压强)和三个切应力 τ_{xy}、τ_{yz}、τ_{zx} 来表示。

4.6.3 不可压缩黏性流体运动微分方程

将式(4.56)和式(4.58)代入以应力形式表示的黏性流体的运动微分方程式(4.54),则 x 轴方向的方程式为

$$X + \frac{1}{\rho}\left[-\frac{\partial}{\partial x}\left(p - 2\mu \frac{\partial u_x}{\partial x}\right) + \mu \frac{\partial}{\partial y}\left(\frac{\partial u_y}{\partial x} + \frac{\partial u_x}{\partial y}\right) + \mu \frac{\partial}{\partial z}\left(\frac{\partial u_x}{\partial z} + \frac{\partial u_z}{\partial x}\right) \right] = \frac{\mathrm{d}u_x}{\mathrm{d}t}$$

整理得 $\quad X - \dfrac{1}{\rho}\dfrac{\partial p}{\partial x} + \dfrac{\mu}{\rho}\left(\dfrac{\partial^2 u_x}{\partial x^2} + \dfrac{\partial^2 u_x}{\partial y^2} + \dfrac{\partial^2 u_x}{\partial z^2}\right) + \dfrac{\mu}{\rho}\dfrac{\partial}{\partial x}\left(\dfrac{\partial u_x}{\partial x} + \dfrac{\partial u_x}{\partial y} + \dfrac{\partial u_x}{\partial z}\right) = \dfrac{\mathrm{d}u_x}{\mathrm{d}t}$

因不可压缩均质流体的连续性方程为

$$\frac{\partial u_x}{\partial x} + \frac{\partial u_y}{\partial y} + \frac{\partial u_z}{\partial z} = 0$$

同时引入拉普拉斯算符 $\nabla^2 = \dfrac{\partial^2}{\partial x^2} + \dfrac{\partial^2}{\partial y^2} + \dfrac{\partial^2}{\partial z^2}$,并将加速度项展开得到

$$X-\frac{1}{\rho}\frac{\partial p}{\partial x}+\nu\nabla^2 u_x=\frac{\partial u_x}{\partial t}+u_x\frac{\partial u_x}{\partial x}+u_y\frac{\partial u_x}{\partial y}+u_z\frac{\partial u_x}{\partial z}$$

$$Y-\frac{1}{\rho}\frac{\partial p}{\partial y}+\nu\nabla^2 u_y=\frac{\partial u_y}{\partial t}+u_x\frac{\partial u_y}{\partial x}+u_y\frac{\partial u_y}{\partial y}+u_z\frac{\partial u_y}{\partial z} \quad (4.59)$$

$$Z-\frac{1}{\rho}\frac{\partial p}{\partial z}+\nu\nabla^2 u_z=\frac{\partial u_z}{\partial t}+u_x\frac{\partial u_z}{\partial x}+u_y\frac{\partial u_z}{\partial y}+u_z\frac{\partial u_z}{\partial z}$$

用矢量表示为

$$f-\frac{1}{\rho}\nabla p+\nu\nabla^2 \boldsymbol{u}=\frac{\partial \boldsymbol{u}}{\partial t}+(\boldsymbol{u}\cdot\nabla)\boldsymbol{u} \quad (4.60)$$

式(4.59)和式(4.60)即为不可压缩黏性流体运动微分方程,如果流体为理想流体,上式可化简为理想流体的运动微分方程;如果流体为静止或相对平衡流体,上式可化简为流体的平衡微分方程;所以式(4.59)和式(4.60)式为不可压缩均质流体的普遍方程。自 1755 年欧拉提出理想流体运动微分方程以来,经过近百年的研究,法国工程师纳维(Navier 1827)、英国数学家斯托克斯(Stokes 1845)等人最终完成上述形式的黏性流体运动微分方程,故也称为纳维-斯托克斯方程(简写为 N-S 方程)。

N-S 方程表示作用在单位质量流体上的质量力、表面力(压力和黏滞力)和惯性力相平衡。在 N-S 方程中有四个未知量 u_x,u_y,u_z 和 p,同时 N-S 方程与连续性微分方程所组成的基本方程组共有四个方程式,所以从理论上讲,在一定的初始条件和边界条件下,任何一个不可压缩均质黏性流体的运动问题,是可以求解的,即黏性流体的运动分析,最终都可归结为对 N-S 方程的研究。但是实际上求解 N-S 方程式非常困难,因为它是二阶非线性偏微分方程,目前只能在一些简单的或特殊的流动情况下,才能求得精确解,例如圆管中的层流、平行平面间的层流和同心圆环间的层流等。

思考题

4-1 有人认为均匀流和渐变流一定是恒定流,急变流一定是非恒定流,这种说法是否正确? 请说明理由。

4-2 对水流流向问题有如下一些说法:"水一定是从高处向低处流","水一定从压强大向压强小的地方流","水一定从流速大的地方向流速小的地方流",这些说法是否正确? 为什么? 正确的说法应该如何?

4-3 何谓渐变流,渐变流有哪些重要性质? 引入渐变流概念,对研究流体运动有什么实际意义?

4-4 恒定总流的伯努利方程,其各项的物理意义和几何意义是什么?

4-5 应用伯努利方程时,其中的位置水头可以任意选取基准面来计算,为什么?

4-6 有旋流动中不存在速度势函数 φ,那么是否存在流函数呢? 为什么?

4-7 为什么要引入平面流动这一概念? 平面流动中存在着流函数 ψ,那么空间流动中是否也一定存在着流函数? 为什么?

习 题

4-1 题 4-1 图,水管直径 $d=50\text{mm}$,末端阀门关闭时,压力表读值为 $p_{M1}=21\text{kPa}$,阀门打开后读值降为 $p_{M2}=5.5\text{kPa}$,不计水头损失,求通过的流量 Q。

4-2 油在管道中流动(题 4-2 图),直径 $d_A=0.15\text{m}$,$d_B=0.1\text{m}$,$v_A=2\text{m/s}$,水头损失不计,求 B 点处测压管高度 h_C。

题 4-1 图　　　　　　　　　　　　　　　　题 4-2 图

4-3　水在变直径竖管中流动(题 4-3 图),已知粗管直径 $d_1 =$ 300mm,流速 $v_1 = 6$m/s。装有压力表的两断面相距 $h = 3$m,为使两压力表读值相同,试求细管直径(水头损失不计)。

4-4　变直径管段 AB(题 4-4 图),$d_A = 0.2$m,$d_B = 0.4$m,高差 $\Delta h = 1.5$m,测得 $p_A = 30$kPa,$p_B = 40$kPa,B 点处断面平均流速 $v_B = 1.5$m/s,试求两点间的水头损失 h_{lAB} 并判断水在管中的流动方向。

4-5　用水银压差计(题 4-5 图)测量水管中的点流速 u,如读值 $\Delta h = 60$mm。(1)求该点流速 u;(2)若管中流体是 $\rho = 800$kg/m³ 的油,Δh 仍不变,不计水头损失,则该点流速为多少?

题 4-3 图

4-6　利用文丘里管的喉管处负压抽吸基坑中的积水(题 4-6 图),已知管道直径 $d_1 = 100$mm,喉管直径 $d_2 = 50$mm,$h = 2$m,能量损失忽略不计。试求管道中的流量至少为多大,才能抽出基坑中的积水?

4-7　水箱出流(题 4-7 图),直径 $d_1 = 125$mm、$d_2 = 100$mm,水银压差计的读值 $h = 175$mm,断面 3-3 处的喷嘴直径 $d_3 = 75$mm,不计水头损失,试求作用水头 H 值和压力表读值。

题 4-4 图　　　　　　　　　　　　　　　　题 4-5 图

题 4-6 图　　　　　　　　　　　　　　　　题 4-7 图

4-8 管道流动(题 4-8 图),管径 $d=150\text{mm}$、喷嘴出口直径 $d_D=50\text{mm}$,各点高差 $h_1=2\text{m}$、$h_2=4\text{m}$、$h_3=3\text{m}$,不计水头损失,求 A、B、C、D 各点压强。

4-9 水箱中的水经一扩散短管流到大气中(题 4-9 图)。直径 $d_1=100\text{mm}$,该处绝对压强 $p_1=0.5$ 大气压,直径 $d_2=150\text{mm}$,求水头 H(水头损失忽略不计)。

题 4-8 图

题 4-9 图

4-10 水由喷嘴射出(题 4-10 图)。已知流量 $Q=0.4\text{m}^3/\text{s}$,主管直径 $D=400\text{mm}$,喷嘴直径 $d=100\text{mm}$,水头损失不计,求水流作用在喷嘴上的力。

4-11 水自喷嘴水平射向一与其交角成 $60°$ 的光滑平板上(不计摩擦阻力)(题 4-11 图)。喷嘴出口直径 $d=25\text{mm}$,流量 $Q_1=33.4\text{L/s}$。试求射流沿平板向两侧的分流流量 Q_2 与 Q_3,以及射流对平板的作用力 R(水头损失忽略不计)。

题 4-10 图

4-12 直径 $d_1=0.7\text{m}$ 的管道在支承水平面上分为 $d_2=0.5\text{m}$ 的两支管(题 4-12 图),A-A 断面压强为 $p_A=70\text{kPa}$,管道流量 $Q_1=0.6\text{m}^3/\text{s}$,两支管流量相等。不考虑螺栓连接的作用时,在不计水头损失和水头损失 $h_1=5\dfrac{v_2^2}{2g}$ 这两种情况下,分别求支墩受到的水平推力。

题 4-11 图

题 4-12 图

4-13 水流垂直于纸面的宽度 $B=1.2\text{m}$,各处水深如题 4-13 图所示,求水流对建筑物的水平作用力。

4-14 矩形断面的平底渠道(题 4-14 图),宽度 $B=2.7\text{m}$,渠底在某断面处抬高 $h_2=0.5\text{m}$,抬高前的水深 $h=2\text{m}$,抬高后水面降低 $h_1=0.15\text{m}$,如忽略边壁和底部阻力,试求:(1)渠道的流量 Q;(2)水流对底坎的推力 R。

4-15 设涡轮如题 4-15 图所示,旋转半径 $R=0.6\text{m}$,喷嘴直径 $d=25\text{mm}$,每个喷嘴喷出流量 $Q=0.007\text{m}^3/\text{s}$,若涡轮以 100r/min 旋转,试求它的功率。

4-16 下列不可压缩流体、平面流动的速度场分别为:(1)$u_x=1$,$u_y=2$;(2)$u_x=y$,$u_y=$

$-x$；$(3)u_x=x-y,u_y=x+y$；$(4)u_x=x^2-y^2-x,u_y=-2xy-y$；试判断是否满足流函数 ψ 和流速势 φ 的存在条件，并求出 ψ、φ。

题 4-13.图　　　　　　　　　　题 4-14 图

4-17　设有一源流和环流，它们的中心均位于坐标原点。已知源流强度 $q=0.2\text{m}^2/\text{s}$，环流强度 $\Gamma=1\text{m}^2/\text{s}$。试求上述源环流的流函数和速度势方程以及在 $x=1\text{m}$、$y=0.5\text{m}$ 处的速度分量。

4-18　已知平面流动的速度分布为直线分布（题 4-18 图），若 $y_0=4\text{m}$，$u_0=80\text{m/s}$，试求流函数并判断流动是否有势。

题 4-15 图

题 4-18 图

第5章 量纲分析和相似原理

前面章节建立了控制流体运动的基本方程,应用基本方程求解,是解决水力学问题的基本途径。但是对于许多复杂的实际工程问题,由于求解基本方程在数学上存在困难,往往需要应用定性的理论分析方法和实验方法进行研究。

量纲分析和相似原理,为科学地组织实验及整理实验成果提供了理论指导。对于复杂的流动问题,还可借助量纲分析和相似原理来建立物理量之间的联系。显然,量纲分析和相似原理是发展水力学理论,解决实际工程问题的有力工具。

5.1 量纲和谐原理

5.1.1 量纲的概念

(1)量纲 在水力学中涉及各种不同的物理量,如长度、时间、质量、力、速度、加速度和黏滞系数等等,所有这些物理量都是由自身的物理属性(或称类别)和为量度物理属性而规定的量度标准(或称量度单位)两个因素构成的。例如长度,它的物理属性是线性几何量,量度单位规定有米、厘米、英尺、光年等不同的标准。

物理量的属性(类别)称为量纲或因次。显然,量纲是物理量的实质,不含有人为的影响。通常以 L 代表长度量纲、M 代表质量量纲、T 代表时间量纲,采用 $[q]$ 代表某物理量 q 的量纲,则

面积的量纲 $\qquad\qquad [A]= L^2$

密度的量纲 $\qquad\qquad [\rho]= ML^{-3}$

单位是人为规定的量度标准。例如现行的长度单位米,最初是由 1791 年法国国民议会通过的,为经过巴黎的地球子午线长的 44 万分之一。1960 年第 11 届国际计量大会重新规定为氪同位素(K^{86})原子辐射波的 1650763.73 个波长的长度。因为有量纲量是由量纲和单位两个因素决定的,因此含有人的意志影响。

(2)基本量纲与导出量纲 一个力学过程所涉及的各物理量的量纲之间是有联系的。根据物理量量纲之间的关系,把无任何联系、相互独立的量纲作为基本量纲,可以由基本量纲导出的量纲就是导出量纲。

基本量纲的选取,原则上并无一定的标准。例如取长度量纲 L 和时间量纲 T 作为基本量纲,则速度的量纲是导出量纲,$[v]=L/T$。若取长度和速度的量纲作为基本量纲,那么时间的量纲便是导出量纲,$T=L/[v]$。为了应用方便,并同国际单位制相一致,普遍采用 M-L-T-θ 基本量纲系,即选取质量 M、长度 L、时间 T、温度 θ 为基本量纲。对于不可压缩流体运动,则选取 M、L、T 作为 3 个基本量纲,其他物理量量纲均为导出量纲。例如:

速度 $\qquad\qquad [v]=LT^{-1}$

加速度　　　　　　　　　　　　$[a] = LT^{-2}$

力　　　　　　　　　　　　　　$[F] = MLT^{-2}$

动力黏滞系数　　　　　　　　　$[\mu] = ML^{-1}T^{-1}$

综合以上各量纲式,不难得出,某一物理量 q 的量纲 $[q]$ 都可用 3 个基本量纲的指数乘积形式表示

$$[q] = M^\alpha L^\beta T^\gamma \tag{5.1}$$

式(5.1)称为量纲公式,物理量 q 的性质由量纲指数 α、β、γ 决定:当 $\alpha=0,\beta\neq0,\gamma=0,q$ 为几何量;$\alpha=0,\beta\neq0,\gamma\neq0,q$ 为运动学量;$\alpha\neq0,\beta\neq0,\gamma\neq0,q$ 为动力学量。

5.1.2　无量纲量

当量纲公式(5.1)中各量纲指数均为零,即 $\alpha=\beta=\gamma=0$,则 $[q]=1$。物理量 q 是无量纲量,也就是纯数,如圆周率、角度等。无量纲量可由两个具有相同量纲的物理量相比得到,如线应变 $\varepsilon = \Delta l/l$,其量纲 $[\varepsilon] = L/L = 1$。也可由几个有量纲物理量进行乘除组合,使组合量的量纲指数为零得到。例如对有压管流,由断面平均速度 v、管道直径 d、流体的运动黏度系数 ν 组合为

$$Re = \frac{vd}{\nu}$$

其量纲　　　　$[Re] = \left[\frac{vd}{\nu}\right] = \frac{(LT^{-1})L}{L^2 T^{-1}} = 1$

Re 是由 3 个有量纲量进行乘除组合得到的无量纲量,称为雷诺数(Reynolds number)。关于雷诺数的物理意义,后面还要详细讨论。

依据无量纲数的定义和构成,可归纳出无量纲量具有以下特点。

(1)客观性　　正如前面指出,凡有量纲的物理量都有单位。同一个物理量,因选取的度量单位不同,数值也不同。如果用有量纲量作过程的自变量,计算出的因变量数值,将随自变量选取单位的不同而不同。因此,要使运动方程式的计算结果不受人主观选取单位的影响,就需要把方程中各项物理量组合成无量纲项。从这个意义上说,真正客观的方程式应是由无量纲项组成的方程式。

(2)不受运动规模影响　　既然无量纲量是纯数,数值大小与度量单位无关,也不受运动规模的影响。规模大小不同的流动,如两者是相似的流动,则相应的无量纲数相同。在模型试验中,常用同一个无量纲数(如雷诺数 Re)作为模型和原型流动相似的判据。

(3)可进行超越函数运算　　由于有量纲量只能作简单的代数运算,作对数、指数、三角函数等运算是没有意义的。只有无量纲化才能进行超越函数运算,如气体等温压缩功计算式

$$W = p_1 V_1 \ln \frac{V_2}{V_1}$$

其中压缩后与压缩前的体积比 V_2/V_1 组成无量纲项,才能进行对数运算。

5.1.3　量纲和谐原理

量纲和谐原理是量纲分析的基础。量纲和谐原理的简单表述是:凡正确反映客观规律的物理方程,其各项的量纲一定是一致的,这是被无数事实证实了的客观原理。例如第 4 章黏性流体运动方程式(4.59)在 x 方向的分式

$$X - \frac{1}{\rho}\frac{\partial p}{\partial x} + \nu \nabla^2 u_x = \frac{\partial u_x}{\partial t} + u_x\frac{\partial u_x}{\partial x} + u_y\frac{\partial u_x}{\partial y} + u_z\frac{\partial u_x}{\partial z}$$

式中各项的量纲一致,都是 LT^{-2}。又如第 4 章实际流体总流的伯努利方程式(4.10)

$$z_1+\frac{p_1}{\rho g}+\frac{\alpha_1 v_1^2}{2g}=z_2+\frac{p_2}{\rho g}+\frac{\alpha_2 v_2^2}{2g}+h_1$$

式中各项的量纲均为 L。

但在工程上至今还有一些由实验和观测资料整理成的经验公式,不满足量纲和谐原理。这种情况表明,人们对这一部分流动的认识尚不充分,这样的公式将逐步被修正或被正确完整的公式所代替。

由量纲和谐原理可引申出以下两点:

(1)凡正确反映客观规律的物理方程,一定能表示成由无量纲项组成的无量纲方程。因为方程中各项的量纲相同,只需用其中的一项遍除各项,便得到一个由无量纲项组成的无量纲式,仍保持原方程的性质。

(2)量纲和谐原理规定了一个物理过程中有关物理量之间的关系。因为一个正确完整的物理方程中,各物理量量纲之间的联系是确定的,按照物理量量纲之间的这一确定性,就可建立该物理过程各物理量的关系式。量纲分析法就是根据这一原理发展起来的,它是本世纪初在力学上的重要发现之一。

5.2　量纲分析法

在量纲和谐原理基础上发展起来的量纲分析法有两种:一种称瑞利(Rayleigh)法,适用于比较简单的问题;另一种称 π 定理,是一种具有普遍性的方法。

5.2.1　瑞利法

瑞利法的基本原理是某一物理过程同几个物理量有关

$$f(q_1,q_2,q_3,\cdots\cdots,q_n)=0$$

其中的某个物理量 q_i 可表示为其他物理量的指数乘积

$$q_i=Kq_1^a q_2^b\cdots\cdots q_{n-1}^p \tag{5.2}$$

写出量纲式　　　　　　　$[q_i]=[q_1]^a[q_2]^b\cdots\cdots[q_{n-1}]^p$

将量纲式中各物理量的量纲按(5.1)表示为基本量纲的指数乘积形式,并根据量纲和谐原理,确定指数 a、b……p,就可得出表达该物理过程的方程式。下面通过例题说明瑞利法的应用步骤。

【例 5.1】　求水泵输出功率的表达式。

【解】　水泵输出功率指单位时间内水泵输出的能量。

(1)找出同水泵输出功率 N 有关的物理量,包括单位体积水的重量,即重度 $\gamma=\rho g$,流量 Q、扬程 H,即　　　　　$f(N,\gamma,Q,H)=0$

(2)写出指数乘积关系式为

$$N=K\gamma^a Q^b H^c$$

(3)写出量纲式为　　　　　$[N]=[\gamma]^a[Q]^b[H]^c$

(4)按式(5.1),以基本量纲 (M,L,T) 表示各物理量量纲为

$$ML^2 T^{-3}=(ML^{-2}T^{-2})^a(L^3 T^{-1})^b(L)^c$$

(5)根据量纲和谐原理求量纲指数为

$$M:\quad 1=a \qquad L:\quad 2=-2a+3b+c \qquad T:\quad -3=-2a-b$$

得 $a=1,b=1,c=1$。

(6)整理方程式,得 $\qquad N=K\gamma QH$

其中 K 为由实验确定的系数。

【例 5.2】 求圆管层流的流量关系式。

【解】 圆管层流运动将在第 6 章详述,这里仅用量纲分析的方法来讨论。

(1)找出影响圆管层流流量的各物理量,包括管段两端的压强差 Δp、管段长 l、半径 r_0、流体的动力黏滞系数 μ。根据经验和已有实验资料的分析,得知流量 Q 与压强差 Δp 成正比,与管段长 l 成反比。因此,可将 Δp、l 归并为一项 $\Delta p/l$,得到

$$f(Q,\Delta p/l,r_0,\mu)=0$$

(2)写出指数乘积关系式

$$Q=K\left(\frac{\Delta p}{l}\right)^{a}(r_0)^{b}(\mu)^{c}$$

(3)写出量纲式为

$$[Q]=\left[\frac{\Delta p}{l}\right]^{a}[r_0]^{b}[\mu]^{c}$$

(4)按式(5.1),以基本量纲(M、L、T)表示各物理量量纲为

$$L^3 T^{-1}=(ML^{-2}T^{-2})^{a}(L)^{b}(ML^{-1}T^{-1})^{c}$$

(5)根据量纲和谐原理求量纲指数,即

$$M:\quad 0=a+c \qquad L:\quad 3=-2a+b-c \qquad T:\quad -1=-2a-c$$

得 $a=1,b=4,c=-1$。

(6)整理方程式得 $\qquad Q=K\left(\frac{\Delta p}{l}\right)r_0^{4}\mu^{-1}=K\dfrac{\Delta p r_0^{4}}{l\mu}$

系数 K 由实验确定,$K=\dfrac{\pi}{8}$,则 $\qquad Q=\dfrac{\pi}{8}\dfrac{\Delta p r_0^{4}}{l\mu}$

流速为

$$v=\frac{\rho g J}{8\mu}r_0^{2}$$

其中有

$$J=\frac{\Delta p/\rho g}{l}$$

由以上例题可以看出,用瑞利法求力学方程,在有关物理量不超过 4 个,待求的量纲指数不超过 3 个时,可直接根据量纲和谐条件,求出各量纲指数,建立方程,如例 5.1。当有关物理量超过 4 个时,则需要归并有关物理量或选待定系数,以求得量纲指数,如例 5.2 中的 $\dfrac{\Delta p}{l}$。

5.2.2　π 定理

π 定理是量纲分析更为普遍的原理,由美国物理学家布金汉(Buckingham)提出,又称为布金汉定理。π 定理指出,若某一物理过程包含 n 个物理量,即

$$f(q_1,q_2,q_3,\cdots\cdots q_n)=0$$

其中有 m 个基本量(量纲独立,不能相互导出的物理量),则该物理过程可由 n 个物理量构成的 $(n-m)$ 个无量纲项所表达的关系式来描述。即

$$F(\pi_1,\pi_2,\cdots\cdots,\pi_{n-m})=0 \tag{5.3}$$

由于无量纲项用 π 表示,π 定理由此得名。π 定理的应用步骤如下:

(1)找出与物理过程有关的物理量,$f(q_1,q_2,q_3,\cdots\cdots,q_n)=0$。

(2)从 n 个物理量中选取 m 个基本量,对不可压缩流体运动,一般取 $m=3$。设 q_1、q_2、q_3 为所选基本量,由量纲公式(5.1)式得

$$[q_1]=M^{\alpha_1}L^{\beta_1}T^{\gamma_1}$$

$$[q_2]=M^{\alpha_2}L^{\beta_2}T^{\gamma_2}$$

$$[q_3]=M^{\alpha_3}L^{\beta_3}T^{\gamma_3}$$

满足基本量量纲独立条件是量纲式中的指数行列式不等于零,即

$$\begin{vmatrix} \alpha_1 & \beta_1 & \gamma_1 \\ \alpha_2 & \beta_2 & \gamma_2 \\ \alpha_3 & \beta_3 & \gamma_3 \end{vmatrix} \neq 0$$

对于不可压缩流体运动,通常选取速度 $v(q_1)$、密度 $\rho(q_2)$ 和特征长度 $l(q_3)$ 为基本量。

(3)基本量依次与其余物理量组成 π 项,即

$$\pi_1=\frac{q_4}{q_1^{a_1}q_2^{b_1}q_3^{c_1}}$$

$$\pi_2=\frac{q_5}{q_1^{a_2}q_2^{b_2}q_3^{c_2}}$$

$$\cdots$$

$$\pi_{n-3}=\frac{q_n}{q_1^{a_{n-3}}q_2^{b_{n-3}}q_3^{c_{n-3}}}$$

(4)满足 π 为无量纲项,定出各 π 项基本量的指数 a、b、c。

(5)整理方程式。

【例 5.3】 求有压管流压强损失表达式。

【解】 (1)找出有关物理量 由经验和对已有资料的分析可知,管流的压强损失 Δp 与流体的性质(密度 ρ、运动黏滞系数 ν)、管道条件(管长 l、直径 d、壁面粗糙高度 k_s)以及流动情况(流速 v)有关,有关物理量个数 $n=7$。

$$f(\Delta p,\rho,\nu,l,d,k_s,v)=0$$

(2)选基本量 在有关量中选 v、d、ρ 为基本量,基本量数 $m=3$。

(3)组成 π 项 π 数为 $n-m=4$,即

$$\pi_1=\frac{\Delta p}{v^{a_1}d^{b_1}\rho^{c_1}} \qquad \pi_2=\frac{\nu}{v^{a_2}d^{b_2}\rho^{c_2}}$$

$$\pi_3=\frac{l}{v^{a_3}d^{b_3}\rho^{c_3}} \qquad \pi_4=\frac{k_s}{v^{a_4}d^{b_4}\rho^{c_4}}$$

(4)决定各 π 项基本量指数

π_1: $$[\Delta p]=[v]^{a_1}[d]^{b_1}[\rho]^{c_1}$$

$$ML^{-1}T^{-2}=(LT^{-1})^{a_1}(L)^{b_1}(ML^{-3})^{c_1}$$

M: $1=c_1$ $\qquad$ L: $-1=a_1+b_1-3c_1$ $\qquad$ T: $-2=-a_1$

得 $a_1=2,b_1=0,c_1=1,\pi_1=\dfrac{\Delta p}{\rho v^2}$。

π_2: $$[\nu]=[v]^{a_2}[d]^{b_2}[\rho]^{c_2}$$

$$L^2 T^{-1} = (LT^{-1})^{a_2} (L)^{b_2} (ML^{-3})^{c_2}$$

$M:\quad 0 = c_2 \qquad L:\quad 2 = a_2 + b_2 - 3c_2 \qquad T:\quad -1 = -a_2$

得 $a_2 = 1, b_2 = 1, c_2 = 0, \pi_2 = \dfrac{\nu}{vd}$。

不需对基本量纲逐个分析，π_3 和 π_4 可直接由无量纲条件得出

$$a_3 = 0, b_3 = 1, c_3 = 0, \pi_3 = \frac{l}{d}$$

$$a_4 = 0, b_4 = 1, c_4 = 0, \pi_4 = \frac{k_s}{d}$$

(5)整理方程式 $\qquad f_1\left(\dfrac{\Delta p}{\rho v^2}, \dfrac{\nu}{vd}, \dfrac{l}{d}, \dfrac{k_s}{d}\right) = 0$

$$f_2\left(\frac{\Delta p}{\rho v^2}, \frac{vd}{\nu}, \frac{l}{d}, \frac{k_s}{d}\right) = 0$$

对 $\dfrac{\Delta p}{\rho v^2}$ 求解得 $\qquad \dfrac{\Delta p}{\rho v^2} = f_3\left(\dfrac{vd}{\nu}, \dfrac{l}{d}, \dfrac{k_s}{d}\right) = f_3\left(Re, \dfrac{l}{d}, \dfrac{k_s}{d}\right)$

Δp 与管长 l 成比例，将 l/d 提至函数式外面得

$$\frac{\Delta p}{\rho v^2} = f_4\left(Re, \frac{k_s}{d}\right)\frac{l}{d}$$

$$\frac{\Delta p}{\rho g} = f_5\left(Re, \frac{k_s}{d}\right)\frac{l}{d}\frac{v^2}{2g} = \lambda\frac{l}{d}\frac{v^2}{2g}$$

上式就是管道压强损失的计算公式，称为达西—魏斯巴赫(Darcy-Weisbach)公式。式中 λ 称为沿程阻力系数，$\lambda = f_5\left(Re, \dfrac{k_s}{d}\right)$，一般情况下是雷诺数 Re 和壁面相对粗糙 k_s/d 的函数。

【例 5.4】　为了研究水流对光滑球形潜体的作用力，要求预先确定实验的方案。

【解】　水流对光滑球形潜体的作用力 D 与水的流速 v、潜体直径 d、水的密度 ρ 和水的动力黏滞系数 μ 等诸物理量有关，即

$$D = f(v, d, \rho, \mu)$$

怎样进行实验来求得作用力 D 与各量的关系呢？不熟悉量纲分析方法的初学者，会认为既然作用力 D 与 4 个因素(v、d、ρ、μ)有关，要找出全部函数关系，就要分别对每个变量(保持其余 3 个因素不变)作实验，再根据各量的实验结果整理成方程式。这样组织实验研究虽然也可行，但所用方法是原始而且费力的，用于实验的时间至少要四倍于量纲分析方法需要的时间。

应用量纲分析方法组织实验，首先找出有关物理量 $f(D, v, d, \rho, \mu) = 0$。由 π 定理，选 v、d、ρ 为基本量，组成各 π 项，即

$$\pi_1 = \frac{D}{v^{a_1} d^{b_1} \rho^{c_1}} \qquad\qquad \pi_2 = \frac{\mu}{v^{a_2} d^{b_2} \rho^{c_2}}$$

按 π 项无量纲，决定各基本量指数：

$$a_1 = 2, b_1 = 2, c_1 = 1$$

$$a_2 = 1, b_2 = 1, c_2 = 1$$

整理方程式得
$$f_1\left(\frac{D}{\rho v^2 d^2}, \frac{\mu}{\rho v d}\right) = 0$$

$$\frac{D}{\rho v^2 d^2} = f_2\left(\frac{\rho v d}{\mu}\right) = f_2(Re)$$

$$D = f_2(Re)\rho v^2 d^2 = f_2(Re)\frac{8}{\pi}\frac{\pi d^2}{4}\frac{\rho v^2}{2} = C_d A \frac{\rho v^2}{2} \tag{5.4}$$

式中无量纲项 C_d 称为阻力系数, $C_d = \dfrac{8}{\pi} f_2(Re) = f(Re)$。

由上面分析可知, 实验研究水流对光滑球形潜体的作用力, 归结为实验测定阻力系数 C_d 与雷诺数 Re 的关系。因此实施这项实验研究只需用一个球, 在一定温度的水流中实验, 通过改变水流速度, 整理成不同 Re 和 C_d 的实验曲线。按式(5.4)及该实验曲线计算流体对光滑球形潜体的作用力, 对于不同尺寸的球和不同黏度的流体都是适用的。

5.2.3 量纲分析方法的讨论

以上简要介绍了量纲分析方法, 下面再作几点讨论。

(1)量纲分析方法的理论基础是量纲和谐原理, 即凡正确反映客观规律的物理方程, 量纲一定是和谐的。本书限于篇幅对量纲公式(5.1)、式(5.2)及式(5.3)未作证明。

(2)量纲和谐原理是判别经验公式是否完善的基础。19世纪, 量纲分析原理未被发现之前, 水力学中积累了不少纯经验公式, 每一个经验公式都有一定的实验根据, 都可用于一定条件下流动现象的描述, 这些公式孰是孰非, 人们无所适从。量纲分析方法可以利用量纲理论作出判别和权衡, 使其中的一些公式从纯经验的范畴内解脱出来。

(3)应用量纲分析方法得到的物理方程式, 是否符合客观规律, 和所选用的物理量是否正确有关。而量纲分析方法本身对有关物理量的选取却不能提供任何指导和启示, 可能由于遗漏某一个具有决定性意义的物理量, 导致建立的方程式失误; 也可能因选取了没有决定性意义的物理量, 造成方程中出现累赘的无量纲量。这种局限性是方法本身决定的。研究量纲分析方法的前驱者之一——瑞利, 在分析流体通过恒温固体的热传导问题时, 就曾遗漏了流体黏滞系数的影响, 而导出一个不全面的物理方程式。弥补量纲分析方法的局限性, 需要已有的理论分析和实验成果, 要依靠研究者的经验和对流动现象的观察认识能力。

(4)由例5.4可以看出, 量纲分析为组织实施实验研究, 以及整理实验数据提供了科学的方法, 可以说量纲分析方法是沟通水力学理论和实验之间的桥梁。

5.3 相似理论基础

前面讨论了量纲理论及其应用, 后面几节将讨论模型试验的基本原理。现代许多工程问题, 由于流动情况十分复杂, 无法直接应用基本方程式求解, 而有赖于实验研究。大多数工程实验是在模型上进行的。所谓模型通常是指与原型(工程实物)有同样的运动规律, 各运动参数存在固定比例关系的缩小物。通过模型试验, 把研究结果换算为原型流动, 进而预测在原型流动中将要发生的现象。怎样才能保证模型和原型有同样的流动规律呢? 关键要使模型和原型有相似的流动, 只有这样的模型才是有效的模型, 实验研究才有意义。相似原理就是研究相似现象之间的联系的理论, 是模型试验的理论基础。

5.3.1　相似概念

流动相似概念原是几何相似概念的扩展。两个几何图形,如果对应边成比例、对应角相等,两者就是几何相似的图形。对于两个几何相似图形,把其中一个图形的某一几何长度,乘以比例常数,就得到另一图形的相应长度。同流体运动有关的物理量,除了几何量(长度、面积、体积)之外,还有运动量(速度、加速度)和力。由此,流动相似或者说水力学相似便扩展为以下四方面内容。

图 5.1　原型与模型流动

(1)几何相似　几何相似指两个流动(原型和模型)流场的几何形状相似,即对应的线段长度成比例、夹角相等。原型和模型流动如图 5.1 所示。以角标 p 表示原型、m 表示模型,则有

$$\left. \begin{array}{l} \dfrac{l_{p1}}{l_{m1}} = \dfrac{l_{p2}}{l_{m2}} = \cdots = \dfrac{l_p}{l_m} = \lambda_l \\ \theta_{p1} = \theta_{m1}, \theta_{p2} = \theta_{m2} \end{array} \right\} \tag{5.5}$$

式中 λ_l 称为长度比尺。由长度比尺可推得相应的面积比尺和体积比尺。

面积比尺
$$\lambda_A = \frac{A_p}{A_m} = \frac{l_p^2}{l_m^2} = \lambda_l^2$$

体积比尺
$$\lambda_V = \frac{V_p}{V_m} = \frac{l_p^3}{l_m^3} = \lambda_l^3$$

可见几何相似是通过长度比尺 λ_l 来表征的,只要各相应长度都保持固定的比例关系 λ_l,便保证了两个流动几何相似。

(2)运动相似　运动相似指两个流动对应点速度方向相同,大小成比例

$$\lambda_u = \frac{u_p}{u_m}$$

式中 λ_u 称为速度比尺。由于各对应点速度成比例,故对应断面的平均速度必然成比例

$$\lambda_u = \frac{u_p}{u_m} = \frac{v_p}{v_m} = \lambda_v \tag{5.6}$$

将 $v = l/t$ 的关系代入上式

$$\lambda_v = \frac{l_p/t_p}{l_m/t_m} = \frac{l_p}{l_m} \frac{t_m}{t_p} = \frac{\lambda_l}{\lambda_t}$$

$\lambda_t = t_p/t_m$ 称为时间比尺,则满足运动相似应有固定的长度比尺和时间比尺。同时速度相似就意味着加速度相似,加速度比尺为

$$\lambda_a = \frac{a_p}{a_m} = \frac{v_p/t_p}{v_m/t_m} = \frac{v_p}{v_m} \frac{t_m}{t_p} = \frac{\lambda_v}{\lambda_t} = \frac{\lambda_l}{\lambda_t^2}$$

(3)动力相似　动力相似指两个流动对应点处流体质点受同名力作用,力的方向相同,大小成比例。根据达朗伯原理,对于运动的质点,设想加上该质点的惯性力,则惯性力与质点所受作用力平衡,形式上构成封闭力多边形。从这个意义上说,动力相似又可表述为对应

点上的力多边形相似,对应边(即同名力)成比例,如图 5.1 所示。

影响流体运动的作用力主要是黏滞力 T、重力 G、压力 P 和惯性力 I,有时还考虑弹性力 F_E 和表面张力 T_W,则有

$$T+G+P+F_E+T_W+\cdots+I=0$$

$$\frac{T_p}{T_m}=\frac{G_p}{G_m}=\frac{P_p}{P_m}=\frac{F_{Ep}}{F_{Em}}=\frac{T_{Wp}}{T_{Wm}}=\cdots=\frac{I_p}{I_m} \tag{5.7}$$

或

$$\lambda_T=\lambda_G=\lambda_P=\lambda_{F_E}=\lambda_{T_W}=\cdots=\lambda_I$$

(4)边界条件和初始条件相似　边界条件相似指两个流动对应边界性质相同,如原型中的固体壁面,模型中相应部分也应是固体壁面;原型中的自由液面,模型的相应部分也应是自由液面。对于非恒定流动,还要满足初始条件相似。边界条件和初始条件相似是保证流动相似的充分条件。

有人将边界条件相似也归于几何相似,对于恒定流动又无需初始条件相似,这样水力学相似的含义就简述为几何相似、运动相似和动力相似三方面。

5.3.2　相似准则

以上说明了流动相似的含义,它是力学相似的结果,问题是如何来实现原型和模型流动的力学相似。

首先要满足几何相似,否则两个流动不存在对应点,当然也就无相似可言,可以说几何相似是流动相似的前提条件;其次是实现动力相似,以保证运动相似。要使两个流动动力相似,前面定义的各项比尺须符合一定的约束关系,这种约束关系称为相似准则。

动力相似的流动,根据对应点上的力多边形相似、对应边(即同名力)成比例,可以推导出各单项力的相似准则。

(1)雷诺准则　考虑原型与模型之间黏滞力与惯性力的关系,由式(5.7)知

$$\frac{T_p}{T_m}=\frac{I_p}{I_m} \tag{a}$$

鉴于上式表示两个流动相应点上惯性力与单项作用力(如黏滞力)的对比关系,而不是计算力的绝对量,所以式中的力可用运动的特征量表示,则

黏滞力 $$T=\mu A\frac{\mathrm{d}u}{\mathrm{d}y}=\mu l v \tag{b}$$

惯性力 $$I=ma=\rho l^3\frac{l}{t^2}=\rho l^2 v^2 \tag{c}$$

将式(b)和式(c)代入式(a)整理,得

$$\frac{v_p l_p}{\nu_p}=\frac{v_m l_m}{\nu_m}$$

或 $$(Re)_p=(Re)_m$$

由此可见,雷诺数 $Re=\dfrac{vl}{\nu}$ 表示惯性力与黏滞力之比,两流动对应的雷诺数相等,黏滞力相似。

(2)弗劳德准则　考虑原型与模型之间重力与惯性力的关系,由式(5.7)

87

$$\frac{G_p}{G_m} = \frac{I_p}{I_m}$$

式中重力 $G = \rho g l^3$，惯性力 $I = \rho l^2 v^2$。代入上式整理，得

$$\frac{v_p^2}{g_p l_p} = \frac{v_m^2}{g_m l_m}$$

或

$$(Fr)_p = (Fr)_m$$

无量纲数 $Fr = \dfrac{v^2}{gl}$ 称弗劳德数（Froude number）。弗劳德数表征惯性力与重力之比，两流动对应的弗劳德数相等，重力相似。

（3）欧拉准则　考虑原型与模型之间压力与惯性力的关系，由式（5.7）

$$\frac{P_p}{P_m} = \frac{I_p}{I_m}$$

式中压力 $P = pl^2$，惯性力 $I = \rho l^2 v^2$。代入上式整理，得

$$\frac{P_p}{\rho_p v_p^2} = \frac{P_m}{\rho_m v_m^2}$$

或

$$(Eu)_p = (Eu)_m$$

无量纲数 $Eu = \dfrac{p}{\rho v^2}$ 称欧拉数（Euler number）。欧拉数表征压力与惯性力之比，两流动对应的欧拉数相等，压力相似。

在多数流动中，对流动起作用的是压强差 Δp，而不是压强的绝对值，因此欧拉数中常以对应点的压强差 Δp 代替压强 p，于是欧拉数又可表示为

$$Eu = \frac{\Delta p}{\rho v^2}$$

（4）韦伯准则　当流动受表面张力影响时，由式（5.7）

$$\frac{T_{Wp}}{T_{Wm}} = \frac{I_p}{I_m}$$

式中表面张力 $T_W = \sigma l$，σ 为表面张力系数，惯性力 $I = \rho l^2 v^2$。代入上式整理，得

$$\frac{\rho_p l_p v_p^2}{\sigma_p} = \frac{\rho_m l_m v_m^2}{\sigma_m}$$

或

$$(We)_p = (We)_m$$

无量纲数 $We = \dfrac{\rho l v^2}{\sigma}$ 称韦伯数（Weber number）。韦伯数表征惯性力与表面张力之比，两流动对应的韦伯数相等，表面张力相似。

（5）柯西准则　当流动受到弹性力作用时，由式（5.7）

$$\frac{F_{Ep}}{F_{Em}} = \frac{I_p}{I_m}$$

式中弹性力 $F_E = Kl^2$，K 为流体的体积模量，惯性力 $I = \rho l^2 v^2$。代入上式整理得

$$\frac{\rho_p v_p^2}{K_p} = \frac{\rho_m v_m^2}{K_m} \tag{d}$$

$$(Ca)_p = (Ca)_m$$

无量纲数 $Ca = \dfrac{\rho v^2}{K}$ 称为柯西数(Cauchy number)。柯西数表征惯性力与弹性力之比,两流动对应的柯西数相等,弹性力相似。柯西准则可用于水击现象的研究。

将声音在流体中的传播速度(声速)$a = \sqrt{K/\rho}$ 平方,代入式(d)得

$$\frac{v_p}{a_p} = \frac{v_m}{a_m}$$

或

$$M_p = M_m$$

无量纲数 $Ma = \dfrac{v}{a}$ 称为马赫数(Mach number)。在高速气流中,如可压缩气流流速接近或超过声速时,弹性力成为影响流动的主要因素,实现流动相似需要对应的马赫数相等。

如图 5.1 所示,两个相似流动对应点上的封闭力多边形是相似形,若决定流动的作用力是黏滞力、重力和压力,则只要其中两个同名作用力和惯性力成比例,另一个对应的同名力也将成比例。由于压力通常是待求量,这样只要黏滞力、重力相似,压力将自行相似。换言之,当雷诺准则和弗劳德准则成立时,欧拉准则可自行成立。所以又将雷诺准则、弗劳德准则为独立准则,欧拉准则为导出准则。

流体的运动是由边界条件和作用力决定的,当两个流动一旦实现了几何相似和动力相似,就必然以相同的规律运动。由此得出结论:几何相似与独立准则成立是实现水力学相似的充分与必要条件。

5.4 相 似 定 理

相似理论是指导模型试验的理论,它建立在相似三定理基础之上。本节着重介绍相似三定理的内容,相似三定理的证明从略。

一般情况从理论上讲,两个物理现象相似是指影响该物理现象的所有物理量场分别相似。须注意的是物理现象有多种类型,只有属于同一类型的物理现象,才有相似的可能性。所谓同类现象是指那些用相同形式和内容的微分方程式所描述的现象。例如一个渠道流动问题与一个有压管道中的水击问题就不属于同类现象,影响因素各异,因而不能建立相似关系。

5.4.1 相似正定理

当两物理现象相似时,各物理量场分别相似,据此可以导出相似正定理(或称相似第一定理):彼此相似的现象,它们的同名相似准则必定相等。

例如两物理现象相似时,必有 $(Re)_p = (Re)_m$、$(Fr)_p = (Fr)_m$ 等等。相似第一定理是对相似性质的总概括,阐明了相似现象中各物理量之间存在一定的关系。

性质一:相似的现象都属于同类现象,可用文字上与形式上完全相同的完整方程组来描述。这个完整方程组包括描述同类现象共性的基本方程以及反映各具体现象特殊个性的单值性条件。

性质二:用来表征这些现象的一切物理量的场分别相似。

性质三:相似现象必然发生在几何相似的空间中。

性质四:由性质一和性质二,相似现象的各物理量的比值不能是任意的,而是彼此既有

联系又相互约束的。

5.4.2　相似逆定理

如何判别两个现象是否相似？满足什么条件两个现象才能相似？相似逆定理圆满地回答了这一类问题。相似逆定理(或称相似第二定理)：凡同类现象，若单值性条件相似，而且由单值性条件的物理量所组成的同名相似准则相等，则这些现象必定相似。

流体流动的单值性条件一般包括以下 4 个条件。

(1)几何条件　所有流体流动的过程都在一定的几何空间内进行，因此流动空间的几何形状及其大小是一种单值性条件。例如管内流动问题，管径 d 及管长 l 的具体数值即是几何条件。所谓单值性条件相似即包括几何相似。

(2)物理条件　参与流动的流体都具有一定的物理性质，因此流动介质的物理属性也属于单值性条件。例如流体密度 ρ、动力黏度系数 μ 等。所谓物理条件相似，即

$$\frac{\rho_{\mathrm{p}}}{\rho_{\mathrm{m}}}=\lambda_{\rho}, \frac{\mu_{\mathrm{p}}}{\mu_{\mathrm{m}}}=\lambda_{\mu}, \frac{g_{\mathrm{p}}}{g_{\mathrm{m}}}=\lambda_{g}$$

(3)边界条件　所有具体的流动现象都受到流动边界情况的影响，因此边界条件也是单值性条件。例如管内流动时流速的大小及其分布直接受到进口、出口及壁面处流速的大小及其分布的影响，故应给出进口、出口处流速的大小及其分布，而一般的黏性流动壁面处流速总为零。所谓边界条件相似，即指在边界处的速度场相似。

(4)初始条件　任何流动过程的发展都受初始状态的影响，即开始时刻的流速、温度、物性参数等在系统内的分布直接影响以后的流动过程。因此，初始条件也属于单值性条件。一般对于非恒定流动，要给出此条件；而对于恒定流动，则不存在此条件。所谓初始条件相似，即在初始时刻有时间比尺 λ_{t} 和其他物理量的对应比尺。

5.4.3　相似第三定理

由于描述现象的微分方程式表达了各物理量之间的函数关系，因此由这些物理量组成的相似准则也存在函数关系。这一原理可以表述为相似第三定理：描述某现象的各种量之间的关系可表示成相似准则之间的函数关系，准则之间的这种函数关系称为准则方程式。

$$F(\pi_1, \pi_2, \cdots, \pi_n)=0 \tag{5.8}$$

根据相似第一定理，彼此相似的现象，相似准则保持同样的数值，所以它们的准则方程式也是相同的。如果能把模型流动的实验结果整理成准则方程式，那么这种准则方程式就可以推广到所有与之相似的原型流动中去。

在相似准则 $\pi_1, \pi_2, \cdots, \pi_n$ 中，已定准则(或称定性准则)是决定现象的准则，它们的数值一经确定，待定准则(或称非定性准则)也随之被确定了。因此准则方程式(5.8)还可表示成待定准则与已定准则之间的函数关系。例如对某一恒定不可压缩黏性流动问题，有准则方程

$$Eu=f(Re, Fr) \tag{5.9}$$

式中 Eu 为待定准则，因为 Eu 中包含了未知数压降 Δp，而 Re、Fr 为已定准则。上述已定准则中，Re 对于有压黏性流动将起主导作用，而 Fr 对无压重力流动如明渠流动等将起主导作用。一般情况下，若使模型和原型流动完全相似，除要几何相似外，各已定相似准则应同时满足，但实际上要同时满足各准则很困难，甚至是不可能的。因此在后面我们将看到，模型试验中往往只考虑对现象起主导作用的准则相等，而忽略次要准则的影响。

需要指出的是，在给出准则方程式时，应同时给出准则中所采用的定性参数。例如雷诺数

$Re=\dfrac{\rho v d}{\mu}$ 中,管道直径 d 为定性尺寸,断面平均流速 v 为定性速度等等,否则会导致较大的误差。

综上所述,相似三定理圆满地回答了模型试验中需要解决的三个方面重要问题:

(1)实验时必须测量出各相似准则中所包含的全部物理量。

(2)实验时为保证模型现象与原型现象相似,必须使两者的单值性条件相似,而且由单值性条件组成的同名已定准则在数值上相等。当然有时会从实际出发忽略一些次要的已定准则。

(3)实验结果可整理成准则方程式,并推广应用到同类的相似现象中去。

5.5 模型试验

模型试验是依据相似定理,制成和原型相似的小尺度模型进行实验研究,并以试验的结果预测出原型将会发生的流动现象。进行模型试验需要解决下面两个问题。

5.5.1 模型律的选择

为了使模型和原型流动完全相似,除了要几何相似外,各独立的相似准则应同时满足。但实际上要同时满足各准则很困难,甚至是不可能的。比如按雷诺准则

$$(Re)_\text{p}=(Re)_\text{m}$$

原型与模型的速度比

$$\frac{v_\text{p}}{v_\text{m}}=\frac{\nu_\text{p}}{\nu_\text{m}}\frac{l_\text{m}}{l_\text{p}}$$

即

$$\lambda_\text{v}=\frac{\lambda_\nu}{\lambda_l} \tag{5.10}$$

雷诺数相等,表示黏滞力相似。原型与模型流动雷诺数相等的这个相似条件,称为雷诺模型律。按照上述比尺关系调整原型流动和模型流动的流速比尺和长度比尺,就是根据雷诺模型律进行设计的。

按弗劳德准则

$$(Fr)_\text{p}=(Fr)_\text{m},g_\text{p}=g_\text{m}$$

原型与模型的速度比

$$\frac{v_\text{p}}{v_\text{m}}=\sqrt{\frac{l_\text{p}}{l_\text{m}}}$$

即

$$\lambda_\text{v}=\sqrt{\lambda_l} \tag{5.11}$$

弗劳德数相等,表示重力相似。原型与模型流动弗劳德数相等的这个相似条件,称为弗劳德模型律。按照上述比尺关系调整原型流动和模型流动的流速比尺和长度比尺,就是根据弗劳德模型律进行设计。

要同时满足雷诺准则和弗劳德准则,就要同时满足式(5.10)和式(5.11)

$$\frac{\nu_\text{p}l_\text{m}}{\nu_\text{m}l_\text{p}}=\sqrt{\frac{l_\text{p}}{l_\text{m}}} \tag{5.12}$$

当原型和模型为同种流体时,运动黏滞系数 $\nu_\text{p}=\nu_\text{m}$,则式(5.12)变为

$$\frac{l_\text{m}}{l_\text{p}}=\sqrt{\frac{l_\text{p}}{l_\text{m}}}$$

可见只有 $l_\text{p}=l_\text{m}$,即 $\lambda_l=1$ 时,上式才能成立。这在大多数情况下,已失去了模型试验的价值。

由以上分析可见,模型试验做到完全相似是困难的,一般只能达到近似相似,就是保证

对流动起主要作用的力相似,这就是模型律的选择问题。如有压管流,黏滞力起主要作用,应采用雷诺模型律;大多数明渠流动中,重力起主要作用,应采用弗劳德模型律。

在第 6 章阐述的流动阻力实验中将指出,当雷诺数 Re 超过某一数值后,阻力系数不随 Re 变化,此时流动阻力的大小与 Re 无关,这个流动范围称为自动模型区(简称自模区)。若原型和模型流动都处于自模区,只需保持几何相似,不需 Re 相等,就自动实现阻力相似。工程上许多明渠水流处于自模区,按弗劳德准则设计的模型,只要模型中的流动进入自模区,便同时满足阻力相似。

5.5.2　模型设计

进行模型设计,通常是先根据实验场地,模型制作和量测条件定出长度比尺 λ_l;再以选定的比尺 λ_l 缩小原型的几何尺寸,得出模型区的几何边界;通过对流动受力情况的分析,找到对流动起主要作用的力,在满足其相似的前提下,选择模型律;最后按所选用的相似准则,确定流速比尺及模型的流量。例如:

按雷诺模型律 $\dfrac{v_p l_p}{\nu_p} = \dfrac{v_m l_m}{\nu_m}$,如运动黏滞系数 $\nu_p = \nu_m$,则有

$$\lambda_v = \lambda_l^{-1} \tag{5.13}$$

按弗劳德模型律 $\dfrac{v_p^2}{g_p l_p} = \dfrac{v_m^2}{g_m l_m}$,如重力加速度 $g_p = g_m$,则有

$$\lambda_v = \sqrt{\lambda_l} \tag{5.14}$$

流量比为

$$\frac{Q_p}{Q_m} = \frac{v_p A_p}{v_m A_m} = \lambda_v \lambda_l^2$$

$$Q_m = \frac{Q_p}{\lambda_v \lambda_l^2} \tag{5.15}$$

分别将速度比尺与长度比尺的关系式(5.13)和式(5.14)代入式(5.15),得到各自的模型流量为

雷诺模型律模型

$$Q_m = \frac{Q_p}{\lambda_l^{-1} \lambda_l^2} = \frac{Q_p}{\lambda_l} \Rightarrow \lambda_Q = \lambda_l$$

弗劳德模型律模型

$$Q_m = \frac{Q_p}{\lambda_l^{1/2} \lambda_l^2} = \frac{Q_p}{\lambda_l^{2.5}} \Rightarrow \lambda_Q = \lambda_l^{2.5}$$

按雷诺准则和弗劳德准则导出各物理量比尺见表 5.1。

模 型 比 尺　　　　　　　　　　　　　表 5.1

名　称	比　尺			名　称	比　尺		
	雷诺准则		弗劳德准则		雷诺准则		弗劳德准则
	$\lambda_v=1$	$\lambda_v \neq 1$			$\lambda_v=1$	$\lambda_v \neq 1$	
长度比尺	λ_l	λ_l	λ_l	力的比尺	λ_ρ	$\lambda_v^2 \lambda_\rho$	$\lambda_l^3 \lambda_\rho$
流速比尺	λ_l^{-1}	$\lambda_v \lambda_l^{-1}$	$\lambda_l^{0.5}$	压强比尺	$\lambda_l^{-2} \lambda_\rho$	$\lambda_v^2 \lambda_l^{-2} \lambda_\rho$	$\lambda_l \lambda_\rho$
加速度比尺	λ_l^{-3}	$\lambda_v^2 \lambda_l^{-3}$	λ_l^0	功能比尺	$\lambda_l \lambda_\rho$	$\lambda_v^2 \lambda_l \lambda_\rho$	$\lambda_l^4 \lambda_\rho$
流量比尺	λ_l	$\lambda_v \lambda_l$	$\lambda_l^{2.5}$	功率比尺	$\lambda_l^{-1} \lambda_\rho$	$\lambda_v^3 \lambda_l^{-1} \lambda_\rho$	$\lambda_l^{3.5} \lambda_\rho$
时间比尺	λ_l^2	$\lambda_v^{-1} \lambda_l^2$	$\lambda_l^{0.5}$				

【例 5.5】 为研究热风炉中烟气的流动特性,采用长度比尺为 10 的水流做模型试验。已知热风炉内烟气流速为 8m/s,烟气温度为 600℃,密度为 0.4kg/m³,运动黏滞系数为 0.9cm²/s。模型中水温 10℃,密度为 1000kg/m³,运动黏滞系数 0.0131cm²/s。试问:(1)为保证流动相似,模型中水的流速是多少?(2)实测模型的压降为 6307.5Pa,原型热风炉中运行时烟气的压降是多少?

【解】 (1)对流动起主要作用的力是黏滞力,应采用雷诺模型律,即

$$(Re)_p = (Re)_m$$

$$v_m = v_p \frac{\nu_m}{\nu_p} \frac{l_p}{l_m} = 8 \times \frac{0.0131}{0.9} \times 10 = 1.16 \text{m/s}$$

(2)流动的压降满足欧拉准则,即 $(Eu)_p = (Eu)_m$

$$\Delta p_p = \Delta p_m \frac{\rho_p v_p^2}{\rho_m v_m^2} = 6307.5 \times \frac{0.4 \times 8^2}{1000 \times 1.16^2} = 120 \text{Pa}$$

【例 5.6】 桥孔过流模型试验,如图 5.2 所示。已知桥墩长为 24m,墩宽为 4.3m,水深为 8.2m,平均流速为 2.3m/s,两桥台的距离为 90m。现已知长度比尺为 50,要求设计模型。

【解】 (1)由给定比尺 $\lambda_l = 50$,设计模型各几何尺寸:

桥墩长 $l_m = \dfrac{l_p}{\lambda_l} = \dfrac{24}{50} = 0.48 \text{m}$

图 5.2 桥孔过流模型

桥墩宽 $b_m = \dfrac{b_p}{\lambda_l} = \dfrac{4.3}{50} = 0.086 \text{m}$

墩台距 $B_m = \dfrac{B_p}{\lambda_l} = \dfrac{90}{50} = 1.8 \text{m}$ 水深 $h_m = \dfrac{h_p}{\lambda_l} = \dfrac{8.2}{50} = 0.164 \text{m}$

(2)对流动起主要作用的力是重力,按弗劳德模型律确定模型流速及流量,即

$$(Fr)_p = (Fr)_m \qquad\qquad g_p = g_m$$

流速 $\qquad\qquad v_m = \dfrac{v_p}{\sqrt{\lambda_l}} = \dfrac{2.3}{\sqrt{50}} = 0.325 \text{m/s}$

流量 $\qquad Q_p = v_p(B_p - b_p)h_p = 2.3 \times (90 - 4.3) \times 8.2 = 1616.3 \text{m}^3/\text{s}$

$$Q_m = \frac{Q_p}{\lambda_l^{2.5}} = \frac{1616.3}{50^{2.5}} = 0.0914 \text{m}^3/\text{s}$$

思考题

5-1 何谓量纲?量纲与单位有什么不同?

5-2 何谓动力相似?何谓运动相似?

5-3 怎样运用 π 定理建立无量纲方程?应该如何选择基本量?若基本量选择的不同是否其结果也不同?为什么?

5-4 何谓相似准则?模型试验怎样选择相似准则?

5-5 一般地说能否做到雷诺准则与弗劳德准则同时满足?能否做到欧拉准则与弗劳

德准则同时满足?

习 题

5-1　假设自由落体的下落距离 s 与落体的质量 m,重力加速度 g 及下落时间 t 有关,试用瑞利法导出自由落体下落距离的关系式。

5-2　水泵的轴功率 N 与泵轴的转矩 M,角速度 ω 有关,试用瑞利法导出轴功率表达式。

5-3　已知文丘里流量计喉管流速 v 与流量计压强差 Δp、主管直径 d_1、喉管直径 d_2、以及流体的密度 ρ 和运动黏滞系数 ν 有关,试用 π 定理确定流速关系式 $v = \sqrt{\dfrac{\Delta p}{\rho}} \varphi \left(Re, \dfrac{d_2}{d_1} \right)$。

5-4　球形固体颗粒在流体中的自由沉降速度 u_f 与颗粒的直径 d、密度 ρ_s 以及流体的密度 ρ、动力黏滞系数 μ,重力加速度 g 有关。试用 π 定理证明自由沉降速度关系式 $u_f = f \left(\dfrac{\rho_s}{\rho}, \dfrac{\rho u_f d}{\mu} \right) \sqrt{gd}$。

5-5　圆形孔口出流的流速 v 与作用水头 H,孔口直径 d,水的密度 ρ 和动力黏滞系数 μ,重力加速度 g 有关(题 5-5 图),试用 π 定理推导孔口流量公式。

5-6　用水管模拟输油管道。已知输油管直径 500mm,管长 100m,输油量 $0.1\text{m}^3/\text{s}$,油的运动黏滞系数为 $150 \times 10^{-6}\,\text{m}^2/\text{s}$。水管直径 25mm,水的运动黏滞系数为 $1.01 \times 10^{-6}\,\text{m}^2/\text{s}$。试求:(1)模型管道的长度和模型的流量;(2)如模型上测得的测压管高度差 $(\Delta p / \rho g)_m = 2.35\text{cmH}_2\text{O}$,输油管上的测压管高度差 $(\Delta p / \rho g)_p$ 是多少?

题 5-5 图

5-7　为研究输水管道上直径为 600mm 阀门的阻力特性,采用直径 300mm,几何相似的阀门用气流做模型试验。已知输水管道的流量为 $0.283\text{m}^3/\text{s}$,水的运动黏滞系数 $\nu = 1 \times 10^{-6}\,\text{m}^2/\text{s}$,空气的运动黏滞系数 $\nu_a = 1.6 \times 10^{-5}\,\text{m}^2/\text{s}$,试求模型的气流量。

5-8　为研究汽车的空气动力特性,在风洞中进行模型试验(题 5-8 图)。已知汽车高 $h_p = 1.5\text{m}$,行车速度 $v_p = 108\text{km/h}$,风洞风速 $v_m = 45\text{m/s}$,测得模型车的阻力 $P_m = 14\text{kN}$,试求模型车的高度 h_m 及汽车受到的阻力。

题 5-8 图

5-9　为研究风对高层建筑物的影响,在风洞中进行模型试验,当风速为 9m/s 时,测得迎风面压强为 42Pa,背风面压强为 -20Pa,试求温度不变,风速增至 12m/s 时,迎风面和背风面的压强。

5-10　贮水池放水模型试验,已知模型长度比尺为 225,开闸后 10min 水全部放空,试求放空原型贮水池所需时间。

5-11 防浪堤模型试验，长度比尺为 40，测得浪压力为 130N，试求作用在原型防浪堤上的浪压力。

5-12 溢流坝泄流模型试验（题 5-12 图），模型长度比尺为 60，溢流坝的泄流量为 500m³/s，试求：(1)模型的泄流量；(2)模型的堰上水头 $H_m = 6$cm，原型对应的堰上水头是多少？

题 5-12 图

5-13 有一个处理废水的稳定塘，塘的宽度为 25m，长为 100m，水深 2m，塘中水温为 20℃，水力停留时间（塘的容积与流量之比）为 15 天，呈缓慢的均匀流（可按雷诺模型律求解）。设制作模型的长度比尺为 20，求模型尺寸和水在模型中的水力停留时间。

5-14 长度比尺为 50 的船模型，在水池中以 1m/s 的速度牵引前进时，测得波阻力为 0.02N，摩擦阻力和形状阻力都很小，可忽略不计。若按照弗劳德模型律求解，原型中船所受到的波阻力是多少？船所需的克服阻力的功率是多少？

5-15 一个潮汐模型，按弗劳德准则设计，长度比尺为 2000，问原型中的一天相当于模型时间是多少？

5-16 溢流坝泄流实验，原型坝的泄流量为 120m³/s，实验室可供实验用的最大流量为 0.75m³/s，试求允许的最大长度比尺；如在这样的模型上测得某一作用力为 2.8N，原型相应的作用力是多少？

第6章 流动阻力和能量损失

在第4章我们得到了流体运动的能量方程式,即实际流体恒定总流的伯努利方程式(4.10),此式要在工程中应用,关键是解决能量损失项的计算问题。实际流体具有黏性,在运动过程中克服阻力所作的功,将使一部分机械能不可逆地转化为热能,从而形成了能量损失。流动阻力是造成能量损失的原因,所以能量损失的变化规律就必然是流动阻力规律的反映。产生阻力的内因是流体的黏滞性和惯性,外因是固体壁面对流体的阻滞作用和扰动作用。因此本章将在研究上述各种因素的基础上,得到流体作恒定流动时的流动阻力和能量损失的规律及其计算方法,应用式(4.10)等解决实际工程问题。

6.1 流动阻力和能量损失的分类

流动阻力和能量损失的规律,因流体的流动状态和流动的边界条件而异。为便于分析计算,按流动边界情况的不同,对流动阻力和能量损失分类研究。

6.1.1 能量损失的分类

在边壁沿程无变化(边壁形状、尺寸、过流方向均无变化)的均匀流流段上,产生的流动阻力称为沿程阻力或摩擦阻力。克服沿程阻力做功而引起的能量损失称为沿程损失,对于液体流动的沿程损失习惯称为沿程水头损失,以 h_f 表示。由于沿程损失均匀分布在整个流段上,与流段的长度成正比,所以也称为长度损失。

在边壁沿程急剧变化的局部区域,由于出现旋涡区和速度分布的改组,流动阻力大大增加,形成比较集中的能量损失,这种阻力称为局部阻力。克服局部阻力而引起的能量损失称为局部损失,对于液体流动的局部损失习惯称为局部水头损失,以 h_m 表示,例如管道入口、变径管、弯管、三通、阀门等各种管件处都会产生局部损失。

图 6.1 所示的管道流动,h_{fab}、h_{fbc}、h_{fcd} 就是 ab、bc、cd 各段的沿程水头损失;h_{ma}、h_{mb}、

图 6.1 能量损失

h_{mc}就是管道入口、管径突然缩小及阀门等各处的局部水头损失。整个管路的水头损失 h_1 等于各管段的沿程水头损失和所有局部水头损失的总和：

$$h_1 = \sum h_f + \sum h_m = h_{fab} + h_{fbc} + h_{fcd} + h_{ma} + h_{mb} + h_{mc}$$

6.1.2　能量损失的计算公式

能量损失计算公式的建立，经历了从经验到理论的发展过程。19 世纪中叶法国工程师达西(Darcy)和德国水力学家魏斯巴赫(Weisbach)在归纳总结前人实验的基础上，提出圆管沿程水头损失计算公式

$$h_f = \lambda \frac{l}{d} \frac{v^2}{2g} \tag{6.1}$$

式中　　　l——管长，m；

　　　　　d——管径，m；

　　　　　v——断面平均流速，m/s；

　　　　　λ——沿程阻力系数(或称沿程摩阻系数)。

式(6.1)称为达西—魏斯巴赫公式，简称为达西公式。式中的沿程阻力系数 λ 并非确定的常数，一般由实验确定。由此，可以认为达西公式实际上是把沿程水头损失的计算，转化为研究确定沿程阻力系数 λ。20 世纪初量纲分析原理发现以后，达西公式(6.1)可以用量纲分析的方法直接导出，详见例 5.3，从而进一步从理论上证明了该式是一个可以正确完整地表达圆管沿程水头损失的计算公式，使它从最初的纯经验公式中分离出来。经过一个多世纪以来的理论发展和实践检验证明，达西公式在结构上是合理的，使用上是方便的。

一般将局部水头损失 h_m 写成与速度水头(即单位重量动能) $\frac{v^2}{2g}$ 关系的形式

$$h_m = \zeta \frac{v^2}{2g} \tag{6.2}$$

式中　　　ζ——局部阻力系数，一般由实验确定；

　　　　　v——ζ 对应的断面平均流速，m/s。

在研究气体流动时，习惯上将式(6.1)和式(6.2)相应地写成单位体积动能 $\frac{\rho v^2}{2}$ 表示的压强损失式

$$p_f = \lambda \frac{l}{d} \frac{\rho v^2}{2} \tag{6.3}$$

$$p_m = \zeta \frac{\rho v^2}{2} \tag{6.4}$$

6.2　实际流体的两种流动状态

早在 19 世纪初，就有人发现在同样的边界条件下，由于流体具有黏性，水头损失和流速有一定关系，即流速很小时，水头损失和流速之间的规律不同于流速较大时的规律。这种现象启发人们探求流体运动的内在结构，并进而分析能量损失的规律及其和内在结构之间的关系。1883 年，英国物理学家雷诺(Reynolds)经过实验研究发现，能量损失规律之所以不同，是因为流体的流动存在着两种不同的流态。

6.2.1　两种流态

雷诺实验的装置如图 6.2 所示。由水箱引出玻璃管 A,末端装有阀门 B 可调节流量,在水箱上部的容器 C 中装有密度和水接近的颜色水,打开阀门 D,颜色水就可经细管 E 注入 A 管中。

图 6.2　雷诺实验

实验时保持水箱内水位恒定,稍许开启阀门 B,使玻璃管内的水保持较低流速。再打开阀门 D,少许颜色水经细管 E 流出。这时可见玻璃管内的颜色水成一条界限分明的纤流,与周围清水不相混合,如图 6.2(a)所示。表明玻璃管中的水,呈现一种层状流动,各层质点互不掺混,这种流动状态称为层流。逐渐开大阀门 B,玻璃管内流速增大到某一临界值 v'_c 时,颜色水纤流出现抖动,如图 6.2(b)所示;再开大阀门 B,颜色水纤流破散并迅速与周围清水掺混,使玻璃管的整个断面都带颜色,如图 6.2(c)所示。表明此时质点的运动轨迹极不规则,各层质点相互掺混,不仅有沿流动方向的位移,而且还有垂直于流动方向的位移,其流速的方向和大小随时间而变化,呈现一种杂乱无章的状态,这种流动状态称为紊流。

若按相反的顺序进行以上实验,即先开大阀门 B,使玻璃管内为紊流,然后逐渐关小阀门 B,则上述现象将以相反过程重演。所不同的是由紊流转变为层流的临界流速值 v_c 小于由层流转变为紊流的临界流速值 v'_c,所以 v_c 称为下临界流速,而 v'_c 称为上临界流速。

为研究不同流态沿程水头损失与流速之间的变化规律,在图 6.2 所示实验装置的管道上,选取过流断面 1-1、2-2,并安装测压管,根据伯努利方程可知,两断面间的测压管水头差即为该流段的沿程水头损失 h_f,管内水流的断面平均速度 v 可由所测得的流量求出。

图 6.3　$h_f\text{-}v$ 关系曲线

通过改变阀门 B 的开度来调节流量,使得 v 从大到小,再从小到大,并量测对应的 h_f 值(测压管水头差)。将实验结果绘制在双对数坐标纸上,即得 $h_f\text{-}v$ 关系曲线,如图 6.3 所示,图中 $EDCAO$ 表示速度由大到小的实验结果,线段 $OABDE$ 表示速度由小到大的实验结果。其中 A、D 两点间部分不重合,图 6.3 中的 OA 段和 CDE 段方程都可用对数直线关系式表示

$$\lg h_f = \lg k + m\lg v \quad 或 \quad h_f = kv^m \tag{6.5}$$

式中的 k 为待定系数,指数 m 是图 6.3 中直线的斜率。

分析图 6.3 中 h_f-v 关系曲线,可明显分为三段:

(1)OA 段 当速度较小时,$v<v_c$,流动为层流。实验点分布在一条与坐标轴成 45° 的直线上,即 $m_1=1.0$。这说明层流中的沿程水头损失与流速的一次方成比例,$h_f \propto v^{1.0}$。

(2)CDE 段 当速度较大时,$v>v'_c$,流动为紊流。实验点分布在斜率较大的线段 CDE 上,它与横轴的夹角由 C 点的 60°15′ 逐渐加大到上端直线部分的 63°25′,相应的斜率 $m=1.75\sim2.0$,即紊流的 $h_f \propto v^{1.75\sim2.0}$。

(3)AC 段、BD 段 是上下两线段的连接部分,为不稳定区域,实验点分布比较散乱。此时速度 $v_c<v<v'_c$,流动属于层流紊流相互转化的过渡区,但变化的总趋势是沿程损失随平均流速的增加而急剧上升。当流速由大变小,实验点由 D 向 C 移动,到达 C 点时水流开始由紊流向层流过渡,到达 A 点后才完全变为层流,A 点的流速即为下临界流速 v_c。当流速由小变大,实验点由 A 点向 B 点移动,到达 B 点时水流由层流变为紊流,B 点对应的流速即为上临界流速 v'_c。

雷诺及其以后的一些实验发现,B 点的位置很不稳定,即上临界流速 v'_c 是不固定的。如果实验时存在某些起始扰动,则在较低流速下,层流就能变为紊流。反之,若流体在进入管道前具有相当平静的起始条件,即水箱水位恒定、管道入口平顺、管壁光滑、阀门开启轻缓等的条件下,则层流可保持到很高的流速,此时 v'_c 比 v_c 大许多。这说明在一定条件下,层流向紊流过渡可存在一个较高的上临界流速 v'_c,其数值大小随扰动的排除程度而提高。但是下临界流速 v_c 则是稳定的,不受起始扰动的影响,对任何起始紊流,当流速 v 小于 v_c 值,只要管道足够长,流动终将发展为层流。就实际工程来说,扰动是普遍存在的,所以上临界流速 v'_c 对工程实际没有意义,而下临界流速 v_c 却成为判断流态的界限,因此下临界流速 v_c 也直接被称为临界流速。

雷诺实验揭示了存在着层流和紊流两种不同的流态,说明了沿程水头损失和断面平均流速之间的关系具有不同的规律是由于流动状态的不同引起的。所以分析实际流体运动,例如计算能量损失时,首先必须判别流动的状态。

6.2.2 流态的判别准则——临界雷诺数

从雷诺实验看,临界流速可以判别层流和紊流两种流态,但是直接用临界流速来判断流态却并不方便,因为临界流速本身是随管道尺寸和流体种类、温度等条件而改变的。

雷诺等人曾对不同管径的圆管和多种液体进行实验,发现流动状态不仅和流速 v 有关,还与管径 d、流体的动力黏滞系数 μ 和密度 ρ 有关。若流动原处于层流状态,其中的 v、d、ρ 越大,越容易成为紊流;而 μ 越大,越不易成为紊流。在第 5 章已经用量纲分析法证明,用这四个量可组成一个无量纲数——雷诺数 Re

$$Re=\frac{\rho v d}{\mu}=\frac{vd}{\nu} \tag{6.6}$$

一定温度的流体在一定直径的圆管内以一定的速度流动,就可计算出相应的 Re 值。显然,Re 越大,流动就越容易成为紊流;Re 越小越容易成为层流。实验表明,尽管不同条件下的下临界流速 v_c 不同,但对于通常所使用的管壁粗糙情况下的平直圆管均匀流来讲,任何管径大小和任何牛顿流体,与它们的下临界流速 v_c 所对应的下临界雷诺数 Re_c 都是相同的,其值为

$$Re_c = \frac{\rho v_c d}{\mu} = \frac{v_c d}{\nu} \tag{6.7}$$

下临界雷诺数 Re_c 是不随管径和流体物理性质变化的无量纲数,实用上称为临界雷诺数。此外对应于上临界流速 v'_c 的上临界雷诺数 Re'_c,由于其值不固定,在工程上缺乏意义,以后不再讨论。

雷诺及后来的实验都得出,临界雷诺数一般稳定在 2000 左右,其中以施勒(Schiller)的实验值 $Re_c = 2300$ 得到公认。用临界雷诺数 Re_c 作为流态判别标准,应用起来十分简便。只需计算出管流的雷诺数 Re,将其与临界雷诺数 $Re_c = 2300$ 比较,便可判别流态:

$$Re < Re_c,流动是层流;$$
$$Re > Re_c,流动是紊流;$$
$$Re = Re_c,流动是临界流。$$

关于雷诺数的物理意义,如第 5.3 节所述,是以宏观特征量表征的质点所受惯性作用和黏性作用之比。当 $Re < Re_c$,流动受黏性作用控制,使流体因受扰动所引起的紊动衰减,流动保持为层流;随着 Re 增大,黏性作用减弱,惯性对紊动的激励作用增强,到 $Re > Re_c$ 时,流动受惯性作用控制,流动转变为紊流。正因为雷诺数表征了流态决定性因素的对比,具有普遍意义,因此所有牛顿流体(如水、汽油、所有的气体)圆管流的临界雷诺数 $Re_c = 2300$。

【例 6.1】 有一直径 $d = 25mm$ 的室内上水管,管内流速 $v = 1.0m/s$,水温 $t = 10℃$。(1)试判断管中水的流态;(2)若使管内保持层流状态的最大流速是多少?

【解】 (1)由表 1.3,查得 10℃ 时水的运动黏滞系数 $\nu = 1.31 \times 10^{-6} m^2/s$,管中雷诺数为

$$Re = \frac{vd}{\nu} = \frac{1.0 \times 0.025}{1.31 \times 10^{-6}} = 19084 > 2300$$

$Re > Re_c$,此管中水流是紊流。

(2)保持层流的最大流速是临界流速 v_c,由式(6.7)

$$v_c = \frac{Re_c \nu}{d} = \frac{2300 \times 1.31 \times 10^{-6}}{0.025} = 0.121m/s$$

【例 6.2】 某低速送风管道,直径 $d = 200mm$,管内风速 $v = 3.0m/s$,空气温度 $t = 30℃$。(1)试判断风道内气体的流态;(2)该风道的临界流速 v_c 是多少?

【解】 (1)由表 1.4,查得 30℃ 时空气的运动黏滞系数 $\nu = 16.6 \times 10^{-6} m^2/s$,管中雷诺数为

$$Re = \frac{vd}{\nu} = \frac{3.0 \times 0.2}{16.6 \times 10^{-6}} = 36145 > 2300$$

$Re > Re_c$,此管中气体的流态是紊流。

(2)保持层流的最大流速是临界流速,由式(6.7)

$$v_c = \frac{Re_c \nu}{d} = \frac{2300 \times 16.6 \times 10^{-6}}{0.2} = 0.191m/s$$

从以上两例可见,水和空气管路内的流动一般为紊流。

【例 6.3】 某居民户内煤气管道,用具前支管直径 $d = 15mm$,煤气流量 $Q = 2m^3/h$,煤气的运动黏滞系数 $\nu = 26.3 \times 10^{-6} m^2/s$。试判断该煤气支管内的流态。

【解】 管中煤气流速

$$v = \frac{Q}{A} = \frac{2 \times 4}{3600 \times \pi \times 0.015^2} = 3.15 \text{m/s}$$

$$Re = \frac{vd}{\nu} = \frac{3.15 \times 0.015}{26.3 \times 10^{-6}} = 1797 < 2300$$

此管中煤气的流态是层流,这说明某些户内管路的流动也可能出现层流状态。

6.3 均匀流动方程式

前面已指出,沿程阻力(均匀流内部流层间的切应力)是造成沿程水头损失的直接原因。因此建立沿程水头损失与切应力的关系式,再找出切应力的变化规律,就能解决沿程水头损失的计算问题。

6.3.1 均匀流动方程式

取圆管恒定均匀流段 1-2,如图 6.4 所示。对1-1、2-2 断面列伯努利方程

$$z_1 + \frac{p_1}{\rho g} + \frac{\alpha_1 v_1^2}{2g} = z_2 + \frac{p_2}{\rho g} + \frac{\alpha_2 v_2^2}{2g} + h_1$$

图 6.4 圆管均匀流

根据均匀流定义可知 $\frac{\alpha_1 v_1^2}{2g} = \frac{\alpha_2 v_2^2}{2g}$,同时均匀流在流动过程中只有沿程损失,没有局部损失,即 $h_1 = h_f$,所以将上式整理为

$$\left(z_1 + \frac{p_1}{\rho g}\right) - \left(z_2 + \frac{p_2}{\rho g}\right) = h_f \tag{6.8}$$

因为是均匀流,所以过流断面面积相等,即 $A_1 = A_2 = A$。流体在均匀流中作等速流动,合外力为零,处于动平衡状态,所以作用于其上的压力、壁面切应力和重力沿流动(管轴)方向的平衡方程为

$$p_1 A - p_2 A + \rho g A l \cos\alpha - \tau_0 \chi l = 0$$

式中　l——均匀流段上 1-1、2-2 断面间的距离,m;

　　　α——均匀流的流动方向(管轴方向)与重力之间的夹角;

　　　τ_0——壁面切应力,在均匀流边界上沿程不变,Pa;

　　　χ——过流断面上流体和固体壁面接触的周界,简称湿周,m。

将 $l\cos\alpha = z_1 - z_2$ 代入上式,并以 $\rho g A$ 除式中各项,整理得

$$\left(z_1 + \frac{p_1}{\rho g}\right) - \left(z_2 + \frac{p_2}{\rho g}\right) = \frac{\tau_0 \chi l}{\rho g A} \tag{6.9}$$

比较式(6.8)和式(6.9),且对于半径为 r_0 的圆管湿周 $\chi = 2\pi r_0$,显然

$$h_f = \frac{\tau_0 \chi l}{\rho g A} = \frac{2\tau_0 l}{\rho g r_0} \tag{6.10}$$

由于此均匀流段上只有 h_f,所以由式(4.7)可得此均匀流段上水力坡度 J 的表达式

$$J = \frac{h_f}{l} \tag{6.11}$$

实际上此时的水力坡度 J 是单位长度的沿程水头损失。将上式代入式(6.10)，并整理得

$$\tau_0 = \rho g \frac{r_0}{2} \frac{h_f}{l} = \rho g \frac{r_0}{2} J \tag{6.12}$$

式(6.12)给出了圆管均匀流沿程水头损失与切应力的关系，称为均匀流动方程式。对于明渠均匀流，按上述步骤可得到与式(6.12)相同的结果，但因为不是轴对称过流断面，边壁切应力分布不均匀，此时式中 τ_0 应为平均切应力。

由于均匀流动方程式是根据作用在恒定均匀流段上的外力相平衡得到的，并没有反映流动过程中产生沿程水头损失 h_f 的物理本质。同时公式推导时未涉及流体质点的运动状况，因此该式对层流和紊流都适用。然而由于层流和紊流切应力的产生和变化有本质不同，最终决定两种流态水头损失的规律也就不同。

6.3.2　圆管过流断面上切应力分布

在图 6.4 所示圆管恒定均匀流中，取轴线与管轴重合，半径为 r 的流束，用推导式(6.12)的相同步骤，便可得出流束的均匀流动方程式

$$\tau = \rho g \frac{r}{2} J' \tag{6.13}$$

式中 τ 为所取流束表面的切应力，r、J' 分别为所取流束的半径和水力坡度，其中 J' 与总流的水力坡度 J 相等，$J' = J$。比较式(6.12)和式(6.13)可得

$$\tau = \frac{r}{r_0} \tau_0 \tag{6.14}$$

上式表明在圆管均匀流的过流断面上，切应力呈直线分布，如图 6.4 所示；管轴处 $\tau = 0$，管壁处切应力达最大值 $\tau = \tau_0$。

6.3.3　阻力速度

为了直接建立沿程阻力系数 λ 和壁面切应力 τ_0 之间的关系，将达西公式(6.1)代入均匀流动方程式(6.12)，整理得

$$\sqrt{\frac{\tau_0}{\rho}} = v \sqrt{\frac{\lambda}{8}}$$

定义 $v_* = \sqrt{\dfrac{\tau_0}{\rho}}$，则 v_* 具有速度的量纲，即 $[v_*] = LT^{-1}$，称其为阻力速度。于是

$$v_* = v \sqrt{\frac{\lambda}{8}} = \sqrt{\frac{\tau_0}{\rho}} \tag{6.15}$$

式(6.15)表明了阻力速度、沿程阻力系数和壁面切应力三者之间的关系，在以后分析紊流沿程水头损失的规律中将会用到。

6.4　圆管中的层流运动

在实际工程中，虽然绝大多数的流动处在紊流状态，但是层流运动也存在于某些小管径、小流量的户内管路或者低速、高黏流体的管道流动，如阻尼管、润滑油管、输送原油的管道内的流动。研究层流不仅有工程实用意义，而且通过对比可以加深对紊流的认识，因此本节以有压圆管均匀流处于层流状态为例，进行分析和讨论。

6.4.1　流动特征

在层流状态下,黏滞力起主导作用,各流层质点互不掺混,对于圆管来说,各层质点沿平行管轴线方向运动。在管壁处因流体被粘附在管壁上,故速度为零,而管轴上速度最大,整个管流如同无数薄壁圆筒一个套着一个滑动,如图 6.5 所示。各流层间切应力服从牛顿内摩擦定律

图 6.5　圆管中的层流

$$\tau=\mu\frac{\mathrm{d}u}{\mathrm{d}y}$$

这里 $y=r_0-r$,则

$$\tau=-\mu\frac{\mathrm{d}u}{\mathrm{d}r} \tag{6.16}$$

式中 r 为以管轴为中心的圆周半径。

6.4.2　流速分布

将式(6.16)代入均匀流动方程式(6.13),则

$$-\mu\frac{\mathrm{d}u}{\mathrm{d}r}=\rho g\frac{r}{2}J$$

分离变量得

$$\mathrm{d}u=-\frac{\rho gJ}{2\mu}r\,\mathrm{d}r$$

其中 ρg 和 μ 都是常数,在均匀流过流断面上 J 也是常数,积分上式

$$u=-\frac{\rho gJ}{4\mu}r^2+c$$

利用边界条件确定积分常数,当 $r=r_0$,$u=0$ 时,代入上式得

$$c=\frac{\rho gJ}{4\mu}r_0^2$$

则圆管层流过流断面上的流速分布方程

$$u=\frac{\rho gJ}{4\mu}(r_0^2-r^2) \tag{6.17}$$

上式为抛物线方程,表明圆管中层流运动的过流断面上,流速分布是一个以管轴为轴线的旋转抛物面,这是圆管层流的重要特征之一。当 $r=0$ 时,得管轴处的最大流速

$$u_{\max}=\frac{\rho gJ}{4\mu}r_0^2=\frac{\rho gJ}{16\mu}d^2 \tag{6.18}$$

流量

$$Q=\int_A u\,\mathrm{d}A=\int_0^{r_0}\frac{\rho gJ}{4\mu}(r_0^2-r^2)2\pi r\,\mathrm{d}r=\frac{\rho gJ}{8\mu}\pi r_0^4$$

断面平均流速

$$v=\frac{Q}{A}=\frac{\rho gJ}{8\mu}r_0^2 \tag{6.19}$$

比较式(6.18)和式(6.19)得

$$v=\frac{1}{2}u_{\max} \tag{6.20}$$

即圆管层流的断面平均流速为管轴处最大流速的一半。可见,层流的过流断面上流速分布很不均匀,其动能修正系数 α 和动量修正系数 β 可根据定义分别求得

$$\alpha = \frac{\int_A u^3 dA}{v^3 A} = 2$$

$$\beta = \frac{\int_A u^2 dA}{v^2 A} = \frac{4}{3}$$

上述结果说明层流不同于紊流,层流的 α、β 都很大,在应用伯努利方程和动量方程时,不能假设它们等于 1。

6.4.3　圆管层流沿程水头损失的计算

以 $r_0 = \dfrac{d}{2}$,$J = \dfrac{h_f}{l}$ 代入式(6.19)并整理得

$$h_f = \frac{32\mu l v}{\rho g d^2} \qquad\qquad (6.21)$$

上式从理论上证明了层流 $h_f \propto v^{1.0}$,将式(6.21)改成达西公式的形式

$$h_f = \frac{64}{Re}\frac{l}{d}\frac{v^2}{2g} = \lambda \frac{l}{d}\frac{v^2}{2g}$$

由此可见,圆管层流的沿程阻力系数

$$\lambda = \frac{64}{Re} \qquad\qquad (6.22)$$

式(6.22)表明,圆管层流的沿程阻力系数只是雷诺数的函数,与管壁粗糙程度无关。

因为德国水利工程师哈根(Hagen)和法国医生兼物理学家泊肃叶(Poiseuill)首先进行了圆管层流的实验研究,所以式(6.22)又称为哈根—泊肃叶公式,这种层流运动也被称为(哈根)泊肃叶流。式(6.22)与实验结果相符,在流体力学发展的历史上,为确定黏性流体沿固体壁面无滑移(壁面吸附)条件 $r = r_0$、$u = 0$ 的正确性,提供了佐证。上式也可由实际流体运动微分方程(N-S方程)导出,实为 N-S 方程为数不多的精确解。

图 6.6　细管式黏度计

【例 6.4】　应用细管式黏度计测定油的黏度,如图 6.6 所示。已知细管直径 $d = 6mm$,测量段长 $l_{AB} = 2m$,实测油的流量 $Q = 77cm^3/s$,水银压差计的读值 $h = 30cm$,油的密度 $\rho = 900kg/m^3$。试求油的运动黏滞系数 ν 和动力黏滞系数 μ。

【解】　列细管测量段前、后断面伯努利方程

$$h_f = \left(z_1 + \frac{p_1}{\rho g}\right) - \left(z_2 + \frac{p_2}{\rho g}\right) = \left(\frac{\rho_p}{\rho} - 1\right)h$$

$$= \left(\frac{13600}{900} - 1\right) \times 0.3$$

$$= 4.23m$$

设管内油的流态为层流

$$v = \frac{4Q}{\pi d^2} = \frac{4 \times 77 \times 10^{-6}}{3.14 \times 0.006^2} = 2.72m/s$$

由达西公式解得运动黏滞系数

$$\nu = h_f \frac{2gd^2}{64lv} = 4.23 \times \frac{2 \times 9.8 \times 0.006^2}{64 \times 2 \times 2.72} = 8.57 \times 10^{-6} \, \text{m}^2/\text{s}$$

动力黏滞系数 $\quad \mu = \rho\nu = 900 \times 8.57 \times 10^{-6} = 7.72 \times 10^{-3} \, \text{Pa} \cdot \text{s}$

校核流态 $\quad Re = \dfrac{vd}{\nu} = \dfrac{2.72 \times 0.006}{8.57 \times 10^{-6}} = 1904 < 2300$

为层流,计算成立。

6.5 紊流理论基础

自然界和工程中的绝大多数流动都是紊流(也称为湍流)。工业生产中的许多工艺过程,如流体的管道输送、燃烧、掺混、传热和冷却等等都涉及紊流问题,可见紊流更具有普遍性。一百多年来,许多学者对紊流进行了实验和理论的研究,取得不少成果,但是目前还有许多紊流问题没有得到解决,紊流问题仍是流体力学中一个重要而艰巨的研究课题。紊流的内容很多,下面主要介绍一些紊流的基本理论知识。

6.5.1 层流向紊流的转变

层流和紊流的根本区别在于层流各流层间互不掺混,质点层次分明地向前运动,只存在黏性引起的各流层间的滑动摩擦力;紊流时则有大小不等的涡体动荡于各流层间,除了黏性阻力,还存在着由于质点掺混,互相碰撞所造成的惯性阻力。因此,紊流阻力比层流大得多。层流到紊流的转变是与涡体的产生联系在一起的。图 6.7 绘出了涡体产生的过程。

图 6.7 层流到紊流的转变过程

流体运动从层流转变为紊流的过程,是一个复杂的过程。涡体的形成和形成后的涡体脱离原来的流层掺入邻近的流层,是从层流转变成紊流的两个不可缺少的条件。涡体的形成有两个基本前提,一个是流体的物理性质,即流体具有黏性。实际流体过流断面上的流速分布总是不均匀的,因此使各流层之间产生内摩擦切应力。对于某一选定的流层来讲,如图 6.7 中粗线所示,流速较快的流层对它的切应力是顺流向的,流速较慢的流层对它的切应力是逆流向的。因此该选定的流层所承受的切应力,有构成力矩、促成涡体产生的倾向。

涡体形成的另一个前提是流体的波动。设流体原来作直线运动。由于外界的微小干扰或来流中残存的扰动,流层将不可避免地发生局部性的波动,如图 6.7(a) 所示。在波峰一侧,由于流线间距的变化,使波峰凸面处的微小流束过流断面面积受到压缩而减少,流速增大,压强降低;在波谷凹面一侧的微小流束,过流断面面积增大,流速减小,压强增大。因此流层受到图 6.7(b) 中箭头所示的压差作用。当波幅增大到一定的程度后,由于横向压力和切应力的综合作用,使波峰和波谷重叠,终于发展成涡体,如图 6.7(c) 所示。

涡体形成后,在涡体附近的流速分布将有所改变,如图 6.7(d) 所示。原来流速较大流层的流动方向与涡体旋转的方向一致,故该流层的流速将更大,同时压强减小;而原来流速较小流层的流动方向与涡体旋转的方向相反,故该流层的流速将更小,同时压强增大。结果导致涡体两侧有压差产生,形成横向升力(或下沉力),从而有可能推动涡体脱离原流层掺入流速较快的流层,这就是产生紊流掺混的原因,但是此时还不一定就能产生掺混,进而发展为紊流。因为一方面涡体由于惯性作用,有保持其本身运动方向的倾向;另一方面流体有黏性,对于涡体运动有阻力,因而约束涡体运动。所以只有当促使涡体横向运动的惯性力超过黏滞力时,涡体才能脱离原流层掺入新流层,从而发展为紊流。即层流受扰动后,当黏性的稳定作用起主导作用时,扰动就受到黏性的阻滞而衰减下来,层流就是稳定的;当扰动占上风,黏性的稳定作用无法使扰动衰减下来,于是流便变为紊流。由此可见,流动呈现什么流态,取决于扰动的惯性作用和黏性的稳定作用相互斗争的结果,因此表征运动流体惯性力和黏性力比值的雷诺数可用来判别流态。

实验表明,在 $Re=1225$ 左右时,流动的核心部分就已出现线状的波动和弯曲。随着 Re 的增加,其波动的范围和强度随之增大,但此时黏性仍起主导作用,层流仍是稳定的。直至 Re 达到 2000 左右时,在流动的核心部分惯性力终于克服黏滞力的阻滞而开始产生涡体,掺混现象也就出现了。当 $Re>2000$ 后,涡体越来越多,掺混也越来越强烈。直到 $Re=3000\sim4000$ 时,除了在邻近管壁的极小区域外,均已发展为紊流。

6.5.2　紊流运动的特征和时均法

正如前面说明层流向紊流的转化过程中所指出的,紊流始于涡体的产生和发展,无数大小不等的涡团无规则运动,引起流体质点在流动过程中不断地相互掺混,即质点掺混。质点掺混使得空间各点的速度随时间无规则地随机变化,与之相关联,压强、浓度等物理量也随时间发生不规则的变化,这种现象称为紊流脉动。

质点掺混和紊流脉动是从不同角度来表述紊流特征,前者着眼于质点的运动状况,后者着眼于空间点的运动参数。质点掺混、紊流脉动既是紊流的基本特征,也是研究紊流的出发点。

紊流运动参数的瞬时值带有偶然性,但不能就此得出紊流不存在规律性的结论。同许多物质运动一样,紊流运动的规律性同它的偶然性是相伴存在的。由于脉动的随机性,统计平均方法自然成为处理紊流运动的基本手段,其中通过运动参数的时均化,来获得时间平均的规律性,是流体力学研究紊流的有效途径之一。

在图 6.2 所示的雷诺实验装置中,水箱内水位恒定时,在玻璃管 A 内的紊流运动中任取一固定空间点来观察,该点沿流动方向(x 方向)瞬时流速 u_x 随时间的变化可通过测速仪测定记录下来,如图 6.8 所示,u_x 随时间不规则地变化,并围绕某一平均值上下跳动。将 u_x

对某一时段 T 平均,即

$$\overline{u_x} = \frac{1}{T}\int_0^T u_x \mathrm{d}t \qquad (6.23)$$

只要所取时段 T 不是很短(比脉动周期长许多倍),$\overline{u_x}$ 值便与 T 的长短无关,$\overline{u_x}$ 就是该点 x 方向的时均流速。从图形上看,$\overline{u_x}$ 是 T 时段内与时间轴平行的直线 AB 的纵坐标,AB 线与时间轴所包围的面积等于 $u_x=f(t)$ 曲线与时间

图 6.8 紊流时均流速

轴所包围的面积。定义了时均流速,瞬时流速就等于时均流速与脉动流速的叠加

$$u_x = \overline{u_x} + u_x' \qquad (6.24)$$

式中 u_x' 为该点在 x 方向的脉动流速。脉动流速随时间改变,时正时负,时大时小。在时段 T 内,脉动流速的时均值为零

$$\overline{u_x'} = \frac{1}{T}\int_0^T u_x' \mathrm{d}t = 0 \qquad (6.25)$$

紊流的脉动不仅在流动方向上存在,垂直于运动方向也存在横向脉动。对于瞬时流速 u_y、u_z 也可得到类似图 6.8 的曲线,并视为由时均量和脉动量所构成的形式,此时横向脉动流速的时均值 $\overline{u_y'}$、$\overline{u_z'}$ 也为零,但脉动流速的均方值不等于零

$$\overline{u_x'^2} = \frac{1}{T}\int_0^T u_x'^2 \mathrm{d}t \neq 0$$

同理 y、z 方向脉动流速的均方值 $\overline{u_y'^2}$、$\overline{u_z'^2}$ 也不为零。

紊流中压强也可同样处理,瞬时压强 p、时均压强 $\overline{p}$ 和脉动压强 p' 之间的关系为

$$p = \overline{p} + p'$$
$$\overline{p} = \frac{1}{T}\int_0^T p \mathrm{d}t$$
$$\overline{p'} = \frac{1}{T}\int_0^T p' \mathrm{d}t = 0$$

至此,在流体力学中已提及三种流速概念,它们是

(1)瞬时流速 u,为流体通过某空间点的实际流速,在紊流状态下随时间脉动;

(2)时均流速 $\overline{u}$,为某一空间点的瞬时流速在时段 T 内的时间平均值;

$$\overline{u} = \frac{1}{T}\int_0^T u \mathrm{d}t$$

(3)断面平均流速 v,为过流断面上各点的流速(紊流是时均流速)的断面平均值。

$$v = \frac{1}{A}\int_A \overline{u} \mathrm{d}A$$

在引入时均化概念的基础上,把紊流简化为时均流动和脉动的叠加,就可以对时均流动和脉动分别进行研究。由于脉动量的时均值为零,则时均流动是主要的,它反映了流动的基本特征,因而时均值也是一般水力计算的基础。这样根据时均运动参数是否随时间变化,紊流便可分为恒定流和非恒定流,即紊流的瞬时运动总是非恒定的,而时均运动可能是恒定的,也可能是非恒定的。工程上关注的总是时均流动,一般仪器和仪表测量的也是时均值。同时在第 3 章建立的流线、流管、元流和总流等欧拉法描述流动的基本概念,在"时均"的意

义上继续成立。

需要指出,虽然引入时均值的概念给研究紊流带来方便,但紊流运动要素的脉动是客观存在的,这一特征不因采用时均化研究方法而消失。紊流的许多问题,如紊流切应力的产生、过流断面上的流速分布和紊流中的热传递规律等,仍需要考虑紊流脉动等的影响,才能得到符合实际的结论。

6.5.3 紊流的半经验理论

(1)紊流的切应力 平面恒定均匀紊流如图6.9所示,按时均化方法分解为时均流动和脉动的叠加,相应的紊流切应力τ也由两部分组成。一方面因各流层时均流速不同,存在相对运动而产生的黏性切应力$\overline{\tau_1}$,符合牛顿内摩擦定律

$$\overline{\tau_1} = \mu \frac{\mathrm{d}\overline{u_x}}{\mathrm{d}y}$$

图6.9 紊流切应力

式中的$\frac{\mathrm{d}\overline{u_x}}{\mathrm{d}y}$为时均流速梯度。

另一方面由于紊流脉动,上下层质点相互掺混,动量交换引起的附加切应力$\overline{\tau_2}$,又称为雷诺应力

$$\overline{\tau_2} = -\rho \overline{u'_x u'_y} \tag{6.26}$$

式中$\overline{u'_x u'_y}$为脉动流速乘积的时均值,因u'_x与u'_y异号(证明略),为使附加切应力$\overline{\tau_2}$与黏性切应力$\overline{\tau_1}$表达方式一致,以正值出现,故式前加负号"—"。则紊流切应力为两者之和

$$\overline{\tau} = \overline{\tau_1} + \overline{\tau_2} = \mu \frac{\mathrm{d}\overline{u_x}}{\mathrm{d}y} - \rho \overline{u'_x u'_y} \tag{6.27}$$

式中两部分切应力所占份额随紊动情况而异。在Re较小,紊流脉动较弱时,$\overline{\tau_1}$占主导地位;随着Re增大,紊流脉动加剧,$\overline{\tau_2}$不断加大;当Re很大,紊动充分发展,黏性切应力与附加切应力相比甚小,$\overline{\tau_1} \ll \overline{\tau_2}$,前者可忽略不计。

(2)普朗特混合长度理论 在紊流附加切应力表达式(6.27)中,脉动流速u'_x、u'_y均为随机量,其随时间的变化规律不易测量和计算,如能找到$\overline{u'_x u'_y}$与时均流速的关系,就能直接利用式(6.27)计算附加切应力。1925年德国力学家普朗特(Prandtl)比拟气体分子运动的自由程概念,提出混合长度理论(又称为动量输运理论)。混合长度理论在推导的过程中,引入了一些假设,其要点如下:

假设一 流体质点横向掺混过程中,存在与气体分子自由程相当的行程l,如图6.10所示,在此行程内,不与其他质点相碰,保持原有的运动特征,即从原流层直至经过行程l到达新的流层,才同周围质点相混合,发生动量交换,失

图6.10 混合长度

去原有的运动特征,其中的l称为混合长度。因时均流速连续分布,发生质点掺混的两流层间的时均流速差为

$$\Delta \overline{u_x} = \overline{u_x}(y+l) - \overline{u_x}(y) = \overline{u_x}(y) + l\frac{\mathrm{d}\overline{u_x}}{\mathrm{d}y} - \overline{u_x}(y) = l\frac{\mathrm{d}\overline{u_x}}{\mathrm{d}y}$$

假设二 脉动速度u'_x与两流层的时均流速差$\Delta \overline{u_x}$有关

$$u'_x \sim l\frac{\mathrm{d}\overline{u_x}}{\mathrm{d}y}$$

脉动速度 u'_y 与 u'_x 有关,二者具有相同数量级即

$$u'_y \sim u'_x \sim l\frac{\mathrm{d}\overline{u_x}}{\mathrm{d}y}$$

将以上关系代入式(6.26),同时为使公式简化,将比例系数归入 l 内,得

$$\overline{\tau_2} = -\rho\,\overline{u'_x}\,\overline{u'_y} = \rho l^2\left(\frac{\mathrm{d}\overline{u_x}}{\mathrm{d}y}\right)^2 \tag{6.28}$$

假设三 混合长度 l 不受黏性影响,只与质点到壁面的距离有关

$$l = \beta y \tag{6.29}$$

式中 β 为待定的无量纲常数,通常由实验确定。

在充分发展的紊流中,切应力 $\overline{\tau}$ 只考虑紊流附加切应力,同时假设壁面附近切应力值保持不变,$\overline{\tau} = \tau_0$(壁面切应力)。将式(6.29)代入式(6.28),为简便起见,以后提及时均值时略去表示时均量的横标线,同时以 u 代替 u_x

$$\tau_0 = \rho\beta^2 y^2\left(\frac{\mathrm{d}u}{\mathrm{d}y}\right)^2$$

$$\mathrm{d}u = \frac{1}{\beta}\sqrt{\frac{\tau_0}{\rho}}\frac{\mathrm{d}y}{y}$$

对上式积分,其中 τ_0 一定,阻力速度 $v_* = \sqrt{\dfrac{\tau_0}{\rho}}$ 是常数,得到

$$\frac{u}{v_*} = \frac{1}{\beta}\ln y + c \tag{6.30}$$

上式为壁面附近紊流流速分布的一般公式,因其为对数函数,故也称为普朗特—卡门(Karman)对数分布律。该式虽然从边壁附近的紊流条件推出,但将其推广用于紊流流动(黏性底层除外)的整个过流断面,同实际流速分布仍相符。

由混合长度理论得到了紊流时均切应力表达式(6.28)和流速分布规律式(6.30)。同时也看到这一理论的某些基本假设不尽符合实际。例如认为流体质点经过混合长度 l 才一次性与周围质点进行动量交换,然而流体质点不同于气体分子,它不是独立的个体,而是连续介质的组成微元,质点在位移过程中将连续地与周围质点接触;又如公式中的常数 β、c 都需由实验确定。尽管如此,由于混合长度理论是从紊流的特征出发,反映了紊流的特点,同时推导简单,理论结果与实际相符,至今仍是在工程上得到广泛应用的紊流阻力理论。

图 6.11 宽矩形河道

【例 6.5】 证明在很宽的矩形断面河道中,如图 6.11 所示,水深 $y' = 0.63h$ 处的流速等于该断面的平均流速。

【解】 当 $y = h$(水面)时,$u = u_{max}$,则 $c = u_{max} - \dfrac{v_*}{\beta}\ln h$,代入式(6-30)得

$$u = u_{\max} + \frac{v_*}{\beta} \ln \frac{y}{h}$$

断面平均流速

$$v = \frac{1}{h} \int_0^h \left(u_{\max} + \frac{v_*}{\beta} \ln \frac{y}{h} \right) \mathrm{d}y = u_{\max} - \frac{v_*}{\beta}$$

由 $u = v$,得到

$$\ln \frac{y}{h} = -1$$

$$y = \frac{1}{e} h = 0.368h$$

于是
$$y' = h - 0.368h = 0.632h$$

这是河道流量测量中,用一点法测量断面平均流速时,流速仪的置放深度。

6.5.4 黏性底层

固体通道内的紊流,以圆管中的紊流为例,如图 6.12 所示,只要是黏性流体,不论黏性大小,都满足在壁面上无滑移(粘附)条件,使得在紧靠壁面很薄的流层内,速度由一定值很快减至零,且惯性力较小,因而仍保持为层流运动。在这一薄层内速度虽小,但速度

图 6.12 紊流结构

梯度很大,黏性切应力不容忽视。另外,由于壁面限制质点的横向掺混,逼近壁面,脉动流速和附加切应力趋于消失。所以,管道内紧靠管壁存在且黏性切应力起控制作用的薄层,称为黏性底层(或称层流底层)。黏性底层的内侧是界限不明显的过渡层,再向内的管中心部分称为紊流核心。黏性底层的厚度 δ' 通常不到 1mm,且随雷诺数 Re 的增大而减小。

在黏性底层内,切应力取壁面切应力 $\tau = \tau_0$,则由牛顿内摩擦定律 $\tau_0 = \mu \dfrac{\mathrm{d}u}{\mathrm{d}y}$ 积分该式

$$u = \frac{\tau_0}{\mu} y + c$$

由边界条件知壁面上 $y = 0, u = 0$ 时积分常数 $c = 0$,则

$$u = \frac{\tau_0}{\mu} y \tag{6.31}$$

或以 $\mu = \rho\nu$,$v_* = \sqrt{\dfrac{\tau_0}{\rho}}$ 代入上式,整理得

$$\frac{u}{v_*} = \frac{v_* y}{\nu} \tag{6.32}$$

式(6.31)和式(6.32)表明,在黏性底层中,流速按线性分布,在壁面上流速为零。

黏性底层虽然很薄,但它的存在对管壁粗糙的扰动作用和导热性能、紊流的流速分布和流动阻力却有重大影响。

6.6 圆管紊流中的沿程水头损失

虽然可以利用达西公式计算圆管紊流的沿程水头损失,但由于紊流的复杂性,式中沿程阻力系数 λ 至今未能如层流那样严格地从理论上推导出来。因此针对紊流运动,工程上确定 λ 值通常采用两种途径:一种是直接根据实验结果,综合成 λ 的经验公式;另一种是以紊流的半经验理论为基础,结合实验结果,整理成 λ 的半经验公式。后者具有更为普遍的意义,是本节讨论的重点。

6.6.1 尼古拉兹实验

为了验证和发展普朗特理论,1933 年德国力学家和工程师尼古拉兹(Nikuradse)在人工均匀砂粒粗糙管道中进行了管流沿程阻力系数 λ 和断面流速分布的实验测定。

(1)沿程阻力系数 λ 的影响因素 在组织实验之前,首先要分析影响沿程阻力系数 λ 的因素。由式(6.22)可知,圆管层流中 λ 只是雷诺数 Re 的函数,而与壁面粗糙无关;紊流中 λ 除和流动状况(由 Re 表征)有关外,突入紊流核心的每个粗糙突起,都将不断地产生并向管中输送旋涡,从而直接影响流动的紊动程度,因此壁面粗糙构成了影响 λ 的另一个重要因素。

壁面粗糙一般包括粗糙突起的高度、形状,以及疏密和排列等许多因素。为便于分析粗糙的影响,尼古拉兹在实验中使用了一种简化的粗糙模型。他将经过筛选的形状近似球体的砂粒,用漆汁均匀而稠密地贴在管壁内表面,做成人工粗糙管,如图 6.13 所示。由于采用了这种简化的粗糙形式,使得尼古拉兹仅用一个因素——糙粒的突起高度 k_s(相当于砂粒直径),就可表示壁面的粗糙程度。其中 k_s 被称为绝对粗糙,k_s 与管道直径(或半径)之比 k_s/d(或 k_s/r_0)称为相对粗糙,其倒数称为相对光滑度,它们是能在不同直径的管道中,反映壁面粗糙影响的量。由以上分析得出,雷诺数和相对粗糙是沿程阻力系数 λ 的两个影响因素。即

图 6.13 人工粗糙管壁面

$$\lambda = f(Re, k_s/d)$$

沿程阻力系数 λ 是 Re 和 k_s/d 的函数,也可借助量纲分析的方法,应用 π 定理得到(见例 5.3)。另外根据相似原理可知,Re 相等意味着主要作用力相似,而 k_s/d 相等则意味着粗糙的几何相似;如果流动的 Re 和 k_s/d 相等,它们就是力学相似的,所以 λ 值也应相等。

(2)λ 的测定和阻力分区图 尼古拉兹应用类似图 6.2 的实验装置(此时拆除设备 C、D 和 E),采用人工粗糙管进行实验。实验管道相对粗糙的变化范围为 $\dfrac{k_s}{d} = \dfrac{1}{30} \sim \dfrac{1}{1014}$,对每根管道(与确定的 k_s/d 相对应)实测不同流量的断面平均流速 v 和沿程水头损失 h_f。再由

$$Re = \frac{vd}{\nu}$$

$$\lambda = \frac{d}{l} \frac{2g}{v^2} h_f$$

两式算出 Re 和 λ 值,取对数后将各点绘于对数坐标纸上,就得到 $\lambda = f(Re, k_s/d)$ 曲线,即尼古拉兹曲线图,如图 6.14 所示。

图 6.14　尼古拉兹曲线图

根据 λ 的变化特性，尼古拉兹将实验曲线分为 5 个阻力区。

第 Ⅰ 区为层流区（ab 线，$\lg Re < 3.36$，$Re < 2300$）。不同相对粗糙管的所有实验点都集中在同一条直线上。表明 λ 与相对粗糙 k_s/d 无关，只是 Re 的函数，并符合 $\lambda = \dfrac{64}{Re}$。由此也证明了在第 6.4 节中推导的理论结果与实验相符。

第 Ⅱ 区为临界区（bc 线，$\lg Re = 3.36 \sim 3.6$，$Re = 2300 \sim 4000$）。不同相对粗糙管的实验点在同一曲线上。表明 λ 与相对粗糙 k_s/d 无关，只是随 Re 的增大而增大。此区是层流向紊流的过渡，范围很窄，实用意义不大，不予讨论。

第 Ⅲ 区为紊流光滑区（cd 线，$\lg Re > 3.6$，$Re > 4000$）。不同相对粗糙管的实验点起初都集中在同一直线 cd 上。随着 Re 的增大，k_s/d 大的管道，其实验点在 Re 较低时便偏离此线，而 k_s/d 小的管道，其实验点在 Re 较大时才偏离紊流光滑区。在 cd 线上，λ 与相对粗糙 k_s/d 无关，只是 Re 的函数。

第 Ⅳ 区为紊流过渡区（cd 与 ef 之间的曲线簇）。此时不同相对粗糙管的实验点，已偏离紊流光滑区的 cd 线，各自分散成一条条波状的曲线。表明 λ 既与 Re 有关，又与 k_s/d 有关。

第 Ⅴ 区为紊流粗糙区（ef 右侧水平的直线簇）。不同相对粗糙管的实验点分别落在不同的水平直线上。表明 λ 只与相对粗糙 k_s/d 有关，与 Re 无关。对于确定的管道（k_s/d 一定），λ 在该区是常数。由式（6.1）可知，此时 $h_f \propto v^2$，故该区又称为阻力平方区或自动模型区（自模区）。

尼古拉兹实验表明，紊流中的 λ 值确实与 Re 和 k_s/d 这两个因素有关。但是为什么紊流又分为三个阻力区，而各区 λ 的变化规律又是如此不同呢？这个问题可以用黏性底层的存在来解释。

在紊流光滑区,黏性底层的厚度 δ' 显著地大于粗糙突起的高度 k_s。粗糙突起完全被掩盖在黏性底层内,对紊流核心的流动几乎没有影响,如图 6.15(a)所示。粗糙所引起的扰动作用被黏性底层内流体黏性的稳定作用抑制,因而 λ 只与 Re 有关,与 k_s/d 无关。此时管壁粗糙对流动阻力和能量损失不产生影响。

在紊流过渡区,由于黏性底层的厚度变薄,接近粗糙突起的高度,粗糙开始影响到紊流核心内的流动,如图 6.15(b)所示,加大了流动的紊动强度,因而增大了流动阻力和能量损失,此时 λ 与 Re 和 k_s/d 两个因素都有关。

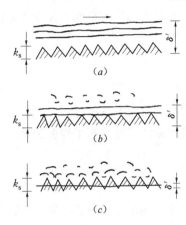

在紊流粗糙区,黏性底层的厚度更薄,$\delta' \ll k_s$,粗糙突起几乎完全暴露在紊流核心中,如图 6.15(c)所示。此时粗糙的扰动作用已经成为紊流核心中惯性阻力产生的主要原因。Re 的变化对黏性底层,以及流动紊动强度的影响已微不足道,k_s/d 成了影响 λ 的唯一因素。

图 6.15 黏性底层的变化

由此可见,流体力学中所说的光滑区和粗糙区,不完全决定于管壁粗糙的突起高度 k_s,还取决于和 Re 有关的黏性底层的厚度 δ'。

尼古拉兹实验虽然是在人工粗糙管中完成的,不能完全用于实用管道,但是它却具有重要意义。该实验比较全面地反映了 λ 值的变化规律,揭示了影响 λ 变化的主要因素,为补充普朗特混合长度理论,测定 λ 和断面流速分布,推导紊流的半经验公式提供了可靠的依据。1938 年,苏联水力学家蔡克士大仿照尼古拉兹的实验,在人工粗糙

图 6.16 蔡克士大实验

砂粒的矩形明槽中进行了 λ 值的实验研究,得到了与尼古拉兹实验性质上相同的结果,如图 6.16 所示。

6.6.2 流速分布

尼古拉兹通过实测流速分布,完善了由混合长度理论得到的流速分布式(6.30),使之具有实用意义。

(1)紊流光滑区 紊流光滑区的流速分布可分为黏性底层和紊流核心两部分。黏性底层内流速为线性分布,符合式(6.31);在紊流核心,以边界条件 $y = \delta'$,流速 $u = u_b$ 代入式(6.30)并整理得

$$\frac{u}{v_*} = \frac{1}{\beta} \ln \frac{v_* y}{\nu} + c_1$$

根据尼古拉兹实验的结果,取 $\beta = 0.4$、$c_1 = 5.5$ 代入上式,并把自然对数换成常用对数,便得到光滑管流速分布半经验公式

$$\frac{u}{v_*}=5.75\lg\frac{v_* y}{\nu}+5.5 \tag{6.33}$$

（2）紊流粗糙区　此时黏性底层的厚度远小于壁面粗糙突起的高度（$\delta'\ll k_s$），黏性底层已被破坏，整个流动断面按紊流核心处理。由于式（6.30）已忽略黏性切应力，因而在确定积分常数时不能使用壁面上流速为零的边界条件。采用边界条件 $y=k_s$，流速 $u=u_s$，代入式（6.30），并整理得

$$\frac{u}{v_*}=\frac{1}{\beta}\ln\frac{y}{k_s}+\frac{u_s}{v_*}=\frac{1}{\beta}\ln\frac{y}{k_s}+c_2$$

根据尼古拉兹实验的结果，取 $\beta=0.4$、$c_2=8.48$ 代入上式，并把自然对数换成常用对数，便得到粗糙区流速分布半经验公式

$$\frac{u}{v_*}=5.75\lg\frac{y}{k_s}+8.48 \tag{6.34}$$

除上述半经验公式，1932年尼古拉兹根据实验结果还提出了紊流流速分布的指数公式

$$\frac{u}{u_{max}}=\left(\frac{y}{r_0}\right)^n \tag{6.35}$$

式中 u_{max} 为管轴处的最大流速，r_0 为圆管半径，指数 n，随 Re 而变化，见表6.1。

紊流流速分布指数　　　　　　　　　　　　　　　　　　　　　表6.1

Re	4×10^3	2.3×10^4	1.1×10^5	1.1×10^6	2.0×10^6	3.2×10^6
n	1/6.0	1/6.6	1/7.0	1/8.8	1/10	1/10
v/u_{max}	0.791	0.808	0.817	0.849	0.865	0.865

流速分布的指数公式（6.35）完全是经验性的，因形式简单，被广泛应用。表6.1中同时列出紊流断面平均流速 v 与最大流速 u_{max} 的比值，据此只需测量管轴心处的最大流速，便可求出断面平均流速，从而求得流量。

6.6.3　λ 的半经验公式

紊流沿程阻力系数 λ 的半经验公式是普朗特混合长度理论和尼古拉兹实验相结合的产物，根据上述紊流光滑区和粗糙区的流速分布，就可导出沿程阻力系数 λ 的半经验公式。

（1）光滑区沿程阻力系数　根据断面平均流速 v 的定义

$$v=\frac{\int_0^{r_0} u2\pi r\mathrm{d}r}{\pi r_0^2}$$

式中 u 以半经验公式（6.33）代入，由于黏性底层很薄可忽略，积分上限取 r_0，得

$$v=v_*\left(5.75\lg\frac{v_* r_0}{\nu}+1.75\right)$$

以 $v_*=v\sqrt{\lambda/8}$ 代入上式，并根据实验数据调整常数，得到紊流光滑区沿程阻力系数 λ 的半经验公式，也称为尼古拉兹光滑管公式

$$\frac{1}{\sqrt{\lambda}} = 2\lg \frac{Re\sqrt{\lambda}}{2.51} \tag{6.36}$$

(2)粗糙区沿程阻力系数 按推导光滑管 λ 半经验公式(6.36)的相同步骤,可得到紊流粗糙区 λ 的半经验公式,也称为尼古拉兹粗糙管公式

$$\frac{1}{\sqrt{\lambda}} = 2\lg \frac{3.7d}{k_s} \tag{6.37}$$

(3)阻力区的判别 紊流不同阻力区沿程阻力系数 λ 的计算公式不同,只有对阻力区作出判别,才能选用相应的公式。前面已经说明,不同的阻力区是由黏性底层的厚度 δ' 和壁面粗糙突起高度 k_s 的相互关系决定的。黏性底层的厚度由边界 $y = \delta'$ 处流速同时满足式(6.32)和式(6.33),得出

$$\delta' = 11.6 \frac{\nu}{v_*} \tag{6.38}$$

上式作相应变形 $$\frac{k_s}{\delta'} = \frac{1}{11.6} \frac{v_* k_s}{\nu} = \frac{1}{11.6} Re_* \tag{6.39}$$

式中粗糙雷诺数 $Re_* = \dfrac{v_* k_s}{\nu}$,可作为阻力分区的标准,尼古拉兹由实验得出

紊流光滑区:$0 < Re_* \leqslant 5$, $\delta' \geqslant 2.3 k_s$, $\lambda = \lambda(Re)$

紊流过渡区:$5 < Re_* \leqslant 70$, $0.17 k_s \leqslant \delta' < 2.3 k_s$, $\lambda = \lambda(Re, k_s/d)$

紊流粗糙区:$Re_* > 70$, $\delta' < 0.17 k_s$, $\lambda = \lambda(k_s/d)$

6.6.4 工业管道和柯列勃洛克(Colebrook)公式

由混合长度理论结合尼古拉兹实验,得到了紊流光滑区和粗糙区的半经验公式(6.36)和式(6.37),但是对于最常遇到的工业管道过渡区 λ 的计算问题,未能解决。同时,上述两个半经验公式都是在人工粗糙管的基础上得到的,而人工粗糙管和工业管道的粗糙有很大差异,怎样把这两种不同的粗糙形式有机地联系起来,使尼古拉兹半经验公式能用于工业管道,具有工程实用价值,是一个有待解决的问题。

在紊流光滑区,工业管道和人工粗糙管虽然粗糙不同,但都为黏性底层掩盖,对紊流核心无影响。实验证明,式(6.36)也适用于工业管道。

在紊流粗糙区,工业管道和人工粗糙管的粗糙突起,都几乎完全突入紊流核心,λ 有相同的变化规律,因此式(6.37)有可能用于工业管道。问题是如何确定式中的 k_s 值。为解决此问题,以尼古拉兹实验采用的人工粗糙为度量标准,把工业管道的粗糙折算成人工粗糙,这样便提出了当量粗糙高度的概念。所谓当量粗糙高度 k_s,就是指和工业管道的紊流粗糙区 λ 值相等的同直径尼古拉兹人工粗糙管的粗糙突起高度。当量粗糙高度 k_s 也可由工业管道紊流粗糙区实测的 λ 值,代入尼古拉兹粗糙管公式(6.37)反算得到。可见工业管道的当量粗糙高度是按相同条件下,同管径的工业管道和人工粗糙管沿程损失的效果相同,得出的折算高度,它反映了糙粒各种因素对 λ 的综合影响。常用工业管道的当量粗糙高度见表6.2。有了当量粗糙高度,式(6.37)就可用于工业管道。

管 道 材 料	k_s(mm)	管 道 材 料	k_s(mm)
新聚氯乙烯管	0~0.002	镀锌钢管	0.15
铅管、铜管、玻璃管	0.01	新铸铁管	0.15~0.5
钢　　　管	0.046	旧铸铁管	1.0~1.5
涂沥青铸铁管	0.12	混凝土管	0.3~3.0

常用工业管道的当量粗糙高度　　　　　　　　　　　表 6.2

在紊流过渡区,工业管道的不均匀粗糙突破黏性底层进入紊流核心是一个逐渐过程,不同于粒径均匀的人工粗糙,两者 λ 的变化规律相差很大,所以尼古拉兹的过渡区的实验资料对工业管道完全不适用。1939 年英国学者柯列勃洛克根据大量的工业管道实验资料,整理出适用于工业管道紊流过渡区的 λ 计算公式

$$\frac{1}{\sqrt{\lambda}} = -2\lg\left(\frac{2.51}{Re\sqrt{\lambda}} + \frac{k_s}{3.7d}\right) \tag{6.40}$$

式(6.40)称为柯列勃洛克公式,式中的 k_s 为工业管道的当量粗糙高度。

柯列勃洛克公式实际上是尼古拉兹光滑区、粗糙区公式的有机结合。当低 Re 数时,若式(6.40)右边括号内第二项相对第一项可略去不计,即为光滑区公式(6.36);当 Re 很大时,若式(6.40)右边括号内第一项相对第二项可略去不计,即为粗糙区公式(6.37);若式(6.40)右边括号内两项都要考虑,即为过渡区 λ 值的变化规律。可见柯列勃洛克公式不仅适用于工业管道紊流过渡区,而且可用于整个紊流的三个阻力区,故称为紊流沿程阻力系数 λ 的综合公式。柯式公式(6.40)虽然是经验公式,但是在合并两个半经验公式的基础上获得的,因此可以认为该式是普朗特理论和尼古拉兹实验结合后进一步发展到工程应用阶段的产物。由于公式适用范围广,与工业管道实验结果符合良好,因此得到了广泛应用。

为了简化计算,1944 年美国工程师莫迪(Moody)以式(6.40)为基础,以相对粗糙为参数,把 λ 作为 Re 的函数,绘制出工业管道沿程阻力系数 λ 的曲线图,即莫迪图,如图 6.17 所示,在图上按 k_s/d 和 Re 可直接查出 λ 值。

6.6.5　沿程阻力系数 λ 的经验公式

除了以上的半经验公式外,还有许多直接根据实验资料整理而成的经验公式,这里只介绍几个应用较多的公式。

(1)布拉修斯(Blasius)公式　1913 年德国水力学家布拉修斯在总结前人实验资料基础上,提出紊流光滑区经验公式

$$\lambda = \frac{0.3164}{Re^{0.25}} \tag{6.41}$$

上式仅适用于 $Re < 10^5$ 的情况,此时具有较高的精度。布拉修斯公式形式简单,计算方便,得到广泛应用。

(2)希弗林松公式

$$\lambda = 0.11\left(\frac{k_s}{d}\right)^{0.25} \tag{6.42}$$

该公式主要适用于紊流粗糙区,由于形式简单,计算方便,工程上经常采用。

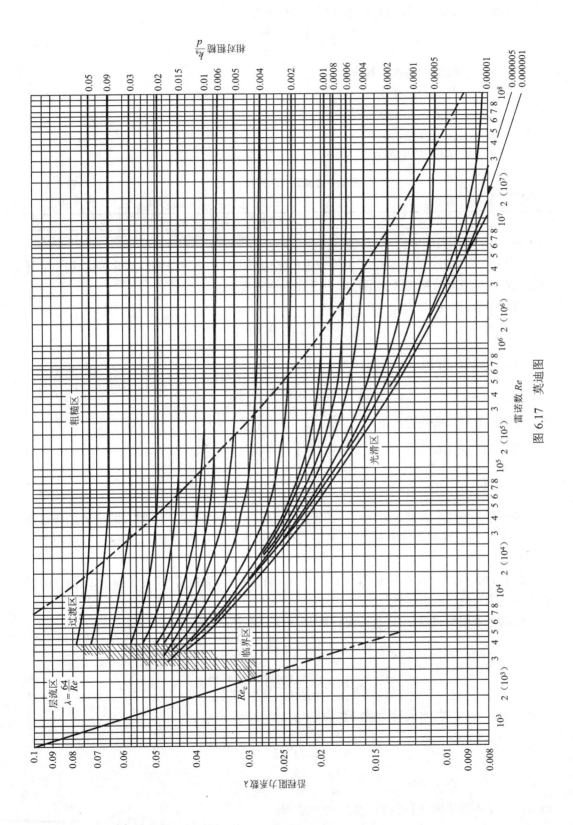

图 6.17 莫迪图

（3）海澄—威廉（A. Hazen,G. S. Williams）公式

$$H = \frac{10.67Q^{1.852}l}{C_0^{1.852}d^{4.87}} \tag{6.43}$$

式中　　H——管道中的水头损失，m；

　　　　l——管道的长度，m；

　　　　Q——流量，m^3/s；

　　　　d——管道直径，m；

　　　　C_0——系数，值见表 6.3。

海澄—威廉公式的系数 C_0 值　　　　　　　　　　表 6.3

水 管 种 类	C_0 值	水 管 种 类	C_0 值
塑 料 管	150	新铸铁管、涂沥青或水泥的铸铁管	130
混凝土管、焊接钢管	120	旧铸铁管、旧钢管	100

（4）舍维列夫公式　　苏联学者舍维列夫根据他所进行的钢管及铸铁管的实验，提出了计算紊流过渡区及紊流粗糙区的沿程阻力系数 λ 的公式。

对新钢管：当 $Re < 2.4 \times 10^6$ 时

$$\lambda = \frac{0.0159}{d^{0.226}}\left(1 + \frac{0.684}{v}\right)^{0.226} \tag{6.44}$$

对新铸铁管：当 $Re < 2.7 \times 10^6$ 时

$$\lambda = \frac{0.0144}{d^{0.284}}\left(1 + \frac{2.36}{v}\right)^{0.284} \tag{6.45}$$

对旧钢管及旧铸铁管：

当 $v < 1.2m/s$ 时　　　　$$\lambda = \frac{0.0179}{d^{0.3}}\left(1 + \frac{0.867}{v}\right)^{0.3} \tag{6.46}$$

当 $v > 1.2m/s$ 时　　　　　　　　$$\lambda = \frac{0.021}{d^{0.3}} \tag{6.47}$$

舍维列夫公式中直径 d 以 m 计，流速 v 以 m/s 计，并在水温为 10℃，即运动黏滞系数 $\nu = 1.3 \times 10^{-6} m^2/s$ 的条件下得出的；其中式（6.46）适用于紊流过渡区，式（6.47）适用于紊流粗糙区。

【例 6.6】　水管长 $l = 30m$，管径 $d = 75mm$，新铸铁管，流量 $Q = 7.25L/s$，水温 $t = 10℃$。试求该管段的沿程水头损失。

【解】　采用莫迪图计算，首先应计算 Re 和 k_s/d

$$A = \frac{\pi d^2}{4} = \frac{3.14 \times 0.075^2}{4} = 0.0044m^2$$

$$v = \frac{Q}{A} = \frac{0.00725}{0.0044} = 1.65m/s$$

查表 1.3，$t = 10℃$ 时，水的运动黏滞系数 $\nu = 1.31 \times 10^{-6} m^2/s$

$$Re = \frac{vd}{\nu} = \frac{1.65 \times 0.075}{1.31 \times 10^{-6}} = 94466$$

查表 6.2，取 $k_s = 0.25mm$　　　　$$\frac{k_s}{d} = \frac{0.25}{75} = 0.003$$

由 $Re, k_s/d$ 查莫迪图（图 6.17），得 $\lambda = 0.028$，则

$$h_f = \lambda \frac{l}{d} \frac{v^2}{2g} = 0.028 \times \frac{30}{0.075} \times \frac{1.65^2}{2 \times 9.8} = 1.56 \text{m}$$

【例 6.7】 在管径 $d = 300\text{mm}$,相对粗糙 $k_s/d = 0.002$ 的工业管道中,运动黏滞系数 $\nu = 1 \times 10^{-6} \text{m}^2/\text{s}$,密度 $\rho = 999.23 \text{kg/m}^3$ 的水以 3m/s 的速度运动。试求管长 $l = 300\text{m}$ 的管道内的沿程水头损失。

【解】
$$Re = \frac{vd}{\nu} = \frac{3 \times 0.3}{10^{-6}} = 900000$$

由 Re, k_s/d 查莫迪图,得 $\lambda = 0.0238$,处于紊流粗糙区。也可用式(6.37)计算沿程阻力系数

$$\frac{1}{\sqrt{\lambda}} = 2\lg \frac{3.7d}{k_s} = 2\lg \frac{3.7}{0.002}$$

$$\lambda = 0.0235$$

可见查图和利用公式计算,其结果是很接近的。则沿程水头损失为

$$h_f = \lambda \frac{l}{d} \frac{v^2}{2g} = 0.0238 \times \frac{300}{0.3} \times \frac{3^2}{2 \times 9.8} = 10.9 \text{m}$$

6.7 非圆管的沿程水头损失

前面研究了圆管雷诺数和圆管沿程水头损失的计算。工程上还有许多形式的非圆管,如明渠流动的过流断面、通风空调系统中的矩形风管等。怎样把已有圆管的研究成果用于非圆管沿程损失的计算呢? 这就需要在阻力相当的条件下,把非圆管折算成圆管的几何特征量,即从水力半径 R 的概念出发,通过建立非圆管的当量直径 d_e 来实现。

6.7.1 水力半径 R

分析管道几何特征对沿程损失的影响因素,主要有过流断面面积 A 和流体与固体壁面接触的周界长度 χ(即湿周)这两个几何量。对于流速相同、过流断面面积相同,但过流断面形状不同因而湿周不同的管道,因紊流运动断面上流速变化和流动阻力主要集中在边界附近,所以湿周大者水头损失大。为此要引入一个综合反映断面大小和几何形状对流动影响的特征长度——水力半径 R,其定义为过流断面面积 A 与湿周 χ 之比

$$R = \frac{A}{\chi} \quad (6.48)$$

水力半径是一个可以近似反映断面特征对流动阻力影响的几何参数,当其他条件(v、l 等)相同,如果非圆管和圆管的水力半径相等,则两者的沿程损失近似相等。常见过流断面的水力半径如下:

圆管的水力半径(图 6.18)

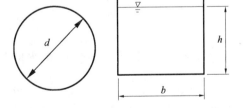

图 6.18 水力半径

$$R = \frac{A}{\chi} = \frac{\frac{1}{4}\pi d^2}{\pi d} = \frac{d}{4}$$

边长为 h 和 b 的矩形断面管道水力半径

$$R = \frac{A}{\chi} = \frac{bh}{2(b+h)}$$

边长为 a 的正方形断面水力半径

$$R = \frac{A}{\chi} = \frac{a^2}{4a} = \frac{a}{4}$$

边长为 h 和 b 的矩形断面渠道水力半径(图 6.18)

$$R = \frac{A}{\chi} = \frac{bh}{b+2h}$$

水力半径是一个很重要的概念,在过流断面面积相等的情况下,水力半径越大,湿周越小,水流所受到的阻力越小,越有利于过流。

6.7.2　当量直径 d_e

根据以上分析,把水力半径相等的圆管直径定义为非圆管的当量直径 d_e,即当某非圆管的水力半径与某圆管的水力半径相等时

$$R = R_{圆} = \frac{d}{4}$$

则将该圆管的直径作为此非圆管的当量直径

$$d_e = d = 4R \tag{6.49}$$

即当量直径为水力半径的 4 倍。常见过流断面的当量直径如下:

边长为 h 和 b 的矩形管当量直径

$$d_e = \frac{2bh}{b+h}$$

边长为 a 的方形管当量直径

$$d_e = a$$

边长为 h 和 b 的矩形断面渠道当量直径

$$d_e = \frac{4bh}{b+2h}$$

同心环形管(内径 d_1、外径 d_2)的当量直径

$$d_e = 4 \times \frac{\frac{\pi d_2^2}{4} - \frac{\pi d_1^2}{4}}{\pi d_2 + \pi d_1} = d_2 - d_1$$

6.7.3　非圆通道雷诺数

对于明渠水流和非圆断面管流,同样像圆管一样可以用雷诺数判别流态。若以水力半径 R 为特征长度,代替圆管雷诺数中的直径 d,则相应的临界雷诺数

$$Re_{c,R} = \frac{vR}{\nu} = 575$$

若根据圆管水力半径与直径的关系,以非圆断面通道的当量直径 $d_e = 4R$ 为特征长度,代替圆管雷诺数中的直径 d,则非圆管的雷诺数

$$Re=\frac{vd_e}{\nu}$$

近似用于判别非圆管流的流态,其临界值仍为 2300。

6.7.4 非圆管的沿程水头损失

有了当量直径,只要用 d_e 代替 d,便可用达西公式来计算非圆管道的沿程水头损失,还可以用当量相对粗糙 k_s/d_e 代入沿程阻力系数公式中计算 λ 值。

必须指出,应用当量直径 d_e 计算非圆管的能量损失是近似的方法,并不适用于所有情况。这主要表现在两方面:

(1)实验表明,对矩形、正方形和三角形断面,使用当量直径原理所获得的实验数据结果和圆管很接近;但形状同圆管差异很大的非圆管,如长缝形($b/h>8$),狭环形($d_2<3d_1$)和星形断面应用当量直径 d_e 计算存在较大误差,如图 6.19 所示。可见非圆形截面的形状和圆形的偏差越小,则运用当量直径计算的可靠性就越大。

图 6.19 非圆管和圆管 λ 曲线的比较

(2)由于层流的流速分布不同于紊流,流动阻力不像紊流那样集中在管壁附近,这样单纯用湿周大小作为影响能量损失的主要外因是不充分的,因此在层流中应用当量直径 d_e 计算,将会造成较大误差。

6.8 局部水头损失

在工业管道中,往往设有变径、弯头、三通、阀门等部件,来控制和调节管内的流动。流体流经这些配件时,均匀流在此局部区域受到破坏,流速的大小、方向或分布发生变化。由此集中产生的流动阻力是局部阻力,所引起的能量损失称为局部损失,造成局部损失的部件称为局部阻碍(或局部阻力构件)。工程中有许多管道系统如水泵吸水管道、供暖管道和通风空调管道等,局部损失占有很大比重,因此了解局部损失的分析方法和计算方法有着重要意义。

实验研究表明,局部损失和沿程损失一样,不同的流态遵守不同的规律。如果流体以层流经过局部阻碍并保持层流,则此时的局部损失也是由各流层之间的黏性切应力引起的,只有 $Re \ll 2300$ 的情况下才有可能,但这样小的 Re 数在给排水工程中很少遇到;另外在局部阻碍的强烈扰动下,流动在较小雷诺数时就已进入紊流状态,故本节着重讨论紊流的局部损失。

6.8.1　局部损失的一般分析

（1）局部损失产生的原因　局部阻碍的种类虽多,但可根据其流动的特征分为过流断面的扩大或缩小,如图 6.20(a)、(b)、(e) 所示,流动方向的改变,如图 6.20(c) 所示,流量的汇入和分出,如图 6.20(d) 所示等几种基本形式,以及这几种基本形式的不同组合。例如经过闸阀或孔板的流动,就可看作是突缩和突扩的组合。为了探讨紊流局部损失的成因,我们选取几种典型的局部阻碍,分析其附近的流动情况。

从边壁形状变化的缓急来看,局部阻碍又可分为突变和渐变两类。流体流经突变的局部阻碍,如突然扩大管、突然缩小管、三通等,由于惯性作用,流体不能沿着边壁突然改变流向,致使主流与壁面脱离,其间形成旋涡区,如图 6.20(a)、(b)、(d) 所示。旋涡区内的流体并非固定不变,其所形成的大尺度旋涡会不断地被主流带走,补充进去的流体又会形成新的旋涡,如此周而复始。

流体流经渐变的局部阻碍,边壁虽然没有突然变化,但沿流动方向出现减速增压现象的地方,也会产生旋涡区。图 6.20(e) 所示的渐扩管,由于沿程减速增压,紧靠壁面的低速质点,因受反向压差作用,速度不断减小至零,主流逐渐与边壁脱离,并形成旋涡区。图 6.20 (d) 所示的分流三通直通管上的旋涡区,正是这种减速增压过程造成的。在弯管内,因受离心力作用,弯管前半段压强在外侧沿程增大,内侧减小;而流速则是外侧沿程减小,内侧增大。这样弯管前半段沿外侧是减速增压的,可能形成旋涡区。同时在 Re 较大、转角较大而曲率半径较小的弯管中,旋涡区又在弯管后半段内侧形成,如图 6.20(c) 所示。弯管内侧的旋涡,无论是大小、强度,一般都比外侧的大。在渐缩管内流体沿程增速减压,质点受与流动方向一致的正向压差作用,不会形成旋涡区。但是只要收缩角不是很小,因惯性作用,紧接渐缩段之后,主流和边壁仍会脱离,形成较小的旋涡区。

图 6.20　几种典型的局部阻碍

分析比较各局部阻碍处的流动情况和局部损失,发现旋涡区的形成是造成紊流局部损失的主要原因。实验结果表明,局部阻碍处旋涡区越大,旋涡强度越大,能量损失越大。在旋涡区内,流体旋涡运动集中耗能,同时旋涡不断被主流带走,并随即扩散,加剧下游一定范围内主流的紊流强度,从而加大该区域的能量损失。除此之外,局部阻碍附近,流速分布不断改组,也将造成能量损失。事实上,在局部阻碍范围内损失的能量,只占局部损失的一部分,另一部分是在局部阻碍下游一定长度的管段上损耗掉的。这段长度称为局部阻碍的影响长度。受局部阻碍干扰的流动,经过了影响长度后,流速分布和紊流脉动才能达到均匀流的正常状态。

(2)局部阻力系数的影响因素 前面已给出局部水头损失计算公式(6.2)

$$h_m = \zeta \frac{v^2}{2g}$$

该式实际上把局部水头损失的计算,转化为研究确定局部阻力系数 ζ 的问题。

局部阻力系数 ζ 在理论上应与局部阻碍处的雷诺数 Re 和边界情况有关。但是,因受局部阻碍的强烈扰动,流动在较小的雷诺数时,就已充分紊动,进入紊流粗糙区,雷诺数的变化对紊动程度的实际影响很小。故一般情况下,ζ 只决定于局部阻碍的形状,与 Re 无关。

$$\zeta = \zeta(局部阻碍的形状)$$

局部阻碍的种类繁多,体形各异,其边壁的变化大多比较复杂,加之紊流本身的复杂性,多数局部阻力系数 ζ 的大小,还不能从理论上解决,必须借助于由实验得来的经验公式或系数。虽然如此,对局部阻力和局部损失的规律进行一些定性的分析还是必要的,它在解释和估计不同局部阻碍的损失大小,研究改善管道工作条件和减少局部损失的措施,以及提出正确、合理的设计方案等方面,都能给我们以定性的指导。

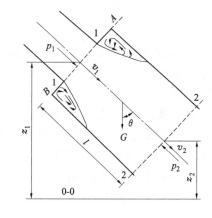

图 6.21 突然扩大管

6.8.2 几种典型的局部阻力系数

(1)突然扩大管 有少数形体简单的局部阻碍可借助于基本方程求得其局部阻力系数,突扩管就是其中的一种。突扩圆管如图 6.21 所示,列扩前断面 1-1 和扩后断面 2-2 的伯努利方程,此时 2-2 断面的流速分布与紊流脉动已接近均匀流的正常状态,忽略两断面间的沿程水头损失 h_f,则

$$h_m = \left(z_1 + \frac{p_1}{\rho g}\right) - \left(z_2 + \frac{p_2}{\rho g}\right) + \frac{\alpha_1 v_1^2 - \alpha_2 v_2^2}{2g} \tag{6.50}$$

为了确定压强与流速的关系,对 AB、2-2 断面及管侧壁所构成的控制体,列沿流动方向的动量方程

$$\sum F = \rho Q(\beta_2 v_2 - \beta_1 v_1)$$

式中 $\sum F$ 为作用在所取流体上的全部轴向外力之和,包括:作用在 AB 面上的压力 P_{AB},这里 AB 面虽不是渐变流断面,但据观察,该断面上压强基本符合静压强分布规律,故 $P_{AB} = p_1 A_2$;作用在 2-2 面上的压力 $P_2 = p_2 A_2$;重力的分力 $G\cos\theta = \rho g A_2(z_1 - z_2)$;管壁上的摩擦阻力忽略不计。将各力代入动量方程

$$p_1 A_2 - p_2 A_2 + \rho g A_2(z_1 - z_2) = \rho Q(\beta_2 v_2 - \beta_1 v_1)$$

以 $\rho g A_2$ 除各项，整理得

$$\left(z_1+\frac{p_1}{\rho g}\right)-\left(z_2+\frac{p_2}{\rho g}\right)=\frac{v_2}{g}(\beta_2 v_2-\beta_1 v_1)$$

将上式代入式(6.50)，取 $\alpha_1=\alpha_2=\beta_1=\beta_2=1$，则

$$h_{\mathrm{m}}=\frac{(v_1-v_2)^2}{2g} \tag{6.51}$$

上式表明，突然扩大的局部水头损失，等于以平均速度差计算的流速水头。式(6.51)又称包达(Borda)公式，经实验验证该式有足够的准确性。

根据连续性方程得到 $v_2=v_1\dfrac{A_1}{A_2}$ 或 $v_1=v_2\dfrac{A_2}{A_1}$，将其代入式(6.51)变为局部水头损失的一般形式

$$\left.\begin{aligned} h_{\mathrm{m}}&=\left(1-\frac{A_1}{A_2}\right)^2\frac{v_1^2}{2g}=\zeta_1\frac{v_1^2}{2g}\\ h_{\mathrm{m}}&=\left(\frac{A_2}{A_1}-1\right)^2\frac{v_2^2}{2g}=\zeta_2\frac{v_2^2}{2g} \end{aligned}\right\}$$

所以突扩的局部阻力系数为

$$\zeta_1=\left(1-\frac{A_1}{A_2}\right)^2 \tag{6.52}$$

$$\zeta_2=\left(\frac{A_2}{A_1}-1\right)^2 \tag{6.53}$$

以上两个局部阻力系数，分别与突扩前、后断面的平均流速相对应，计算时必须注意使选用的局部阻力系数 ζ 与流速水头相对应。

当流体在淹没情况下，从管道流入断面很大的容器时，例如水流入水库，气体流入大气，如图 6.22 所示，作为突扩的特例，$A_1/A_2\approx 0$，$\zeta=1$，称为管道出口阻力系数。

(2)突然缩小管　突然缩小管的水头损失主要发生在细管内收缩断面 c-c 附近的旋涡区，如图 6.23 所示。突缩的局部阻力系数决定于收缩面积比 A_2/A_1，其值按经验公式计算，与收缩后断面流速 v_2 相对应

$$\zeta=0.5\left(1-\frac{A_2}{A_1}\right) \tag{6.54}$$

当流体由断面很大的容器流入管道时，此处的局部阻碍常称为管道进口(或管道入口)，如图 6.24 所示。管道进口也是一种断面收缩，其局部阻力系数大小与管道进口边缘的情况有关。其中管道锐缘进口可作为突然缩小的特例，此时 $A_2/A_1\approx 0$，$\zeta=0.5$，一般平顺的管道进口(如流线型进口)可减少局部阻力系数90%以上。

图 6.22　管道出口　　　　图 6.23　突然缩小管　　　　图 6.24　管道进口

(3)渐扩管　突扩的水头损失较大，如果改用图 6.25 所示的圆锥形渐扩管，则水头损失

将大大减少。圆锥形渐扩管的形状由扩大面积比 $n=A_2/A_1=r_2^2/r_1^2$ 和扩散角 α 两个几何参数来确定,其水头损失可认为由沿程损失 h_f 和扩散损失 h_{ex} 两部分构成,沿程损失可按下式计算

$$h_f=\frac{\lambda}{8\sin\dfrac{\alpha}{2}}\left(1-\frac{1}{n^2}\right)\frac{v_1^2}{2g} \tag{6.55}$$

式中的 λ 为扩前管道的沿程阻力系数。

扩散损失是旋涡区和流速分布改组所形成的损失,可按下式计算

$$h_{ex}=\sin\alpha\left(1-\frac{1}{n}\right)^2\frac{v_1^2}{2g} \tag{6.56}$$

由此得到渐扩管的局部阻力系数为

$$\zeta=\frac{\lambda}{8\sin\dfrac{\alpha}{2}}\left(1-\frac{1}{n^2}\right)+\sin\alpha\left(1-\frac{1}{n}\right)^2 \tag{6.57}$$

当扩大面积比 n 一定时,渐扩管的沿程阻力随 α 增大而减小,扩散损失随之增大,因此总损失在某一 α 角时最小,此时 α 约在 $5°\sim8°$ 范围内,如 $\alpha>50°$ 则与突扩的局部阻力系数相近,所以扩散角 α 最好不超过 $8°\sim10°$。

图 6.25 渐扩管   图 6.26 渐缩管

(4)渐缩管　圆锥形渐缩管的形状,由收缩面积比 A_2/A_1 和收缩角 α 两个几何参数决定,如图 6.26 所示,其局部阻力系数由图 6.27 查得,与收缩后断面的流速 v_2 相对应。

(5)弯管　弯管只改变流动方向,不改变平均流速的大小,如图 6.28 所示。流体流经弯管,流动方向的改变不仅使弯管的内、外侧可能出现如前所述的两个旋涡区,而且还产生了如下所述的二次流现象。流体进入弯管后,受离心力作用,使弯管外侧(E 处)的压强增大,内侧(H 处)的压强减小,而左、右两

图 6.27 渐缩管局部阻力系数

侧(F、G 处)壁面附近压强变化不大。于是在压强差的作用下,外侧流体沿壁面流向内侧。与此同时,由于连续性,内侧流体沿 HE 方向向外侧回流,这样在弯管内,形成一对旋转流,即二次流。二次流与主流叠加,使流过弯管的流体质点作螺旋运动,从而加大了弯管的水头损失。在弯管内形成的二次流,消失较慢,使得弯管后的影响长度最大可超过 50 倍管径。

弯管的局部水头损失,包括旋涡损失和二次流损失两部分。局部阻力系数决定于弯管的转角 θ 和弯径比,即曲率半径与管径之比 R/d(或 R/b),对矩形断面的弯管还有高宽比 h/b。不同几何形状的弯管 ζ 值见表 6.4 所示,通过分析可以看出 R/d(或 R/b)对弯管的 ζ 值影响很大,特别是在 $\theta>60°$ 和 $R/d<1$ 的情况下,进一步减少 R/d 会使 ζ 值急剧增大。当

R/d（或 R/b）较小时，断面形状对弯管的 ζ 值影响不大；当 R/b 较大时，h/b 大的矩形断面，弯管的 ζ 值要小一些。

图 6.28　弯管二次流

$Re=10^6$ 时弯管的 ζ 值　　　　　　　　　　　表 6.4

序号	断面形状	R/d 或 R/b	30°	45°	60°	90°
1	圆形	0.5	0.120	0.270	0.480	1.000
		1.0	0.058	0.100	0.150	0.246
		2.0	0.066	0.089	0.112	0.159
2	方形 $h/b=1.0$	0.5	0.120	0.270	0.480	1.060
		1.0	0.054	0.079	0.130	0.241
		2.0	0.051	0.078	0.102	0.142
3	矩形 $h/b=0.5$	0.5	0.120	0.270	0.480	1.000
		1.0	0.058	0.087	0.135	0.220
		2.0	0.062	0.088	0.112	0.155
4	矩形 $h/b=2.0$	0.5	0.120	0.280	0.480	1.080
		1.0	0.042	0.081	0.140	0.227
		2.0	0.042	0.063	0.083	0.113

注：表中数据选自 D. S. Miller 著《Internal Flow》图 3.2.1～图 3.2.4。

（6）三通　三通有多种形式，工程上常用的有两类：支流对称于总流轴线的"Y 形"三通和在直管段上接出支管的"T 形"三通，如图 6.29 所示，同时每个三通又都可以在分流和合流的情况下工作。

（a）　　　　　　　　　　　　　　　（b）

图 6.29　三通基本形式

三通的形状由总流与支流间的夹角 α 和面积比 A_1/A_3、A_2/A_3 等几何参数确定，但三通的特征是它的流量前后有变化，因此三通的 ζ 值不仅决定于它的几何参数，还与流量比 Q_1/Q_3 或 Q_2/Q_3 有关。另外三通有两个支管，所以有两个局部阻力系数。三通前后又有不同的流速,计算时必须选用和支管相应的 ζ 值,以及和该系数相应的流速水头。各种三通的 ζ 值可在有关专业手册中查得,这里仅给出 $A_1=A_2=A_3$ 以及 $\alpha=45°$ 和 $90°$ 的"T形"三通的 ζ 值,如图 6.30 所示,与总管的流速水头 $\dfrac{v^2}{2g}$ 相对应。

图 6.30　45°和 90°的"T形"三通的 ζ 值

合流三通的 ζ 值可能出现负值,这意味着经过三通后流体的单位能量不仅未减少反而增加了。这是因为当两股流速不同的流股汇合后,在混合的过程中伴有动量的交换,高速流股将它的一部分动能传递给低速流股,使低速流股的能量有所增加。如低速流股获得的这部分能量超过了它在流经三通时所损失的能量,低速流股的 ζ 值就会出现负值。至于两股流动的总能量,则只可能减少而不可能增加,所以三通两个支管的 ζ 值,绝不会同时出现负值。

6.8.3　局部阻力之间的相互干扰

局部阻碍前的断面流速分布和脉动强度对局部阻力系数有明显的影响。而一般手册或书上给出的局部阻力系数 ζ 值,是在局部阻碍前后都有足够长的直管段的条件下,由实验得到的。测得的局部损失也不仅仅是局部阻碍范围内的损失,还包括它下游一段长度上因紊流脉动加剧而引起的附加损失。若局部阻碍之间相距很近,流体流出前一个局部阻碍,在流速分布和紊流脉动还未达到正常均匀流之前,又流入后一个局部阻碍,这样相连的两个局部阻碍存在相互干扰,其局部阻力系数不等于正常条件下两个局部阻碍的 ζ 值之和。

实验研究表明,当局部阻碍直接连接时,由于相互干扰,局部水头损失可能有较大的增大或减小,变化幅度约为所有单个正常局部损失总和的 $0.5\sim3$ 倍。实验发现,如各局部阻碍之间都有一段长度不小于三倍直径的连接管,干扰的结果将使总的局部损失小于按正常条件下算出的各局部损失的叠加。可见在上述条件下,如不考虑相互干扰的影响,计算结果一般是偏于安全的。

另外在工程计算中,为了简化计算过程,可以把管路的局部损失按沿程损失计算,即把局部损失折合成具有同一沿程损失的管段,这个管段的长度称为折算长度 l_{zh}(或当量长度)。由 $h_f=\lambda\dfrac{l_{zh}}{d}\dfrac{v^2}{2g}$ 和 $h_m=\zeta\dfrac{v^2}{2g}$,根据定义 $h_f=h_m$ 得到

$$l_{zh}=\frac{d}{\lambda}\zeta \tag{6.58}$$

6.8.4　减少局部阻力的措施

减少紊流局部阻力的着眼点在于防止或推迟流体与壁面的分离,避免旋涡区的产生或

减少旋涡区的大小和强度。例如对于扩散角大的渐扩管,其 ζ 值也较大,如制成如图 6.31 (a) 所示的形式,ζ 值约减少一半。同样突扩管如制成如图 6.31(b) 所示的台阶式,ζ 值也有所减少。

(a)　　　　　　　　　　(b)

图 6.31　复合式渐扩管和台阶式突扩管

弯管的局部阻力系数在一定范围内随曲率半径 R 的增大而减少。对比表 6.5 给出的 $90°$ 弯管在不同 R/d 时的 ζ 值可知,如 $R/d<1$,ζ 值随 R/d 的减小而急剧增加,这与旋涡区的出现和增大有关。如 $R/d>3$,ζ 值随 R/d 的加大而增加,这是由于弯管加长后,沿程损失增大造成的。因此弯管的 R 最好在 $(1\sim4)d$ 的范围内。断面大的弯管,往往只能采用较小的 R/d,如在弯管内部布置一组导流叶片,便可减少旋涡区和二次流,降低弯管的 ζ 值;此时越接近内侧,导流叶片布置得应越密些。如图 6.32 所示的弯管装上圆弧形导流叶片后,ζ 值由 1.0 减少到 0.3 左右。

不同 R/d 时 $90°$ 弯管的 ζ 值($Re=10^6$)　　　　　　　　　表 6.5

R/d	0	0.5	1	2	3	4	6	10
ζ 值	1.14	1.00	0.246	0.159	0.145	0.167	0.20	0.24

图 6.32　装有导流叶片的弯管

图 6.33　切割折角的"T 形"三通

为了改进三通的工作状况,减少 ζ 值,应尽可能减少三通的支管与合流管之间的夹角,或将支管与合流管连接处的折角改缓。例如将 $90°$ 的"T 形"三通的折角切割成如图 6.33 所示的 $45°$ 斜角,则合流时的 ζ_{13} 和 ζ_{23} 约减少 $30\%\sim50\%$,分流时的 ζ_{31} 减少 $20\%\sim30\%$。但对分流的 ζ_{32} 影响不大。如将切割的三角形加大,ζ 值还能显著下降。

此外配件之间的不合理衔接,也会使局部阻力加大。例如在既要转 $90°$,又要扩大断面的流动中,若均选用 $R/d=1$ 的弯管和 $A_2/A_1=2.28$,$l_d/r_1=4.1$ 的渐扩管,在直接连接 $(l_s=0)$ 的情况下,先弯后扩的水头损失为先扩后弯的水头损失的 4 倍。即使中间都插入一段 $l_s=4d$ 的短管,也仍然大 2.4 倍。因此如果没有其他原因,先弯后扩是不合理的。

6.9　恒定总流水头线的绘制

用恒定总流的伯努利方程计算一元流动,能够求出一元流动某些个别断面的流速和压强,但并未回答流动的全线问题,而水头线是总流沿程能量变化的几何图示,能够清晰形象地表示总流的各项能量沿流程的转换关系,对分析流动现象很有帮助。

绘制水头线时,一般先绘总水头线,因为在没有能量输入的情况下,实际流体的总水头线沿流程单调下降,然后绘测压管水头线。已知过流断面上的总水头线端点和测压管水头线端点可作为水头线的控制点(如始点和终点)。总水头线和测压管水头线,距基准面 0-0 的铅直距离,分别表示相应断面的总水头 H 和测压管水头 H_p,如图 6.34 所示。

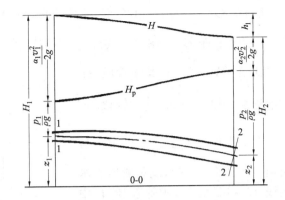

图 6.34 总水头线和测压管水头线

绘总水头线时,可将伯努利方程写为上下游两断面总水头 H_1、H_2 的形式

$$H_2 = H_1 - h_{l1-2}$$

即每一个断面的总水头是上游断面总水头减去两断面之间的水头损失 h_l。根据这个关系,从最上游断面起,沿流向依次减去 h_l,求出各断面的总水头,一直到流动的结束。将这些总水头,按比例直接点绘在管段上并连接起来,就形成了总水头线。由此可见,总水头线是沿水流逐段减去 h_l 绘出来的。总水头线的倾斜程度可由水力坡度 J 衡量,在实际工程中,总水头线多为斜率不同的直线,此时 J 沿程是常量;若总水头线是曲线,J 沿程是变量。

另外在绘制总水头线时,需注意区分沿程水头损失 h_f 和局部水头损失 h_m 在总水头线上表现形式的不同。h_f 被认为沿管线均匀发生,常画在两边界突变断面间,表现为沿管长倾斜下降的直线;h_m 实际上是在一定长度内发生,但常被集中地画在突变断面处,表现为在局部阻碍处垂直下降的直线。

测压管水头是该断面总水头与流速水头之差,即

$$H_p = H - \frac{\alpha v^2}{2g} \tag{6.59}$$

根据这个关系,从总水头线向下逐断面减去各管段的流速水头,即得测压管水头线。在等直径管段中,流速水头沿程不变,测压管水头线与总水头线平行,即 $J_p = J$。一般自由出流时,测压管水头线止于管道出口断面的形心;管道淹没出流时,测压管水头线落在下游开口容器的水面上。需要引起注意的是,测压管水头线不一定总是下降的,所以流体不一定总是从压强大的断面流向压强小的断面,但只能从总水头大的断面流向总水头小的断面。

绘制完水头线后,图 6.34 上出现了四条有能量意义的线:总水头线、测压管水头线、管轴线(水流轴线)和基准面线。这四条线的相互垂直距离,反映了全线各断面的各种水头值。其中管轴线到基准线的垂直距离是各断面的位置水头 z;测压管水头线到管轴线之间的垂直距离是压强水头 $\frac{p}{\rho g}$;总水头线到测压管水头线之间的垂直距离是流速水头 $\frac{\alpha v^2}{2g}$;在总流起始断面的总水头顶端,作一根与基准面平行的水平线,该线与总水头线之间垂直距离的变化,反映了水头损失沿程的变化。

【**例 6.8**】　水流由水箱经前后相接的两管流入大气中,如图 6.35 所示。水箱水面到管道出口的垂直距离 $z_1 = 8.2$m,突缩(大小头)处的局部水头损失为 $0.1\dfrac{v_2^2}{2g}$。大小管断面面积之比 $A_1/A_2 = 2:1$,其中管段 AB 的沿程水头损失为 $3.5\dfrac{v_1^2}{2g}$,管段 BC 的沿程水头损失为 $2\dfrac{v_2^2}{2g}$:(1)求出口流速 v_2;(2)绘总水头线和测压管水头线;(3)根据水头线求管道 BC 段中点 M 处的压强 p_M(M 点距离基准面的高度 $z_M = 1$m)。

图 6.35　水头线的绘制

【**解**】　(1)将基准面取在经过管道出口 C 点的水平面,列水箱表面 1-1 断面和管道出口 2-2 断面的伯努利方程

$$8.2 + 0 + 0 = 0 + 0 + \frac{v_2^2}{2g} + h_{l1-2}$$

1-2 断面间的水头损失为

$$h_{l1-2} = 0.5\frac{v_1^2}{2g} + 3.5\frac{v_1^2}{2g} + 0.1\frac{v_2^2}{2g} + 2\frac{v_2^2}{2g}$$

由于 $A_1/A_2 = 2:1$,即 $v_2 = 2v_1$,将该关系代入上式,得

$$h_{l1-2} = 3.1\frac{v_2^2}{2g}$$

将上式代入伯努利方程,得

$$v_2 = \sqrt{2 \times 9.8 \times 2} = 6.26\text{m/s}$$

$$\frac{v_2^2}{2g} = 2.0\text{m} \quad \frac{v_1^2}{2g} = 0.5\text{m}$$

(2)现在从 1-1 断面开始绘制总水头线

先绘总水头线,按 1-1 断面的总水头 $H = 8.2$m 定出总水头线的起始高度,本题总水头线的起点 1 与水箱静水水面齐平。

然后计算各管段的沿程水头损失 h_f 和局部水头损失 h_m。自 1-1 断面的总水头起,沿程依次减去各项水头损失,便得到总水头线,其中的局部水头损失一般用突降的"台阶"表示。管道进口 A 处 $h_{mA} = \dfrac{0.5v_1^2}{2g} = 0.25$m,则 a 点在 1-1 断面下方 0.25m 处,距基准面的高度 $h_a = 8.2 - 0.25 = 7.95$m;AB 管段 $h_{f1} = \dfrac{3.5v_1^2}{2g} = 1.75$m,则 b 点低于 a 点 1.75m,$h_b = 6.2$m;突缩 B 处 $h_{mB} = \dfrac{0.1v_2^2}{2g} = 0.2$m,则 b_0 点低于 b 点 0.2m,$h_{b0} = 6$m。BC 管段 $h_{f2} = \dfrac{2v_2^2}{2g} = 4$m,

则总水头线终点 c 低于 b_0 点 4m，$h_c=2$m。将各点相连，绘出总水头线 $1abb_0c$，如图 6.35 所示。

最后由总水头线向下减去各管段的流速水头，即得测压管水头线。在 AB 管段流速水头 $\frac{v_1^2}{2g}=0.5$m，在 BC 管段为 $\frac{v_2^2}{2g}=2.0$m。则 $1'$、a'、b' 点均相应低于 1、a、b 点 0.5m，即 $H_p=8.2-0.5=7.7$m，$h_{a'}=7.45$m，$h_{b'}=5.7$m；b_0'、c' 点都相应低于 b_0、c 点 2m，即 $h_{b0'}=4$m，$h_{c'}=0$，此时测压管水头线终点 c' 点恰好位于管道出口轴线上的 C 处。将各点相连，即可绘出测压管水头线 $1'a'b'b_0'c'$，如图 6.35 所示。

（3）已知测压管水头为 $H_p=z+\frac{p}{\rho g}$，则由上面得到的 $h_{b0'}=4$m，可知管段 BC 中点 M 处的测压管水头 $H_{pM}=2$m，则 M 点压强水头

$$\frac{p_M}{\rho g}=H_{pM}-z_M=h_M-z_M=2-1=1\text{m}$$

即 M 点的压强 $p_M=9.8$kPa。

思考题

6-1　两个管径不同的管道，通过不同黏性的流体，它们的临界流速是否相同？临界雷诺数是否相同？

6-2　紊流中存在脉动现象，具有非恒定性质，但是在紊流中又有恒定流的概念，其中有无矛盾？为什么？

6-3　若管道的管径、管长及粗糙高度不变，沿程阻力系数 λ 是否随流量的增加而增大？沿程水头损失 h_f 是否随流量的增加而增大？

6-4　有一根给定的输水管道，怎样实测它的沿程阻力系数？

6-5　是否表面上几何光滑的管道一定是"水力光滑"管，而表面上几何粗糙的管道一定是"水力粗糙"管？为什么？

6-6　如思考题 6-6 图所示的实际流体流动，若水位恒定，管长分别为 $2L$ 和 L，管径分别为 D 和 $2D$，试比较流量 Q_1 和 Q_2、流速 v_1 和 v_2 的大小。

6-7　管路的流动装置如思考题 6-7 图所示，当阀门开度减小，则阀门前后两测压管的液面高度 h_1、h_2 将如何变化？为什么？

思考题 6-6 图　　　　　　　　　　　　思考题 6-7 图

6-8　变直径管道如思考题 6-8 图所示，有同种流体，以相同的流量自左向右或自右向左流动，试问两种情况下的局部水头损失是否相同，为什么？

6-9　弯管内装导流叶片可降低弯管的局部阻力系数，试问其能降低局部阻力系数的原

因,并指出如思考题6-9图所示的(a)、(b)两种情况哪一种正确?为什么?

6-10 在断面既要由d_1扩大到d_2,方向又转90°的流动中,如思考题6-10图所示的两种情况下,(a)先扩后弯和(b)先弯后扩,谁的总局部水头损失大一些?为什么?

思考题6-8图　　　　思考题6-9图　　　　思考题6-10图

习　题

6-1 水管直径$d=10cm$,管中流速$v=1m/s$,水温为10℃,试判别流态;当流速等于多少时,流态将发生变化?

6-2 用直径$d=100mm$的管道,输送质量流量$Q_m=10kg/s$的水,如水温为5℃,试判别此时水的流态;若用该管道输送相同质量流量的石油,已知石油密度$\rho=850kg/m^3$,运动黏滞系数为$1.14cm^2/s$,试确定石油的流态。

6-3 有一矩形断面的小排水沟,水深15cm,底宽20cm,流速0.15m/s,水温10℃,试判别流态。

6-4 某管道的半径$r_0=15cm$,层流时的水力坡度$J=0.15$,紊流时的水力坡度$J=0.20$,试求管壁处的切应力τ_0和离管轴$r=10cm$处的切应力。

6-5 为了测定圆管内径,在管内通过运动黏滞系数为$0.013cm^2/s$的水,实测流量为$35cm^3/s$,长15m管段上的水头损失为$2cmH_2O$,试求此圆管的内径。

6-6 自来水管长600m,直径300mm,铸铁管,通过的流量60m³/h,水温为10℃,试用莫迪图计算沿程水头损失。

6-7 圆管直径$d=78.5mm$,测得粗糙区的$\lambda=0.0215$,试分别用莫迪图和尼古拉兹粗糙管公式求该管道的当量粗糙高度k_s。

6-8 某管路流动的雷诺数为10^6,通水多年后,由于管路锈蚀,发现在水头损失相同的条件下,流量减少了一半,试估算此旧管管壁的相对粗糙高度k_s/d。(假设新管时流动处于光滑区,采用布拉修斯公式计算;锈蚀后流动处于粗糙区,采用希弗林松公式计算)

6-9 光滑铜管的直径为75mm,壁面当量粗糙高度为0.05mm,求当通过流量$Q=0.005m^3/s$时,每100m管长中的沿程水头损失h_f,此时的壁面切应力τ_0、阻力速度v_*和黏性底层厚度δ值。(已知水的运动黏滞系数为$1.007\times10^{-6}m^2/s$)

6-10 水管直径为50mm,1-1、2-2两断面相距15m,高差3m(题6-10图),通过流量$Q=6L/s$,水银压差计读值为250mm,试求管道的沿程阻力系数。

6-11 输水管道中设有阀门(题6-11图),已知管道直径为50mm,通过流量为3.34L/s,水银压差计读值$\Delta h=150mm$,沿程水头损失不计,试求阀门的局部损失系数。

题 6-10 图

题 6-11 图

6-12 为测定 90°弯头的局部阻力系数 ζ,可采用如题 6-12 图所示的装置。已知 AB 段管长 10m,管径为 50mm,沿程阻力系数为 0.03。实测 AB 两断面测压管水头差 $\Delta h = 0.629$m 且经两分钟流入量水箱的水量为 0.329m³。求弯头的局部阻力系数 ζ。

6-13 测定某阀门的局部阻力系数 ζ,在阀门的上下游共设三个测压管(题 6-13 图),其间距 $L_1 = 1$m,$L_2 = 2$m。若直径 $d = 50$mm,实测 $H_1 = 150$cm,$H_2 = 125$cm,$H_3 = 40$cm,流速 $v = 3$m/s,求阀门的 ζ 值。

题 6-12 图 题 6-13 图

6-14 用突然扩大使管道的平均流速由 v_1 减到 v_2(题 6-14 图),若直径 d_1 及流速 v_1 一定,试求使测压管液面差 h 成为最大的 v_2 及 d_2 是多少?并求最大的 h 值。

6-15 流速由 v_1 变到 v_2 的突然扩大管,如分两次扩大(题 6-15 图),中间流速 v 取何值时局部水头损失最小?此时的局部水头损失为多少?并与一次扩大时比较。

题 6-14 图 题 6-15 图

6-16 水箱中的水通过等直径的垂直管道向大气流出(题 6-16 图)。已知水箱的水深 H,管道直径 d,管道长 l,沿程阻力系数 λ,局部阻力系数之和为 $\sum \zeta$,试问在什么条件下:(1) 流量 Q 不随管长 l 而变化?(2)Q 随 l 的增加而减小?(3)Q 随管 l 的增加而增加?

6-17 水箱中的水经管道出流(题 6-17 图),已知管道直径为 25mm,长度为 6m,作用水

头 $H=13\text{m}$,沿程阻力系数 $\lambda=0.02$。试求流量 Q 及管壁切应力 τ_0。

6-18 水池中的水经弯管流入大气中(题 6-18 图),已知管道直径 $d=100\text{mm}$,水平段 AB 和倾斜段 BC 的长度均为 $l=50\text{m}$,高差 $h_1=2\text{m}$,$h_2=25\text{m}$,BC 段设有阀门,沿程阻力系数 $\lambda=0.035$,管道入口及转弯的局部水头损失不计。试求:为使 AB 段末端 B 处的真空高度不超过 7m,阀门的局部阻力系数 ζ 最小应是多少? 此时的流量是多少?

题 6-16 图   题 6-17 图   题 6-18 图

6-19 针对如题 6-19 图所示管路系统:(1)绘制水头线;(2)若将上游阀门 A 关小,各段水头线如何变化? 若将下游阀门 B 关小,各段水头线又如何变化? (3)若分别将上游阀门 A、B 关小或开大,对固定断面 1-1 的压强产生什么影响?

题 6-19 图

6-20 两水池水位恒定(题 6-20 图),已知管道直径 $d=10\text{cm}$,管长 $l=20\text{m}$,沿程阻力系数 $\lambda=0.042$,局部阻力系数:弯头 $\zeta_b=0.8$,阀门 $\zeta_v=0.26$,通过流量 $Q=65\text{L/s}$,试求水池水面高差 H。

6-21 自水池中引出一根具有三段不同直径的水管(题 6-21 图),已知直径 $d=50\text{mm}$,$D=200\text{mm}$,长度 $l=100\text{m}$,水位 $H=12\text{m}$,沿程阻力系数 $\lambda=0.03$,阀门的局部阻力系数 $\zeta_v=5.0$,试求通过水管的流量并绘总水头线及测压管水头线。

6-22 某闸板阀的直径 $d=100\text{mm}$,该阀门在开度 $e/d=0.125$ 时局部阻力系数 $\zeta_1=97.3$;开度 $e/d=0.5$ 时的 $\zeta_2=2.06$,该管道的沿程阻力系数为 0.03。试求两不同开度情况下的折算长度 l_{zh}。

题 6-20 图

题 6-21 图

第7章 边界层和绕流运动

前面各章讨论了流体在通道内的运动,即内流问题。本章将介绍流体绕物体的运动,即外流问题。

实际工程中,如飞机在空气中飞行,船在水中航行,粉尘颗粒在空气中飞扬或沉降,水中悬浮物(絮凝颗粒、砂粒等)在沉淀池中的沉降,河水流过桥墩,锅炉中烟气横向流过管束,风绕建筑物刮动等等,都是绕流运动。流体绕物体运动,可以有多种方式。或者流体绕静止物体运动,或者物体在静止的流体中运动,或者物体和流体作相对运动。不管哪一种方式,在研究时都是把坐标固结于物体,将物体看作是静止的,而探讨流体相对于物体的运动。因此,所有这些绕流运动,都可以看成是同一类型的绕流问题。在绕流中,流体作用在物体上的力可以分解为垂直于来流方向的分力,叫做升力;平行于来流方向的分力,叫做绕流阻力。绕流阻力又可认为由两部分组成,即摩擦阻力和形状阻力。流体在绕过物体运动时,其摩擦阻力主要发生在紧靠物体表面的一个流速梯度很大的流体薄层内,该薄层即为边界层(或称附面层)。形状阻力主要指流体绕曲面体或具有锐缘棱角的物体流动时,边界层将发生分离,产生旋涡所造成的阻力,这种阻力与物体形状有关,故称为形状阻力(或称压差阻力),可见摩擦阻力和形状阻力都与边界层有关。

本章主要讨论绕流阻力,由于绕流阻力和边界层有密切的关系,故先介绍边界层的概念。

7.1 边界层的基本概念

在第4章中已经指出,黏性流体的运动微分方程(N-S方程)只有在边界条件简单的情况下才能求得准确解;有些问题只能采用近似方法求得近似解。例如,在小雷诺数时,惯性力较黏滞力小很多,略去惯性项后,便可求得实际流体绕圆球的阻力公式。但是在实际工程中,大多是高雷诺数的情况,黏滞力较惯性力小得多,似乎可以略去黏性项,可这是不允许的。最明显的例子是黏性流体绕圆柱的绕流运动,根据第4章的势流理论,如果略去黏性项,会得到作用在圆柱体上的合力等于零的结果,也就是说圆柱在静止流体中向前作等速运动时没有阻力,显然该结论与实际不符,这就是著名的达朗伯疑题。该疑题直到1904年普朗特提出边界层理论后,才得到了较圆满的解释,可以说边界层理论为解决边界复杂的实际流体运动问题开辟了途径,对于流体力学的发展有着极其重要的意义。

在实际流体流经固体时,不管流动的雷诺数多大,固体边界上的流速必为零,称无滑移条件。由于这个条件,在固体边界的外法线方向上的流体速度从零迅速增大。这样,在边界附近的流动区域存在着相当大的流速梯度,在这个流动区域内黏性的作用就不能忽略。边界附近的这个区域就是边界层。边界层以外的流动区域,黏性的作用可以略去,可按理想流体来处理。这样,就将高雷诺数下的流动视为由两个性质不同的流动所组成:一个是边界层以外的流动,可按理想流体来处理;另一个是固体边界附近的边界层内的流动,黏性作用不能略去。这样,就可根据第 4 章的势流理论求出边界层外面的压强分布和流速分布,将其作为边界层内流动的外边界条件;同时在边界层很薄的条件下,N-S 方程可以大为简化,使得边界层内的流动求解成为可能。

　　为了说明边界层内的流动特征,现考察一个最典型的例子。设在二维恒定匀速流场中(各点流速都是 u_0),放置一块与流动平行的且静止的水平平板,如图 7.1 所示。由于平板是不动的,根据无滑移条件和流体的黏性作用,与平板接触的流体质点的流速都要降为零。在平板附近的流体质点由于受到平板的阻滞作用,流速都有不同程度的降低。离平板愈远,阻滞作用愈小。当流动的雷诺数很大时,这种阻滞作用只反映在平板两侧的一个较薄的流层内,这个流层就是边界层。

图 7.1　平板边界层

　　边界层的厚度 δ,从理论上讲,应该是由平板的表面流速为零的地方沿平板表面的外法线方向一直到流速达到外界主流流速 u_0 的地方,也就是黏性正好不再起作用的地方。对于极薄平板的边界层来说,外界主流流速就是来流的流速 u_0。严格地讲,这个界限在无穷远处,因为平板的影响是逐渐消失而不是突然终止的,流速也应在无穷远处才能真正达到 u_0。根据实验观察,在离平板表面一定距离后,流速就非常接近来流的速度 u_0。因此一般规定 $u_x = 0.99u_0$ 的地方作为边界层的界限,边界层的厚度就是根据这个界限来定义的。由图 7.1 可以看出,在平板的前端 O 处,流速为零,在这一点上边界层的厚度也为零。随着流体的运动,平板的阻滞作用向流体内部扩展,边界层的厚度顺流增加。因此边界层厚度 δ 是 x 的函数。

　　一般地对曲面物体表面的绕流,边界层外边界的定义为:设 u_e 为按势流理论求得的物体表面上的速度分布,则在物体表面每一点的法线方向上速度恢复到 $0.99u_e$ 的点的连接面,称为边界层的外边界。速度 u_e 沿着曲面物体表面的切向是变化的,只有对于来流方向与平板平行的平板绕流,u_e 才等于来流速度 u_0,是常数。

　　边界层内的流动也有两种流态——层流和紊流。如图 7.1 所示,在边界层的前部,由于厚度 δ 较小,流速梯度很大,黏滞切应力也很大,这时边界层内的流动属层流,称层流边界层。边界层内流动的雷诺数 Re_x 可表示为

$$Re_x = \frac{u_0 x}{\nu} \tag{7.1}$$

　　当雷诺数达到一定数值时,边界层内的流动经过一过渡段后转变为紊流,成为紊流边界层。由层流边界层转变为紊流边界层的点 x_c 称为转折点,其雷诺数为临界雷诺数 Re_{xc}。对于光滑平板来说,当边界层内压强梯度 $\dfrac{\mathrm{d}p}{\mathrm{d}x} = 0$ 时,Re_{xc} 的范围为

$$Re_{xc} = \frac{u_0 x_c}{\nu} = (3.5 \sim 5.0) \times 10^5 \tag{7.2}$$

影响临界雷诺数的因素很多,其中最主要的因素有边界层外部流动的压强分布、固体边界的壁面性质、来流本身的紊动强度等。

边界层概念对于管流或明渠流同样是有效的。事实上,管流或明渠流内部的流动除入口段外,都处于受壁面影响的边界层内。图7.2(a)、(b)分别是管流、明渠流入口段的情况,它表示了管流或明渠流中边界层的发展过程。假设以均匀速度流入,则在入口段的始端将保持均匀的速度分布。由于管壁或渠壁的作用,靠近壁面的流体将受阻滞而形成边界层,其厚度δ将随离入口距离的增加而增加。当边界层发展到管轴或渠道自由表面后,流体的运动都处于边界层内,自此以后流动将保持这个状态不变,才成为均匀流动,如图7.2所示。从入口发展到均匀流的长度,称入口段长度,以L'表示。对于进口处没有特别干扰的光滑圆管流来说,根据实验资料,

对于层流 $\hspace{4cm} L' = 0.028 Re \cdot d \hspace{3cm}$ (7.3)

对于紊流 $\hspace{4cm} L' = 50d \hspace{4cm}$ (7.4)

显然,入口段的流动情况不同于均匀流,因此进行有关实验时,需避开入口段的影响,测试段须取在入口段后。在实际工程中计算沿程损失时,一般不考虑这一点,即管长从入口处算起。

图7.2 边界层入口段

(a)管流;(b)明渠流

综上所述,边界层的特性可归纳如下:

(1)与任何流动的特性尺寸相比较,例如流动截面的宽度、绕过物体的长度等,边界层的厚度δ是极小的;

(2)在边界层内流速变化非常急剧,即从边壁上的零变到外边界上的u_0;

(3)在边界层内黏滞力与惯性力是同一量级,均不能忽略;

(4)边界层内的流动状态,可以在整个边界层内是层流,也可以一部分为层流而其余部分是紊流。

提出边界层这一概念的重要意义在于将流场划分为两个计算方法不同的区域,即势流区和边界层。由于边界层很薄,故可先假设边界层并不存在,全部流场都是势流区,用势流理论来计算物体表面速度。并用理想流体能量方程,根据势流速度求相应压强。然后把按上述势流理论计算的物体表面的流速和压强认为就是边界层外边界的流速和压强。边界层内边界就是物体表面,其流速为零。可以证明,在一阶近似下,边界层内沿物体表面的法线y方向上压强不变,等于按势流理论求解得到的物面上的相应点压强。这就是所谓的“压力穿过边界层不变”的边界层特性。这样确定的边界层外边界上的流速和压强分布就是边界层和外部势流区域流动的主要衔接条件。

7.2　曲面边界层的分离现象与卡门涡街

7.2.1　曲面边界层的分离现象

当流体绕曲面体流动时,沿边界层外边界上的速度和压强都不是常数。根据理想流体的势流理论,在如图 7.3 所示的曲面体 MM' 断面以前,由于过流断面的收缩,流速沿程增加,因而压强沿程减小(即 $\dfrac{\partial p}{\partial x} < 0$)。在 MM' 断面以后,由于断面不断扩大,速度不断减小,因而压强沿程增加(即 $\dfrac{\partial p}{\partial x} > 0$)。由此可见,在边界层的外边界上,$M'$ 必然具有速度的最大值和压强的最小值。由于在边界层内,沿壁面法线方向的压强都是相等的,故以上关于压强沿程的变化规律,不仅适用于边界层的外边界,也适用于边界层内。在 MM' 断面前,边界层为减压加速区域,流体质点一方面受到黏滞力的阻滞作用,另一方面又受到顺压梯度的推动作用,即部分压力势能转为流体的动能,故边界层内的流动可以维持。当流体质点进入 MM' 断面后面的增压减速区,情况就不同了;不仅逆压梯度阻止着流体前进,而且流体质点受到黏滞力的阻滞作用,越是靠近壁面的流体,受到的摩擦阻力越大,因此靠近壁面的流速迅速趋近于零。S 点以后的流体质点在与主流方向相反的压差作用下,将产生反方向的回流。但是离物体壁面较远的流体,由于边界层外部流体对它的带动作用,仍能保持前进的速度。这样,回流和前进这两部分运动方向相反的流体相接触,就形成旋涡。旋涡的出现势必使边界层与壁面脱离,这种现象称为边界层分离,而 S 点称为分离点。由上述分析可知,边界层分离只能发生在断面逐渐扩大而压强沿程增加的区段内,即增压减速区。

图 7.3　曲面边界层的分离

在绕流物体边界层分离点下游形成的旋涡区统称为尾流区(或称为尾流)。绕流物体除了沿物体表面的摩擦阻力耗能,还有尾流区旋涡耗能,使得尾流区物体表面的压强低于来流的压强,而迎流面的压强大于来流的压强,这两部分的压强差,造成作用于绕流物体的形状阻力。形状阻力的大小取决于尾流区的大小,也就是取决于边界层分离点的位置,分离点沿绕流物体的表面后移,尾流区减少,则形状阻力减少,摩擦阻力增加。

7.2.2　卡门涡街

当流体绕圆柱体流动时,在圆柱体后半部分,流体处于减速增压区,边界层发生分离。圆柱绕流中尾流的形态变化主要取决于

$$Re = \frac{u_0 d}{\nu}$$

式中　　u_0——来流速度；

　　　　d——圆柱体直径；

　　　　ν——流体的运动黏滞系数。

当 $Re < 40$ 时，边界层对称地在 S 处分离，形成两个旋转方向相反的对称旋涡。随着 Re 增大，分离点不断向前移，如图 7.4(a) 所示。Re 再升高，则旋涡的位置已不稳定。在 $Re = 40 \sim 70$ 时，可观察到尾流中有周期性的振荡，如图 7.4(b) 所示。当 Re 数达到 90 左右，旋涡从柱体后部交替释放出来，旋涡的排列如图 7.5 所示。1911 年卡门对这种绕流物体后面有规则、交错排列的旋涡组合进行了研究，故称其为卡门涡街。

图 7.4　卡门涡街的尾流振荡　　　　图 7.5　卡门涡街的排列

卡门涡街不仅在圆柱体后部产生，也可在其他形状的绕流物体后形成，如高层建筑物、烟囱和铁塔等。由于旋涡周期性地交替形成和脱落，在绕流物体上产生垂直于流动方向的交替变向的侧向力，由此引起绕流物体的横向振动。一旦横向振动的频率与绕流物体的固有频率相耦合时，就会发生共振，对绕流物体造成危害。如 1940 年秋美国华盛顿州长 853m 的塔科马(Tocoma)悬索桥在大风中遭破坏，就是风导致共振造成的。此外，旋涡交替发生并脱落造成的声响效应，是输电线在大风中啸叫、锅炉内烟气流过管束时发出噪声的原因。

随着雷诺数的增大，尾流区的大尺度旋涡分解为随机的紊流运动，绕流物体后部有规则的涡街也随之消失。

7.3　绕流阻力和升力

绕流阻力的计算式于 1726 年由牛顿提出，该式也可由 π 定理得到(见例 5.4)

$$D = C_d A \frac{\rho u_0^2}{2} \tag{7.5}$$

式中　　D——物体所受的绕流阻力；

　　　　C_d——绕流阻力系数；

　　　　A——物体与来流速度垂直方向的迎流投影面积；

　　　　u_0——未受干扰时的来流速度；

　　　　ρ——流体的密度。

7.3.1　绕流阻力的一般分析

下面以圆球绕流为例来说明绕流阻力的变化规律。

设圆球作匀速直线运动，如果流动的雷诺数 $Re = \dfrac{u_0 d}{\nu}$(d 为圆球直径)很小，在忽略惯性力的前提下，可以推导出斯托克斯公式(推导过程从略)

$$D = 3\pi\mu d u_0 \qquad (7.6)$$

将式(7.6)写成如式(7.5)的形式,则

$$D = 3\pi\mu d u_0 = \frac{24}{\frac{u_0 d\rho}{\mu}} \cdot \frac{\pi d^2}{4} \cdot \frac{\rho u_0^2}{2} = \frac{24}{Re} \cdot A \frac{\rho u_0^2}{2}$$

由此得

$$C_d = \frac{24}{Re} \qquad (7.7)$$

如以雷诺数 Re 为横坐标,绕流阻力系数 C_d 为纵坐标,绘在对数纸上,则式(7.7)是一条直线,如图 7.6 所示。如把不同雷诺数下的实测数据,绘在同一图上,则由图中可见,在 $Re<1$ 的情况下,斯托克斯公式是正确的。但这样小的雷诺数只能出现在黏性很大的流体(如油类),或黏性虽不大但球体直径很小的情况。故斯托克斯公式只能用来计算空气中微小尘埃或雾珠运动时的阻力,以及静水中直径 $d<0.05$mm 的泥沙颗粒的沉降速度等情况。当 $Re>1$ 时,因惯性力不能完全忽略,因此斯托克斯公式偏离实验曲线。

如将圆球绕流的阻力系数曲线和垂直于流动方向的圆盘绕流进行比较,由图 7.6 可见, $Re>3\times10^3$ 以后,圆盘的 C_d 仍然为常数,而圆球绕流的阻力系数 C_d 却随 Re 而变化。这是因为圆盘绕流只有形状阻力,没有摩擦阻力,边界层的分离点将固定在圆盘的边线上。圆球则是光滑的曲面,圆球绕流既有摩擦阻力,又有形状阻力。当流体以不同的 Re 绕它流动时,边界层分离点的位置随 Re 的增大而逐渐前移。旋涡区的加大使形状阻力随之加大,而摩擦阻力则有所减小,因此 C_d 随 Re 而变化。当 $Re\approx3\times10^5$ 时, C_d 值在该处突然下降,这是由于边界层内出现了紊流,而紊流的掺混作用,使边界层内的流体质点获得更多的动能补充,因此分离点位置后移,旋涡区显著减少,从而大大降低了形状阻力;虽然此时摩擦阻力有所增加,但总的绕流阻力还是减小了。专业中还常遇到绕圆柱体的运动,其绕流阻力系数 C_d 的实验曲线如图 7.7 所示。

图 7.6　圆球和圆盘的阻力系数

图 7.7　无限长圆柱体的阻力系数

综上所述,绕流阻力的变化规律如下:

(1)细长流线型物体,以平板为典型,绕流阻力主要由摩擦阻力来决定,绕流阻力系数 C_d 与雷诺数 Re 有关。

(2)有钝形曲面或曲率很大的曲面物体,以圆球或圆柱为典型,绕流阻力既与摩擦阻力有关,又与形状阻力有关。但在低雷诺数时,绕流阻力主要为摩擦阻力,绕流阻力系数 C_d

与 Re 有关;在高雷诺数时,摩擦阻力较形状阻力小得多,绕流阻力主要为形状阻力,绕流阻力系数 C_d 与边界层分离点的位置有关。分离点位置不变,C_d 不变;分离点前移,旋涡区加大,绕流阻力系数 C_d 也增加,反之亦然。

(3)有尖锐边缘的物体,以迎流方向的圆盘为典型。边界层分离点位置固定在尖角处,旋涡区大小不变,阻力系数基本不变。因为愈是流线型的物体,分离点愈靠后,故工程中为了减少绕流阻力,尽量将飞机、汽车和潜艇等的外形做成流线型,就是为了推后分离点,缩小旋涡区,从而达到减小形状阻力的目的。

7.3.2 悬浮速度

根据作用力和反作用力关系的原理,固体对流体的阻力,也就是流体对固体的推动力,正是这个数值上等于阻力的推动力,控制着固体或液体颗粒在流体中的运动。为了研究污水处理技术中的竖流式或平流式沉淀池的沉淀效果,气力输送中固体颗粒在何种条件下才能被气体带走,除尘室中尘粒在何种条件下才能沉降,在燃烧技术中,无论是层燃式、沸腾燃烧式还是悬浮燃烧式,都要研究固体或液体颗粒在流体中的运动条件,这就提出了自由沉降速度和悬浮速度的概念。

设直径为 d 的圆球,从静止开始在静止流体中自由下落。由于重力的作用而加速,但加速后由于速度的增大而受到的阻力也增大,因此经过一段时间后,圆球的重力与所受的浮力和阻力相平衡,圆球作等速沉降,此速度即为自由沉降速度,以 u_f 表示。因为圆球在流体中沉降所受到的阻力即为流体流过潜体的绕流阻力,故圆球在静止流体中沉降时,受力情况如下:

方向向上的力　　　　绕流阻力　　　　$D = C_d A \dfrac{\rho u_f^2}{2} = \dfrac{1}{8} C_d \pi d^2 \rho u_f^2$

浮力　　　　$B = \dfrac{1}{6} \pi d^3 \rho g$

方向向下的力　　　　圆球重力　　　　$G = \dfrac{1}{6} \pi d^3 \rho_m g$

式中圆球的密度为 ρ_m,流体的密度为 ρ。由受力平衡得 $D + B = G$,即

$$\frac{1}{8} C_d \pi d^2 \rho u_f^2 + \frac{1}{6} \pi d^3 \rho g = \frac{1}{6} \pi d^3 \rho_m g$$

故

$$u_f = \sqrt{\frac{4}{3 C_d} \left(\frac{\rho_m - \rho}{\rho} \right) g d} \tag{7.8}$$

式中绕流阻力系数 C_d 与雷诺数 Re 有关,可由图 7.6 查得。也可根据 Re 数的范围,用下述公式近似得到。

当 $Re < 1$ 时,圆球基本沿铅垂线下沉,附近流体几乎不发生扰动和脉动,为层流绕流,将斯托克斯公式(7.7)代入上式可得

$$u_f = \frac{1}{18\mu} d^2 (\rho_m - \rho) g \tag{7.9}$$

当 $Re = 10 \sim 10^3$ 时,圆球边摆动边下沉,绕流属过渡状态,可近似采用 $C_d = \dfrac{13}{\sqrt{Re}}$ 计算。
当 $Re = 10^3 \sim 2 \times 10^5$ 时,圆球脱离铅垂线,盘旋下沉,附近的流体产生强烈的扰动和旋涡,绕流为紊流状态,可采用平均值 $C_d = 0.48$。

计算自由沉降速度时,因为式(7.8)中 C_d 的大小随 Re 数而变化,而 Re 数中又包含待求量 u_f,因此一般要经过多次试算才能求得自由沉降速度 u_f。在实际计算时,可先假定 Re 数的范围,然后验算所得 Re 数是否在假定范围内,若不在假定范围内,需要重新假设后再计算,直到在假定范围内。

如果圆球被流速为 u_0 的垂直上升流体带走时,则圆球的绝对速度 u 为

$$u=u_0-u_f \qquad (7.10)$$

当 $u_0=u_f$ 时,$u=0$,此时 $D+B=G$,圆球所受的绕流阻力、浮力和重力相平衡,圆球悬浮在流体中,处于悬浮状态。此时流体上升的速度 u_0 就称为圆球的悬浮速度,悬浮速度 u_0 在数值上与自由沉降速度 u_f 相等,但意义不同。自由沉降速度 u_f 是圆球自由下落时所能达到的最大速度,而悬浮速度 u_0 则是上升流体能使圆球悬浮所需的最小速度。如果流体的上升速度大于圆球的自由沉降速度,圆球会随流体上升,即 $D+B>G$;否则,圆球会在流体中沉降,即 $D+B<G$。

7.3.3　绕流升力的一般概念

当绕流物体为非对称形,如图 7.8(a)所示,或虽为对称形,但其对称轴与来流方向不平行,如图 7.8(b)所示,由于绕流的物体上下侧所受的压力不相等,因此,在垂直于流动方向存在着升力 L。由图 7.8 可见,在绕流物体的上部流线较密,而下部的流线较稀,也就是说,上部的流速大于下部的流速。根据能量方程,速度大则压强小,而流速小则压强大,因此物体下部的压强较物体上部的压强大,这就说明了升力的存在。升力对于轴流水泵和轴流风机的叶片设计有着重要意义。良好的叶片形状应具有较大的升力和较小的阻力。升力的计算公式为:

$$L=C_L A \frac{\rho u_0^2}{2} \qquad (7.11)$$

式中 C_L 为升力系数,一般由实验确定,其余符号意义同前。

图 7.8　升力示意图

【例 7.1】　球形砂粒密度 $\rho_m=2500\text{kg/m}^3$,在 20℃的水中等速自由沉降。若水流阻力可按斯托克斯阻力公式计算,试求砂粒最大直径 d 和自由沉降速度 u_f。

【解】　由表 1.1 查得 20℃水的密度为 998.2kg/m³,由表 1.3 查得 20℃水的运动黏滞系数为 $1.009\times10^{-6}\text{m/s}$,将式(7.8)和式(7.9)联立,其中的绕流阻力系数 C_d 由斯托克斯公式(7.7)计算,则砂粒最大直径 d 为

$$d=\sqrt[3]{\frac{18\nu^2\rho Re}{(\rho_m-\rho)g}}=\sqrt[3]{\frac{18\times(1.009\times10^{-6})^2\times998.23\times1}{(2500-998.23)\times9.8}}=1.08\times10^{-4}\text{m}$$

$$d_{max}=1.08\times10^{-4}\text{m}\approx0.1\text{mm}$$

由式(7.9)计算自由沉降速度 u_f

$$u_{\mathrm{f}}=\frac{1}{18\mu}d^2(\rho_{\mathrm{m}}-\rho)g=\frac{0.0001^2\times(2500-998.23)\times9.8}{18\times1.009\times10^{-6}\times998.23}=0.008\mathrm{m/s}$$

由以上计算可知,斯托克斯公式只适用于很小直径的颗粒在水中沉降的情况。

【例7.2】 在煤粉炉膛中,若上升气流的速度 $u_0=0.5\mathrm{m/s}$,烟气的 $\nu=223\times10^{-6}\mathrm{m}^2/\mathrm{s}$,试计算在这种流速下,烟气中 $d=90\times10^{-6}\mathrm{m}$ 的煤粉颗粒是否会沉降。已知烟气密度 $\rho=0.2\mathrm{kg/m}^3$,煤的密度 $\rho_{\mathrm{m}}=1.1\times10^3\mathrm{kg/m}^3$。

【解】 先求直径 $d=90\times10^{-6}\mathrm{m}$ 的煤粉颗粒的悬浮速度,如气流速度大于悬浮速度,则煤粉不会沉降,反之煤粉就将沉降。由于悬浮速度未知,无法求出其相应的雷诺数 Re 值,这样也就不能确定阻力系数 C_{d} 应采用的公式。不妨先假设悬浮速度相对应的雷诺数小于1,因此可用(7.9)式计算悬浮速度

$$u_{\mathrm{f}}=\frac{1}{18\mu}d^2(\rho_{\mathrm{m}}-\rho)g=\frac{1}{18\nu\rho}d^2(\rho_{\mathrm{m}}-\rho)g$$

$$=\frac{(90\times10^{-6})^2(1.1\times10^3-0.2)\times9.8}{18\times223\times10^{-6}\times0.2}=0.109\mathrm{m/s}$$

校核悬浮速度相对应的雷诺数

$$Re=\frac{u_0d}{\nu}=\frac{0.109\times90\times10^{-6}}{223\times10^{-6}}=0.044<1$$

故假设成立,悬浮速度 $u_{\mathrm{f}}=0.109\mathrm{m/s}$ 的计算结果正确。如果校核计算所得 Re 值不在假设范围内,则需重新假设 Re 范围,重复上述步骤,直至 Re 值在假设范围内。

由于气流速度大于悬浮速度,所以这种尺寸的煤粉颗粒不会沉降,而是随烟气流动。

思考题

7-1 物体绕流产生的边界层分离后引起的物体形状阻力增大还是减少?

7-2 流线型物体表面的边界层是否一定不会形成分离?

7-3 物体表面上的边界层分离后引起摩擦阻力的变化情况怎样?

7-4 边界层分离与哪些因素有关?试举例说明。

7-5 自由沉降速度和悬浮速度是同一概念吗?二者是否相等?

习 题

7-1 在管径 $d=100\mathrm{mm}$ 的管道中,试分别计算层流和紊流时的入口段长度(层流按 $Re=2300$ 计算)。

7-2 若球形尘粒的密度 $\rho_{\mathrm{m}}=2500\mathrm{kg/m}^3$,空气温度为20℃,求允许采用斯托克斯公式计算尘粒在空气中悬浮速度的最大粒径(相当于 $Re=1$)。

7-3 球形水滴在20℃的大气中等速自由沉降,若空气阻力可按斯托克斯阻力公式计算,试求水滴最大直径 d 和自由沉降速度 u_{f}。

7-4 直径为1cm的小球,在静水中以匀速 $u=0.4\mathrm{m/s}$ 下降,水温20℃,试求小球受到的阻力和小球的密度。

7-5 有两辆迎风面积相同的汽车,$A=2\mathrm{m}^2$,其一为20世纪20年代的老式车,绕流阻力系数 $C_{\mathrm{d}}=0.8$,另一为20世纪90年代有良好外形的新式车,绕流阻力系数 $C_{\mathrm{d}}=0.28$。若两车在气温20℃,无风的条件下,均以90km/h的车速行驶,试求为克服空气阻力各需多大功率。

第8章 不可压缩流体的管道流动

　　管道流动是工程中最常见的流动方式,在市政、环境、建筑热能和石油化工等领域,水、气、油等的输送,基本上是由管道流动来完成的,可见研究流体的管道流动有很大的实用意义。本章将应用前面阐述的流体运动的基本规律,结合具体流动条件,对工程中最常见的孔口、管嘴出流和有压管流等流动现象进行分类研究。

　　管道流动的水力计算,实际上是总流连续性方程、能量方程和水头损失规律的具体运用。其中的有压管流是指流体沿管道满管流动的水力现象,是输送流体的主要方式。有压管流一般沿流程的长度较大,水头损失包括沿程损失和局部损失。工程上为了简化计算,按两类水头损失在全部损失中所占比重不同,将管道分为短管和长管。所谓短管是指水头损失中,沿程水头损失和局部水头损失都占相当比重,两者都不可忽略的管道,如室内供暖管道、水泵吸水管、虹吸管、铁路涵管以及送风管等;长管是指水头损失以沿程水头损失为主,局部水头损失和流速水头的总和同沿程水头损失相比很小,可按沿程水头损失的某一百分数估算,或忽略不计,仍能满足工程要求的管道,如城市室外给水管道。

　　此外还按管线的布置情况,将管路分为简单管道和复杂管道。前者是指沿程直径不变,流量不变的管道;后者是指由两根以上管段合成的管道系统,包括串联、并联管道以及管网等。

8.1 孔 口 出 流

　　容器侧壁或底壁上开孔,容器内的液体经孔口出流到大气中的水力现象称为孔口自由出流。容器壁上开出的泄流孔,市政和水利工程中常用的取水、泄水闸孔以及某些量测流量设备均属孔口出流。由于孔口沿流动方向边界长度很短,此时只需考虑孔口的局部损失,不计沿程损失。

8.1.1 薄壁小孔口恒定自由出流

　　具有锐缘的孔口出流时,出流流股与孔壁仅在一条周线上接触,壁厚对出流无影响,这样的孔口称为薄壁孔口,如图8.1所示。若孔壁厚度和形状促使流股收缩后又扩开,与孔壁接触形成面而不是线,这种孔口称为厚壁孔口或管嘴。

　　由于孔口上下缘在水面下的深度不同,其作用水头不同。在实际计算中,当孔口的直径 d(或高度 e)与孔口形心在水面下的深度 H 相比很小 $d \leqslant H/10$,便可忽略孔中心与上下边缘高差的影响,认为孔口断面上各点的作用水头相等,出流流速相等,这样的孔口是小孔口。当 $d > H/10$,应考虑孔口不同高度上的作用水头不等,这样的孔口是大孔口。

图 8.1　孔口自由出流

如图 8.1 所示的薄壁小孔口自由出流,容器内的液体不断地被补充,保持水头 H 不变,是恒定出流。容器内液体的流线自上游各个方向向孔口汇集,由于质点的惯性作用,当绕过孔口边缘时,流线不能突然改变方向,要有一个连续的变化过程,即以圆滑曲线逐渐弯曲。因此在孔口断面的流线并不平行,仍然继续弯曲且向中心收缩,造成孔口断面处的急变流。直至出流流股距孔约为 $d/2$ 处,断面收缩达到最小,流线趋于平行,成为渐变流,该断面称为收缩断面,即图 8.1 中的 $c\text{-}c$ 断面。设孔口断面面积为 A,收缩断面面积为 A_c,则收缩系数 ε 表示为

$$\varepsilon=\frac{A_c}{A} \tag{8.1}$$

为推导孔口出流的基本公式,选通过孔口形心的水平面为基准面,取容器内符合渐变流条件的过流断面 1-1,收缩断面 $c\text{-}c$,列伯努利方程

$$H+\frac{p_0}{\rho g}+\frac{\alpha_0 v_0^2}{2g}=0+\frac{p_c}{\rho g}+\frac{\alpha_c v_c^2}{2g}+h_m$$

式中孔口的局部水头损失 $h_m=\zeta_0\dfrac{v_c^2}{2g}$,又 $p_0=p_c=p_a$,化简上式

$$H+\frac{\alpha_0 v_0^2}{2g}=(\alpha_c+\zeta_0)\frac{v_c^2}{2g}$$

令 $H_0=H+\dfrac{\alpha_0 v_0^2}{2g}$,代入上式整理得收缩断面流速

$$v_c=\frac{1}{\sqrt{\alpha_c+\zeta_0}}\sqrt{2gH_0}=\varphi\sqrt{2gH_0} \tag{8.2}$$

式中　　H_0——作用水头是促使出流的全部能量,如流速 $v_0\approx0$,则 $H_0=H$;

　　　　ζ_0——孔口的局部阻力系数;

　　　　φ——孔口的流速系数,可表示为

$$\varphi=\frac{1}{\sqrt{\alpha_c+\zeta_0}}\approx\frac{1}{\sqrt{1+\zeta_0}} \tag{8.3}$$

很多过流设备的计算都可简化为孔口出流问题,此时主要应解决孔口的过流能力问题,即流量的大小,所以由式(8.1)和式(8.2)可推导出孔口出流的流量公式

$$Q=v_c A_c=\varphi\varepsilon A\sqrt{2gH_0}=\mu A\sqrt{2gH_0} \tag{8.4}$$

式中 μ 为孔口流量系数,$\mu=\varepsilon\varphi$。

孔口出流的流速系数 φ 值接近于 1,流量系数 μ 取决于孔口的形状、在壁面的位置和边缘情况。实验表明,对于小孔口来说,孔口形状不同,μ 值的差别不大。孔口在壁面开设的位置对收缩系数 ε 有直接的影响,如图 8.2 所示的孔 I,其孔口的全部边界距底边和侧边较远,其出流流束能在各方向全部发生收缩,同时容器壁对流线的弯曲无影响,称为全部收缩孔口;同时孔口边缘与侧边的距离大于 3 倍的孔宽,称为完善收缩。所以薄壁小孔口 I 为全部完善收缩孔口,其各项系数可采用表 8.1 所示

图 8.2　全部收缩和部分收缩孔口

值;孔Ⅱ虽为全部收缩孔口,但孔口边界与侧边的距离较小,故产生不完善收缩;孔Ⅲ、Ⅳ部分边界与侧边重合,故产生部分收缩。

另外小孔口出流的基本公式(8.4)也适用于大孔口和其他孔口出流情况。因为孔口的边缘对收缩系数 ε 有影响,薄壁小孔口的 ε 值最小,大孔口的 ε 值相应增加,直至等于 1。因而大孔口的流量系数 μ 值也比较大,见表 8.2。

圆形薄壁小孔口各项系数	表 8.1
收缩系数 ε	0.64
损失系数 ζ_0	0.06
流速系数 φ	0.97
流量系数 μ	0.62

大孔口的流量系数	表 8.2
收缩情况	μ
全部不完善收缩	0.70
底部无收缩,侧向过度收缩	0.66~0.70
底部无收缩,侧向很小收缩	0.70~0.75
底部无收缩,侧向极小收缩	0.80~0.90

8.1.2　孔口淹没出流

液体经孔口直接流入另一充满液体的空间时,称为孔口淹没出流,如图 8.3 所示。孔口淹没出流与自由出流一样,由于惯性作用,水流经孔口流束也形成收缩断面 $c\text{-}c$,然后再扩大。选通过孔口形心的水平面为基准面,取上下游过流断面 1-1、2-2,列伯努利方程,式中水头损失项包括孔口的局部损失和收缩断面 $c\text{-}c$ 至 2-2 断面流束突然扩大的局部损失

图 8.3　孔口淹没出流

$$H_1 + 0 + \frac{\alpha_1 v_1^2}{2g} = H_2 + 0 + \frac{\alpha_2 v_2^2}{2g} + \zeta_0 \frac{v_c^2}{2g} + \zeta_{se} \frac{v_c^2}{2g}$$

令 $H_0 = H_1 - H_2 + \dfrac{\alpha_1 v_1^2}{2g}$,又 v_2 忽略不计,代入上式整理,得收缩断面流速

$$v_c = \frac{1}{\sqrt{\zeta_0 + \zeta_{se}}} \sqrt{2gH_0} = \varphi \sqrt{2gH_0} \tag{8.5}$$

式中　　H_0——作用水头,如流速 $v_1 \approx 0$,则 $H_0 = H_1 - H_2 = H$;

　　　　ζ_0——孔口的局部阻力系数,与自由出流相同;

　　　　ζ_{se}——水流自收缩断面后突然扩大的局部阻力系数,由式(6.52)知,当 $A_2 \gg A_c$ 时,$\zeta_{se} \approx 1$;

于是淹没出流的流速系数

$$\varphi = \frac{1}{\sqrt{\zeta_{se} + \zeta_0}} \approx \frac{1}{\sqrt{1 + \zeta_0}} \tag{8.6}$$

对比式(8.3)和式(8.6)可知,在孔口形状和尺寸相同的情况下,自由出流和淹没出流的 φ 值相等,但其含义有所不同。自由出流时 $\alpha_c \approx 1$,淹没出流时 $\zeta_{se} \approx 1$。引入淹没孔口的流量系数 $\mu = \varepsilon\varphi$ 后,淹没出流时孔口的流量为

$$Q = v_c A_c = \varphi \varepsilon A \sqrt{2gH_0} = \mu A \sqrt{2gH_0} \tag{8.7}$$

比较孔口出流的基本公式(8.4)和(8.7),两者形式相同,各项系数值也相同。但应注意,自由出流的作用水头 H 是液面至孔口形心的深度,而淹没出流的乃是上下游液面高差。因为淹没出流孔口断面各点的作用水头 H_0 相同,所以淹没出流无"大"、"小"孔口之分,

只要 H_0 一定,出流流量与孔口在液面下开设的位置高低无关。

当有压容器内的液体经孔口出流时,如图 8.4 所示,其表面压强(相对压强)为 p_0。当自由出流时,可用式(8.4)计算流量,此时式中的 $H_0 = H + \dfrac{p_0}{\rho g} + \dfrac{\alpha_A v_A^2}{2g}$;当淹没出流时,可用式(8.7)计算流量,此时式中的 $H_0 = H' + \dfrac{p_0}{\rho g} + \dfrac{\alpha_A v_A^2 - \alpha_B v_B^2}{2g}$。

图 8.4 压力容器出流

8.1.3 孔口的变水头出流

孔口出流(或入流)过程中,容器内水位随时间变化(降低或升高),导致孔口的流量随时间变化的流动,称为孔口的变水头出流。变水头出流是非恒定流,如容器中水位的变化缓慢,则可把整个出流过程划分为许多微小时段,在每一微小时段内,认为水位不变,孔口出流的基本公式仍适用,这样就把非恒定流问题转化为恒定流处理。容器泄流时间、蓄水库的流量调节等问题,都可按变水头出流计算。

图 8.5 变水头出流

下面分析截面积为 F 的柱形容器,水经孔口变水头自由出流,如图 8.5 所示。设孔口出流过程中,某时刻容器中水面高度为 h,在微小时段 dt 内,孔口流出的体积

$$dV = Qdt = \mu A \sqrt{2gh}\, dt$$

等于该 dt 时段,水面下降 dh 后,容器内减少的体积

$$dV = -Fdh$$

由此得

$$\mu A \sqrt{2gh}\, dt = -Fdh$$

$$dt = -\frac{F}{\mu A \sqrt{2g}} \frac{dh}{\sqrt{h}} \tag{8.8}$$

对上式积分,得到水位由 H_1 降至 H_2 所需时间

$$t = \int_{H_1}^{H_2} -\frac{F}{\mu A \sqrt{2g}} \frac{dh}{\sqrt{h}} = \frac{2F}{\mu A \sqrt{2g}} \left(\sqrt{H_1} - \sqrt{H_2} \right) \tag{8.9}$$

令 $H_2 = 0$,即得容器放空时间

$$t = \frac{2F \sqrt{H_1}}{\mu A \sqrt{2g}} = \frac{2FH_1}{\mu A \sqrt{2gH_1}} = \frac{2V}{Q_{max}} \tag{8.10}$$

式中 V 为容器放空的体积,Q_{max} 为初始出流时的最大流量。式(8.10)表明,变水头出流容器的放空时间,等于在起始水头 H_1 作用下,流出同体积水所需时间的 2 倍。

【例 8.1】 贮水槽如图 8.6 所示,底面积 $F = 3\text{m} \times 2\text{m}$,贮水深 $H_1 = 4\text{m}$。由于锈蚀,距槽底 $H_3 = 0.2\text{m}$ 处形成一个直径 $d = 5\text{mm}$ 的孔洞,试求水位恒定和因漏水水位下降两种情况下,一昼夜的漏水量。

【解】 水位恒定时,孔口出流量按薄壁小孔口恒定出流公式(8.4)计算

$$Q = \mu A \sqrt{2gH_0} = 0.62 \times \frac{\pi}{4} \times 0.005^2 \times \sqrt{2 \times 9.8 \times (4 - 0.2)} = 1.05 \times 10^{-4}\,\text{m}^3/\text{s}$$

此时一昼夜的漏水量为

$$V=Qt=1.05\times10^{-4}\times3600\times24=9.07\text{m}^3$$

因漏水水位下降,一昼夜的漏水量可按孔口变水头出流计算,由式(8.9)

$$t=\frac{2F}{\mu A\sqrt{2g}}(\sqrt{H_1}-\sqrt{H_2})$$

解得 $H_2=2.44$m,则水位下降时,一昼夜的漏水量为

$$V=[(H_1-H_3)-H_2]\times F=8.16\text{m}^3$$

图 8.6　贮水槽漏水

8.2　管嘴出流

当在孔口处对接一段 $l=(3\sim4)d$ 的短管或圆孔壁厚 $\delta=(3\sim4)d$ 时,液体经此短管并在出口断面满管流出的水力现象称为管嘴出流,此短管称为管嘴,例如水力机械化施工用水枪及消防水枪都是管嘴的应用。管嘴出流沿流动方向边界长度很小,虽有沿程损失,但与局部损失相比甚微可以忽略。故进行管嘴出流的水力计算时只需考虑局部水头损失,不计沿程水头损失。

8.2.1　圆柱形外管嘴恒定出流

液流流入管嘴时同孔口出流一样,在距进口不远处流股发生收缩,在收缩断面 $c\text{-}c$ 处主流与壁面脱离,并形成旋涡区。其后流股逐渐扩张,在管嘴出口断面完全充满管嘴断面流出,如图 8.7 所示。

设开口容器,水由管嘴自由出流,取容器内过流断面 1-1 和管嘴出口断面 $b\text{-}b$ 列伯努利方程

图 8.7　管嘴出流

$$H+0+\frac{\alpha_0 v_0^2}{2g}=0+0+\frac{\alpha v^2}{2g}+\zeta_n\frac{v^2}{2g}$$

令 $H_0=H+\dfrac{\alpha_0 v_0^2}{2g}$,代入上式整理得圆柱形外管嘴出口流速计算公式

$$v=\frac{1}{\sqrt{\alpha+\zeta_n}}\sqrt{2gH_0}=\varphi_n\sqrt{2gH_0} \tag{8.11}$$

圆柱形外管嘴出口流量计算公式

$$Q=vA=\varphi_n A\sqrt{2gH_0}=\mu_n A\sqrt{2gH_0} \tag{8.12}$$

式中　H_0——作用水头,如流速 $v_0\approx0$,则 $H_0=H$;

ζ_n——管嘴局部阻力系数,相当于管道锐缘进口的损失系数,$\zeta_n=0.5$;

φ_n——管嘴的流速系数,$\varphi_n=\dfrac{1}{\sqrt{\alpha+\zeta_n}}=\dfrac{1}{\sqrt{1+0.5}}=0.82$;

μ_n——管嘴的流量系数,因出口断面无收缩(不同于孔口),$\mu_n=\varphi_n=0.82$。

比较基本公式(8.12)和式(8.4),两者形式上完全相同,然而流量系数 $\mu_n=1.32\mu$,可见

在相同的作用水头下，同样断面面积管嘴的过流能力是孔口过流能力的 1.32 倍。

8.2.2 收缩断面的真空

孔口外接短管成为管嘴增加了阻力，但流量不减反而增加的原因是收缩断面处存在真空现象，这是管嘴出流不同于孔口出流的基本特点。对收缩断面 c-c 和出口断面 b-b 列伯努利方程

$$\frac{p_c}{\rho g} + \frac{\alpha_c v_c^2}{2g} = \frac{p_a}{\rho g} + \frac{\alpha v^2}{2g} + \zeta_{se}\frac{v^2}{2g}$$

则

$$\frac{p_a - p_c}{\rho g} = \frac{\alpha_c v_c^2}{2g} - \frac{\alpha v^2}{2g} - \zeta_{se}\frac{v^2}{2g}$$

其中 $v_c = \frac{A}{A_c}v = \frac{1}{\varepsilon}v$，同时局部水头损失主要发生在主流扩大上，由式(6.53)得

$$\zeta_{se} = \left(\frac{A}{A_c} - 1\right)^2 = \left(\frac{1}{\varepsilon} - 1\right)^2$$

则

$$\frac{p_v}{\rho g} = \left[\frac{\alpha_c}{\varepsilon^2} - \alpha - \left(\frac{1}{\varepsilon} - 1\right)^2\right]\frac{v^2}{2g} = \left[\frac{\alpha_c}{\varepsilon^2} - \alpha - \left(\frac{1}{\varepsilon} - 1\right)^2\right]\varphi^2 H_0$$

将各项系数 $\alpha_c = \alpha = 1$，$\varepsilon = 0.64$，$\varphi = 0.82$ 代入上式，得收缩断面的真空高度

$$\frac{p_v}{\rho g} = 0.75 H_0 \tag{8.13}$$

比较孔口自由出流和管嘴出流，前者收缩断面在大气中，而后者的收缩断面为真空区，真空高度达作用水头的 0.75 倍。相当于把孔口的作用水头增大 75%，这正是圆柱形外管嘴的出流流量比孔口出流流量大的原因。

8.2.3 圆柱形外管嘴的正常工作条件

由式(8.13)可知，作用水头 H_0 越大，管嘴内收缩断面的真空高度也越大。但实际上，当收缩断面的真空高度超过 7m 水柱时，收缩断面汽化，汽化区被水流带出，和外界大气相通，空气将会从管嘴出口断面"吸入"，使得收缩断面的真空被破坏，管嘴不能保持满管出流，从而变为孔口出流。为保证正常的管嘴出流，应限制收缩断面的真空高度 $\frac{p_v}{\rho g} \leqslant 7m$，这样就决定了管嘴作用水头的极限值

$$[H_0] = \frac{7}{0.75} = 9m$$

其次，对管嘴的长度也有一定限制。过短则流束在管嘴内收缩后，来不及扩大到整个出口断面，不能阻断空气进入而呈非满流流出，收缩断面不能形成真空，管嘴不能发挥作用，实际成为孔口出流；过长则沿程水头损失不容忽略，管嘴出流变为将要在下一节介绍的短管流动。所以，圆柱形外管嘴的正常工作条件是：

(1)作用水头 $H_0 \leqslant 9m$；

(2)管嘴长度 $l = (3\sim4)d$。

8.2.4 其他类型的管嘴出流

对于其他类型的管嘴出流，Q 和 v 的计算公式与圆柱形外管嘴公式完全相同，只是流速系数 φ 和流量系数 μ 不同。工程上常用的几种管嘴形式如图 8.8 所示，其中图 8.8(a)为流线型管嘴，适用于要求流量大，水头损失小的情况，如水利工程中拱坝内的泄水孔，其 $\varphi = \mu = 0.97$。图 8.8(b)为圆锥形收缩管嘴，适用于要求加大喷射速度的情况，如消防水枪，其

出流量与收缩角 θ 有关,当 $\theta = 30.4°$ 时,$\varphi_{max} = 0.963$,$\mu_{max} = 0.943$。图8.8(c)为圆锥形扩大管嘴,适用于要求将动能恢复为压能,以加大流量的情况,如引射器的扩压管;当 $\theta = 5° \sim 7°$ 时,$\varphi = \mu = 0.42 \sim 0.50$。

图8.8　各种常用管嘴

8.2.5　管嘴的变水头出流

两横断面面积相等的棱柱形容器内,以一短管相连通,如图8.9所示。在某瞬时,两容器的液面分别位于1-1和2-2处,这时的作用水头为 H_1。液体由横断面面积为 F_1 的容器 a 流入横断面面积为 F_2 的容器 b 中,这时,容器 a 中的液面下降,而容器 b 中的液面上升,结果是刚才的作用水头 H_1 逐渐减少,最终达到两容器的液面齐平,作用水头 H_1 降至零,流动停止。

设在某瞬时的作用水头为 H,并近似认为在微小时段 dt 内的作用水头不变,由恒定流公式(8.12)可得 dt 时段内从容器 a 流入容器 b 的液体体积为

图8.9　管嘴变水头出流

$$dV = \mu_n A \sqrt{2gH} \, dt \tag{8.14}$$

式中 μ_n 为计入液体由容器 a 流入容器 b 过程中所有水头损失的流量系数。这时容器 a 中液面下降 dz_1,容器 b 中液面上升 dz_2,由于两容器中液面变化而引起的作用水头的减少(dz_1 为负,dz_2 为正)

$$dH = dz_1 - dz_2 \tag{8.15}$$

又因为两容器中液体体积的改变量相同,即

$$-F_1 dz_1 = F_2 dz_2 = dV \tag{8.16}$$

将式(8.14)代入式(8.16)得

$$\mu_n A \sqrt{2gH} \, dt = -F_1 dz_1$$

即

$$dt = \frac{-F_1 dz_1}{\mu_n A \sqrt{2gH}} \tag{8.17}$$

式中 F_1 为常数,z_1、H 均为变量,由式(8.16)得 $dz_2 = -\dfrac{F_1}{F_2} dz_1$,代入式(8.15)得

$$dz_1 = \frac{F_2}{F_1 + F_2} dH \tag{8.18}$$

将式(8.18)代入式(8.17),从 H_1 到 H_2 进行积分得

$$t = \frac{F_1 F_2}{\mu_n A \sqrt{2g}(F_1 + F_2)} \int_{H_1}^{H_2} \frac{dH}{\sqrt{H}} = \frac{2F_1 F_2}{F_1 + F_2} \frac{\sqrt{H_1} - \sqrt{H_2}}{\mu_n A \sqrt{2g}} \tag{8.19}$$

令式(8.19)中 $H_2 = 0$,可得两容器达到液面齐平所需要的时间为

$$t = \frac{2F_1 F_2}{F_1 + F_2} \frac{\sqrt{H_1}}{\mu_n A \sqrt{2g}} \tag{8.20}$$

若两容器中的某容器的横断面面积远大于另一容器的横断面面积,例如 $F_2 \gg F_1$,则式(8.20)将变为式(8.10)的形式。

【**例 8.2**】 液体从封闭的立式容器中经管嘴流入开口水池（恒定流动），如图 8.10 所示。管嘴直径 $d=80mm, h=3m$，要求流量 $Q=0.05m^3/s$。试求作用于密闭容器内液面上的压强。

【**解**】 由管嘴出流量公式(8.12)，求得作用水头

$$H_0 = \frac{Q^2}{2g\mu_n^2 A^2} = \frac{0.05^2}{2\times9.8\times0.82^2\times(\pi\times0.08^2/4)^2} = 7.5m$$

在本题的具体条件下，忽略上下游液面速度，则

$$H_0 = \frac{p_0}{\rho g} + (H_1 - H_2) = \frac{p_0}{\rho g} + h$$

图 8.10 管嘴计算例题

于是解得

$$p_0 = \rho g(H_0 - h) = 1000\times9.8\times(7.5-3) = 44.1kPa$$

8.3 简单管道中的恒定有压流

简单管道可分为简单短管和简单长管，是组成各种复杂管道的基本单元。简单管道的计算是一切复杂管道水力计算的基础。

8.3.1 简单短管的水力计算

设自由出流短管，如图 8.11 所示，水箱水位恒定，管长 l 和管径 d 沿程不变。取出口处管轴所在水平面为基准面，对水箱内过流断面 1-1、管道出口断面 2-2 列伯努利方程，其中 $v_1\approx0$

$$H+0+0 = 0+0+\frac{\alpha v^2}{2g} + h_1$$

将水头损失 $h_1 = \left(\lambda\frac{l}{d} + \sum\zeta\right)\frac{v^2}{2g}$ 代入上式整理得流速

$$v = \frac{1}{\sqrt{\alpha + \lambda\dfrac{l}{d} + \sum\zeta}}\sqrt{2gH}$$

相应得到短管自由出流的流量公式

$$Q = vA = \frac{A}{\sqrt{\alpha + \lambda\dfrac{l}{d} + \sum\zeta}}\sqrt{2gH} \tag{8.21}$$

对于管道出口在下游液面以下的短管淹没出流，如图 8.12 所示，以下游液面为基准面，取上、下游水箱内过流断面 1-1、2-2 列伯努利方程，其中 $v_1\approx v_2\approx0$，则

$$H = h_1 = \left(\lambda\frac{l}{d} + \sum\zeta\right)\frac{v^2}{2g}$$

图 8.11 短管自由出流

图 8.12 短管淹没出流

整理得到流速表达式　　　　$v = \dfrac{1}{\sqrt{\lambda \dfrac{l}{d} + \sum \zeta}} \sqrt{2gH}$

则短管淹没出流的流量公式

$$Q = vA = \dfrac{A}{\sqrt{\lambda \dfrac{l}{d} + \sum \zeta}} \sqrt{2gH} \tag{8.22}$$

与孔口的自由出流和淹没出流相似,短管自由出流的基本公式(8.21)和淹没出流的式(8.22)形式略有不同,但在相同条件下,计算得到 v 和 Q 的数值相等。因为自由出流时,出口有流速水头无局部损失,而淹没出流时出口无流速水头但有局部损失(管道出口),两者数值相同,即 $\alpha = \zeta_0 = 1$。

简单短管的水力计算实际上是根据一些已知条件(对应于前述公式中的某些变量),来求解另一些变量,主要包括四类基本问题。

(1)已知作用水头 H、管道长度 l、直径 d、管材(管壁粗糙情况)、局部阻碍的组成,求流量 Q 和流速 v。这类问题多属校核性质,如过流能力的计算等,可直接用前述公式计算。

(2)已知流量 Q、管道长度 l、直径 d、管材、局部阻碍的组成,求作用水头 H。

(3)已知流量 Q、作用水头 H、管道长度 l、管材、局部阻碍的组成,求直径 d。该类问题直接用前述公式计算难以直接求解,因为管道直径的确定最后都化简为解高次代数方程,可用试算法、图解法、迭代法求解,或进行编程电算。求得管径后,按已有管径规格选择相接近的标准管径。在实际的设计计算中,常根据流量和经济流速求出管径,并据此选择相近的标准管径,然后作复核计算。

(4)分析计算沿管流各过流断面的压强。对于位置固定的管道,绘出其测压管水头线,便可知道沿程各处压强。因为在供水、消防等工程中,常需知沿途各处压强是否满足工况需要。还要了解是否会出现过大的真空,产生气蚀现象影响管道的正常工作,甚至破坏管道。有时为了防止气蚀、汽化现象,还要计算某些短管最高点的位置高度。

【例 8.3】　虹吸管管长 $l_{AC} = 15\text{m}$,$l_{CB} = 20\text{m}$,管径 $d = 200\text{mm}$,上下游水池的水位差 $H = 2\text{m}$,如图 8.13 所示。沿程阻力系数 $\lambda = 0.025$,入口局部阻力系数 $\zeta_e = 1$,各转弯的局部阻力系数 $\zeta_b = 0.2$,管顶允许真空高度 $[h_v] = 7\text{m}$。试求通过流量 Q 及管道最大允许超高 h_s。

图 8.13　虹吸管

【解】　虹吸管的水力计算属于第一类水力计算问题。虹吸管是指管道轴线的一部分高出无压的上游供水水面的管道。应用虹吸管输水,具有能跨越高地,减少挖方,以及便于自动操作等优点,在农田水利和市政工程中广为应用。由于虹吸管的一部分高出无压的供水水面,管内必存在真空区段。随真空度的增大,溶解在水中的空气分离出来,并在虹吸管顶部聚集,挤缩有效过流断面,阻碍水流运动,直至造成断流。为保证虹吸管正常过流,工程上限制管内最大真空高度不超过允许值 $[h_v] = 7 \sim 8.5\text{m}$ 水柱。因为虹吸管为淹没出流,可直接用式(8.22)计算流速和流量

$$v = \dfrac{1}{\sqrt{\lambda \dfrac{l}{d} + \sum \zeta}} \sqrt{2gH} = \dfrac{1}{\sqrt{\lambda \dfrac{l_{AB}}{d} + \zeta_e + 3\zeta_b + 1}} \sqrt{2gH}$$

$$= \frac{1}{\sqrt{0.025 \times \frac{35}{0.2} + 1 + 0.6 + 1}} \sqrt{2 \times 9.8 \times 2} = 2.37 \mathrm{m/s}$$

$$Q = vA = 0.074 \mathrm{m^3/s}$$

为了计算最大真空高度,取 1-1、C-C 断面列伯努利方程

$$z_1 + \frac{p_1}{\rho g} + \frac{\alpha_1 v_1^2}{2g} = z_C + \frac{p_C}{\rho g} + \frac{\alpha v^2}{2g} + \left(\lambda \frac{l_{AC}}{d} + \sum_{AC} \zeta\right) \frac{v^2}{2g}$$

此时局部阻力系数之和为 $\sum \zeta_{AC} = \zeta_e + 2\zeta_b$,在图 8.14 中,$p_1 = p_a$,$v_1 \approx 0$,则

$$\frac{p_a - p_C}{\rho g} = \frac{p_v}{\rho g} = (z_c - z_1) + \left(\alpha + \lambda \frac{l_{AC}}{d} + \sum_{AC} \zeta\right) \frac{v^2}{2g}$$

为保证虹吸管正常工作,最大真空高度 $h_{v.\,max}$ 必须满足

$$h_{v.\,max} = \frac{p_v}{\rho g} = h_s + \left(\alpha + \lambda \frac{l_{AC}}{d} + \sum_{AC} \zeta\right) \frac{v^2}{2g} < [h_v]$$

若式中 $h_{v.\,max}$ 以 $[h_v] = 7\mathrm{m}$ 代入,则虹吸管最大允许超高 h_s

$$h_s = [h_v] - \left(\alpha + \lambda \frac{l_{AC}}{d} + \zeta_e + 2\zeta_b\right) \frac{v^2}{2g}$$

$$= 7 - \left(1 + 0.025 \times \frac{15}{0.2} + 1 + 0.4\right) \frac{2.37^2}{19.6} = 5.78 \mathrm{m}$$

由此可见,虹吸管的最大允许超高 h_s 和作用水头 H 都受到真空度 $[h_v]$ 的制约。有真空区段是虹吸管的水力特点,其最大真空高度不超过允许值,则是虹吸管正常过流的工作条件。在虹吸管上设计安装阀门时,为了不加大真空度,应将阀门安装在 C 断面的下游。

【例 8.4】 离心泵抽水装置如图 8.14 所示,实际抽水量 $Q =$ 8.11L/s,吸水管长度 $l = 7.5\mathrm{m}$,直径 $d = 100\mathrm{mm}$。吸水管的沿程阻力系数 $\lambda = 0.045$,有滤网的底阀局部阻力系数 $\zeta_v = 7.0$,直角弯管 $\zeta_b = 0.3$。泵的允许吸水真空高度 $[h_v] = 5.7\mathrm{m}$,确定水泵的最大安装高度 H_s。

图 8.14 离心泵吸水管

【解】 离心泵吸水管的水力计算是第二类水力计算问题,即确定泵的安装高度(泵轴线在吸水池水面上的高度 H_s),如图 8.14 所示。取吸水池水面 1-1 和水泵进口断面 2-2 列伯努利方程,忽略吸水池水面流速,则

$$0 + \frac{p_a}{\rho g} + 0 = H_s + \frac{p_2}{\rho g} + \frac{\alpha v^2}{2g} + h_l$$

$$H_s = \frac{p_a - p_2}{\rho g} - \frac{\alpha v^2}{2g} - h_l = h_v - \left(\alpha + \lambda \frac{l}{d} + \sum \zeta\right) \frac{v^2}{2g}$$

上式表明,水泵的安装高度与进口的真空高度 $h_v = \frac{p_a - p_2}{\rho g}$ 有关。进口断面的真空高度是有限制的,当该断面绝对压强低于该水温下的汽化压强时,水汽化生成大量气泡,气泡随水流进入泵内,受到压缩而突然溃灭,引起周围的水以极大的速度向溃灭点冲击,在该点造成高达数百大气压以上的压强。这个过程发生在水泵部件的表面,就会使部件很快损坏,这种现象称为气蚀。为防止气蚀,通常水泵的生产厂家根据实验给出允许吸上真空高度 $[h_v]$,作为水泵的性能指标之一。将管中流速 $v = \frac{4Q}{\pi d^2} = 1.03\mathrm{m/s}$ 和允许吸水真空高度 $[h_v] = 5.7\mathrm{m}$ 代入上式,得水泵的最大安装高度

$$H_s = h_v - \left(\alpha + \lambda\frac{l}{d} + \zeta_v + \zeta_b\right)\frac{v^2}{2g}$$

$$= 5.7 - \left(1 + 0.045\times\frac{7.5}{0.1} + 7 + 0.3\right)\frac{1.03^2}{2\times9.8} = 5.07\text{m}$$

根据水泵的扬程和流量,考虑一定的富裕度,即可从有关水泵样本或手册中选择到适当型号的水泵。

【例 8.5】 圆形有压涵管,如图 8.15 所示。管长 $l=50\text{m}$,上、下游水位差 $H=3\text{m}$。涵管为钢筋混凝土管,沿程阻力系数 $\lambda=0.03$。各局部阻力系数:进口 $\zeta_e=0.5$,转弯 $\zeta_b=0.65$,出口 $\zeta_0=1$,通过流量 $Q=2.9\text{m}^3/\text{s}$,计算所需管径。

图 8.15 有压涵管

【解】 管道直径的确定为第三类水力计算问题,取上、下游过流断面 1-1、2-2 列伯努利方程。忽略上、下游流速得

$$H = h_l = \left(\lambda\frac{l}{d} + \zeta_e + 2\zeta_b + \zeta_0\right)\frac{1}{2g}\left(\frac{4Q}{\pi d^2}\right)^2$$

代入已知数值,化简得

$$3d^5 - 1.949d - 1.044 = 0$$

用试算法求 d,设 $d=1.0\text{m}$ 代入上式

$$3\times1^5 - 1.949\times1 - 1.044\approx0$$

采用规格管径 $d=1.0\text{m}$。

8.3.2 简单长管的水力计算

长管是有压管道的简化模型,其特点是不计流速水头和局部水头损失,使水力计算大为简化,并可利用专门编制的计算表进行辅助计算,一般将有压管道分为短管和长管的目的就在于此。简单长管的直径沿程不变,流量也不变,现分析其水力特点和计算方法。

如图 8.16 所示,由水箱引出简单长管,长度 l、直径 d、水箱水面距管道出口高度为 H,取水箱内过流断面 1-1 和管道出口断面 2-2,列伯努利方程

$$H + 0 + 0 = 0 + 0 + \frac{\alpha_2 v_2^2}{2g} + h_f + h_m$$

因为长管 $\left(\frac{\alpha_2 v_2^2}{2g} + h_m\right)\ll h_f$,可以忽略不计,则

$$H = h_l = h_f \qquad (8.23)$$

图 8.16 简单长管

上式表明,长管的全部作用水头都消耗于沿程水头损失,总水头线是连续下降的直线,并与测压管水头线重合。在给水工程中为了节省计算工作量,提高效率,习惯采用下列方法计算。

(1)按比阻计算,式(8.23)可以写成

$$H = h_f = \lambda\frac{l}{d}\frac{v^2}{2g} = \frac{8\lambda}{g\pi^2 d^5}lQ^2 \qquad (8.24)$$

根据上式可定义管道比阻 a 的概念,其单位为 s^2/m^6

$$a = \frac{8\lambda}{g\pi^2 d^5} \qquad (8.25)$$

则

$$H = h_f = alQ^2 = SQ^2 \qquad (8.26)$$

上式是简单管道按比阻计算的基本公式。式中 S 为阻抗,$S=al$,其单位为 s^2/m^5,阻抗在 8.4 复杂长管的水力计算中经常涉及。

比阻 a 为单位流量通过单位长度管道所损失的水头，$a=f(\lambda,d)$ 随沿程阻力系数 λ 和管径 d 而变化。λ 的计算公式有多种，但在给排水工程中，管流多在紊流粗糙区或过渡区工作，所以下面只给出常用的两种。

将专用于旧钢管、旧铸铁管的舍维列夫公式分别代入式(8.25)，得紊流粗糙区($v\geqslant 1.2\text{m/s}$)比阻计算公式

$$a=\frac{0.001736}{d^{5.3}} \tag{8.27a}$$

在实用上可认为当管内流速 $v<1.2\text{m/s}$ 时属紊流过渡区，其比阻为

$$a'=0.852\left(1+\frac{0.867}{v}\right)^{0.3}\left(\frac{0.001736}{d^{5.3}}\right)=ka \tag{8.27b}$$

上式表明过渡区的比阻可用紊流粗糙区的比阻 a 乘以修正系数 k 来计算，式中修正系数 $k=0.852\left(1+\frac{0.867}{v}\right)^{0.3}$，当水温为 10℃ 时，在各种流速下的 k 值列于表 8.3 中。同时为了方便工程计算，还按式(8.27)编制出各种直径管道的比阻计算表，见表 8.4 和表 8.5。

钢管及铸铁管 a 值的修正系数 k 值　　　　　　　　表 8.3

v(m/s)	0.20	0.25	0.30	0.35	0.40	0.45	0.50	0.55	0.60
k	1.41	1.33	1.28	1.24	1.20	1.175	1.15	1.13	1.115
v(m/s)	0.65	0.70	0.75	0.80	0.85	0.90	1.0	1.1	$\geqslant$1.2
k	1.10	1.085	1.07	1.06	1.05	1.04	1.03	1.015	1.00

铸铁管的比阻 a 值(s^2/m^6)　　　　　　　　表 8.4

内径 d(mm)	a(Q 以 m^3/s 计)	内径 d(mm)	a(Q 以 m^3/s 计)
50	15190	400	0.2232
75	1709	450	0.1195
100	365.3	500	0.06839
125	110.8	600	0.02602
150	41.85	700	0.01150
200	9.029	800	0.005665
250	2.752	900	0.003034
300	1.025	1000	0.001736
350	0.4529		

钢管的比阻 a 值(s^2/m^6)　　　　　　　　表 8.5

水　煤　气　管			中　等　管　径		大　管　径	
公称直径 DN(mm)	a (Q 以 m^3/s 计)	a (Q 以 l/s 计)	公称直径 DN(mm)	a (Q 以 m^3/s 计)	公称直径 DN(mm)	a (Q 以 m^3/s 计)
8	225500000	225.5	125	106.2	400	0.2062
10	32950000	32.95	150	44.95	450	0.1089
15	8809000	8.809	175	18.96	500	0.06222
20	1643000	1.643	200	9.273	600	0.02384
25	436700	0.4367	225	4.822	700	0.01150
32	93860	0.09386	250	2.583	800	0.005665
40	44530	0.04453	275	1.535	900	0.003034
50	11080	0.01108	300	0.9392	1000	0.001736
70	2893	0.002893	325	0.6088	1200	0.0006605
80	1168	0.001168	350	0.4078	1300	0.0004322
100	267.4	0.0002674			1400	0.0002918
125	86.23	0.00008623				
150	33.95	0.00003395				

当管流在紊流粗糙区工作时，工程上一般选用通用公式——曼宁公式计算比阻

$$a = \frac{10.3n^2}{d^{5.33}} \tag{8.28}$$

按式(8.28)对不同粗糙系数 n 和管径 d 计算所得的比阻列于表8.6,用于查表计算。表中 n 值,对于铸铁管 $n=0.013$,式(8.28)及表8.6理论上适用于紊流粗糙区,实际上也用于过渡区。

（2）按水力坡度计算,由达西公式可得

$$J = \frac{H}{l} = \frac{h_f}{l} = \lambda \frac{1}{d} \frac{v^2}{2g} \tag{8.29}$$

通用公式比阻计算表 表8.6

水 管 直 径 (mm)	比阻 a 值（Q 以 m³/s 计）		
	曼宁公式 $\left(C=\frac{1}{n}R^{1/6}\right)$		
	$n=0.012$	$n=0.013$	$n=0.014$
75	1480	1740	2010
100	319	375	434
150	36.7	43.0	49.9
200	7.92	9.30	10.8
250	2.41	2.83	3.28
300	0.911	1.07	1.24
350	0.401	0.471	0.545
400	0.196	0.230	0.267
450	0.105	0.123	0.143
500	0.0598	0.0702	0.0815
600	0.0226	0.0265	0.0307
700	0.00993	0.0117	0.0135
800	0.00487	0.00573	0.00663
900	0.00260	0.00305	0.00354
1000	0.00148	0.00174	0.00201

式(8.29)就是简单管路按水力坡度计算的关系式。水力坡度 J 是一定流量 Q 通过单位长度管道所需要的作用水头。对于钢管、铸铁管将舍维列夫公式代入式(8.29)得

$v \geqslant 1.2\text{m/s}$ 时
$$J = 0.00107 \frac{v^2}{d^{1.3}} \tag{8.30a}$$

$v < 1.2\text{m/s}$ 时
$$J = 0.000912 \frac{v^2}{d^{1.3}} \left(1 + \frac{0.867}{v}\right)^{0.3} \tag{8.30b}$$

按式(8.30)可编制出水力坡度计算表8.7。已知 v、d、J 中任意两个量,便可直接由表查出另一个量,使得计算工作大为简化。

下面举例说明简单长管的计算问题。

【例8.6】 由水塔向车间供水采用铸铁管,如图8.17所示,管长 2500m,管径 $d=$ 400mm,水塔地面标高 $\nabla_1 = 61\text{m}$,水塔水面距地面的高度 $H_1 = 18\text{m}$,车间地面标高 $\nabla_2 = 45\text{m}$,供水点需要的自由水头 $H_2 = 25\text{m}$,求供水量。

图 8.17 长管计算

【解】 首先计算作用水头

$$H = (\nabla_1 + H_1) - (\nabla_2 + H_2)$$
$$= (61+18) - (45+25) = 9\text{m}$$

由表8.4查得 $d=400\text{mm}$ 的铸铁管,比阻 $a=0.2232\text{s}^2/\text{m}^6$,代入式(8.26),得

铸铁管的 1000J 和 v 值(部分)　　　表 8.7

Q		D(mm)									
		300		350		400		450		500	
m³/h	L/s	v(m/s)	1000J	v(m/s)	1000J	v(m/s)	1000J	v(m/s)	1000J	v(m/s)	1000J
439.2	122	1.73	15.3	1.27	6.74	0.97	3.43	0.77	1.90	0.62	1.13
446.4	124	1.75	15.8	1.29	6.96	0.99	3.53	0.78	1.96	0.63	1.16
453.6	126	1.78	16.3	1.31	7.19	1.00	3.64	0.79	2.02	0.64	1.20
460.8	128	1.81	16.8	1.33	7.42	1.02	3.75	0.80	2.09	0.65	1.23
468.0	130	1.84	17.3	1.35	7.65	1.03	3.85	0.82	2.15	0.66	1.27
511.2	142	2.01	20.7	1.48	9.13	1.13	4.55	0.89	2.53	0.72	1.49
518.4	144	2.04	21.3	1.50	9.39	1.15	4.67	0.91	2.59	0.73	1.53
525.6	146	2.07	21.8	1.52	9.65	1.16	4.79	0.92	2.66	0.74	1.57
532.8	148	2.09	22.5	1.54	9.92	1.18	4.92	0.93	2.73	0.75	1.61
540.0	150	2.12	23.1	1.56	10.2	1.19	5.04	0.94	2.80	0.76	1.65
547.2	152	2.15	23.7	1.58	10.5	1.21	5.16	0.96	2.87	0.77	1.69
554.4	154	2.18	24.3	1.60	10.7	1.23	5.29	0.97	2.94	0.78	1.73
563.6	156	2.21	24.9	1.62	11.0	1.24	5.43	0.98	3.01	0.79	1.77
568.8	158	2.24	25.6	1.64	11.3	1.26	5.57	0.99	3.08	0.80	1.81
576.0	160	2.26	26.2	1.66	11.6	1.27	5.71	1.01	3.14	0.81	1.85

$$Q=\sqrt{\frac{H}{al}}=\sqrt{\frac{9}{0.2232\times2500}}=0.127\mathrm{m^3/s}$$

验算阻力区
$$v=\frac{4Q}{\pi d^2}=\frac{4\times0.127}{\pi\times0.4^2}=1.01\mathrm{m/s}<1.2\mathrm{m/s}$$

属于过渡区,比阻需要修正,由表 8.3 查得 $v=1\mathrm{m/s}$ 时,$k=1.03$。修正后流量为

$$Q=\sqrt{\frac{H}{kal}}=\sqrt{\frac{9}{1.03\times0.2232\times2500}}=0.125\mathrm{m^3/s}$$

此题按水力坡度计算更为简便

$$J=\frac{H}{l}=\frac{9}{2500}=0.0036$$

由表 8.7 查得 $d=400\mathrm{mm}$,$J=0.00364$ 时,$Q=0.126\mathrm{m^3/s}$,内插 $J=0.0036$ 时的 Q 值

$$Q=126-2\times\frac{0.04}{0.11}=125\mathrm{L/s}=0.125\mathrm{m^3/s}$$

与按比阻计算结果一致。

【例 8.7】 上题中,如图 8.17 所示,如车间需水量 $Q=0.152\mathrm{m^3/s}$,管线布置、地面标高及供水点需要的自由水头都不变,试设计水塔高度。

【解】 按比阻计算,首先验算阻力区
$$v=\frac{4Q}{\pi d^2}=\frac{4\times0.152}{\pi\times0.4^2}=1.21\mathrm{m/s}$$

$v>1.2\mathrm{m/s}$,比阻不需修正,则由表 8.4 查得 $a=0.2232\mathrm{s^2/m^6}$,代入式(8.26),得
$$H=h_f=alQ^2=0.2232\times2500\times(0.152)^2=12.89\mathrm{m}$$

按水力坡度进行校核，由表 8.7 查得 $d=400\text{mm}$，$Q=0.152\text{m}^3/\text{s}$ 时，$J=0.00516$

$$H=Jl=0.00516\times2500=12.9\text{m}$$

即水塔高 $H_1=21.9\text{m}$。

【**例 8.8**】　由水塔向车间供水，如图 8.17 所示，采用铸铁管，管长 $l=2500\text{m}$，水塔地面标高 $\nabla_1=61\text{m}$，水塔水面距地面的高度 $H_1=18\text{m}$，车间地面标高 $\nabla_2=45\text{m}$，供水点需要的自由水头 $H_2=25\text{m}$，要求供水量 $Q=0.152\text{m}^3/\text{s}$，计算所需管径。

【**解**】　首先计算作用水头

$$H=(\nabla_1+H_1)-(\nabla_2+H_2)=(61+18)-(45+25)=9\text{m}$$

代入式(8.26)，得到比阻

$$a=\frac{H}{lQ^2}=\frac{9}{2500\times(0.152)^2}=0.1558\text{s}^2/\text{m}^6$$

由表 8.4 查得 $d_1=450\text{mm}$ 时，$a=0.1195\text{s}^2/\text{m}^6$，$d_2=400\text{mm}$ 时，$a=0.2232\text{s}^2/\text{m}^6$，可见所需管径在 d_1 与 d_2 之间。由于无此规格的产品，采用较大者将浪费管材。合理的办法是用两段不同直径(450mm 和 400mm)的管道串联，详见下节内容。

8.4　复杂长管中的恒定有压流

在给水工程中，习惯上将管道抽象为长管进行计算，而任何复杂长管都是由简单长管经串联、并联组合而成。因此研究串联、并联管道的流动规律十分重要。

8.4.1　串联管道

由直径不同的管段顺序连接起来的管道，称为串联管道，如图 8.18 所示，此时管道首尾相接。串联管道常用于沿程向几处输送流体，经过一段距离便有流量分出，随着沿程流量减少，所采用的管径也相应减小的情况。

图 8.18　串联管道

串联管道中，两管段的连接点称为节点。设串联管道各管段的长度分别为 l_1、l_2……直径为 d_1、d_2……通过流量为 Q_1、Q_2……节点出流量为 q_1、q_2……在每个节点上都满足节点流量平衡，即流入节点的流量等于流出节点的流量，例如

$$Q_1=q_1+Q_2$$
$$Q_2=q_2+Q_3$$

其一般形式为 $\qquad\qquad Q_i=q_i+Q_{i+1}$ (8.31)

每一管段均为简单管道，水头损失按比阻 a 计算

$$h_{fi}=a_il_iQ_i^2=S_iQ_i^2$$

根据上式可定义管段的阻抗 S_i

$$S_i=a_il_i \tag{8.32}$$

因此串联管道的总水头损失等于各管段水头损失的总和

$$H=\sum_{i=1}^{n}h_{fi}=\sum_{i=1}^{n}S_iQ_i^2 \tag{8.33}$$

当节点无流量分出,通过各管段的流量相等,即 $Q_1=Q_2=\cdots=Q$;总管路的阻抗 S 等于各管段的阻抗叠加,即 $S=\sum\limits_{i=1}^{n}S_i$,故式(8.33)化简为

$$H=SQ^2=Q^2\sum a_il_i \tag{8.34}$$

由此得出结论,串联管道若中途无分流或合流,则各管段流量相等,阻力叠加,总管路的阻抗等于各管段的阻抗叠加,这就是串联管道的计算原则。如图 8.18,串联管道的水头线是一条折线,这是因为各管段的水力坡度不等的原因。

8.4.2 并联管道

在两节点之间,并接两根以上管段的管道称为并联管道,此时并联的各管段头头相连,尾尾相连,并联管道常用于要求提高流体输送可靠性的情况,图 8.19 中节点 A、B 之间就是三根并接的并联管道。

图 8.19 并联管道

设并联节点 A、B 间各管段分配流量为 Q_1、Q_2、Q_3(待求),节点分出流量为 q_A、q_B。由节点流量平衡条件

节点 A：$\qquad\qquad Q=q_A+Q_1+Q_2+Q_3$

节点 B：$\qquad\qquad Q_1+Q_2+Q_3=q_B+Q_4$

分析并联管段的水头损失,因各管段的首端 A 和末端 B 是共同的,则单位重量流体由断面 A 通过 A、B 间任一根管段至断面 B 的水头损失,均等于 A、B 两断面的总水头差,故并联各管段的水头损失相等

$$h_{f1}=h_{f2}=h_{f3}=h_{fAB} \tag{8.35}$$

以阻抗和流量的形式表示 $\qquad S_1Q_1^2=S_2Q_2^2=S_3Q_3^2 \tag{8.36}$

若节点流量 q_A、q_B 为零,则

$$Q=Q_1+Q_2+Q_3 \tag{8.37}$$

设 S 为并联管道的总阻抗,Q 为总流量,由式(8.26)可得各管段的流量

$$Q_1=\frac{\sqrt{h_{f1}}}{\sqrt{S_1}}\quad Q_2=\frac{\sqrt{h_{f2}}}{\sqrt{S_2}}\quad Q_3=\frac{\sqrt{h_{f3}}}{\sqrt{S_3}}\quad Q=\frac{\sqrt{h_{fAB}}}{\sqrt{S}}$$

将上述表达式和式(8.35)代入式(8.37),整理得

$$\frac{1}{\sqrt{S}}=\frac{1}{\sqrt{S_1}}+\frac{1}{\sqrt{S_2}}+\frac{1}{\sqrt{S_3}} \tag{8.38}$$

于是得到并联管道计算原则:并联节点上的总流量为各支管中流量之和,并联各支管上的阻力损失相等,总阻抗平方根的倒数等于各支管阻抗平方根倒数之和。

现在进一步分析式(8.36),将它变为:

$$\frac{Q_1}{Q_2}=\sqrt{\frac{S_2}{S_1}}\quad \frac{Q_2}{Q_3}=\sqrt{\frac{S_3}{S_2}}\quad \frac{Q_3}{Q_1}=\sqrt{\frac{S_1}{S_3}} \tag{8.39}$$

将式(8.39)写成连比的形式

$$Q_1:Q_2:Q_3=\frac{1}{\sqrt{S_1}}:\frac{1}{\sqrt{S_2}}:\frac{1}{\sqrt{S_3}} \tag{8.40}$$

上述两式反映了并联管道流量分配的规律,即并联各管段的流量分配与各管段阻抗的平方

根成反比,根据式(8.40)得出并联管段的流量之间的关系,将其代入节点流量平衡关系式,就可求得各并联管段分配的流量 Q_1、Q_2、Q_3。一旦确定了并联管道各分支管段的几何尺寸、局部阻碍,就可按照节点间各分支管段的阻力损失相等,来分配各支管上的流量,阻抗大的支管其流量小,阻抗小的支管其流量大。因此在并联管道的设计计算中,必须进行"阻力平衡",它的实质就是应用并联管道中流量分配规律,在满足用户需要的流量下,设计合适的管道尺寸及局部阻碍,使各支管上阻力损失相等。

【例8.9】 在例8.8中,为了充分利用水头和节省管材,采用450mm 和400mm 两种直径管段串联。求每段的长度。

【解】 设 $d_1 = 450mm$ 的管段长 l_1,$d_2 = 400mm$ 的管段长 l_2,由表8.4查得 $d_1 = 450mm$,$a_1 = 0.1195s^2/m^6$,$v_1 = 0.96m/s < 1.2m/s$,比阻 $a_1 = 0.1195s^2/m^6$ 应进行修正

$$a_1' = ka_1 = 1.034 \times 0.1195 = 0.1237s^2/m^6$$

$d_2 = 400mm$,$a_2 = 0.2232s^2/m^6$,$v_2 = 1.21m/s$,比阻不需修正,根据式(8.33)

$$H = alQ^2 = (a_1'l_1 + a_2l_2)Q^2$$
$$al = a_1'l_1 + a_2l_2$$
$$0.1558 \times 2500 = 0.1237 \times l_1 + 0.2232 \times l_2$$

注意到
$$l_1 + l_2 = 2500m$$

联立求解上两式得

$$l_1 = 1693.5m \quad l_2 = 2500 - 1693.5 = 806.5m$$

【例8.10】 三根并联铸铁输水管道,如图8.20所示。由节点 A 分出,并在节点 B 重新会合。已知 $Q = 0.28m^3/s$;管长 $l_1 = 500m$,$l_2 = 800m$,$l_3 = 1000m$;直径 $d_1 = 300mm$,$d_2 = 250mm$,$d_3 = 200mm$。试求各并联管段的流量及 AB 间的水头损失。

图8.20　并联管道计算

【解】 并联管段的比阻,由表8.4查得,$d_1 = 300mm$ 时 $a_1 = 1.025s^2/m^6$,$d_2 = 250mm$ 时 $a_2 = 2.752s^2/m^6$,$d_3 = 200mm$ 时 $a_3 = 9.029s^2/m^6$,由式(8.26)得

$$a_1l_1Q_1^2 = a_2l_2Q_2^2 = a_3l_3Q_3^2$$
$$1.025 \times 500Q_1^2 = 2.752 \times 800Q_2^2 = 9.029 \times 1000Q_3^2$$
$$5.125Q_1^2 = 22.02Q_2^2 = 90.29Q_3^2$$

则
$$Q_1 = 4.197Q_3, Q_2 = 2.025Q_3$$

由式(8.37)得

$$0.28 = (4.197 + 2.025 + 1)Q_3$$
$$Q_3 = 0.03877m^3/s = 38.77L/s$$
$$Q_2 = 78.51L/s$$
$$Q_1 = 162.72L/s$$

各段流速分别为

$$v_1 = \frac{4Q_1}{\pi d_1^2} = \frac{4 \times 0.16272}{\pi \times 0.3^2} = 2.30m/s > 1.2m/s$$

$$v_2 = \frac{4Q_2}{\pi d_2^2} = \frac{4 \times 0.07851}{\pi \times 0.25^2} = 1.60\text{m/s} > 1.2\text{m/s}$$

$$v_3 = \frac{4Q_3}{\pi d_3^2} = \frac{4 \times 0.03877}{\pi \times 0.2^2} = 1.23\text{m/s} > 1.2\text{m/s}$$

各管段流动均属于紊流粗糙区,比阻 a 值不需修正。AB 间水头损失为

$$h_{\text{fAB}} = a_3 l_3 Q_3^2 = 9.029 \times 1000 \times 0.03877^2 = 13.57\text{m}$$

8.4.3 分叉管道

有支管分流或合流的管道统称为分叉管道(或称分支管道),给水管网中的调节水池、水电站的引水系统等工程问题均会涉及到分叉管道的水力计算问题。通常管道的尺寸、粗糙度和流体的物性参数是已知的,若给出各水箱(或水塔)的液面高程(或静水头线高度),各管道的沿程水头损失可按达西公式求出,或由舍维列夫公式等求出比阻 a 后得到,然后联立连续性方程和能量方程便可求出通过各管道的流量。

如图 8.21 所示,用管道 1、2、3 连接蓄水池①、②、③的简单分叉管道系统,管径和管长分别为 d_1、d_2、d_3 和 l_1、l_2、l_3,从基准面测得各水池水位分别为 H_1、H_2、H_3,连接点 J 处的测压管水头为 E_j,E_j 一般是未知的。当 $H_2 > E_j$ 时,水自水池②流向 J 点,管路 3 就成为管道 1 和管道 2 的合流管,如图 8.21(a)所示;反之,当 $H_2 < E_j$ 时,水自 J 点流向水池②,管道 2 和管道 3 就成为管道 1 的分流管,如图 8.21(b)所示。设各管道均较长,可作为长管处理,则

$$H_1 - E_j = a_1 l_1 Q_1^2 \tag{8.41a}$$

$$H_2 - E_j = \pm a_2 l_2 Q_2^2 \tag{8.41b}$$

$$E_j - H_3 = a_3 l_3 Q_3^2 \tag{8.41c}$$

$$Q_1 \pm Q_2 = Q_3 \tag{8.41d}$$

式(8.41)中,合流取+,分流取−,为此需要先判断是合流管还是分流管。假设 $H_2 = E_j$,即 $Q_2 = 0$,根据式(8.41a)和式(8.41c)求出 Q_1、Q_3。若 $Q_1 < Q_3$ 则为合流,若 $Q_1 > Q_3$ 则为分流,从而就可以判别式(8.41b)和式(8.41d)中的正负号,然后解联立方程。只有三个水池时采用试算法亦比较方便,即假设一系列的 E_j 求 Q_1、Q_2 和 Q_3,其中满足连续性方程式(8.41d)的一组解即为所需结果。

图 8.21 分叉管道

8.5 沿程均匀泄流管道中的恒定有压流

前面所述的管道流动,在每根管段间通过的流量是不变的,在实际工程中还会遇到沿程

流量变化的泄流管道,例如给水工程中的配水管、滤池冲洗管,通风空调工程中的沿程侧孔送风管等设备,灌溉工程上的人工降雨管等,均属于沿程连续均匀泄流管道。

8.5.1　沿程连续均匀泄流

沿程连续均匀泄流管道如图 8.22 所示,设沿程单位长度上由开在管壁上的孔口不断泄出的流量为 q(或比流量),则全程连续泄出的总泄流量称为途泄流量 Q_t(或沿线流量),管道末端流出的流量称为转输流量 Q_z(或通过流量),其中最简单的情况是单位长度上泄出的流量相等,简称沿程均匀泄流管道。

图 8.22　均匀泄流管道

设沿程均匀泄流管段长度为 l,直径为 d,转输流量 Q_z,途泄流量 Q_t。根据质量守恒原理可知,距管道进口 x 处的通过流量为 Q_x,等于管段的转输流量与该断面以后的总途泄流量之和

$$Q_x = Q_z + Q_t - \frac{Q_t}{l}x \tag{8.42}$$

沿程均匀泄流管段流量沿程变化,整个管段不能按简单管道计算。如在距开始泄流断面为 x 的断面处,取长度为 dx 的微小管段,可认为通过此微小管段的流量 Q_x 不变,当不计局部阻力时,其水头损失近似按简单长管式(8.26)计算

$$dh_f = aQ_x^2 dx$$

将式(8.42)代入上式,积分后得到整个泄流管段的水头损失

$$h_f = \int_0^l dh_f = \int_0^l a\left(Q_z + Q_t - \frac{Q_t}{l}x\right)^2 dx$$

当管段直径和粗糙情况一定,且流动处于紊流粗糙区,比阻 a 是常量,将上式积分得

$$h_f = al\left(Q_z^2 + Q_z Q_t + \frac{1}{3}Q_t^2\right) \tag{8.43a}$$

若管段只有途泄流量,无转输流量,即 $Q_z = 0$,由上式

$$h_f = \frac{1}{3}alQ_t^2 = \frac{1}{3}SQ_t^2 \tag{8.43b}$$

上式表明,只有途泄流量的管道,水头损失等于全部流量在管末端泄出时的水头损失的三分之一。

为了简化计算,令沿程均匀泄流的折算流量(或称为计算流量)为 Q_c,即

$$Q_c = \sqrt{Q_z^2 + Q_z Q_t + \frac{1}{3}Q_t^2} \tag{8.44}$$

将上式代入式(8.43a)得 $\qquad\qquad h_f = alQ_c^2 \tag{8.45}$

上式与简单长管水头损失计算公式相似,故均匀泄流管道可按流量为 Q_c 的简单长管进行计算,为分析更复杂的管道系统提供方便。虽然 Q_c 的求解可直接用式(8.44),但工程中习惯使用下面的办法

$$Q_c = Q_z + \varepsilon Q_t \tag{8.46}$$

式中 ε 为待定系数,可由式(8.44)及式(8.46)得出

$$\varepsilon = \frac{Q_c - Q_z}{Q_t} = \frac{1}{Q_t}\sqrt{Q_z^2 + Q_z Q_t + \frac{1}{3}Q_t^2} - \frac{Q_z}{Q_t}$$

或
$$\varepsilon = \sqrt{\left(\frac{Q_z}{Q_t}\right)^2 + \frac{Q_z}{Q_t} + \frac{1}{3}} - \frac{Q_z}{Q_t} \tag{8.47}$$

令 $\eta = Q_z/Q_t$ 为转输流量与途泄流量之比,将该式进一步整理得

$$\varepsilon = \sqrt{\eta^2 + \eta + \frac{1}{3}} - \eta = \frac{1 + \frac{1}{3\eta}}{\sqrt{1 + \frac{1}{\eta} + \frac{1}{3\eta^2}} + 1}$$

对式(8.47)求导

$$\frac{d\varepsilon}{d\eta} = \frac{\eta + \frac{1}{2}}{\sqrt{\eta^2 + \eta + \frac{1}{3}}} - 1 < 0$$

可知式(8.47)为减函数,即 ε 值随 η 的增加而减少。当 $\eta \to 0$ 时,$\varepsilon_{max} = 0.577$,只有途泄流量无通过流量,与式(8.43$b$)的情况相对应;当 $\eta = 100$ 时,$\varepsilon = 0.5004$;当 $\eta = 1000$ 时,$\varepsilon = 0.500041$;当 $\eta \to \infty$ 时,$\varepsilon_{min} = 0.5$,此值对应于大型给水管网中转输流量 Q_z 远远超过沿程均匀途泄流量 Q_t 的情况。可见 ε 值在 $0.500 \sim 0.577$ 之间变化,其中 $\varepsilon = 0.55$ 可视为 ε 的近似平均值,所以工程上多采用下式求 Q_c

$$Q_c = Q_z + 0.55Q_t \tag{8.48}$$

8.5.2 沿程多孔口等间距等流量出流

沿程多孔口等间距等流量出流管道如图 8.23 所示。这种管道实质上是一种等直径的串联管道,总水头损失等于各段水头损失之和。由于每一管段间距 l 及管径 d 均相等,若其流态均在紊流粗糙区,则每一管段的阻抗 $S = al$ 均相等。设进口总流量为 Q,孔口总数为 N,每一孔口的流量 $q = Q/N$,孔口及管段编号自下游向上游递增。每一管段的水头损失为

$$h_{f1} = alq^2$$
$$h_{f2} = al(2q)^2$$
$$\vdots$$
$$h_{f(N-1)} = al(N-1)^2 q^2$$
$$h_{fN} = al(Nq)^2$$

图 8.23 沿程多孔口等间距等流量出流

整个管道的总水头损失为 H,因 $q^2 = Q^2/N^2$,则

$$H = \sum_{i=1}^{N} h_{fi} = [1^2 + 2^2 + 3^2 + \cdots + (N-1)^2 + N^2]al\frac{Q^2}{N^2}$$

上式括号内的级数 $\sum_{i=1}^{N} i^2 = \frac{1}{6}N(N+1)(2N+1)$,且因为 $l = L/N$(L 为总管长),则

$$H = \frac{(N+1)(2N+1)}{6N^2}aLQ^2 \tag{8.49}$$

取多孔系数 $f_N = \frac{(N+1)(2N+1)}{6N^2}$,用于计算多孔口出流管道的沿程损失,则式(8.49)写为

$$H = f_N a L Q^2 \tag{8.50}$$

上式表明,多孔口出流的管道总水头损失 H 等于以总进口流量计算的简单长管道的水头损失乘以多孔系数 f_N。当孔数 $N=1$ 时,$f_N=1$,即为简单管道。当 $N>1$ 时,$f_N<1$,且随孔数不断增加而不断减少。多孔系数 f_N 还可表示为

$$f_N = \frac{(N+1)(2N+1)}{6N^2} = \frac{1}{6}\left(2 + \frac{3}{N} + \frac{1}{N^2}\right)$$

由上式可知,当 $N=1000$ 时,$f_N=0.3338 \approx \frac{1}{3}$;当孔数 $N \to \infty$ 时,得 $f_N = \frac{1}{3}$,即变为沿程均匀泄流管道的式(8.43b)。

【例 8.11】 水塔供水的输水管道,由三段铸铁管串联而成,中段 BC 为均匀泄流管段,如图 8.24 所示。其中 $l_1 = 500\text{m}$,$d_1 = 200\text{mm}$;$l_2 = 150\text{m}$,$d_2 = 150\text{mm}$;$l_3 = 200\text{m}$,$d_3 = 125\text{mm}$。节点 B 分出流量 $q = 0.01\text{m}^3/\text{s}$,转输流量 $Q_z = 0.02\text{m}^3/\text{s}$,途泄流量 $Q_t = 0.015\ \text{m}^3/\text{s}$,局部阻力不计,试求需要的作用水头。

图 8.24　复杂管道计算

【解】 首先将 BC 段途泄流量折算成转输流量,按式(8.48),把 $0.55Q_t$ 加在节点 C,其余 $0.45Q_t$ 加在节点 B,则各管段流量为

$$Q_1 = q + Q_t + Q_z = 0.045\text{m}^3/\text{s}$$

$$Q_2 = 0.55Q_t + Q_z = 0.028\text{m}^3/\text{s}$$

$$Q_3 = Q_z = 0.02\text{m}^3/\text{s}$$

整个管道由三段串联而成,作用水头等于各管段水头损失之和

$$H = \sum h_f = a_1 l_1 Q_1^2 + a_2 l_2 Q_2^2 + a_3 l_3 Q_3^2$$

$$= 9.029 \times 500 \times 0.045^2 + 41.85 \times 150 \times 0.028^2 + 110.8 \times 200 \times 0.02^2 = 23.02\text{m}$$

经计算可知,各管段流速均大于 1.2m/s,故上式中比阻 a 不需修正。

8.6　管网水力计算基础

为了向更多的用户供水,在给水工程中往往将许多简单管路进行串、并联,组合成为管网。管网按其布置图形可分为枝状管网和环状管网,如图 8.25 和图 8.26 所示。

图 8.25　枝状供水管网　　　　　图 8.26　环状管网(二环、三环)

管网内各管段的管径是根据流量 Q 及速度 v 两者来决定的。在流量 Q 一定的条件下,管径随着在计算中所选择的速度 v 的大小而不同。如果流速大,则管径小,管路造价低;然

而流速大,导致水头损失大,又会增加水塔高度及抽水的经常费用。反之,如果流速小,管径便大。诚然,管内液体流速的降低会减少水头损失,从而减少了抽水经常运营费用,但另一方面却又提高了管路造价。所以在确定管径时,应作经济比较。采用一定的流速使得供水总成本(包括铺筑水管的建筑费、抽水机站建筑费、水塔建筑费及抽水经常运营费的总和)最低。这种流速称为经济流速 v_e。

经济流速涉及的因素很多,综合实际的设计经验及技术经济资料,对于中小直径的给水管路当直径 $D=100\sim400\text{mm}$ 时,$v_e=0.6\sim1.0\text{m/s}$;当直径 $D>400\text{mm}$ 时 $v_e=1.0\sim1.4\text{m/s}$。当然经济流速的范围也因地因时而略有不同。

8.6.1 枝状管网

枝状管网的管道在某节点分出后,不再汇合到一起,管线总长度较短,造价较低,常用于较小区域的供水管网。图 8.25 是由 4 个供水点、7 根简单管道串并联而成的给水枝状管网。枝状管网的水力计算从设计角度上基本可分为两类:

(1) 新建管网系统的水力计算问题 往往是管网布置已定,包括各管段长度 l_i、管材的壁面粗糙以及局部阻碍形式和数量都已确定。在已知各用户所需流量 Q 和末端要求的水头 h_c 的条件下,求各管段直径 d 及水泵扬程 H。

计算这类问题,首先按节点流量平衡,由末端节点向水泵逐段计算各管段流量 Q_i。其次由 $Q_i=v_e\dfrac{\pi d_i^2}{4}$ 计算各管段管径 d

$$d=\sqrt{\frac{4Q}{\pi v_e}}=1.13\sqrt{\frac{Q}{v_e}} \tag{8.51}$$

式中的限定流速 v_e 是根据不同专业的技术经济比较所规定的设计流速,涉及的因素很多,但在这个速度下输送流量经济合理。

(2) 扩建已有管网系统的水力计算问题 这时往往已有水泵(即作用水头 H 已定),由于管网已存在,所以管路布置情况已知,各用户所需流量 Q_i 和末端要求压头 h_c 已定,要求确定各段管径 d_i。

对于这类问题,首先也是按节点流量平衡,由末梢节点向水泵逐段计算各管段流量 Q_i,然后计算各管段管径 d_i。由于是扩建已有的管网系统,按原设计流速计算管径,不能保证技术经济要求。这种情况下,应按 $H-h_c$ 求得单位长度上允许损失的水头 J,作为主干线的控制标准

$$J=\frac{H-h_c}{l+l_{zh}} \tag{8.52}$$

式中 l_{zh} 为局部损失的折算长度,可按式(6.58)计算。引入 l_{zh} 后,计算总水头损失 h_l 较为方便

$$h_l=\lambda\frac{l+l_{zh}}{d}\frac{v^2}{2g} \tag{8.53}$$

在管径 d 尚未知的情况下,l_{zh} 难以确切得出,可在专业设计手册中查到各种局部阻碍的当量长度 l_{zh} 的估计值,再代入。在由式(8.52)求出 J 之后,根据此控制标准将水头损失均匀分配,计算主干线各管段直径

$$J=\frac{\lambda}{d}\frac{v^2}{2g}=\frac{\lambda}{d}\frac{1}{2g}\left(\frac{4Q}{\pi d^2}\right)^2$$

$$d_i = \left(\frac{8\lambda Q_i^2}{\pi^2 gJ}\right)^{1/5} \qquad (8.54)$$

实际选用时可取部分主干线管段水力坡度大于计算值 J,部分却小于计算值 J,使得这些管段的最终组合正好满足作用压头。求出主干线各管段的直径后,还可定出局部阻碍形式及尺寸,然后进行校核计算,计算出总阻力与已知水头核对。最后根据确定的主干线各管段直径,算出各节点压头,并作为已知条件,继续计算各支线管段的直径。

8.6.2　环状管网

环状管网的特点是管段在某一共同的节点分支,然后又在另一共同点汇合。环状管网是由很多个并联管道组合而成,遵循串并联管道的计算原则。由于环状管网的管道连成闭合环路,所以不会因管网内某一处故障而中断该点以后用户所需流量,从而提高了管网工作的可靠性,一般城镇配水管网、燃气管网多采用环状管网,如图 8.26 所示就是二环和三环管网。

计算环状管网时,通常是已确定了管网的管线布置和各管段的长度,并且已知管网各用户所需流量 q_i(节点流量)和末端压头。因此,环状管网水力计算的目的是决定各管段的通过流量 Q_i 和管径 d_i,求出各段的水头损失 h_{li}(以后写作 h_i)并进而确定管网水头 H。

研究任一形状的环状管网,可知管段数目 n_g 和环数 n_k,及节点数目 n_p 存在下列关系:

$$n_g = n_k + n_p - 1$$

如上所述,管网中的每一管段均有两个未知数:Q 和 d。因此环状管网水力计算的未知数的总数为 $2n_g = 2(n_k + n_p - 1)$ 个。环状管网的水流特点,为求解上述未知量提供两个水力条件:

(1)根据连续性条件,任一节点流入和流出的流量相等。如以流入节点的流量为正值,流出节点的流量为负值,则二者的总和应等于零

$$\sum Q_i = 0 \qquad (8.55)$$

(2)对任一闭合环路,如规定顺时针方向流动的水头损失为正,反之为负值,则该环路上各管段水头损失的代数和必等于零

$$\sum h_i = \sum S_i Q_i^2 = 0 \qquad (8.56)$$

根据式(8.55)可以列出 $(n_p - 1)$ 个独立方程(即不包括最后一个节点),根据式(8.56)可以列出 n_k 个方程式,因此对环状管网可列出 $(n_k + n_p - 1)$ 个方程式。但未知数却有 $2(n_k + n_p - 1)$ 个,说明问题将有任意解。

实际计算时,往往是用限定流速 v_e 确定各管段直径,从而使未知数减半,满足未知量与方程式数目一致,代数方程组有确定解。因此环状管网水力计算就是求方程(8.55)和(8.56)的数值解。然而,这样求解非常繁杂,工程上多用逐步渐近法。首先按各节点用户所需流量,初拟各管段的流向,并根据式(8.55)第一次分配流量 Q_i。按所分配流量,用 v_e 算出管径 d_i,再计算各管段的水头损失,进而验算每一环的 h_i 是否满足式(8.56);如不满足,需对所分配的流量进行调整。重复以上步骤,依次逼近,直至各环同时满足第二个水力条件式(8.56),或闭合差 $\Delta h_i = \sum h_i$ 小于规定值。

工程上环状管网的计算方法有多种,应用较广的有哈代-克罗斯(Hardy-Cross)法,介绍如下:

首先,根据节点流量平衡条件 $\sum Q_i = 0$ 分配各管段流量 Q_i,根据分配的流量计算水头损失,并按式(8.56)计算各环路闭合差

$$h_i = S_i Q_i^2$$

$$\Delta h_i = \sum h_i$$

当最初分配的流量不满足闭合条件时,在各环路加入校正流量 ΔQ,各管段相应得到水头损失增量 Δh_i,即

$$h_i + \Delta h_i = S_i(Q_i + \Delta Q)^2 = S_i Q_i^2 \left(1 + \frac{\Delta Q}{Q_i}\right)^2$$

上式按二项式展开,取前两项得:

$$h_i + \Delta h_i = S_i Q_i^2 \left(1 + 2\frac{\Delta Q}{Q_i}\right) = S_i Q_i^2 + 2 S_i Q_i \Delta Q$$

加入校正流量后,环路满足闭合条件,则有

$$\sum (h_i + \Delta h_i) = \sum h_i + \sum \Delta h_i = \sum h_i + 2\sum S_i Q_i \Delta Q = 0$$

根据上式求解 ΔQ,便得出了闭合环路校正流量 ΔQ 的计算公式

$$\Delta Q = -\frac{\sum h_i}{2\sum S_i Q_i} = -\frac{\sum h_i}{2\sum \frac{S_i Q_i^2}{Q_i}} = -\frac{\sum h_i}{2\sum \frac{h_i}{Q_i}} \tag{8.57}$$

将 ΔQ 与各管段第一次分配流量相加得第二次分配流量,并以同样步骤逐次计算,直到满足所要求的精度。

近年来,对实际管网的水力计算都是应用计算机进行,特别是对于多环管网的计算,更具迅速、准确的优越性。

【例 8.12】 一枝状管网从水塔 0 沿 0—1 干线输送水,各节点要求供水量如图 8.27 所示,每段管路长度为已知,见表 8.8。此外水塔处的地形标高和点 4、点 7 的地形标高相同,点 4 和点 7 要求的自由水头同为 $H_z = 12\mathrm{m}$。求各管段的直径、水头损失及水塔应有的高度。

图 8.27 枝状管网水力计算

【解】 首先根据经济流速选择各管段的直径,对于 3-4 管段 $Q = 25\mathrm{L/s}$,采用经济流速 $v_e = 1\mathrm{m/s}$,则管径

$$d = \sqrt{\frac{4Q}{\pi v_e}} = \sqrt{\frac{0.025 \times 4}{\pi \times 1}} = 0.178\mathrm{m}$$

采用 $d = 200\mathrm{mm}$,则管中实际流速

$$v = \frac{4Q}{\pi d^2} = \frac{4 \times 0.025}{\pi \times 0.2^2} = 0.80\mathrm{m/s}$$

此时在经济流速范围内。

若管道采用铸铁管(用旧管的舍维列夫公式计算 λ),查表得比阻 $a = 9.029$。因为平均流速 $v = 0.80\mathrm{m/s} < 1.2\mathrm{m/s}$,水在过渡区范围,$a$ 值需要加修正。当 $v = 0.80\mathrm{m/s}$,查表 8.3 得修正系数 $k = 1.06$,则管段 3—4 的水头损失

$$h_{f3-4} = kalQ^2 = 1.06 \times 9.029 \times 350 \times 0.025^2 = 2.09\mathrm{m}$$

从水塔至最远的用水点 4 和 7 的沿程水头损失分别为:

沿 4-3-2-1-0 线: $\qquad \sum h_f = 2.09 + 2.03 + 1.31 + 2.27 = 7.70\mathrm{m}$

沿 7-6-5-1-0 线：$\sum h_f = 3.78 + 0.99 + 0.90 + 2.27 = 7.94\text{m}$

采用主干线 $\sum h_f = 7.94\text{m}$ 及自由水头 $H_z = 12\text{m}$，因点 0、点 4 和点 7 地形标高相同，则点 0 处水塔的高度为

$$H_t = \sum h_f + H_z = 7.94 + 12 = 19.94\text{m}$$

水塔高度采用 $H_t = 20\text{m}$。各管段的直径和水头损失计算结果见表 8.8。

枝状管网计算表　　　　表 8.8

管　段		管段长度 $l(\text{m})$	管段中的流量 $q(\text{L/s})$	管道直径 $d(\text{mm})$	流速 $v(\text{m/s})$	比阻 $a(\text{s}^2/\text{m}^6)$	修正系数 k	水头损失 $h_f(\text{m})$
左侧支线	3—4	350	25	200	0.80	9.029	1.06	2.09
	2—3	350	45	250	0.92	2.752	1.04	2.03
	1—2	200	80	300	1.13	1.015	1.01	1.31
右侧支线	6—7	500	13	150	0.74	41.85	1.07	3.78
	5—6	200	22.5	200	0.72	9.029	1.08	0.99
	1—5	300	31.5	250	0.64	2.752	1.10	0.90
水塔至分叉点	0—1	400	111.5	350	1.16	0.4529	1.01	2.27

【例 8.13】　如图 8.28 所示两个闭合环路的管网，各管段的 l、Q、d、λ 已标在图上，忽略局部损失，试求第一次校正后的流量。

图 8.28　环状管网计算图

【解】　(1)按节点分配各管段的流量，列在表 8.9 中假定流量栏内；

(2)计算各管段水头损失 h_i

$$h_i = \lambda_i \frac{l_i}{d_i} \frac{v_i^2}{2g} = S_i Q_i^2$$

$$S_i = \frac{8\lambda_i l_i}{\pi^2 d_i^5 g}$$

先算出 S_i 填入表中 S_i 栏，再计算出 h_i 填入相应栏内。列出各管段 h_i/Q_i 之比值，并计算 $\sum h_i$、$\sum(h_i/Q_i)$。

(3)按校正流量 ΔQ 公式(8.57)，计算出环路中的校正流量 ΔQ

$$\Delta Q = -\frac{\sum h_i}{2\sum \dfrac{h_i}{Q_i}}$$

(4)将求得的 ΔQ 加到原假定流量上,便得出第一次校正后流量。

(5)注意:在两环路的共同管段上,相邻环路的 ΔQ 符号应反号再加上去,参看表中 CD、DC 管段的校正流量。

环状管网计算表　　　　　　　　　　　　　　　表 8.9

环路	管　段	假定流量 Q_i	S_i	h_i	h_i/Q_i	ΔQ	管段校正流量	校正后流量 Q_i	备　注
I	AB	0.15	59.76	1.3346	8.897	−0.0014	−0.0014	0.1486	
	BD	0.10	98.21	0.9821	9.821		−0.0014	0.0986	
	DC	−0.01	196.42	−0.0196	1.960		−0.0014 −0.0175	−0.0289	
	CA	−0.15	98.21	−2.2097	14.731		−0.0014	−0.1514	
	共计($\sum$)			0.0874	35.410				
II	CD	0.01	196.42	0.0196	1.960	0.0175	0.0175 0.0014	0.0289	
	DF	0.04	364.42	0.5830	14.575		0.0175	0.0575	
	FE	−0.03	911.05	−0.8199	27.330		0.0175	−0.0125	
	EC	−0.08	364.42	−2.3323	29.154		0.0175	−0.0625	
	共计($\sum$)			−2.5496	73.019				

8.7　有压管道中的水击

在前面各章节中所研究的水流运动,没有也不需要考虑液体的压缩性,但液体在有压管道中所发生的水击现象,则必须考虑液体的可压缩性,同时还要考虑管壁材料的弹性。与前面讨论的有压管道恒定流动不同,本节有压管道中的水击属于非恒定流动问题。

8.7.1　水击现象

在有压管道中运动着的液体,由于某种原因(如阀门突然启闭,换向阀突然变换工位,水泵机组突然停车等),使得液体流速和动量发生突然变化,同时引起液体压强大幅度波动的现象,称为水击(或水锤)。水击所产生的增压波和减压波交替进行的频率很高,对管壁和阀门的作用有如锤击一样,有很大的破坏性,可导致管道系统强烈振动、产生噪声,造成阀门破坏,管件接头断开,甚至管道炸裂等重大事故。由水击引起的瞬时压强称为水击压强,可达管道正常工作压强的几十倍至数百倍。

现以简单管道末端阀门突然关闭为例,说明水击发生的原因。设简单管道长 l,直径 d,末端阀门关闭前,管道中的液体以 $+v_0$ 的速度从上游水池流向下游出口,为恒定流动。为便于分析水击现象,忽略流速水头和水头损失,则管道的沿程各断面压强相等,以 p_0 表示,其压强水头均为 $\dfrac{p_0}{\rho g}=H$,如图 8.29 所示。阀门突然关闭,使紧靠阀门的水层(mn 段)受阀门阻碍停止流动,流速由 v_0 变为零。根据质点系的动量定理,该段液体动量的变化等于作用在该物体上所受外力的冲量,此外力是阀门对液体的作用力。因外力作用,该层液体的应力(即压强)突然增至 $p_0+\Delta p$,增高的压强 Δp 即为水击压强。

第一阶段 $\begin{cases} 0<t<\dfrac{l}{c} \\[2mm] t=\dfrac{l}{c} \end{cases}$

第二阶段 $\begin{cases} \dfrac{l}{c}<t<\dfrac{2l}{c} \\[2mm] t=\dfrac{2l}{c} \end{cases}$

第三阶段 $\begin{cases} \dfrac{2l}{c}<t<\dfrac{3l}{c} \\[2mm] t=\dfrac{3l}{c} \end{cases}$

第四阶段 $\begin{cases} \dfrac{3l}{c}<t<\dfrac{4l}{c} \\[2mm] t=\dfrac{4l}{c} \end{cases}$

图 8.29　水击波的传播过程

水击压强很大,会使停止流动的 mn 段发生液体压缩和管壁膨胀两种变形。由于这两种变形,紧靠阀门的液层停止流动后,后面的水层要在进占前面一层因体积压缩、管壁膨胀而空出的空间后才停止流动。同时压强增高,体积压缩,管壁膨胀,如此接续向管道进口传播。可见阀门瞬时关闭,管道中的液体不是在同一时刻全部停止流动,压强也不是在同一时刻增高 Δp,而是以波的形式由阀门传向管道进口,出现了全管液体暂时的静止受压和整个管壁胀大的状态。从以上分析不难看出,引起管道内液体流速突然变化的因素(如阀门突然关闭等)是发生水击的条件,液体本身具有惯性和压缩性则是发生水击的内在原因。

水击以波的形式传播,称为水击波。典型传播过程如图 8.29 所示。

第一阶段　增压波从阀门向管道进口传播。设阀门在 $t=0$ 瞬时关闭,增压波从阀门向管道进口传播,传到之处水停止运动,压强增至 $p_0+\Delta p$。未传到之处,水仍以 v_0 流动,压强为 p_0。如以 c 表示水击波的传播速度,在 $t=l/c$ 时,水击波传到管道进口,全管压强均为 $p_0+\Delta p$,处于增压状态。

第二阶段　减压波从管道进口向阀门传播。$t=l/c$(第一阶段末第二阶段始)时,管内压强 $p_0+\Delta p$ 大于进口外侧静水压强 p_0,在压强差 Δp 作用下,管道内紧靠进口的液体速度 $-v_0$(负号表示与原流速 v_0 的方向相反)向水池倒流,同时压强恢复为 p_0,于是该段又与管内相邻的液体出现压强差,这样液体自管道进口起逐层向水池倒流。这个过程相当于第一阶段的反射波。在 $t=2l/c$ 时,减压波传至阀门断面,全管压强恢复为原来状态 p_0。

第三阶段　减压波从阀门向管道进口传播。在 $t=2l/c$ 时,液体因惯性作用,继续以速度一v_0向水池倒流。因阀门处无液体补充,紧靠阀门的一层液体停止流动,流速由$-v_0$变为零,同时压强降低Δp。随之后续各层相继停止流动,流速由$-v_0$变为零,压强降低Δp。在$t=3l/c$时,减压波传至管道进口,全管压强为$p_0-\Delta p$,处于减压状态。

第四阶段　增压波从管道进口向阀门传播。$t=3l/c$时,因管道进口外侧静水压强p_0大于管内压强$p_0-\Delta p$,在压强差Δp作用下,液体以流速v_0向管内流动。压强自进口起逐层恢复为p_0。在$t=4l/c$时,增压波传至阀门断面,全管压强为p_0,恢复为阀门关闭前的状态。此时因惯性作用,液体继续以流速v_0流动,受到阀门阻止,于是和第一阶段开始时,阀门瞬时关闭的情况相同,增压波从阀门向管道进口传播,重复上述四个阶段。

至此,水击波的传播完成了一个周期。在一个周期内,水击波由阀门传到进口,再由进口传至阀门,共往返两次,往返一次所需时间$T=2l/c$称为相或相长。实际水击波传播速度很快,前述各阶段是在极短时间内连续进行的。

在水击波的传播过程中,管道各断面的流速和压强皆随时间变化,所以水击过程是非恒定流。图8.30是阀门断面压强随时间的变化曲线,在$t=0$时,阀门瞬时关闭,压强由p_0增至$p_0+\Delta p$,一直保持到$t=2l/c$时,即水击波往返一次所需的时间;在$t=2l/c$时,压强由$p_0+\Delta p$突然降至$p_0-\Delta p$,直到$t=4l/c$时,压强由$p_0-\Delta p$增至p_0,然后周期性变化。

若水击波传播过程中无能量损失,它将一直周期性地传播下去,如图8.30所示。但实际上水击波传播过程中,能量不断损失,水击压强迅速衰减,阀门断面实测的水击压强随时间变化,如图8.31所示。

图8.30　阀门断面压强变化

图8.31　实测阀门断面水击压强变化

8.7.2　水击压强的计算

在认识水击发生的原因和传播过程的基础上,进行水击压强Δp的计算,为设计压力管道及控制运行提供依据。

(1)直接水击　在前面的讨论中,阀门是瞬时关闭的。实际上阀门关闭总有一个过程,如关闭时间小于一个相长($T_z<2l/c$),那么最早发出的水击波的反射波回到阀门以前,阀门已全关闭,这时阀门处的水击压强和阀门瞬时关闭时的压强相同,这种水击称为直接水击。下面应用质点系动量原理推导直接水击压强公式。

设有压管流,如图8.32所示,因阀门

图8.32　直接水击压强计算

171

突然关小,流速突然变化,发生水击,水击波的传播速度为 c,在微小时段 Δt,水击波由断面 2-2 传至 1-1。分析 1-2 段水体:水击波通过前,原流速 v_0、压强 p_0、密度 ρ、过流断面面积 A;水击波通过后,流速降至 v,压强、密度、过流断面面积分别增至 $p_0+\Delta p$、$\rho+\Delta\rho$、$A+\Delta A$。根据质点系动量定理,质点系在 Δt 时段内,动量的变化等于该质点系所受外力在同一时段内的冲量

$$[p_0A-(p_0+\Delta p)(A+\Delta A)]\Delta t=[(\rho+\Delta\rho)(A+\Delta A)]c\Delta t v-\rho Ac\Delta t v_0$$

考虑到 $\Delta\rho\ll\rho$,$\Delta A\ll A$,化简上式,得直接水击压强计算公式

$$\Delta p=\rho c(v_0-v) \tag{8.58}$$

当阀门瞬时关闭 $v=0$,得水击压强最大值计算公式

$$\Delta p=\rho c v_0 \tag{8.59}$$

或表示为压强水头的形式

$$\frac{\Delta p}{\rho g}=\frac{cv_0}{g} \tag{8.60}$$

直接水击压强的计算公式(8.60)是由俄国流体力学家儒科夫斯基在 1898 年导出的,又称为儒科夫斯基公式。

(2)间接水击　如阀门关闭时间 $T_z>2l/c$,则开始关闭时发出的水击波的反射波,在阀门尚未完全关闭前,已返回阀门断面,随即变为负的水击波向管道进口传播。由于负水击压强和阀门继续关闭所产生的正水击压强相叠加,使阀门处最大水击压强小于直接水击压强,这种情况的水击称为间接水击。间接水击由于正水击波与反射波相互作用,计算更为复杂。一般情况下,间接水击压强可近似由下式计算

$$\Delta p=\rho c v_0\frac{T}{T_z}$$

或

$$\frac{\Delta p}{\rho g}=\frac{cv_0}{g}\frac{T}{T_z}=\frac{v_0}{g}\frac{2l}{T_z} \tag{8.61}$$

由式(8.61)可见,间接水击压强与水击波传播速度无关。

8.7.3　水击波的传播速度

式(8.59)表明,直接水击压强与水击波的传播速度成正比。因此,计算直接水击压强,需要知道水击波的传播速度 c。考虑到水的压缩性和管壁的弹性变形,可得输水管道中水击波的传播速度(推导过程从略)

$$c=\frac{c_0}{\sqrt{1+\dfrac{K}{E}\dfrac{d}{\delta}}} \tag{8.62}$$

式中　　c_0——水中声波的传播速度,水温 10℃ 左右,压强为 1～25 个大气压时,$c_0=$ 1435m/s;

　　　　K——水的体积模量,$K=2.1\times10^9$Pa;

　　　　E——管壁材料的弹性模量,见表 8.10;

　　　　d——管道直径,m;

　　　　δ——管壁厚度,m。

对于普通钢管 $(d/\delta)\approx100$,$(K/E)\approx0.01$,代入式(8.62),得 $c\approx1000$m/s。如阀门关闭前流速 $v_0=1$m/s,阀门突然关闭引起的直接水击压强,由式(8.59)算得 $\Delta p=\rho c v_0\approx10^6$Pa,

可见直接水击压强是很大的。

管壁材料的弹性模量   表 8.10

管　材	钢　管	铸　铁　管	钢筋混凝土管	木　管
E(Pa)	20.6×10^{10}	9.8×10^{10}	19.6×10^{9}	9.8×10^{9}

8.7.4　防止水击危害的措施

通过研究水击发生的原因及影响因素,可找到防止水击危害的措施。如:

1. 限制管中流速。式(8.60)和式(8.61)表明,水击压强与管道中流速 v_0 成正比,减小流速,水击压强 Δp 呈线性降低,因此一般给水管网中,流速不大于 3m/s;

2. 控制阀门关闭或开启时间。控制阀门关闭或开启时间,以避免直接水击,也可减少间接水击压强;

3. 缩短管道长度和减小管道的弹性。缩短管长,即缩短了水击波相长,可使直接水击变为间接水击,也可降低间接水击压强;减小管道的弹性,即采用弹性模量 E 较小的管材,使水击波传播速度减缓,从而降低直接水击压强;

4. 设置安全阀,进行水击过载保护。

思考题

8-1　思考题 8-1 图中穿孔板上各孔眼的大小形状相同,此时每个孔口的出流量是否相同?

8-2　薄壁小孔口的自由出流和淹没出流的流量系数和流速系数有何异同?

8-3　在管道的水力计算中,长管和短管是如何区分的?

8-4　为什么在管网的水力计算中一般不考虑局部水头损失?

8-5　什么叫阻抗 S(综合阻力数)? 在何情况下,S 与管中流量无关,而仅决定于管道的尺寸和构造?

8-6　并联管路中各支管的流量分配遵循什么原理? 如果要使各支管的流量相等,该如何设计管路?

8-7　供热系统的凝结水箱回水系统如思考题 8-7 图,试写出水泵应具有的作用水头表达式。

思考题 8-1 图　　　　　　　　　　　　思考题 8-7 图

8-8　产生水击的内因和外因都是什么? 有哪些措施可减少水击压强?

习　题

8-1　薄壁圆形孔口的直径 $d=10$mm,作用水头 $H=2$m(题 8-1 图)。现测得射流收缩

断面的直径 $d_c=8mm$，在 32.8s 时间内，经孔口流出的水量为 $0.01m^3$，试求该孔口的收缩系数 ε，流量系数 μ、流速系数 φ 及孔口局部阻力系数 ζ。

8-2　薄壁孔口出流如题 8-1 图所示，直径 $d=2cm$，水箱水位恒定 $H=2m$，试求：(1)孔口流量 Q；(2)此孔口外接圆柱形管嘴的流量 Q_n；(3)管嘴收缩断面处的真空。

8-3　密闭贮液箱中水深保持为 1.8m，液面上的相对压强为 70kPa，箱底开孔的孔口直径 $d=50mm$，若孔口流量系数为 0.61，求此孔口的排水量？

图 8-1 图

8-4　水箱用隔板分为 A、B 两室(题 8-4 图)，隔板上开一孔口，其直径 $d_1=4cm$，在 B 室底部装有圆柱形外管嘴，其直径 $d_2=3cm$。已知 $H=3m$，$h_3=0.5m$，试求：(1)出流恒定的条件；(2)在恒定出流时的 h_1，h_2；(3)流出水箱 B 的流量 Q。

8-5　水从 A 水箱通过直径 $d=10cm$ 的孔口流入 B 水箱(题 8-5 图)，孔口流量系数为 0.62。设 A 水箱的作用水头 $H_1=3m$ 保持不变，试求在下列三种情况下，通过孔口的流量；(1)B 水箱中无水，即 $H_2=0$；(2)B 水箱中的作用水头 $H_2=2m$；(3)A 水箱水面压力为 2000Pa，$H_1=3m$，同时 B 水箱水面与大气相通，$H_2=2m$。

题 8-4 图　　　　　　　　　　题 8-5 图

8-6　有一平底空船(题 8-6 图)，其水平面积 $\Omega=8m$，船舷高 $h=0.5m$，船自重 $G=9.8kN$。现船底破一直径 10cm 的圆孔，水自圆孔漏入船中，试问经过多长时间后船将沉没。

8-7　游泳池长 $l=25m$，宽 $B=10m$，水深 $H=1.5m$，池底设有直径 $d=0.1m$ 的放水孔直通排水地沟，试问放空池水所需时间。

8-8　如题 8-8 图所示，油槽车的油槽长度为 l，直径为 D，油槽底部设有卸油孔，孔口面积为 A，流量系数为 μ，试求该车充满油后所需卸空时间。

题 8-6 图　　　　　　　　　　题 8-8 图

8-9　虹吸管将 A 池中的水输入 B 池（题 8-9 图），已知长度 $l_1=3\text{m}$，$l_2=5\text{m}$，直径 $d=75\text{mm}$，两池水面高差 $H=2\text{m}$，最大超高 $h=1.8\text{m}$，沿程阻力系数 $\lambda=0.02$，局部阻力系数：进口 $\zeta_a=0.5$，转弯 $\zeta_b=0.2$，出口 $\zeta_c=1$。试求流量 Q 及管道最大超高断面的真空度。

8-10　用虹吸管将钻井里的水输送到集水井（题 8-10 图），上下游水位差为 1.5m，虹吸管全长 60m，直径 0.2m，沿程阻力系数 $\lambda=0.031$，管道入口和弯头的局部阻力系数为 $\zeta_e=0.5$ 和 $\zeta_b=0.5$。试求虹吸管的流量。

题 8-9 图　　　　　　　　　　　　题 8-10 图

8-11　由水库引水（题 8-11 图），先用长 $l_1=25\text{m}$，直径 $d_1=75\text{mm}$ 的管道将水引至贮水池中，再由长 $l_2=150\text{m}$，直径 $d_2=50\text{mm}$ 的管道将水引至用水点。已知水头 $H=8\text{m}$，沿程阻力系数 $\lambda_1=\lambda_2=0.03$，阀门的局部阻力系数 $\zeta_v=3$。（1）试求流量 Q_2 和水面高差 h；（2）绘出总水头线和测压管水头线。

题 8-11 图

8-12　水从密闭容器 A，沿直径 $d=25\text{mm}$，长 $l=10\text{m}$ 的管道流入容器 B（题 8-12 图），已知容器 A 水面的相对压强 $p_1=2\text{at}$，水面高 $H_1=1\text{m}$，$H_2=5\text{m}$，沿程阻力系数 $\lambda=0.025$，局部阻力系数：阀门 $\zeta_v=4.0$，弯头 $\zeta_b=0.3$，试求流量 Q。

8-13　水车由直径 $d=150\text{mm}$，长 $l=80\text{m}$ 的管道供水（题 8-13 图），该管道中共有两个闸阀和 4 个 90° 弯头，局部阻力系数：闸阀全开时 $\zeta_a=0.12$，弯头 $\zeta_b=0.18$，沿程阻力系数 $\lambda=0.03$。已知水车的有效容积 V 为 25m^3，水塔的作用水头 $H=18\text{m}$，试求水车充满水所需的最短时间。

题 8-12 图　　　　　　　　　　　　题 8-13 图

8-14　自密闭容器经两段串联管道输水(题 8-14 图),已知压力表读值 p_M＝1at,水头 H＝2m,管长 l_1＝10m,l_2＝20m,直径 d_1＝100mm,d_2＝200mm,沿程阻力系数 λ_1＝λ_2＝0.03,试求流量 Q 并绘总水头和测压管水头线。

8-15　两水池水面高差恒定(题 8-15 图),H＝3.82m,用直径 d_1＝100mm、d_2＝200mm,长度为 l_1＝6m,l_2＝10m 的串联管道相连接,沿程阻力系数 λ_1＝λ_2＝0.02。(1)试求流量并绘出总水头线和测压管水头线;(2)若直径改为 d_1＝d_2＝200mm,λ 不变,流量增大多少倍?

题 8-14 图　　　　　　　　　　　　题 8-15 图

8-16　有压排水涵管如题 8-16 图,上下游水位差为 1.5m,排水量为 2.0m³/s,涵管长 20m,沿程阻力系数 λ＝0.03,管道入口和出口的局部阻力系数为 ζ_e＝0.5 和 ζ_0＝1.0。试求涵管的直径。

8-17　水泵抽水系统如题 8-17 图所示,d_1＝250mm,l_1＝20m,d_2＝200mm,l_2＝260m,流量 Q＝0.04m³/s,沿程阻力系数 λ＝0.03。各局部阻力系数为:吸水管入口 ζ_e＝3,弯头 ζ_b＝0.2,阀门 ζ_v＝0.5。试求(1)吸水管和压水管的阻抗 S;(2)管路的总水头损失;(3)绘出总水头线。

题 8-16 图

题 8-17 图

8-18　水从密闭水箱沿垂直管道送入高位水池中(题 8-18 图)。已知管道直径 d＝25mm,管长 l＝3m,水深 h＝0.5m,流量 Q＝1.5L/s,沿程阻力系数 λ＝0.033,局部阻力系数:阀门 ζ_v＝9.3,入口 ζ_e＝1,试求密闭容器上压力表读值 p_M,并绘总水头线和测压管水头线。

8-19 如题 8-19 图所示的管路,流量 $Q_A=0.6\text{m}^3/\text{s}$,沿程阻力系数 $\lambda=0.02$,$d_1=0.6\text{m}$,$l_1=1000\text{m}$,$d_2=0.35\text{m}$,$l_2=1100\text{m}$,$d_3=0.3\text{m}$,$l_3=800\text{m}$,$d_4=0.4\text{m}$,$l_4=900\text{m}$,$d_5=0.7\text{m}$,$l_5=1500\text{m}$,不计局部水头损失,求 A、D 两点间的水头损失。

题 8-18 图   题 8-19 图

8-20 并联管道如题 8-20 图,总流量 $Q=0.025\text{m}^3/\text{s}$,管段 1 的管长 $l_1=50\text{m}$、直径 $d_1=100\text{mm}$、沿程阻力系数 $\lambda_1=0.03$、阀门的局部阻力系数 $\zeta_v=3$;管段 2 的管长 $l_2=30\text{m}$、直径 $d_2=50\text{mm}$、$\lambda_2=0.04$。试求各管段的流量及并联管道的水头损失。

8-21 简单并联管路如题 8-20 图所示,总流量 $Q=0.08\text{m}^3/\text{s}$,沿程阻力系数 $\lambda=0.02$,不计局部水头损失,管长 $l_1=600\text{m}$、$l_2=360\text{m}$,直径 $d_1=d_2=200\text{mm}$。(1)试求各管段上的流量及两节点间的水头损失;(2)若使两并联支路的流量相等,如何改变第二支路。

8-22 如题 8-22 图所示,在长为 $2l$,直径为 d 的管道上,并联一根直径相同,长为 l 的支管(图中虚线),若水头 H 不变,不计局部损失,试求并联支管前后的流量比。

题 8-20 图   题 8-22 图

8-23 有一泵循环管道(题 8-23 图),各支管阀门全开时,支管流量分别为 Q_1、Q_2,若将阀门 A 开度关小,其他条件不变,试论证主管流量 Q 怎样变化,支管流量 Q_1、Q_2 怎样变化。

8-24 应用长度同为 l 的两根管道从水池 A 向水池 B 输水(题 8-24 图),其中粗管直径为细管直径的两倍 $d_1=2d_2$,两管的沿程阻力系数相同,局部水头损失不计,试求两管中的流量比。

8-25 三层供水管路(题 8-25 图),各管段的阻抗 S 皆为 $10^6\text{s}^2/\text{m}^5$,层高均为 5m。设 a 点的作用水头为 $20\text{mH}_2\text{O}$。(1)试求 Q_1、Q_2、Q_3;(2)若 a 点的作用水头不变,若想得到相同的流量,如何改造管路?

8-26 三层楼的自来水管道(题 8-26 图),已知各楼层管长 $l=4\text{m}$、直径 $d=60\text{mm}$,各层

供水口高差 $H=3.5\text{m}$，沿程阻力系数均为 $\lambda=0.03$，水龙头全开时的局部阻力系数 $\zeta=3$，不计其他局部水头损失。试求当水龙头全开时，供给每层用户的流量不少于 $0.003\text{m}^3/\text{s}$，进户压强 p_M 应为多少？

题 8-23 图　　　　　　　　　　题 8-24 图

题 8-25 图　　　　　　　　　　题 8-26 图

8-27　水塔经串并联管道供水（题 8-27 图），已知供水量 $Q_1=0.1\text{m}^3/\text{s}$，各段直径 $d_1=d_4=200\text{mm}$、$d_3=d_2=150\text{mm}$，各段管长 $l_1=l_4=100\text{m}$、$l_2=50\text{m}$、$l_3=200\text{m}$，各管段的沿程阻力系数均为 $\lambda=0.02$，局部水头损失不计。试求各并联管段的流量 Q_2、Q_3 及水塔水面高度 H。

8-28　供水系统如题 8-28 图所示，已知各管段直径 $d_1=d_2=150\text{mm}$、$d_3=250\text{mm}$、$d_4=200\text{mm}$，管长 $l_1=350\text{m}$、$l_2=700\text{m}$、$l_3=500\text{m}$、$l_4=300\text{m}$，流量 $Q_\text{D}=20\text{L/s}$，$q_\text{B}=45\text{L/s}$、$q_\text{CD}=0.1\text{L/(s·m)}$，$D$ 点要求的自由水头 $H_\text{Z}=8\text{m}$，采用铸铁管，试求水塔水面高度 H。

题 8-27 图　　　　　　　　　　题 8-28 图

8-29　枝状铸铁管网如题 8-29 图所示，已知水塔地面标高 $Z_\text{A}=15\text{m}$，管网终点 C、D 的标高 $Z_\text{C}=20\text{m}$，$Z_\text{D}=15\text{m}$，自由水头 H_Z 均为 5m；$q_\text{C}=20\text{L/s}$，$q_\text{D}=7.5\text{L/s}$，$l_1=800\text{m}$，$l_2=400\text{m}$，$l_3=700\text{m}$，水塔高 $H=35\text{m}$，试设计 AB、BC、BD 段直径。

8-30　水平环路如题 8-30 图所示，A 为水塔，C、D 为用水点，出流量 $Q_\text{C}=25\text{L/s}$、$Q_\text{D}=$

20L/s，自由水头均要求 6m，各管段长度 $l_{AB}=4000m$，$l_{BC}=1000m$，$l_{BD}=1000m$，$l_{CD}=500m$，直径 $d_{AB}=250mm$，$d_{BC}=200mm$，$d_{BD}=150mm$，$d_{CD}=100mm$，采用铸铁管，试求各管段流量和水塔高度 H（闭合差小于 0.3m 即可）。

题 8-29 图   题 8-30 图

8-31 某游泳池长 36m、宽 12m，底部倾斜（题 8-31 图），池深由 1.2m 均匀变化到 2.1m，在底部最深端有两个泄水孔，分别为孔口和管嘴，直径均为 22.5cm，流量系数分别为 0.62 和 0.82，试求游泳池放空所需时间。

8-32 一分叉管道连接水池 A、B、C，如题 8-32 图所示。设 1、2、3 段管道的长度及直径分别为：$l_1=900m$，$l_2=300m$，$l_3=1200m$，直径 $d_1=600mm$、$d_2=450mm$、$d_3=400mm$。管道为新钢管，A、B、C 水池的水面高程为：$\nabla_A=30m$、$\nabla_B=18m$、$\nabla_C=0m$。求通过各管的流量 Q_1、Q_2 和 Q_3。

题 8-31 图   题 8-32 图

8-33 电厂引水钢管直径 $d=180mm$，壁厚 $\delta=10mm$，流速 $v=2m/s$，阀门前压强为 1×10^6Pa，当阀门突然关闭时，管壁中的应力比原来增加多少倍？

8-34 输水钢管直径 $d=100mm$，壁厚 $\delta=7mm$，流速 $v=1.2m/s$，试求阀门突然完全关闭时的水击压强，如该管道改用铸铁管水击压强有何变化？

设A、B两点,用D90。圆管......Cq=6000m/q,p=1600m/q,......
300。直管d,d=200mm,e......=200mm,d=120mm,f......=100mm......图......
试求各水道流量以及ICD处的水头0.2m。

第9章　明渠恒定流

9.1　概　　述

明渠是一种具有自由表面水流的渠道。根据它的形成可分为天然明渠和人工明渠(见图9.1),如天然河道,图9.1(a)为天然明渠;人工渠道(输水渠、排水渠等)、运河等,图9.1(b)为人工明渠。

图9.1　明渠流动
(a)天然明渠;(b)人工明渠

明渠水流与有压管流不同,它具有自由表面,表面上各点受大气压强作用,其相对压强为零,所以又称为无压流动。

明渠水流根据其运动要素是否随时间变化分为恒定流与非恒定流。明渠恒定流又可根据流线是否为平行直线分为均匀流与非均匀流。

明渠水流由于自由表面不受约束,当遇有河渠建筑物或流量变化时,往往形成非均匀流。但在工程实际中,如铁道、公路、给排水和水利工程中的沟渠,其排水或输水能力的计算,常按明渠均匀流处理。此外,明渠均匀流理论对于进一步研究明渠非均匀流具有重要意义。

9.1.1　明渠流动的特点

同有压管流相比较,明渠流动具有以下特点。

(1)明渠流动具有自由液面,沿程各断面的表面压强都是大气压,重力对流动起主导作用。

(2)明渠底坡i的改变对断面的流速v和水深h有直接影响,如图9.2所示,底坡$i_1 \neq i_2$,则流速$v_1 \neq v_2$,水深$h_1 \neq h_2$。而有压管道,只要管道的形状、尺寸一定,前后管线坡度变化对流速v和过流断面面积A无影响。

(3)明渠局部边界的变化,如设置控制设备、渠道形状和尺寸的变化、改变底坡等,都会造成

图9.2　底坡影响

水深在很长的流程上发生变化。因此,明渠流动存在均匀流和非均匀流,如图9.3所示。而在有压管流中,局部边界变化影响的范围很短,只需计入局部水头损失,仍按均匀流计算,如图9.4所示。

图9.3 明渠流动

图9.4 有压管流

9.1.2 明渠的分类

由于过水断面形状、尺寸与底坡的变化对明渠水流运动有重要影响,因此将明渠分为以下类型:

(1)棱柱形渠道与非棱柱形渠道 根据渠道的几何特性,分为棱柱形渠道和非棱柱形渠道。断面形状、尺寸沿程不变的长直渠道称为棱柱形渠道,例如棱柱形梯形渠道,其底宽b和边坡m皆沿程不变,如图9.5所示。对于棱柱形渠道,过流断面面积只随水深改变,即

$$A = f(h)$$

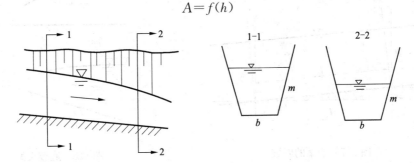

图9.5 棱柱形渠道

断面的形状、尺寸沿程有变化的渠道是非棱柱形渠道,例如非棱柱形梯形渠道,其底宽b或边坡m沿程有变化,如图9.6所示。对于非棱柱形渠道,过流断面面积既随水深改变,又随位置改变,即

$$A = f(h, s)$$

图9.6 非棱柱形渠道

181

渠道的连接过渡段是典型的非棱柱形渠道,天然河道的断面不规则,都属于非棱柱形渠道。

(2)顺坡、平坡和逆坡渠道　明渠渠底与纵剖面的交线称为底线,底线沿流程单位长度的降低值称为渠道纵坡或底坡,以符号 i 表示,如图9.7所示。

$$i = \frac{\nabla_1 - \nabla_2}{l} = \sin\theta \tag{9.1}$$

通常渠道底坡 i 很小,即 θ 角很小,为便于量测和计算,以水平距离 l_x 代替流程长度 l,同时以铅垂断面作为过流断面,以铅垂深度 h 作为过流断面的水深。于是

$$i = \frac{\nabla_1 - \nabla_2}{l_x} = \tan\theta \tag{9.2}$$

底坡分为三种类型:底线高程沿程降低($\nabla_1 > \nabla_2$),$i > 0$,称为正坡或顺坡(图9.8a);底线高程沿程不变($\nabla_1 = \nabla_2$),$i = 0$,称为平坡(图9.8b);底线高程沿程抬高($\nabla_1 < \nabla_2$),$i < 0$,称为反坡或逆坡(图9.8c)。

图9.7　明渠的底坡

图9.8　底坡类型

9.2　明渠均匀流的特征及其形成条件

9.2.1　明渠均匀流的特征

明渠均匀流是流线为平行直线的明渠水流,它是明渠流动最简单的流动形式。均匀流的运动规律是明渠水力设计的基本依据。明渠均匀流的主要特征包括:

(1)明渠均匀流过流断面的形状和尺寸、水深、流量、断面平均流速及其分布均沿程保持不变。

(2)明渠均匀流的总水头线、测压管水头线和渠底线三者互相平行。如图9.9所示,在均匀流中取过流断面1-1、2-2列伯努利方程

图9.9　明渠均匀流

$$(h_1+\Delta z)+\frac{p_1}{\rho g}+\frac{\alpha_1 v_1^2}{2g}=h_2+\frac{p_2}{\rho g}+\frac{\alpha_2 v_2^2}{2g}+h_l$$

明渠均匀流：

$$p_1=p_2=0 \qquad h_1=h_2=h$$

$$v_1=v_2 \qquad \alpha_1=\alpha_2 \qquad h_l=h_f$$

前式化为

$$\Delta z=h_f$$

除以流程得

$$i=J$$

上式分析表明,水流沿程减少的位能 Δz 等于沿程水头损失 h_f,而水流的动能保持不变,此时一定存在 $i>0$。

因为明渠均匀流是等深流,水面线(即测压管水头线)与渠底线平行,坡度相等

$$J_p=i$$

明渠均匀流又是等速流,总水头线与测压管水头线平行,坡度相等

$$J=J_p$$

由以上分析得出,明渠均匀流的水力坡度、测压管水头线坡度和渠底坡度三者相等,即

$$J=J_p=i \tag{9.3}$$

9.2.2 明渠均匀流的形成条件

由于明渠均匀流具有式(9.3)所述的特性,它的形成就需要一定的条件。例如当 $i\leqslant 0$ 时,不可能满足式(9.3),也就不可能存在均匀流。因此,明渠均匀流的形成条件如下：

(1)明渠中水流是恒定的,流量沿程不变；

(2)渠槽是长直的棱柱形顺坡渠道；

(3)渠道表面粗糙系数沿程不变；

(4)沿程没有建筑物的局部干扰。

明渠均匀流由于种种条件的限制,往往难以完全实现,在渠道中大量存在的是非均匀流动。只有在顺直的正底坡棱柱形渠道里,具有足够的长度,而且只有在离渠道进口一定距离、边界层充分发展以后才有可能形成均匀流动。天然河道一般不容易形成均匀流,但对于某些顺直河段,可按均匀流作近似的计算。人工非棱柱形渠道通常采用分段计算,在各段上按均匀流考虑,一般情况下也可以满足工程上的要求。因此,均匀流动理论是分析明渠水流的一个基础。

9.3 明渠均匀流的水力计算

9.3.1 明渠均匀流的水力计算公式

(1)谢才公式　1769 年法国工程师谢才提出如下公式：

$$v=C\sqrt{RJ} \tag{9.4}$$

式中　　v——断面平均流速,m/s；

R——水力半径,m；

J——水力坡度；

C——谢才系数,$m^{0.5}/s$。

该公式是水力学最古老的公式之一,称为谢才公式。尽管最初它是由谢才根据渠道和塞纳河的实测资料提出的,但也适用于有压管道均匀流的水力计算。将达西公式(6.1)变形为

$$v^2 = \frac{2g}{\lambda} d \frac{h_f}{l}$$

以 $d=4R$ 和 $\frac{h_f}{l}=J$ 代入上式,整理得

$$v = \sqrt{\frac{8g}{\lambda}} \sqrt{RJ} = C \sqrt{RJ}$$

由此可得
$$C = \sqrt{\frac{8g}{\lambda}} \tag{9.5}$$

式(9.5)给出了谢才系数 C 和沿程阻力系数 λ 的关系,该式表明 C 和 λ 一样是反映沿程阻力大小的系数,但它的数值通常都是由经验公式计算。其中 1895 年爱尔兰工程师曼宁(Manning)提出经验公式

$$C = \frac{1}{n} R^{1/6} \tag{9.6}$$

式中,粗糙系数 n 是综合反映壁面对水流阻滞作用的系数,其取值见表 9.1。

各种不同粗糙面的粗糙系数 n 　　　　　　表 9.1

等级	槽　壁　种　类	n	$\frac{1}{n}$
1	涂珐琅或釉质的表面,极精细刨光而拼合良好的木板	0.009	111.1
2	刨光的木板,纯粹水泥的抹面	0.010	100.0
3	水泥(含 $\frac{1}{3}$ 细沙)抹面,安装和接合良好(新)的陶土、铸铁管和钢管	0.011	90.9
4	未刨的木板,而拼合良好;在正常情况下内无显著积垢的给水管;极洁净的排水管;极好的混凝土面	0.012	83.3
5	琢石砌体;极好的砖砌体;正常情况下的排水管;略微污染的给水管;非完全精密拼合的,未刨的木板	0.013	76.9
6	"污染"的给水管和排水管;一般的砖砌体;一般情况下渠道的混凝土面	0.014	71.4
7	粗糙的砖砌体,未琢磨的石砌体,有洁净修饰的表面,石块安置平整;极污秽的排水管	0.015	66.7
8	普通块石砌体,其状况令人满意的;破旧砖砌体;较粗糙的混凝土;光滑的开凿得极好的崖岸	0.017	58.8
9	覆有坚厚淤泥层的渠槽,用致密黄土和致密卵石做成而为整片淤泥薄层所覆盖的均无不良情况的渠槽	0.018	55.6
10	很粗糙的块石砌体;用大块石的干砌体;碎石铺筑面;纯由岩石中开筑的渠槽。由黄土、卵石和致密泥土做成而为淤泥薄层所覆盖的渠槽(正常情况)	0.020	50.0
11	尖角的大块乱石铺筑,表面经过普通处理的岩石渠槽;致密黏土渠槽。由黄土、卵石和泥土做成而为非整片的(有些地方断裂的)淤泥薄层所覆盖的渠槽,大型渠槽受到中等以上的养护	0.0225	44.4
12	大型土渠受到中等养护的;小型土渠受到良好的养护;在有利条件下的小河和溪涧(自由流动无淤塞和显著水草等)	0.025	40.0
13	中等条件以下的大渠道,中等条件的小渠槽	0.0275	36.4
14	条件较坏的渠道和小河(例如有些地方有水草和乱石或显著的茂草,有局部的坍坡等)	0.030	33.3
15	条件很坏的渠道和小河,断面不规则,严重地受到石块和水草的阻塞等	0.035	28.6
16	条件特别坏的渠道和小河(沿河有崩崖的巨石、绵密的树根、深潭、坍岸等)	0.040	25.0

曼宁公式形式简单,粗糙系数 n 可依据长期积累的丰富资料确定。在 $n < 0.02, R < 0.05m$ 范围内,进行输水管道及较小渠道的计算,结果与实际相符,至今仍为各国工程界广泛采用。

还须指出,就谢才公式(9.4)本身而言,可用于有压或无压均匀流的各阻力区。但是,曼宁公式(9.6)计算的 C 值,只与 n、R 有关,与 Re 无关。因此由于使用曼宁公式计算的 C 值,谢才公式在理论上仅适用于紊流粗糙区。

(2)明渠均匀流的基本公式　明渠均匀流水力计算的基本公式是连续性方程和谢才公式

$$Q = vA$$
$$v = C\sqrt{RJ}$$

在明渠均匀流中,水力坡度 J 与渠道底坡 i 相等,$J = i$,故有

流速　　　　　　　　　　　$v = C\sqrt{Ri}$　　　　　　　　　　　(9.7)

流量　　　　　　　$Q = vA = AC\sqrt{Ri} = K\sqrt{i}$　　　　　　(9.8)

式中　　　K——流量模数,$K = AC\sqrt{R}$,具有流量的量纲。它表示在一定断面形状和尺寸的棱柱形渠道中,当底坡 $i = 1$ 时通过的流量;

　　　　　C——谢才系数,按曼宁公式(9.6)计算;

　　　　　n——粗糙系数,见表 9.1。

式(9.7)、式(9.8)即为明渠均匀流的基本计算公式。反映了 Q、A、R、i、n 等几个物理量间的相互关系。明渠均匀流的水力计算,就是应用这些公式,由某些已知量推求一些未知量。当然,在实际进行计算时,还须考虑渠道的工作条件、施工条件等因素,进行必要的技术经济比较。例如在设计渠道断面时,要考虑输水性能最优的水力最优断面和在既定流量情况下通过渠道的允许流速等问题。

9.3.2　明渠过流断面的几何要素

明渠断面以梯形最具代表性,如图 9.10 所示,其几何要素包括基本量:

(1)底宽 b;

(2)水深 h　均匀流的水深沿程不变,称为正常水深,习惯上以 h_0 表示;

(3)边坡系数 m　表示边坡倾斜程度的系数

$$m = \frac{a}{h} = \cot\alpha \qquad (9.9)$$

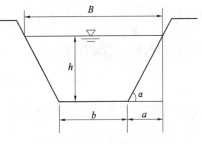

图 9.10　梯形断面

边坡系数的大小,决定于渠壁土质或护面的性质,见表 9.2。导出量包括:

梯形明渠边坡　　　　　　　　　　　　　　　　　　　　表 9.2

土　的　种　类	边坡系数 m	土　的　种　类	边坡系数 m
细粒沙土	3.0~3.5	重壤土,密实黄土,普通黏土	1.0~1.5
粉土或松散土	2.0~2.5	密实重黏土	1.0
密实粉土,轻黏壤土	1.5~2.0	各种不同硬度的岩石	0.5~1.0
砾石、砂砾石土	1.5		

水面宽 B　　　　　　　　　　$B = b + 2mh$　　　　　　　　　　(9.10a)

过流断面面积 A $$A = (b+mh)h \qquad\qquad (9.10b)$$

湿周 χ $$\chi = b + 2h\sqrt{1+m^2} \qquad\qquad (9.10c)$$

水力半径 R $$R = \frac{A}{\chi} = \frac{(b+mh)h}{b+2h\sqrt{1+m^2}} \qquad\qquad (9.10d)$$

9.3.3 明渠水力最优断面和允许流速

(1)水力最优断面　修建渠道往往涉及大量建筑材料、土石方量和工程投资,因此如何从水力条件出发,选择输水性能最优的过流断面具有重要意义。由明渠均匀流基本公式(9.8)

$$Q = AC\sqrt{Ri} = \frac{1}{n}AR^{2/3}i^{1/2} = \frac{i^{1/2}A^{5/3}}{n\chi^{2/3}}$$

上式指出明渠均匀流输水能力的影响因素,其中底坡 i 随地形条件而定,粗糙系数 n 决定于壁面材料,在这种情况下输水能力 Q 只决定于过流断面的大小和形状。当 i、n 和 A 一定,使所通过的流量 Q 最大的断面形状,或者使水力半径 R 最大,即湿周 χ 最小的断面形状定义为水力最优断面。在所有面积相等的几何图形中,圆形具有最小的周边,因而管道的断面形式通常为圆形,对渠道来说则为半圆形。但是,半圆形断面施工困难,通常仅在钢筋混凝土或钢丝网水泥渡槽中采用底部为半圆的 U 形断面。

在天然土壤中开挖的渠道一般为梯形断面,边坡系数 m 决定于土体稳定和施工条件,于是渠道断面的形状只由宽深比 b/h 决定。下面讨论梯形渠道边坡系数 m 一定时的水力最优断面。由梯形渠道断面的几何关系

$$\chi = \frac{A}{h} - mh + 2h\sqrt{1+m^2}$$

水力最优断面是面积 A 一定时,湿周 χ 最小的断面,对上式求 $\chi = f(h)$ 的极小值,令

$$\frac{\mathrm{d}\chi}{\mathrm{d}h} = -\frac{A}{h^2} - m + 2\sqrt{1+m^2} = 0 \qquad\qquad (9.11)$$

其二阶导数 $\dfrac{\mathrm{d}^2\chi}{\mathrm{d}h^2} = 2\dfrac{A}{h^3} > 0$,故有 $\chi_{\min}$ 存在。以 $A = (b+mh)h$ 代入式(9.11)求解,便得到水力最优梯形断面的宽深比

$$\beta_{\mathrm{h}} = \left(\frac{b}{h}\right)_{\mathrm{h}} = 2(\sqrt{1+m^2} - m) \qquad\qquad (9.12)$$

上式中取边坡系数 $m=0$,便得到水力最优矩形断面的宽深比

$$\beta_{\mathrm{h}} = 2$$

即水力最优矩形断面的底宽为水深的两倍 $b = 2h$。

对于梯形断面的渠道,其水力半径为

$$R = \frac{A}{\chi} = \frac{(b+mh)h}{b+2h\sqrt{1+m^2}}$$

将水力最优条件 $b = 2(\sqrt{1+m^2} - m)h$ 代入上式,得到

$$R_{\mathrm{h}} = \frac{h}{2} \qquad\qquad (9.13)$$

上式证明,在任何边坡系数 m 的情况下,水力最优梯形断面的水力半径 R_{h} 为水深 h 的一半。

以上有关水力最优断面的概念,只是按渠道边壁对流动的影响最小提出的,所以"水力最优"不同于"技术经济最优"。对于工程造价基本上由土方及衬砌量决定的小型渠道,水力最优断面接近于技术经济最优断面。对于较大型渠道,按水力最优条件设计的渠道断面往往是渠底窄而水深大。这类渠道的施工需要深挖高填,因此工程造价除取决于土方量外,还决定于其开挖深度。挖土越深,土方单价就越高,且渠道的施工、养护也较困难,因此,对这类渠道来说,水力最优断面就未必是渠道的经济断面。

(2)渠道的允许流速 渠中流速过大会引起渠道的冲刷和破坏,过小又会导致水中悬浮泥沙在渠道中淤积,且易在河滩上滋生杂草,从而影响渠道的输水能力。因此,在设计渠道时,除考虑上述水力最优条件及经济因素外,还应使渠道的断面平均流速 v 在允许流速范围内,即

$$[v]_{max} > v > [v]_{min} \tag{9.14}$$

式中　　$[v]_{max}$——渠道不被冲刷的最大允许流速,即不冲允许流速;

　　　　$[v]_{min}$——渠道不被淤积的最小允许流速,即不淤允许流速。

渠道的不冲允许流速 $[v]_{max}$ 的大小决定于土质情况、护面材料,以及通过流量等因素,具体数值见表 9.3。不淤允许流速 $[v]_{min}$ 为防止悬浮泥沙的淤积,防止水草滋生,分别为 0.4m/s、0.6m/s。

渠道的不冲允许流速(m/s) 表 9.3

(a)坚硬岩石和人工护面渠道				(b)土质渠道		
岩石或护面种类	渠道流量(m³/s)			均质黏性土质	不冲允许流速(m/s)	说　　明
	<1	1~10	>10			
软质水成岩(泥灰岩、页岩、软砾岩)	2.5	3.0	3.5	轻壤土	0.6~0.8	(1)均质黏性土质渠道中各种土质的干重度为 $12.74 \times 10^3 \sim 16.66 \times 10^3$ N/m³
				中壤土	0.65~0.85	
中等硬质水成岩(致密砾岩、多孔石灰岩、层状石灰岩、白云石灰岩、灰质砂岩)	3.5	4.25	5.0	重粉质黏土	0.70~1.0	
				黏　土	0.75~0.95	(2)表中所列为水力半径 $R = 1.0$m 的情况,如 $R \neq 1.0$m 时,则应将表中数值乘以 R^α 才得相应的不冲允许流速值。对于砂、砾石、卵石、疏松的壤土、黏土 $\alpha = \frac{1}{4} \sim \frac{1}{3}$ 对于密实的壤土、黏土 $\alpha = \frac{1}{5} \sim \frac{1}{4}$
硬质水成岩(白云砂岩、硬质石灰岩)	5.0	6.0	7.0	均质无黏性土质	粒径(mm)	不冲允许流速(m/s)
				极细砂	0.05~0.1	0.35~0.45
结晶岩、火成岩	8.0	9.0	10.0	细砂和中砂	0.25~0.5	0.45~0.60
单层块石铺砌	2.5	3.5	4.0	粗砂	0.5~2.0	0.60~0.75
双层块石铺砌	3.5	4.5	5.0	细砾石	2.0~5.0	0.75~0.90
混凝土护面(水流中不含砂和砾石)	6.0	8.0	10.0	中砾石	5.0~10.0	0.90~1.10
				粗砾石	10.0~20.0	1.10~1.30

9.3.4 明渠均匀流水力计算的基本问题

明渠均匀流的水力计算,可分为三类基本问题,以梯形断面渠道为例分述如下。

(1)验算渠道的输水能力 由于渠道已经建成,过流断面的形状、尺寸(b、h、m),渠道的壁面材料 n 及底坡 i 都已知,只需由式(9.10)和式(9.6)算出 A、R、C 值,代入明渠均匀流基本公式(9.8),便可算出通过的流量。

(2)决定渠道底坡 此时过流断面的形状、尺寸(b、h、m),渠道壁面材料的粗糙系数 n 以及输水流量 Q 都已知,只需算出流量模数 K,代入式(9.8)便可决定渠道底坡

$$i = \frac{Q^2}{K^2}$$

（3）设计渠道断面　设计渠道断面是在已知通过流量 Q，渠道底坡 i，边坡系数 m 及粗糙系数 n 的条件下，决定底宽 b 和水深 h。而用一个基本公式计算 b、h 两个未知量，将有多组解答，为得到确定解，需要另外补充条件。

条件一：水深 h 已定，确定相应的底宽 b　如水深 h 另由通航或施工条件限定，底宽 b 有确定解。为避免直接由式（9.8）求解的困难，给底宽以不同值，计算相应的流量模数 K，作出 $K = f(b)$ 曲线（图 9.11）。再由已知 Q、i，算出应有的流量模数 $K_A = Q/\sqrt{i}$。并由图 9.11 找出 K_A 所对应的 b 值，即为所求。

条件二：底宽 b 已定，确定相应的水深 h　如底宽另由施工机械的开挖作业宽度限定，用与上面相同的方法，作 $K = f(h)$ 曲线（图 9.12），然后找出 $K_A = Q/\sqrt{i}$ 所对应的 h 值，即为所求。

图 9.11　$K = f(b)$ 曲线

图 9.12　$K = f(h)$ 曲线

条件三：宽深比 $\beta = \dfrac{b}{h}$ 已定，确定相应的 b、h　小型渠道的宽深比 β 可按水力最优条件式（9.12）$\beta = \beta_h = 2(\sqrt{1+m^2} - m)$ 给出。大型渠道的宽深比 β 由综合技术经济比较给出。因宽深比 β 已定，b、h 只有一个独立未知量，用与上面相同的方法，作 $K = f(b)$ 或 $K = f(h)$ 曲线，找出 $K_A = Q/\sqrt{i}$ 对应的 b 或 h 值。

条件四：限定最大允许流速 $[v]_{\max}$，确定相应的 b、h　以渠道不发生冲刷的最大允许流速 $[v]_{\max}$ 为控制条件，则渠道的过流断面面积 A 和水力半径 R 为定值

$$A = \frac{Q}{[v]_{\max}} \quad R = \left[\frac{n v_{\max}}{i^{1/2}} \right]^{3/2}$$

再由几何关系式（9.10）

$$\left. \begin{array}{l} A = (b + mh)h \\[2mm] R = \dfrac{(b + mh)h}{b + 2h\sqrt{1+m^2}} \end{array} \right\}$$

两式联立就可解得 b、h。

【例 9.1】　灌溉渠道经过密实粉土地段，断面为梯形，边坡系数 $m = 1.5$，粗糙系数 $n = 0.025$，根据地形底坡采用 $i = 0.0003$，设计流量 $Q = 9.68\text{m}^3/\text{s}$，选定底宽 $b = 7\text{m}$。试确定断面深度 h。

【解】　断面深度等于正常水深加超高，如图 9.13 所示。设不同的正常水深 h_0，计算相应的流量模数 K，列入表 9.4 中，并作 $K = f(h)$ 曲线，见图 9.14。

图 9.13 渠道断面计算

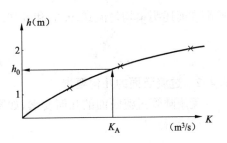

图 9.14 $K=f(h)$ 曲线

$K=AC\sqrt{R}$ 计算表　　　　　　　　表 9.4

$h(m)$	$A(m^2)$	$\chi(m)$	$R(m)$	$C(m^{0.5}/s)$	$K(m^3/s)$
1.0	8.5	10.6	0.8	38.5	292.7
1.5	13.87	12.4	1.12	40.6	595.95
2.0	20.0	14.2	1.43	42.5	1016.45

根据已知 Q、i 计算所需流量模数

$$K_A=\frac{Q}{\sqrt{i}}=\frac{9.68}{\sqrt{0.0003}}=558.88 m^3/s$$

由图 9.14 找出 K_A 对应的 $h_0=1.45m$，此外超高与渠道的级别和流量有关，本题取 0.25m，则断面深度 $h=h_0+0.25=1.70m$。

【例 9.2】 在土层中开挖梯形渠道，边坡系数 $m=1.5$，底坡 $i=0.0005$，粗糙系数 $n=0.025$，设计流量 $Q=1.5m^3/s$，按水力最优条件设计渠道断面尺寸。

【解】 水力最优宽深比

$$\frac{b}{h}=2(\sqrt{1+m^2}-m)=2(\sqrt{1+1.5^2}-1.5)=0.606$$

则
$$b=0.606h$$
$$A=(b+mh)h=(0.606h+1.5h)h=2.106h^2$$

水力最优断面的水力半径　　　　$R=0.5h$

将 A、R 代入式(9.8)　　$Q=AC\sqrt{Ri}=\frac{A}{n}R^{2/3}i^{1/2}=1.188h^{8/3}$

$$h=\left(\frac{Q}{1.188}\right)^{3/8}=1.09m$$
$$b=0.606\times1.09=0.66m$$

9.4 无压圆管均匀流

无压圆管是指圆形断面不满流的长管道，主要用于排水管道中。由于排水流量经常变化，为避免在流量增大时，管道承压，污水涌出排污口污染环境，以及为保持管道内通风，避免污水中溢出的有毒、可燃气体聚集，所以排水管道通常为非满管流，以一定的充满度流动。

9.4.1 无压圆管均匀流的特征

无压圆管均匀流只是明渠均匀流特定的断面形式，它的形成条件、水力特征以及基本公

式都和前述明渠均匀流式(9.3)和式(9.8)相同

$$J=J_p=i$$
$$Q=AC\sqrt{Ri}$$

9.4.2 过流断面的几何要素

无压圆管过流断面的几何要素,如图9.15所示。基本量包括:

(1)直径d;

(2)水深h;

(3)充满度$\alpha=\dfrac{h}{d}$,也可用水深h对应的圆心角,充满

角θ来表示。充满度α与充满角θ的关系

$$\alpha=\sin^2\frac{\theta}{4} \qquad (9.15)$$

图9.15 无压圆管过流断面

导出量包括:

过流断面面积A $\qquad A=\dfrac{d^2}{8}(\theta-\sin\theta) \qquad (9.16a)$

湿周χ $\qquad \chi=\dfrac{d}{2}\theta \qquad (9.16b)$

水力半径R $\qquad R=\dfrac{d}{4}\left(1-\dfrac{\sin\theta}{\theta}\right) \qquad (9.16c)$

不同充满度的圆管过流断面的几何要素见表9.5。

圆管过流断面的几何要素 表9.5

充满度 α	过水断面面积 $A(m^2)$	水力半径 $R(m)$	充满度 α	过水断面面积 $A(m^2)$	水力半径 $R(m)$
0.05	$0.0147d^2$	$0.0326d$	0.55	$0.4426d^2$	$0.2649d$
0.10	$0.0400d^2$	$0.0635d$	0.60	$0.4920d^2$	$0.2776d$
0.15	$0.0739d^2$	$0.0929d$	0.65	$0.5404d^2$	$0.2881d$
0.20	$0.1118d^2$	$0.1206d$	0.70	$0.5872d^2$	$0.2962d$
0.25	$0.1535d^2$	$0.1466d$	0.75	$0.6319d^2$	$0.3017d$
0.30	$0.1982d^2$	$0.1709d$	0.80	$0.6736d^2$	$0.3042d$
0.35	$0.2450d^2$	$0.1935d$	0.85	$0.7115d^2$	$0.3033d$
0.40	$0.2934d^2$	$0.2142d$	0.90	$0.7445d^2$	$0.2980d$
0.45	$0.3428d^2$	$0.2331d$	0.95	$0.7707d^2$	$0.2865d$
0.50	$0.3927d^2$	$0.2500d$	1.00	$0.7854d^2$	$0.2500d$

9.4.3 无压圆管的水力计算

无压圆管的水力计算也可以分为三类问题。

(1)验算输水能力 因为管道已经建成,管道直径d、管壁粗糙系数n及管线坡度i都已知,充满度α由室外排水设计规范确定。从而只需按已知d、α,由表9.5查得A、R,并算出谢才系数C,代入式(9.8)便可得到通过流量。

(2)决定管道坡度 此时管道直径d、充满度α、管壁粗糙系数n以及输水流量Q都已

知。只需按已知 d、α，由表9.5查得 A、R，计算出谢才系数 C 和流量模数 K，代入式(9.8)便可决定管道坡度 i

$$i=\frac{Q^2}{K^2}$$

（3）计算管道直径　这是通过流量 Q、管道坡度 i、管壁粗糙系数 n 都已知，充满度 α 按有关规范预先设定的条件下，求管道直径 d。按所设定的充满度 α，由表9.5查得 A、R 与直径 d 的关系，代入式(9.8)

$$Q=AC\sqrt{Ri}=f(d)$$

便可解出管道直径 d。

9.4.4　输水性能最优充满度

对于一定的无压管道（d、n、i 一定），流量 Q 随水深 h 变化，由基本公式(9.8)得

$$Q=AC\sqrt{Ri}=\frac{1}{n}AR^{2/3}i^{1/2}=\frac{i^{1/2}}{n}\frac{A^{5/3}}{\chi^{2/3}} \tag{9.17}$$

分析过流断面面积 A 和湿周 χ 随水深 h 的变化。在水深很小时，随着水深增加，水面增宽，过流断面积增加很快，接近管轴处增加最快；水深超过半管后，随着水深增加，水面宽度减小，过流断面面积增势减慢，在满流前增加最慢。湿周随水深的增加与过流断面面积不同，接近管轴处增加最慢，在满流前增加最快。由此可知，在满流前（$h<d$），输水能力达最大值，相应的充满度是最优充满度。

将几何关系 $A=\dfrac{d^2}{8}(\theta-\sin\theta)$，$\chi=\dfrac{d}{2}\theta$ 代入式(9.17)

$$Q=\frac{i^{1/2}}{n}\frac{\left[\dfrac{d^2}{8}(\theta-\sin\theta)\right]^{5/3}}{\left(\dfrac{d}{2}\theta\right)^{2/3}}$$

对上式求导，并令 $\dfrac{\mathrm{d}Q}{\mathrm{d}\theta}=0$，解得水力最优充满角 $\theta_h=308°$。

由式(9.15)，得水力最优充满度

$$\alpha_h=\sin^2\frac{\theta_h}{4}=0.95$$

用同样方法　　　　　$$v=\frac{1}{n}R^{2/3}i^{1/2}=\frac{i^{1/2}}{n}\left[\frac{d}{4}\left(1-\frac{\sin\theta}{\theta}\right)\right]^{2/3}$$

令 $\dfrac{\mathrm{d}v}{\mathrm{d}\theta}=0$，解得过流速度最大时对应的充满角和充满度

$$\theta_h=257.5°\qquad \alpha_h=0.81$$

由以上分析得出，无压圆管均匀流在水深 $h=0.95d$，即充满度 $\alpha_h=0.95$ 时，输水能力最优；在水深 $h=0.81d$，即充满度 $\alpha_h=0.81$ 时，过流速度最大。需要说明的是，水力最优充满度并不是设计充满度，实际采用的设计充满度，尚需根据管道的工作条件以及直径的大小来确定。

无压圆管均匀流的流量和流速随水深变化，可用无量纲参数图表示，如图9.16所示。图中

$$\frac{Q}{Q_0}=\frac{AC\sqrt{Ri}}{A_0C_0\sqrt{Ri}}=\frac{A}{A_0}\left(\frac{R}{R_0}\right)^{2/3}=f_Q\left(\frac{h}{d}\right)$$

$$\frac{v}{v_0} = \frac{C\sqrt{Ri}}{C_0\sqrt{R_0i}} = \left(\frac{R}{R_0}\right)^{2/3} = f_v\left(\frac{h}{d}\right)$$

式中，Q_0、v_0 为满流（$h=d$）时的流量和流速；Q、v 为不满流（$h<d$）时的流量和流速。由图 9.16 可见，当 $\frac{h}{d}=0.95$ 时 $\frac{Q}{Q_0}$ 达最大值，$\left(\frac{Q}{Q_0}\right)_{max}=1.087$，此时管中通过的流量 Q_{max} 超过管内满管时流量的 8.7%；当 $\frac{h}{d}=0.81$ 时，$\frac{v}{v_0}$ 达最大值，$\left(\frac{v}{v_0}\right)_{max}=1.16$，此时管中流速超过满流时流速的 16%。

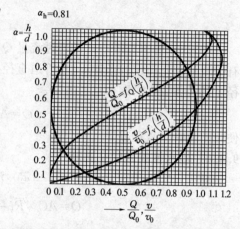

图 9.16　无量纲参数图

9.4.5　最大设计充满度、允许流速

在工程上进行无压管道的水力计算，还需符合有关的规范规定。对于污水管道，为避免因流量变化形成有压流，充满度不能过大。现行室外排水规范规定，污水管道最大充满度见表 9.6。

最大设计充满度　　　　　　　　表 9.6

管径 d 或暗渠高 H（mm）	最大设计充满度 $\alpha=\dfrac{h}{d}$ 或 $\dfrac{h}{H}$
200～300	0.55
350～450	0.65
500～900	0.70
≥1000	0.75

至于雨水管道和合流管道，允许短时承压，可按满管流进行水力计算。

为防止管道发生冲刷和淤积，最大设计流速金属管为 10m/s，非金属管为 5m/s；最小设计流速（在设计充满度下）$d\le500$mm 时取 0.7m/s；$d>500$mm 时取 0.8m/s。

此外，对最小管径和最小设计坡度均有规定。

【例 9.3】　钢筋混凝土圆形污水管，管径 $d=1000$mm，管壁粗糙系数 $n=0.014$，管道坡度 $i=0.002$。求最大设计充满度时的流速和流量。

【解】　由表 9.6 查得，管径为 1000mm 的污水管最大设计充满度 $\alpha=\dfrac{h}{d}=0.75$。再由表 9.5 查得 $\alpha=0.75$ 时过流断面的几何要素为

$$A=0.6319d^2=0.6319\text{m}^2$$
$$R=0.3017d=0.3017\text{m}$$

谢才系数　　　　$C=\dfrac{1}{n}R^{1/6}=\dfrac{1}{0.014}(0.3017)^{1/6}=58.5\text{m}^{0.5}/\text{s}$

流速　　　　$v=C\sqrt{Ri}=58.5\sqrt{0.3017\times0.002}=1.44\text{m/s}$

流量　　　　$Q=vA=1.44\times0.6319=0.91\text{m}^3/\text{s}$

在实际工程中，还需验算流速 v 是否在允许流速范围之内。本题为钢筋混凝土管，最大设计流速 $[v]_{max}$ 为 5m/s，最小设计流速 $[v]_{min}$ 为 0.8m/s，管道流速 v 在允许范围之内，$[v]_{max}>v>[v]_{min}$。

9.5 明渠运动状态

前面讨论了明渠均匀流的特征和水力计算方法。在继续讨论明渠非均匀流之前,需进一步认识明渠流动的状态。观察发现,明渠水流有两种截然不同的运动状态:一种常见于底坡平坦的灌溉渠道、枯水季节的平原河道中,水流流态徐缓。遇到障碍物(如河道中的孤石)阻水,则障碍物前水面壅高,逆流上传到较远的地方,如图 9.17(a)所示;另一种多见于陡槽、瀑布、险滩中,水流流态湍急,遇到障碍物阻水,则水面隆起越过,上游水面不发生壅高,障碍物干扰对上游来流无影响,如图 9.17(b)所示。以上两种明渠流运动状态,前者是缓流,后者是急流。

掌握不同运动状态的实质,对于认识明渠流动现象,分析明渠水流的运动规律,有着重要的意义。下面从运动学的角度和能量的角度分析明渠流的运动状态。

图 9.17 明渠运动状态
(a)缓流;(b)急流

9.5.1 微幅干扰波波速,弗劳德数

(1)微幅干扰波波速 缓流和急流遇障碍物干扰,运动状态有不同的变化,从运动学的角度看,缓流受干扰引起的水面波动,既向上游传播,也向下游传播;而急流受干扰引起的水面波动,不能向上游传播,只向下游传播。为说明这个问题,首先分析微幅干扰波(简称微波)的波速。

设平底坡的棱柱形渠道,渠内水静止,水深为 h,水面宽为 B,断面面积为 A。如用直立薄板 N-N 向左拨动一下,使水面产生一个波高为 Δh 的微波,以速度 c 传播,波形所到之处,引起水体运动,渠内形成非恒定流,如图 9.18(a)所示。

(a)   (b)   (c)

图 9.18 微幅干扰波的传播

取固结在波峰上的动坐标系,该坐标系随波峰作匀速直线运动,仍为惯性坐标系。对于这个动坐标系而言,水是以波速 c 由左向右运动,渠内水流转化为恒定流,如图 9.18(b)所示。

以底线为基准,取相距很近的 1-1、2-2 断面,列伯努利方程,其中 $v_1 = c$,由连续性方程得 $v_2 = \dfrac{cA}{A + \Delta A}$,则

$$h+\frac{c^2}{2g}=(h+\Delta h)+\frac{c^2}{2g}\left(\frac{A}{A+\Delta A}\right)^2$$

展开$(A+\Delta A)^2$,忽略 ΔA^2,由图 9.18(c)可知 $\Delta h=\Delta A/B$,代入上式整理得

$$c=\pm\sqrt{g\frac{A}{B}\left(1+\frac{2\Delta A}{A}\right)}$$

鉴于微幅波$\frac{\Delta A}{A}\ll1$,上式可近似简化为

$$c=\pm\sqrt{g\frac{A}{B}} \tag{9.18}$$

对于矩形断面渠道有 $A=Bh$,则

$$c=\pm\sqrt{gh} \tag{9.19}$$

在实际的明渠中,水通常是流动的,若水流流速为 v,则此时微波的绝对速度 c' 应是静水中的波速 c 与水流速度 v 之和

$$c'=v\pm c=v\pm\sqrt{g\frac{A}{B}} \tag{9.20}$$

式中,微波顺水流方向传播时取"$+$"号,逆水流方向传播时取"$-$"号。

当明渠中水流流速较小而平均水深 A/B 又相当大时,$v<c$,c' 可有正、负值,表明干扰微波既能向下游传播,又能向上游传播,如图 9.17(a)所示,这种运动状态是缓流。

当明渠中水流流速较大而平均水深 A/B 又相对较小时,$v>c$,c' 只有正值,表明干扰微波只向下游传播,不能向上游传播,如图 9.17(b)所示,这种运动状态是急流。

当明渠中水流流速等于干扰波在静水中传播速度时,$v=c$,干扰微波向上游传播的速度为零,这种运动状态介于缓流和急流之间称为临界流,这时的明渠水流流速称为临界流速,以 v_c 表示,即

$$v_c=\sqrt{g\frac{A}{B}} \tag{9.21}$$

对于矩形断面渠道有 $\qquad\qquad v_c=\sqrt{gh} \tag{9.22}$

所以临界流速 v_c 可用来判别运动状态,当明渠中平均流速 $v<v_c$ 时,为缓流;$v>v_c$ 时为急流。

(2)弗劳德数　根据前述,明渠水流平均流速与临界流速的比较可用来判别运动状态,取两者平方之比,恰是以平均水深为特征长度的弗劳德数(见第 5.3 节)。

$$\frac{v^2}{v_c^2}=\frac{v^2}{g\frac{A}{B}}=\frac{v^2}{gh}=Fr$$

故弗劳德数可作为运动状态的判别数:

$Fr<1$,$v<v_c$,运动状态为缓流;

$Fr>1$,$v>v_c$,运动状态为急流;

$Fr=1$,$v=v_c$,运动状态为临界流。

9.5.2　断面单位能量和临界水深

(1)断面单位能量　设明渠非均匀渐变流,如图 9.19 所示。

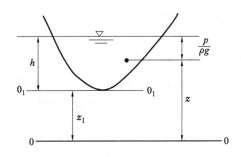

图 9.19 断面单位能量

某断面单位重量液体的机械能为（相对于基准面 0-0）

$$E=z+\frac{p}{\rho g}+\frac{\alpha v^2}{2g}$$

将基准面提高 z_1，使其通过该断面的最低点，单位重量液体相对于新基准面 0_1-0_1 的机械能则为

$$e=E-z_1=h+\frac{\alpha v^2}{2g} \tag{9.23}$$

式中　　e——断面单位能量，是以该断面最低点为基准面的机械能；

　　　　h——该断面的水深；

　　　　$\frac{\alpha v^2}{2g}$——流速水头。

断面单位能量 e 和以前定义的单位重量液体的机械能 E 是不同的能量概念。单位重量液体的机械能 E 是相对于沿程同一基准面的机械能，其值必然沿程减少。而断面单位能量 e 是以通过各自断面最低点为基准面计算的，其值沿程可能增加 $\frac{de}{ds}>0$，也可能减少 $\frac{de}{ds}<0$，只有在均匀流（h、v 沿程不变）中沿程不变 $\frac{de}{ds}=0$。

明渠非均匀流水深是沿程变化的，一定的流量 Q，可能以不同的水深 h 通过某一过流断面，就有不同的断面单位能量。当棱柱形渠道（渠道断面的形状、尺寸一定）流量一定时，断面单位能量随水深的变化而变化，即

$$e=h+\frac{\alpha v^2}{2g}=h+\frac{\alpha Q^2}{2gA^2}=f(h)$$

以水深 h 为纵坐标轴，断面单位能量 e 为横坐标轴，作 $e=f(h)$ 曲线，如图 9.20 所示。当 h 很小时，h 可以忽略，$e\approx\frac{\alpha Q^2}{2gA^2}\to\infty$，曲线以 e 轴为渐近线；当 h 很大时，$\frac{\alpha Q^2}{2gA^2}$ 可以忽略，$e\approx h\to\infty$，曲线以通过坐标原点与横轴成 $45°$ 的直线为渐近线。其间有极小值 e_{min}，e_{min} 所对应的水深称为临界水深，以 h_c 表示。由图 9.20 可见，$e_{min}(h=h_c)$ 点将 $e=f(h)$

图 9.20 $e=f(h)$ 曲线

曲线分为上下两支,上支($h>h_c$)断面单位能量随水深增加而增加$\dfrac{\mathrm{d}e}{\mathrm{d}h}>0$;下支($h<h_c$)断面单位能量随水深增加而减小$\dfrac{\mathrm{d}e}{\mathrm{d}h}<0$。

(2)临界水深　如前面的定义,临界水深是渠道断面形状、尺寸和流量一定的条件下,相应于断面单位能量最小的水深,如图 9.20 所示。为求 $e=f(h)$ 的极小值,令

$$\frac{\mathrm{d}e}{\mathrm{d}h}=1-\frac{\alpha Q^2}{gA^3}\frac{\mathrm{d}A}{\mathrm{d}h}=1-\frac{\alpha Q^2}{gA^3}B=0 \tag{9.24}$$

式(9.24)是临界水深 h_c 的隐函数式,其相应的流速由下式求得,即

$$1-\frac{\alpha Q^2}{gA^3}B=1-\frac{\alpha v^2}{g}\frac{B}{A}=0$$

$$v=\sqrt{g\frac{A}{\alpha B}}$$

临界水深对应的流速就是临界流速 v_c,当 $\alpha=1$ 时,上式与微波速度式(9.21)相同。

变换式(9.24),以 A_c、B_c 分别表示临界水深对应的过流断面面积和水面宽度,得到临界水深 h_c 的计算式,即

$$\frac{\alpha Q^2}{g}=\frac{A_c^3}{B_c} \tag{9.25}$$

式(9.25)等号左边已知,右边是临界水深 h_c 的函数,则可求解 h_c。

对于矩形断面渠道,水面宽等于底宽 $B=b$,则式(9.25)变为

$$\frac{\alpha Q^2}{g}=\frac{(bh_c)^3}{b}=b^2h_c^3$$

得

$$h_c=\sqrt[3]{\frac{\alpha Q^2}{gb^2}}=\sqrt[3]{\frac{\alpha q^2}{g}} \tag{9.26}$$

式(9.26)中 $q=Q/b$ 称为单宽流量。

将渠道的实际水深 h 与临界水深 h_c 相比较,同样可以判别明渠水流的运动状态,即

$h>h_c,v<v_c$,运动状态为缓流;

$h<h_c,v>v_c$,运动状态为急流;

$h=h_c,v=v_c$,运动状态为临界流。

9.5.3　临界底坡

前面已经说明正常水深 h_0 和临界水深 h_c,下面讨论与之相关的临界底坡概念。由明渠均匀流的基本公式 $Q=AC\sqrt{Ri}$ 可知,在断面形状尺寸和壁面粗糙一定、流量也一定的棱柱形渠道中,均匀流的水深即正常水深 h_0 的大小取决于渠道的底坡 i,不同的底坡 i 有相应的正常水深 h_0,i 越大 h_0 越小,如图 9.21 所示。

若正常水深 h_0 刚好等于该流量下的临界水深 h_c,相应的渠道底坡称为临界底坡,以符号 i_c 表示此时 $h_0=h_c$,$i=i_c$。

按以上定义,在临界底坡时,明渠中的水深应同时

图 9.21　临界底坡

满足均匀流基本公式和临界水深公式

$$Q=A_c C_c \sqrt{R_c i_c} \\ \frac{\alpha Q^2}{g}=\frac{A_c^3}{B_c}$$

联立解得 $$i_c=\frac{g}{\alpha C_c^2}\frac{\chi_c}{B_c}$$ (9.27)

对于宽浅渠道 $$\chi_c \approx B_c$$

则 $$i_c=\frac{g}{\alpha C_c^2}$$ (9.28)

式中，C_c、χ_c、B_c 分别为临界水深 h_c 对应的谢才系数、湿周和水面宽度。

临界底坡是为便于分析明渠流动而引入的特定坡度，渠道的实际底坡 i 与临界底坡 i_c 相比较，有三种情况：$i<i_c$ 为缓坡；$i>i_c$ 为急坡或陡坡；$i=i_c$ 为临界坡。

对于明渠均匀流来说，三种底坡的渠道中均匀流分别呈现三种运动状态：

$i<i_c$　　$h_0>h_c$　　均匀流是缓流；

$i>i_c$　　$h_0<h_c$　　均匀流是急流；

$i=i_c$　　$h_0=h_c$　　均匀流是临界流。

即缓坡渠道中的均匀流是缓流，急坡渠道中的均匀流是急流。

还需指出，因为在断面一定的棱柱形渠道中，临界水深 h_c 与流量有关，则相应的 C_c、χ_c、B_c 各参数也同流量有关，由式(9.27)可知临界坡度 i_c 的大小也同流量有关。因此坡度 i 一定的渠道，底坡的缓、急会因流量的变动而改变，若流量小时是缓坡渠道，随着流量增大，i_c 减小，缓坡可变为急坡。

综上所述，本节讨论了明渠水流的运动状态及其判别，其中临界流速 v_c（$v_c=c$）、弗劳德数 $Fr=1$ 及临界水深 h_c 作为判别标准是等价的，无论均匀流或非均匀流都适用，是普遍标准；用临界底坡 i_c 作为判别标准只适用于明渠均匀流，是专属标准。

【例 9.4】 梯形断面渠道，底宽 $b=5\text{m}$，边坡系数 $m=1.0$，通过流量 $Q=8\text{m}^3/\text{s}$，求临界水深。

【解】 由式(9.25)

$$\frac{\alpha Q^2}{g}=\frac{A_c^3}{B_c}$$

求得 $$\frac{\alpha Q^2}{g}=\frac{1.0\times 8^2}{9.8}=6.53\text{m}^5$$

为免去直接求解 h_c 的函数式的困难，给 h 以不同值，计算相应的 $\frac{A^3}{B}$ 列入表 9.7 中，并做 $h\sim\frac{A^3}{B}$ 关系曲线(图 9.22)。在图上找出 $\frac{\alpha Q^2}{g}=6.53$ 对应的水深，就是所求的临界水深 $h_c=0.61\text{m}$。

例 9.4 计算表　　　　　　　　　　　　　　表 9.7

$h(\text{m})$	$B(\text{m})$	$A(\text{m}^2)$	$A^3/B(\text{m}^5)$
0.4	5.8	2.16	1.74
0.5	6.0	2.75	3.74
0.6	6.2	3.36	6.12
0.65	6.3	3.67	7.86

图 9.22　$h \sim \dfrac{A^3}{B}$ 关系曲线

【例 9.5】　长直的矩形断面渠道,底宽 $b=1\text{m}$,粗糙系数 $n=0.014$,底坡 $i=0.0004$,渠内均匀流正常水深 $h_0=0.6\text{m}$。试判别水流的运动状态。

【解】　(1)用临界流速(微幅干扰波波速)判别

断面平均流速为
$$v = C\sqrt{Ri}$$

其中
$$R = \frac{bh_0}{b+2h_0} = 0.273\text{m}, \quad C = \frac{1}{n}R^{1/6} = 57.5\text{m}^{0.5}/\text{s}$$

于是得
$$v = 57.5\sqrt{0.273 \times 0.0004} = 0.6\text{m/s}$$

由式(9.22)
$$v_c = \sqrt{gh} = \sqrt{9.8 \times 0.6} = 2.42\text{m/s}$$

所以
$$v < v_c, \text{运动状态为缓流。}$$

(2)用弗劳德数判别

$$Fr = \frac{v^2}{gh} = \frac{0.6^2}{9.8 \times 0.6} = 0.06 < 1$$

运动状态为缓流。

(3)用临界水深判别

矩形断面的临界水深为
$$h_c = \sqrt[3]{\frac{\alpha q^2}{g}}$$

其中
$$q = vh_0 = 0.36\text{m}^2/\text{s}$$

得
$$h_c = \sqrt[3]{\frac{1 \times 0.36^2}{9.8}} = 0.24\text{m}$$

实际水深(对于均匀流即正常水深)$h_0 > h_c$,运动状态为缓流。

(4)用临界底坡判别

因为临界水深 $h_c = 0.24\text{m}$,计算相应量得

$$B_c = b = 1\text{m}, \qquad \chi_c = b + 2h_c = 1.48\text{m}$$

$$R_c = \frac{bh_c}{\chi_c} = 0.16\text{m}, \qquad C_c = \frac{1}{n}R_c^{1/6} = 52.7\text{m}^{0.5}/\text{s}$$

临界底坡由式(9.27)算得

$$i_c = \frac{g}{\alpha C_c^2}\frac{\chi_c}{B_c} = 0.0052 > i$$

此渠道为缓坡,均匀流是缓流。

9.6 水跃和水跌

上一节讨论了明渠水流的两种运动状态——缓流和急流。工程中往往由于明渠沿程流动边界的变化,导致运动状态由急流向缓流或由缓流向急流过渡。如闸下出流,靠近闸门附近是急流,而下游渠道中是缓流,水从急流过渡到缓流,如图9.23所示;在长直的缓坡渠道末端出现跌坎(相当于底坡$i=\infty$),水流将由缓流向急流过渡,如图9.24所示。水跃和水跌就是水流由急流过渡到缓流或由缓流过渡到急流时发生的局部水力现象。

图9.23　闸下出流　　　　　　　　　　　　　图9.24　跌坎出流

上述水流由一种状态过渡到另一种流动状态,理论上是水面升、降变化经过临界水深的过程,研究水流衔接、运动状态过渡问题,均需由此入手。

9.6.1 水跃

(1)水跃现象　水跃是明渠水流从急流状态(水深小于临界水深)过渡到缓流状态(水深大于临界水深)时,水面骤然跃起的局部水力现象。如图9.23所示的闸下出流,靠近闸门附近是急流($h<h_c$),下游河道中多为缓流($h>h_c$),闸下出流在下泄过程中,将由急流状态过渡到缓流状态。

水跃区结构如图9.25所示。上部是急流冲入缓流所激起的表面旋流,翻腾滚动,饱掺空气,称为"表面水滚"。水滚下面是断面向前扩张的主流。确定水跃区的几何要素有:

跃前水深h'——跃前断面(表面水滚起点所在过水断面)的水深;

跃后水深h''——跃后断面(表面水滚终点所在过水断面)的水深;

水跃高度a——$a=h''-h'$;

水跃长度l_j——跃前断面与跃后断面之间的距离。

图9.25　水跃区结构

由于表面水滚大量掺气、旋转耗能、内部极强的紊动掺混作用,以及主流流速分布不断改组,集中消耗大量机械能,可达跃前断面急流能量的 $60\%\sim70\%$,水跃成为主要的消能方式,具有重大的工程意义。

(2)水跃方程　下面推导平坡($i=0$)棱柱形渠道中水跃的基本方程。

设平坡棱柱形渠道,通过流量 Q 时发生水跃,如图 9.26 所示。跃前断面水深 h',平均流速 v_1;跃后断面水深 h'',平均流速 v_2。假设条件如下:

1)渠道边壁摩擦阻力较小,忽略不计;

2)跃前、跃后断面为渐变流断面,面上动水压强按静水压强的规律分布;

3)跃前、跃后断面的动量修正系数 $\beta_1=\beta_2=1$。

图 9.26　水跃断面示意

取跃前断面 1-1,跃后断面 2-2 之间的水体为控制体,沿流动方向列总流的动量方程

$$\sum F = \rho Q(\beta_2 v_2 - \beta_1 v_1)$$

因平坡渠道内重力与流动方向正交,又边壁摩擦阻力忽略不计,故作用在控制体上的外力只有过流断面上的动水压力 $P_1=\rho g y_{c1} A_1$ 和 $P_2=\rho g y_{c2} A_2$ 代入上式后得

$$\rho g y_{c1} A_1 - \rho g y_{c2} A_2 = \rho Q\left(\frac{Q}{A_2}-\frac{Q}{A_1}\right)$$

$$\frac{Q^2}{gA_1}+y_{c1}A_1 = \frac{Q^2}{gA_2}+y_{c2}A_2 \tag{9.29}$$

式中　　y_{c1}、y_{c2}——分别为跃前、跃后断面形心点的水深;

A_1、A_2——分别为跃前、跃后断面的面积。

上式为平坡棱柱形渠道中水跃的基本方程,说明水跃区单位时间内流入跃前断面的动量与该断面动水总压力之和,同流出跃后断面的动量与该断面动水总压力之和相等。

式(9.29)中,A 和 y_c 都是水深的函数,其余量均为常量,故可写成下式

$$\frac{Q^2}{gA}+y_c A = J(h) \tag{9.30}$$

$J(h)$ 称为水跃函数,类似前面断面单位能量曲线,也可以画出水跃函数曲线,如图 9.27 所示。可以证明,曲线上对应水跃函数最小值的水深,恰好也是该流量在已给明渠中的临界水深 h_c,即 $J(h_c)=$

图 9.27　水跃函数曲线

$J_{\min}$。当 $h > h_c$ 时，$J(h)$ 随水深增大而增大；当 $h < h_c$ 时，$J(h)$ 随水深增大而减小。

这样，水跃方程式(9.29)可简写为

$$J(h') = J(h'') \tag{9.31}$$

式中，h'、h'' 分别为跃前和跃后水深。它们是使水跃函数值相等的两个水深，这一对水深称为共轭水深。由图 9.27 可以看出，跃前水深越小，对应的跃后水深越大；反之跃前水深越大，对应的跃后水深越小。

(3)水跃计算

1)共轭水深计算　共轭水深计算是各项水跃计算的基础。若已知共轭水深中的一个(跃前水深或跃后水深)，算出这个水深相应的水跃函数 $J(h')$ 或 $J(h'')$，再由式(9.31)求解另一个共轭水深，一般采用图解法计算。

对于矩形断面渠道，$A = bh$，$y_c = \dfrac{h}{2}$，$q = \dfrac{Q}{b}$ 代入式(9.29)，消去 b，得

$$\frac{q^2}{gh'} + \frac{h'^2}{2} = \frac{q^2}{gh''} + \frac{h''^2}{2}$$

经过整理，得二次方程式

$$h'h''(h' + h'') = \frac{2q^2}{g} \tag{9.32}$$

分别以跃后水深 h'' 或跃前水深 h' 为未知量，解上式得

$$h'' = \frac{h'}{2}\left(\sqrt{1 + \frac{8q^2}{gh'^3}} - 1\right) \tag{9.33}$$

$$h' = \frac{h''}{2}\left(\sqrt{1 + \frac{8q^2}{gh''^3}} - 1\right) \tag{9.34}$$

式中

$$\frac{q^2}{gh'^3} = \frac{v_1^2}{gh'} = Fr_1$$

$$\frac{q^2}{gh''^3} = \frac{v_2^2}{gh''} = Fr_2$$

上两式可写为

$$h'' = \frac{h'}{2}\left(\sqrt{1 + 8Fr_1} - 1\right) \tag{9.35}$$

$$h' = \frac{h''}{2}\left(\sqrt{1 + 8Fr_2} - 1\right) \tag{9.36}$$

式中，Fr_1、Fr_2 分别为跃前和跃后水流的弗劳德数。

2)水跃长度计算　水跃长度(由急流过渡到缓流的流段长度)决定泄水建筑物下游防护加固的距离。由于水跃现象的复杂性，目前理论研究尚不成熟，水跃长度的确定仍以实验研究为主。本书主要介绍用于计算平底坡矩形明渠水跃长度的经验公式。

(A)以跃后水深表示的公式为

$$l_j = 6.1h''$$

适用范围为 $20 < Fr_1 < 100$。

(B)以跃高表示的公式为

$$l_j = 6.9(h'' - h')$$

(C)包含弗劳德数的公式为

$$l_\text{j}=9.4(\sqrt{Fr_1}-1)h'$$

3)消能计算　跃前断面与跃后断面单位重量液体机械能之差是水跃消除的能量,以 ΔE_j 表示。对于平底坡矩形渠道有

$$\Delta E_\text{j}=\left(h'+\frac{\alpha_1 v_1^2}{2g}\right)-\left(h''+\frac{\alpha_2 v_2^2}{2g}\right) \tag{9.37}$$

由式(9.32)

$$\frac{2q^2}{g}=h'h''(h'+h'')$$

则

$$\frac{\alpha_1 v_1^2}{2g}=\frac{q^2}{2gh'^2}=\frac{1}{4}\frac{h''}{h'}(h'+h'')$$

$$\frac{\alpha_2 v_2^2}{2g}=\frac{q^2}{2gh''^2}=\frac{1}{4}\frac{h'}{h''}(h'+h'')$$

将以上两式代入式(9.37),经化简得

$$\Delta E_\text{j}=\frac{(h''-h')^3}{4h'h''} \tag{9.38}$$

式(9.38)说明,在给定流量下,跃前与跃后水深相差越大,水跃消除的能量值越大。

【例9.6】　某泄水建筑物下游矩形断面渠道,泄流单宽流量 $q=15\text{m}^2/\text{s}$。产生水跃的跃前水深 $h'=0.8\text{m}$。试求:(1)跃后水深 h'';(2)水跃长度 l_j;(3)水跃消能率 $\Delta E_\text{j}/E_1$。

【解】　(1)

$$Fr_1=\frac{q^2}{gh'^3}=\frac{15^2}{9.8\times 0.8^3}=44.84$$

$$h''=\frac{h'}{2}(\sqrt{1+8Fr_1}-1)=7.19\text{m}$$

(2)

$$l_\text{j}=6.1h''=6.1\times 7.19=43.84\text{m}$$

或

$$l_\text{j}=6.9(h''-h')=6.9\times 6.39=44.09\text{m}$$

或

$$l_\text{j}=9.4(\sqrt{Fr_1}-1)h'=9.4\times(\sqrt{44.84}-1)\times 0.8=42.84\text{m}$$

(3)

$$\Delta E_\text{j}=\frac{(h''-h')^3}{4h'h''}=\frac{(7.19-0.8)^3}{4\times 0.8\times 7.19}=11.34\text{m}$$

$$\frac{\Delta E_\text{j}}{E_1}=\frac{\Delta E_\text{j}}{h'+\dfrac{q^2}{2gh'^2}}=61\%$$

9.6.2　水跌

水跌是明渠水流从缓流过渡到急流,水面急剧降落的局部水力现象。这种现象常见于渠道底坡由缓坡突然变为陡坡或下游渠道断面形状突然改变处。下面以缓坡渠道末端跌坎上的水流为例来说明水跌现象,如图9.28所示。

设想该渠道的底坡无变化,继续向下游延伸下去,渠道内将形成缓流状态的均匀流,水深为正常水深 h_0,水面线 N-N 与渠底平行。现在渠道在 D 点截断成为跌坎,失去了下游水流的阻力,使得重力的分力与阻力不相平衡,造成水流加速,水面急剧降低,渠道内水流变为非均匀流。

跌坎上水面的降落,应符合总机械能沿程减小,末端断面最小 $E=E_\text{min}$ 的规律。

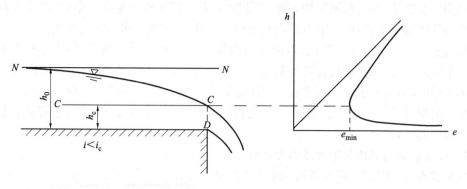

图 9.28 水跌现象

$$E=z_1+h+\frac{\alpha v^2}{2g}=z_1+e$$

式中，z_1 为某断面渠底在基准面 0-0 以上的高度，e 为断面单位能量。

如图 9.28 所示，在缓流状态下，水深减小，断面单位能量减小，当坎端断面水深降至临界水深 h_c 时，断面单位能量达到最小值 $e=e_{min}$，该断面的位置高度 z_1 也最小，所以总机械能最小，符合机械能沿程减小的规律。缓流以临界水深通过底坡突变的断面过渡到急流，是水跌现象的特征。

需要指出的是，上述断面单位能量和临界水深的理论，都是在渐变流的前提下建立的，坎端断面附近，水面急剧下降，流线显著弯曲，流动已不是渐变流。根据实验，实际坎端断面水深 h_D 略小于按渐变流计算的临界水深 h_c，即 $h_D \approx 0.7h_c$。h_c 值发生在上游距坎端断面约 $(3\sim4)h_c$ 的位置。但一般的水面分析和计算，仍取坎端断面的水深是临界水深 h_c 作为控制水深。

9.7　棱柱形渠道非均匀渐变流水面曲线的分析

前述明渠均匀流是明渠流动中最简单的情况，它的产生条件在第 9.2 节已阐明。实际工程中，由于在明渠中修建闸、坝、桥梁等建筑物，或因底坡、断面尺寸的改变，都将破坏均匀流产生的条件，使明渠流动成为非均匀流。

明渠非均匀流是流线非平行直线的流动，即为不等深、不等速的流动。根据沿程流速、水深变化程度的不同，分为非均匀渐变流和非均匀急变流。例如，在缓坡渠道中设有顶部泄流的溢流坝，渠道末端为跌坎，如图 9.29 所示。此时坝上游水位抬高并影响一定范围，这一

图 9.29　明渠水流流动状态

段为非均匀渐变流，再远可视为均匀流；坝下游水流收缩断面至水跃前断面，以及水跌上游流段也是非均匀渐变流，而水沿溢流坝面下泄及水跃、水跌均为非均匀急变流。

明渠非均匀流水深沿程变化，自由水面线是和渠底不平行的曲线，称为水面曲线 $h=f(s)$。水深沿程变化的情况，直接关系到河渠的淹没范围、堤防的高度、渠道内的冲淤变化等诸多工程问题，因此水深沿程变化的规律是明渠非均匀流主要研究的内容。明渠水深变化规律的研究可分为定性和定量两方面，前者可给出水深变化的趋势（壅高或降低），后者定量绘出水面曲线。

9.7.1　棱柱形渠道非均匀渐变流微分方程

设明渠恒定非均匀渐变流段，取过流断面 1-1、2-2，相距 ds，因为是非均匀渐变流，两断面的运动要素相差微小量，如图 9.30 所示。

列 1-1、2-2 断面伯努利方程

$$(z+h)+\frac{\alpha v^2}{2g}=(z+dz+h+dh)$$
$$+\frac{\alpha(v+dv)^2}{2g}+dh_l$$

图 9.30　非均匀渐变流

展开 $(v+dv)^2$，并忽略 $(dv)^2$，整理得

$$dz+dh+d\left(\frac{\alpha v^2}{2g}\right)+dh_l=0$$

因渐变流，局部水头损失忽略不计，$dh_l=dh_f$，并以 ds 除上式得

$$\frac{dz}{ds}+\frac{dh}{ds}+\frac{d}{ds}\left(\frac{\alpha v^2}{2g}\right)+\frac{dh_f}{ds}=0$$

式中

$$\frac{dz}{ds}=\frac{z_1-z_2}{ds}=-i$$

$$\frac{d}{ds}\left(\frac{\alpha v^2}{2g}\right)=\frac{d}{ds}\left(\frac{\alpha Q^2}{2gA^2}\right)=-\frac{\alpha Q^2}{gA^3}\frac{dA}{ds}$$

棱柱形渠道过流断面面积只随水深变化，即 $A=f(h)$，而水深 h 又是流程 s 的函数，则有

$$\frac{dA}{ds}=\frac{dA}{dh}\frac{dh}{ds}=B\frac{dh}{ds}$$

于是

$$\frac{d}{ds}\left(\frac{\alpha v^2}{2g}\right)=-\frac{\alpha Q^2}{gA^3}B\frac{dh}{ds}$$

$$\frac{dh_f}{ds}=J$$

非均匀渐变流过流断面沿程变化很缓慢，可以认为水头损失只有沿程水头损失，并可近似按均匀流计算，即

$$J=\frac{Q^2}{A^2C^2R}=\frac{Q^2}{K^2}$$

考虑上述条件后，整理前式如下

$$-i+\frac{dh}{ds}-\frac{\alpha Q^2}{gA^3}B\frac{dh}{ds}+J=0$$

$$\frac{\mathrm{d}h}{\mathrm{d}s}=\frac{i-J}{1-\dfrac{\alpha Q^2}{gA^3}B}=\frac{i-J}{1-Fr} \tag{9.39}$$

式(9.39)是棱柱形渠道恒定非均匀渐变流微分方程式。该式是在顺坡($i>0$)的情况下得出的。

9.7.2 水面曲线分析

棱柱形渠道非均匀渐变流水面曲线的变化,决定于式(9.39)分子、分母的正负变化。因此使分子、分母为零的水深,就是水面曲线变化规律不同的区域的分界。实际水深等于正常水深 $h=h_0$ 时,$J=i$,分子 $i-J=0$;实际水深等于临界水深 $h=h_c$ 时,$Fr=1$,分母 $1-Fr=0$。所以分析水面曲线的变化,需借助 h_0 线(N-N 线)和 h_c(C-C 线)将流动空间分区进行。

(1)顺坡($i>0$)渠道

顺坡渠道分为缓坡($i<i_c$)、陡坡($i>i_c$)、临界坡($i=i_c$)三种,均可由微分方程

$$\frac{\mathrm{d}h}{\mathrm{d}s}=\frac{i-J}{1-Fr}$$

分析上述渠道中可能出现的水面曲线形式。

1)缓坡($i<i_c$)渠道

缓坡渠道中正常水深 h_0 大于临界水深 h_c,由 N-N 线和 C-C 线将流动空间分为 1、2、3 三个区域,出现在各区的水面曲线不同,如图 9.31 所示。

图 9.31 M 型水面曲线

1 区($h>h_0>h_c$)

水深 h 大于正常水深 h_0,也大于临界水深 h_c,流动为缓流。在式(9.39)中,分子 $h>h_0$,$J<i,i-J>0$;分母 $h>h_c$,$Fr<1,1-Fr>0$,所以 $\dfrac{\mathrm{d}h}{\mathrm{d}s}>0$,水深沿程增加,水面曲线是壅水曲线,称为 M_1 型水面曲线。

两端的极限情况:上游 $h\to h_0$,$J\to i$,$(i-J)\to 0$;$h\to h_0>h_c$,$Fr<1,1-Fr>0$,所以 $\dfrac{\mathrm{d}h}{\mathrm{d}s}\to 0$,水深沿程不变,水面曲线以 N-N 线为渐近线;下游 $h\to\infty$,$J\to 0$,$(i-J)\to i$;$h\to\infty$,$Fr\to 0$,$1-Fr\to 1$,所以 $\dfrac{\mathrm{d}h}{\mathrm{d}s}\to i$,单位距离上水深的增加等于渠底高程的降低,水面曲线为水平线。由以上分析,得出 M_1 型水面曲线是上游端以 N-N 线为渐近线,下游为水平线,形状下凹的壅水曲线。

在缓坡渠道上修建挡水建筑物,抬高水位的控制水深 h,超过该流量的正常水深 h_0,挡水建筑物上游将出现 M_1 型水面曲线,如图 9.32 所示。

图 9.32　M_1、M_3 型水面曲线

2 区($h_0 > h > h_c$)

水深 h 小于正常水深 h_0，但大于临界水深 h_c，流动仍为缓流。在式（9.39）中，分子 $h < h_0$，$J > i$，$i - J < 0$；分母 $h > h_c$，$Fr < 1$，$1 - Fr > 0$，所以 $\dfrac{dh}{ds} < 0$，水深沿程减小，水面曲线是降水曲线，称 M_2 型水面曲线。

两端的极限情况：上游 $h \to h_0$，与 M_1 型水面曲线相似，$\dfrac{dh}{ds} \to 0$，水深沿程不变，水面曲线以 N-N 线为渐近线。下游 $h \to h_c < h_0$，$J > i$，$i - J < 0$；$h \to h_c$，$Fr \to 1$，$1 - Fr \to 0$，所以 $\dfrac{dh}{ds} \to -\infty$，水面曲线与 C-C 线正交，说明此处水深急剧降低，已不再是渐变流，而发生水跌现象。由以上分析，得出 M_2 型水面曲线是以上游 N-N 线为渐近线，下游发生水跌，形状上凸的降水曲线。

缓坡渠道末端为跌坎，渠道内为 M_2 型水面曲线，跌坎断面水深为临界水深，形成水跌，如图 9.33 所示。

图 9.33　M_2 型水面曲线

3 区($h < h_c < h_0$)

水深 h 小于正常水深 h_0，也小于临界水深 h_c，流动为急流。在式（9.39）中，分子 $h < h_0$，$J > i$，$i - J < 0$；分母 $h < h_c$，$Fr > 1$，$1 - Fr < 0$，所以 $\dfrac{dh}{ds} > 0$，水深沿程增加，水面曲线是壅水曲线，称为 M_3 型水面曲线。

两端的极限情况：上游水深由出流条件控制，下游 $h \to h_c$，$Fr \to 1$，$1 - Fr \to 0$，所以 $\dfrac{dh}{ds} \to \infty$，发生水跃。由以上分析得出，$M_3$ 型水面曲线是上游由出流条件控制，下游接近临界水深处发生水跃，形状下凹的壅水曲线。

在缓坡渠道上修建挡水建筑物，下泄水流的收缩水深小于临界水深所形成的急流，由于阻力作用，流速沿程减小，水深增加，形成 M_3 型水面曲线，如图 9.32 所示。

2）陡坡($i > i_c$)渠道

陡坡渠道中正常水深 h_0 小于临界水深 h_c，由 N-N 线和 C-C 线将流动空间分为 1、2、3

三个区域,出现在各区的水面曲线不同,如图 9.34 所示。

图 9.34 S 型水面曲线

1 区($h>h_c>h_0$)

水深 h 大于正常水深 h_0,也大于临界水深 h_c。用类似前面分析缓坡渠道的方法,由式(9.39),可得 $\dfrac{\mathrm{d}h}{\mathrm{d}s}>0$,水深沿程增加,水面曲线是壅水曲线,称为 S_1 型水面曲线。当上游 $h \to h_c$ 时,$\dfrac{\mathrm{d}h}{\mathrm{d}s} \to +\infty$,此处将发生水跃;当下游 $h \to \infty$ 时,$\dfrac{\mathrm{d}h}{\mathrm{d}s} \to i$,水面曲线为水平线。

在陡坡渠道中修建挡水建筑物,上游形成 S_1 型水面曲线,如图 9.35 所示。

图 9.35 S_1、S_3 型水面曲线

2 区($h_c>h>h_0$)

水深 h 大于正常水深 h_0,但小于临界水深 h_c。由式(9.39),可得 $\dfrac{\mathrm{d}h}{\mathrm{d}s}<0$,水深沿程减小,水面曲线是降水曲线,称为 S_2 型水面曲线。当上游 $h \to h_c$,$\dfrac{\mathrm{d}h}{\mathrm{d}s} \to -\infty$,此处为水跌。当下游 $h \to h_0$,$\dfrac{\mathrm{d}h}{\mathrm{d}s} \to 0$,水深沿程不变,水面曲线以 N-N 线为渐近线。

水流由缓坡渠道流入陡坡渠道,在缓坡渠道中形成 M_2 型水面曲线,而在陡坡渠道中形成 S_2 型水面曲线,变坡断面通过临界水深,形成水跌,如图 9.36 所示。

图 9.36 M_2、S_2 型水面曲线

3 区($h_c > h_0 > h$)

水深 h 小于临界水深 h_c，也小于正常水深 h_0。由式(9.39)，可得 $\dfrac{\mathrm{d}h}{\mathrm{d}s} > 0$，水深沿程增加，水面曲线是壅水曲线，称为 S_3 型水面曲线。上游水深由出游条件控制，当下游 $h \to h_0$，$\dfrac{\mathrm{d}h}{\mathrm{d}s} \to 0$，水深沿程不变，水面曲线以 $N\text{-}N$ 线为渐近线。

在陡坡渠道中修建挡水建筑物，下泄水流的收缩水深小于正常水深，下游形成 S_3 型水面曲线(图 9.35)。

3)临界坡($i = i_c$)渠道

临界坡渠道中，正常水深 h_0 等于临界水深 h_c。$N\text{-}N$ 线与 $C\text{-}C$ 线重合，流动空间分为 1、3 两个区域，无 2 区。水面曲线分别称为 C_1 型水面曲线(上、下游均以水平线为渐近线)和 C_3 型水面曲线(上游起始于某一已知控制断面水深，下游以水平线为渐近线)，都是壅水曲线，且在接近 $N\text{-}N(C\text{-}C)$ 线时都近于水平，如图 9.37 所示，具体分析过程从略。

在临界坡渠道(实际工程不适用)中，泄水闸门上、下游将形成 C_1、C_3 型水面曲线，如图 9.38 所示。

图 9.37 C 型水面曲线　　　　　　图 9.38 C_1、C_3 型水面曲线

(2)平坡($i = 0$)渠道

平坡渠道中，不能形成均匀流，无 $N\text{-}N$ 线，只有 $C\text{-}C$ 线，流动空间分为 2、3 两个区域。2 区 $\dfrac{\mathrm{d}h}{\mathrm{d}s} < 0$，水面曲线是降水曲线，称为 H_2 型水面曲线，上游以水平线为渐近线；3 区 $\dfrac{\mathrm{d}h}{\mathrm{d}s} > 0$，水面曲线是壅水曲线，称为 H_3 型水面曲线，上游起始于某一控制断面水深，如图 9.39 所示。

在平坡渠道中，设有泄水闸门，闸门的开启高度小于临界水深，渠道足够长，末端为跌坎时，闸门下游将形成 H_2、H_3 型水面曲线，如图 9.40 所示。

图 9.39 H 型水面曲线　　　　　　图 9.40 H_2、H_3 型水面曲线

(3)逆坡($i < 0$)渠道

逆坡渠道中，不能形成均匀流，无 $N\text{-}N$ 线，只有 $C\text{-}C$ 线，流动空间分为 2、3 两个区域。

逆坡渠道中水面曲线的变化，由式(9.39)可知：2 区($h > h_c$)，$\dfrac{\mathrm{d}h}{\mathrm{d}s} < 0$，水面曲线是降水曲线，称为 A_2 型水面曲线，上游以水平线为渐近线；3 区($h < h_c$)，$\dfrac{\mathrm{d}h}{\mathrm{d}s} > 0$，水面曲线是壅水曲线，称

为 A_3 型水面曲线,上游起始于某一控制断面水深,如图 9.41 所示。

在逆坡渠道中设有泄水闸门,闸门的开启高度小于临界水深,渠道足够长,末端为跌坎时,闸门下游将形成 A_2、A_3 型水面曲线,如图 9.42 所示。

图 9.41 A 型水面曲线   图 9.42 A_2、A_3 型水面曲线

9.7.3 水面曲线分析的总结

本节分析了棱柱形渠道可能出现的 12 种渐变流水面曲线。工程中最常见的是 M_1、M_2、M_3、S_2 型四种,各水面曲线汇总简图及其工程实例见表 9.8。总结对水面曲线的分析如下:

水 面 曲 线 汇 总 表 9.8

	水 面 曲 线 简 图	工 程 实 例
$i<i_c$		
$i>i_c$		
$i=i_c$		
$i=0$		
$i<0$		

209

（1）棱柱形渠道非均匀渐变流微分方程

$$\frac{\mathrm{d}h}{\mathrm{d}s}=\frac{i-J}{1-Fr}$$

是分析和计算水面曲线的理论基础。通过分析函数的单调增减性,便可得到水面曲线沿程变化的趋势及两端的极限情况。

（2）为得出分析结果,由该流量下的正常水深线 N-N 与临界水深线 C-C,将明渠流动空间分区。这里 N-N、C-C 不是渠道中的实际水面曲线,而是流动空间分区的界线。

（3）微分方程式(9.39)在每一区域内的解是唯一的,因此,每一区域内水面曲线也是唯一确定的。如缓坡渠道 2 区,只可能发生 M_2 型降水曲线,不可能有其他形式的水面曲线。

（4）在各区域中,1、3 区的水面曲线(M_1、M_3、S_1、S_3、C_1、C_3、H_3、A_3 型水面曲线)是壅水曲线,2 区的水面曲线(M_2、S_2、H_2、A_2 型水面曲线)是降水曲线。

（5）除 C_1、C_3 型外,所有水面曲线在水深趋于正常水深 $h\to h_0$ 时,以 N-N 线为渐近线。在水深趋于临界水深 $h\to h_c$ 时,与 C-C 线正交,发生水跃或水跌。

（6）因急流的干扰波只能向下游传播,急流状态的水面曲线(M_3、S_2、S_3、C_3、H_3、A_3 各型)控制水深必在上游。缓流的干扰影响可以上传,缓流状态的水面曲线(M_1、M_2、S_1、C_1、H_2、A_2 各型)控制水深在下游。

【例 9.7】　缓坡渠道中设置泄水闸门,闸门上下游均有足够长度,末端为跌坎,如图 9.43 所示。闸门以一定开度泄流,闸前水深大于正常水深 $h>h_0$,闸下收缩水深小于临界水深 $h_{c0}<h_c$。试画出水面曲线示意图。

图 9.43　闸下出流水面曲线(缓坡渠道)

【解】　绘出 N-N 线、C-C 线,将流动空间分区。缓坡渠道 $h_0>h_c$,N-N 线在 C-C 线上面。找出闸前水深 H、闸下收缩水深 h_{c0} 及坎端断面临界水深 h_c,为各段水面曲线的控制水深。

（1）闸前段

闸前水深 $h>h_0>h_c$,水流在缓坡渠道 1 区,水面曲线为 M_1 型壅水曲线,上游端以 N-N 线为渐近线。

（2）闸后段

闸下出流收缩水深 $h_{c0}<h_c<h_0$,水流在缓坡渠道 3 区,水面曲线为 M_3 型壅水曲线。闸后段足够长,在 $h\to h_c$ 时发生水跃。

（3）跃后段

跃后水深 $h_0>h>h_c$,水流在缓坡渠道 2 区,水面曲线为 M_2 型降水曲线,下游在 $h\to h_c$ 时发生水跌。

全程水面曲线如图 9.43。

9.8　明渠非均匀渐变流水面曲线的计算

实际明渠工程除要求对水面曲线作出定性分析之外,有时还需定量计算和绘出水面曲线。水面曲线常用分段求和法计算,这个方法是将微分方程改写为差分方程,把整个流程划分为若干个微小流段 Δl,在每一流段上应用差分方程来求解,逐段计算并将各段的计算结果累加起来,便可得到整段渠道的水面曲线。

设明渠非均匀渐变流,取其中某流段 Δl,如图 9.44 所示,列 1-1、2-2 断面伯努利方程式

$$z_1 + h_1 + \frac{\alpha_1 v_1^2}{2g} = z_2 + h_2 + \frac{\alpha_2 v_2^2}{2g} + \Delta h_l$$

$$\left(h_2 + \frac{\alpha_2 v_2^2}{2g}\right) - \left(h_1 + \frac{\alpha_1 v_1^2}{2g}\right) = (z_1 - z_2) - \Delta h_l$$

式中　$z_1 - z_2 = i\Delta l$;$\Delta h_l \approx \Delta h_f = \overline{J}\Delta l$,渐变流沿程水头损失近似按均匀流公式计算,则该段平均水力坡度 $\overline{J} = \dfrac{\overline{v}^2}{\overline{C}^2\,\overline{R}}$,其中,$\overline{v} = \dfrac{v_1 + v_2}{2}$,$\overline{R} = \dfrac{R_1 + R_2}{2}$,$\overline{C} = \dfrac{C_1 + C_2}{2}$。

又　　　　　$e_1 = h_1 + \dfrac{\alpha_1 v_1^2}{2g}$

$$e_2 = h_2 + \frac{\alpha_2 v_2^2}{2g}$$

图 9.44　水面曲线计算

将各式代入前式,整理得

$$\Delta l = \frac{e_1 - e_2}{i - \overline{J}} = \frac{\Delta e}{i - \overline{J}} \tag{9.40}$$

上式就是分段求和法计算水面曲线的计算式。

以控制断面水深作为起始水深 h_1(或 h_2),假设相邻断面水深 h_2(或 h_1),算出 Δe 和 $\overline{J}$,代入式(9.40)即可求第一个分段的长度 Δl_1。再以 Δl_1 处的断面水深作为下一分段的起始水深,用同样方法求出第 2 个分段的长度 Δl_2。依次计算,直至分段总和等于渠道总长 $\sum\Delta l = l$。根据所求各断面的水深及各分段的长度,即可绘出定量的水面曲线。

由于分段求和法直接由伯努利方程导出,对棱柱形渠道和非棱柱形渠道都适用,是水面曲线计算的基本方法。此外,对于棱柱形渠道,还可对式(9.40)近似积分计算。

【例 9.8】　矩形排水长直渠道,底宽 $b = 2\text{m}$,粗糙系数 $n = 0.025$,底坡 $i = 0.0002$,排水流量 $Q = 2.0\text{m}^3/\text{s}$,渠道末端排入河中,如图 9.45 所示。试绘制水面曲线。

图 9.45　水面曲线绘制

【解】　(1)判断渠道底坡性质及水面曲线类型

正常水深由式(9.8)试算得

$$h_0 = 2.26\text{m}$$

临界水深由式(9.26)算得

$$h_c = 0.467\text{m}$$

按 h_0、h_c 计算值,在图中标出 $N\text{-}N$ 线和 $C\text{-}C$ 线。$h_0 > h_c$ 为缓坡渠道,末端(跌坎)水深为 h_c,渠内水流在缓坡渠道2区流动,水面曲线为 M_2 型降水曲线。

(2)水面曲线计算

渠道内为缓流,末端水深 h_c 为控制水深,向上游推算。取 $h_1 = h_c = 0.467\text{m}$,$A_1 = bh_1 = 0.934\text{m}^2$,$v_1 = \dfrac{Q}{A_1} = 2.14\text{m/s}$,$\dfrac{v_1^2}{2g} = 0.234\text{m}$,$e_1 = h_1 + \dfrac{v_1^2}{2g} = 0.7\text{m}$,$R_1 = \dfrac{A_1}{\chi_1} = 0.32\text{m}$,$C_1 = \dfrac{1}{n}R_1^{1/6} = 33.07\text{m}^{0.5}/\text{s}$。

设 $h_2 = 0.8\text{m}$,$A_2 = bh_2 = 1.6\text{m}^2$,$v_2 = \dfrac{Q}{A_2} = 1.25\text{m/s}$,$\dfrac{v_2^2}{2g} = 0.08\text{m}$,$e_2 = h_2 + \dfrac{v_2^2}{2g} = 0.88\text{m}$,$R_2 = \dfrac{A_2}{\chi_2} = 0.44\text{m}$,$C_2 = \dfrac{1}{n}R_2^{1/6} = 34.94\text{m}^{0.5}/\text{s}$。

平均值 $\bar{v} = \dfrac{v_1 + v_2}{2} = 1.695\text{m/s}$,$\bar{R} = \dfrac{R_1 + R_2}{2} = 0.38\text{m}$,$\bar{C} = \dfrac{C_1 + C_2}{2} = 34\text{m}^{0.5}/\text{s}$,$\bar{J} = \dfrac{\bar{v}^2}{\bar{C}^2 \bar{R}} = 0.0065$,$\Delta l_{1-2} = \dfrac{\Delta e}{i - \bar{J}} = \dfrac{-0.18}{-0.063} = 28.57\text{m}$。

继续按 $h = 1.2\text{m}$、1.8m、2.1m,重复以上步骤计算各段长度,各段计算结果见表9.9。根据计算值,便可绘制泄水渠内水面曲线。

水面曲线计算表　　　　　　　　　　　　　　　　　　　　表9.9

断　面	h (m)	$A(\text{m}^2)$	v (m/s)	$\bar{v}$ (m/s)	$v^2/2g$ (m)	e (m)	Δe (m)
1	0.476	0.934	2.14		0.234	0.7	
2	0.8	1.6	1.25	1.695	0.08	0.88	−0.18
3	1.2	2.4	0.833	1.64	0.035	1.235	−0.355
4	1.8	3.6	0.556	0.694	0.016	1.816	0.581
5	2.1	4.2	0.476	0.516	0.012	2.112	−0.296

断　面	R (m)	$\bar{R}$ (m)	C ($\text{m}^{0.5}/\text{s}$)	$\bar{C}$ ($\text{m}^{0.5}/\text{s}$)	$\bar{J}$	$i - \bar{J}$	Δl (m)	$\sum \Delta l$ (m)
1	0.32		33.07					
2	0.44	0.38	34.94	34.0	0.0065	−0.0063	28.57	28.57
3	0.545	0.493	36.15	35.55	0.0043	−0.0041	86.59	115.16
4	0.643	0.594	37.16	36.66	0.0006	−0.0004	1452	1567.16
5	0.677	0.660	37.48	37.32	0.00029	−0.00009	3288	4855

注:为便于水面曲线的定位绘制,表中的断面编号是自末端断面(控制断面)算起的。

思考题

9-1　试从能量观点分析,在 $i = 0$ 和 $i < 0$ 的棱柱形渠道中为什么不能产生均匀流?而在 $i > 0$ 的棱柱形渠道中的流动总是趋向于均匀流?明渠均匀流的形成条件和特征是什么?

9-2　今欲将产生均匀流的渠道中的流速减少,以减少冲刷,但水流量仍然保持不变,试问有几种可能的办法可以达到此目的？

9-3 水力最优断面是根据怎样的力学概念提出的？其特点是什么？

9-4 明渠均匀流的正常水深与哪些因素有关？

9-5 有两条梯形断面的长直渠道，已知流量 $Q_1 = Q_2$，边坡系数 $m_1 = m_2$，若下列参数不同（其他参数均相同）：(1)粗糙系数 n_1 与 n_2；(2)底宽 b_1 与 b_2；(3)底坡 i_1 与 i_2；比较两渠道的均匀流正常水深和临界水深如何变化？

9-6 为什么在研究明渠非均匀流时要引入断面单位能量的概念？它有哪些作用？

9-7 为什么临界坡的底坡恒大于零？缓坡和急坡的 i 是否可以小于零？

9-8 缓流和急流同层流和紊流、渐变流和急变流在概念上有何区别？

9-9 缓流、急流和临界流是否一定和缓坡、急坡和临界坡渠道相对应？在什么条件下是相对应的？

9-10 为什么说分段求和法定量计算水面曲线的精度在于 Δh 的取值大小？

习 题

9-1 梯形断面土渠，底宽 $b = 3\text{m}$，边坡系数 $m = 2$，水深 $h = 1.2\text{m}$，底坡 $i = 0.0002$，渠道受到中等养护。试求通过流量。

9-2 修建混凝土砌面（较粗糙）的矩形渠道，要求通过流量 $Q = 9.7\text{m}^3/\text{s}$，底坡 $i = 0.001$，试按水力最优断面条件设计断面尺寸。

9-3 修建梯形断面渠道，要求通过流量 $Q = 1\text{m}^3/\text{s}$，渠道边坡系数 $m = 1.0$，底坡 $i = 0.0022$，粗糙系数 $n = 0.03$，试按最大允许流速（不冲流速 $[v]_{\max} = 0.8\text{m/s}$）设计此断面尺寸。

9-4 已知一钢筋混凝土圆形排水管道，污水流量 $Q = 0.2\text{m}^3/\text{s}$，底坡 $i = 0.005$，粗糙系数 $n = 0.014$，试决定管道的直径。

9-5 钢筋混凝土圆形排水管，已知直径 $d = 1.0\text{m}$，粗糙系数 $n = 0.014$，底坡 $i = 0.002$，试校核此无压管道的通过流量。

9-6 矩形断面渠道（题 9-6 图），$b = 3\text{m}$，$h = 1\text{m}$，若粗糙系数 n 与底坡 i 不变，试求具有相同流量的半圆形渠道的半径 R_0 应为多大？并比较两种形状的湿周长度，半圆形比矩形减少了百分之多少？

题 9-6 图

9-7 一矩形渠道，断面宽度 $b = 5\text{m}$，通过流量 $Q = 17.25\text{m}^3/\text{s}$，求此渠道水流的临界水深。

9-8 三角形断面渠道，顶角为 $90°$，即过流断面为等腰直角三角形。若通过的流量 $Q = 0.8\text{m}^3/\text{s}$，试求临界水深。

9-9 有一梯形土渠，底宽 $b=12$m，断面的边坡系数 $m=1.5$，粗糙系数 $n=0.025$，通过流量 $Q=18$m³/s，求临界水深及临界坡度。

9-10 在矩形断面平坡渠道中发生水跃，已知跃前断面的 $Fr_1=3$，问跃后水深 h'' 是跃前水深 h' 的几倍？

9-11 试分析题 9-11 图中所示棱柱形渠道中水面曲线连接的可能形式。

题 9-11 图

9-12 有一棱柱形渠道（题 9-12 图），各渠段足够长，其中底坡 $i_1<i_c,i_2>i_3>i_c$，闸门的开度小于临界水深 h_c，试绘出水面曲线示意图，并标出曲线的类型。

题 9-12 图

9-13 用矩形断面的长直渠道向低处排水，末端为跌坎（题 9-13 图），已知渠道底宽 $b=1$m，底坡 $i=0.0004$，正常水深 $h_0=0.5$m，粗糙系数 $n=0.014$，试求（1）渠道中的流量；（2）渠道末端出口断面的水深；（3）绘渠道中水面曲线示意图。

题 9-13 图

9-14 矩形断面长直渠道（题 9-14 图），底宽 2m，底坡 0.001，粗糙系数 0.014，通过流量 3.0m³/s，渠尾设有溢流堰，已知堰前水深为 1.5m，要求定量绘出堰前断面至水深 1.1m 断面之间的水面曲线。

题 9-14 图

第 10 章　堰　　流

本章主要讨论堰流现象及其水力计算,特别是堰流的流量与其他特征量的关系,同时还将涉及堰流理论在小桥和消力池等水工构筑物中的应用。

10.1　堰流及其特征

10.1.1　堰和堰流

在缓流中,为控制水位和流量而设置的顶部溢流的障壁称为堰,缓流经堰顶溢流的急变流现象称为堰流。堰顶溢流时,由于堰对来流的约束,使堰前水面壅高,然后堰上水面降落,流过堰顶。

堰在工程中应用十分广泛,在水利工程中,溢流堰是主要的泄水建筑物;在给排水工程中,是常用的溢流给水设备和量水设备,也是实验室常用的流量量测设备。如图 10.1 所示,在表征堰流的各项特征量中,堰宽 b 为水漫过堰顶的宽度,δ 为堰顶厚度,堰上水头 H 为上游水位在堰顶上最大超高,h 为堰下游水深,p、p' 为堰上、下游坎高,上游渠道宽 B 为上游来流宽度,行近流速 v_0 为上游来游速度。

图 10.1　堰流

10.1.2　堰的分类

堰顶溢流的水流情况,随堰顶厚度 δ 与堰上水头 H 的比值不同而变化,按 δ/H 比值范围将堰分为三类。

(1)薄壁堰$\left(\dfrac{\delta}{H}<0.67\right)$　如图 10.2 所示,薄壁堰的堰前来流由于受堰壁阻挡,底部水流因惯性作用上弯,当水舌回落到堰顶高程时,距上游壁面约 $0.67H$,堰顶厚 $\delta<0.67H$,则堰和过堰水流就只有一条边线接触,堰顶厚度对水流无影响,故称为薄壁堰。薄壁堰主要用作测量流量的设备。

图 10.2　薄壁堰

（2）实用堰 $\left(0.67<\dfrac{\delta}{H}<2.5\right)$ 　如图 10.3 所示，实用堰的堰顶厚度大于薄壁堰，堰顶厚度对水流有一定的影响，但堰上水面仍一次连续降落，这样的堰型称为实用堰。实用堰的剖面有曲线型和折线型两种，水利工程中的大、中型溢流坝一般都采用曲线型实用堰，小型工程常采用折线型实用堰。

图 10.3　实用堰

（3）宽顶堰 $\left(2.5<\dfrac{\delta}{H}<10\right)$ 　如图 10.4 所示，宽顶堰的堰顶厚度较大，与堰上水头的比值超过 2.5，堰顶厚对水流有显著影响，在堰坎进口水面发生降落，堰上水流近似于平行流动，至堰坎出口水面再次降落与下游水流衔接，这种堰型称为宽顶堰。当堰宽增至 $\delta>10H$ 时，沿程水头损失不能忽略，流动已不属于堰流。

工程上有许多流动，如流经平底进水闸（闸门底缘高出水面）、桥孔、无压短涵管等处的水流，虽无底坎阻碍，但受到侧向束缩，过水断面减小，其流动现象与宽顶堰流类同，故称无坎宽顶堰流。

图 10.4　宽顶堰

10.2　宽顶堰溢流

10.2.1　基本公式

宽顶堰的溢流现象，随 δ/H 而变化，综合实际溢流情况，得出代表性的流动图形，如图 10.5 所示。

图 10.5　宽顶堰溢流

由于堰顶上的过流断面小于来流的过流断面，流速增加，动能增大，同时水流进入堰口有局部水头损失，造成堰上水流势能减小，水面降落。在堰进口不远处形成小于临界水深的收缩水深，即 $h_{c0}<h_c$，此时堰上水流保持急流状态，水面近似平行堰顶。在出口（堰尾）水面第二次降落，与下游连接。

以堰顶为基准面,对上游断面 1-1、收缩断面 c'-c' 列伯努利方程

$$H+\frac{\alpha_0 v_0^2}{2g}=h_{c0}+\frac{\alpha v^2}{2g}+\zeta\frac{v^2}{2g}$$

令 H_0 为包括行近流速水头的堰上水头,即 $H_0=H+\frac{\alpha_0 v_0^2}{2g}$。又因为 h_{c0} 与 H_0 有关,故可表示为 $h_{c0}=kH_0$, k 是与堰口形式和相对堰高 p/H 有关的系数,其中相对堰高 p/H 表示过流断面的变化。将 H_0 及 $h_{c0}=kH_0$ 代入上式,整理得

流速 $$v=\frac{1}{\sqrt{\alpha+\zeta}}\sqrt{1-k}\sqrt{2gH_0}=\varphi\sqrt{1-k}\sqrt{2gH_0}$$

流量 $$Q=vkH_0b=\varphi k\sqrt{1-k}b\sqrt{2g}H_0^{3/2}=mb\sqrt{2g}H_0^{3/2} \qquad (10.1)$$

式中 φ——流速系数,$\varphi=\frac{1}{\sqrt{\alpha+\zeta}}$,这里局部阻力系数 ζ 与堰口形式和相对堰高 p/H 有关;

m——流量系数,$m=\varphi k\sqrt{1-k}$,由决定系数 k、φ 的因素可知,m 取决于堰口形式和相对堰高 p/H。

别列津斯基于 1950 年根据实验,提出流量系数 m 的经验公式:

矩形直角进口宽顶堰(图 10.6a)

$0\leqslant\frac{p}{H}\leqslant 3.0$ 时 $$m=0.32+0.01\frac{3-\dfrac{p}{H}}{0.46+0.75\dfrac{p}{H}} \qquad (10.2a)$$

$\frac{p}{H}>3.0$ 时 $$m=0.32 \qquad (10.2b)$$

矩形修圆进口宽顶堰(图 10.6b)

$0\leqslant\frac{p}{H}\leqslant 3.0$ 时 $$m=0.36+0.01\frac{3-\dfrac{p}{H}}{1.2+1.5\dfrac{p}{H}} \qquad (10.3a)$$

$\frac{p}{H}>3.0$ 时 $$m=0.36 \qquad (10.3b)$$

图 10.6 宽顶堰进口情况

图 10.7 宽顶堰淹没溢流

10.2.2 淹没的影响

下游水位较高,顶托过堰水流,造成堰上水流性质发生变化。堰上水深由小于临界水深变为大于临界水深,水流由急流变为缓流,下游干扰波能向上游传播,此时为淹没溢流,如图 10.7 所示。

下游水位高于堰顶 $h_s=h-p'>0$,是形成淹没溢流的必要条件。形成淹没溢流的充分条件是下游水位影响到堰上水流由急流变为缓流。根据实验可以得到淹没溢流的充分条件为

$$h_s = h - p' > 0.8H_0 \tag{10.4}$$

淹没溢流由于受下游水位的顶托,堰的过流能力降低。淹没的影响用淹没系数表示,淹没宽顶堰的溢流量

$$Q = \sigma_s mb\sqrt{2g}H_0^{3/2} \tag{10.5}$$

式中,σ_s 为淹没系数,随淹没程度 h_s/H_0 的增大而减小,见表 10.1。

宽顶堰的淹没系数　　　　　　　　　　　　　　　表 10.1

h_s/H_0	0.80	0.81	0.82	0.83	0.84	0.85	0.86	0.87	0.88	0.89	0.90	0.91	0.92	0.93	0.94	0.95	0.96	0.97	0.98
σ_s	1.00	0.995	0.99	0.98	0.97	0.96	0.95	0.93	0.90	0.87	0.84	0.82	0.78	0.74	0.70	0.65	0.59	0.50	0.40

10.2.3　侧收缩的影响

　　堰宽小于上游渠道宽,即 $b < B$ 时,水流流进堰口后,在侧壁发生收缩,即边墩前部发生脱离,使堰流的过流断面宽度实际上小于堰宽,(图 10.8),同时也增加了局部水头损失,造成堰的过流能力降低,这就是侧收缩现象。侧收缩的影响用收缩系数表示,非淹没、有侧收缩的宽顶堰溢流量

$$Q = m\varepsilon b\sqrt{2g}H_0^{3/2} = mb_c\sqrt{2g}H_0^{3/2} \tag{10.6}$$

式中　　b_c——收缩堰宽,$b_c = \varepsilon b$；

　　　　ε——侧收缩系数,与相对堰高 p/H,相对堰宽 b/B,墩头形状(以墩形系数 a 表示)有关。对单孔宽顶堰有经验公式

$$\varepsilon = 1 - \frac{a}{\sqrt[3]{0.2 + \dfrac{p}{H}}}\sqrt[4]{\frac{b}{B}}\left(1 - \frac{b}{B}\right) \tag{10.7}$$

墩形系数 a 的取值为:矩形墩 $a = 0.19$,圆弧墩 $a = 0.10$。

　　淹没式有侧收缩的宽顶堰溢流量

$$Q = \sigma_s m\varepsilon b\sqrt{2g}H_0^{3/2} = \sigma_s mb_c\sqrt{2g}H_0^{3/2} \tag{10.8}$$

图 10.8　宽顶堰的侧收缩

图 10.9　宽顶堰算例

　　【例 10.1】　某矩形断面渠道,为引水灌溉修筑宽顶堰,见图 10.9。已知渠道宽 $B =$ 3m,堰宽 $b = 2$m,坝高 $p = p' = 1$m,堰上水头 $H = 2$m,堰顶为直角进口,墩头为矩形,下游水

深 $h=2\text{m}$，试求过堰流量。

【解】 （1）判别出流形式

$$h_s = h - p' = 1\text{m} > 0$$

$$0.8H_0 > 0.8H = 0.8 \times 2 = 1.6\text{m} > h_s$$

即满足淹没溢流必要条件，但不满足充分条件，为自由式溢流。同时 $b<B$，有侧收缩。综上，本堰为自由溢流有侧收缩的宽顶堰。

（2）计算流量系数 m 堰顶为直角进口，$\dfrac{p}{H}=0.5<3$，由式（10.2a）

$$m = 0.32 + 0.01 \frac{3 - \dfrac{p}{H}}{0.46 + 0.75 \dfrac{p}{H}} = 0.35$$

（3）计算侧收缩系数 对单孔宽顶堰，由式（10.7）得

$$\varepsilon = 1 - \frac{a}{\sqrt[3]{0.2 + \dfrac{p}{H}}} \sqrt[4]{\frac{b}{B}} \left(1 - \frac{b}{B}\right) = 0.936$$

（4）计算流量 对自由溢流有侧收缩的宽顶堰，由式（10.6）

$$Q = m\varepsilon b \sqrt{2g} H_0^{3/2}$$

其中 $H_0 = H + \dfrac{\alpha v_0^2}{2g}$，$v_0 = \dfrac{Q}{b(H+p)}$，可用迭代法求解 Q。

第一次取 $H_{01} \approx H$，则

$$Q_{(1)} = m\varepsilon b \sqrt{2g} H_{0(1)}^{3/2} = 0.35 \times 0.936 \times 2 \sqrt{2g}\, 2^{3/2} = 2.9 \times 2^{3/2} = 8.2\text{m}^3/\text{s}$$

$$v_{0(1)} = \frac{Q_{(1)}}{b(H+p)} = \frac{8.2}{6} = 1.37\text{m/s}$$

第二次近似，取 $H_{0(2)} = H + \dfrac{\alpha v_{0(1)}^2}{2g} = 2 + \dfrac{1.37^2}{19.6} = 2.096\text{m}$

$$Q_{(2)} = 2.9 \times H_{0(2)}^{3/2} = 2.9 \times (2.096)^{3/2} = 8.80\text{m}^3/\text{s}$$

$$v_{0(2)} = \frac{Q_{(2)}}{6} = \frac{8.8}{6} = 1.47\text{m/s}$$

第三次近似，取 $H_{0(3)} = H + \dfrac{\alpha v_{0(2)}^2}{2g} = 2.11\text{mm}$

$$Q_{(3)} = 2.9 \times H_{0(3)}^{3/2} = 8.89\text{m}^3/\text{s}$$

$$\frac{Q_{(3)} - Q_{(2)}}{Q_{(3)}} = \frac{8.89 - 8.80}{8.89} = 0.01$$

本题计算误差限值定为 1%，则过堰流量为 $Q = Q_{(3)} = 8.89\text{m}^3/\text{s}$

（5）校核堰上游流动状态

$$v_0 = \frac{Q}{b(H+p)} = \frac{8.89}{6} = 1.48\text{m/s}$$

$$Fr = \frac{v_0}{\sqrt{g(H+p)}} = \frac{1.48}{\sqrt{9.8 \times 3}} = 0.27 < 1$$

上游来流为缓流，流经障壁形成堰流，上述计算有效。

用迭代法求解宽顶堰流量高次方程,是一种基本的方法,但计算繁复,可编程用计算机求解。

10.3　薄壁堰和实用堰溢流

薄壁堰和实用堰虽然堰型和宽顶堰不同,但堰流的受力性质(受重力作用,不计沿程阻力)和运动形式(缓流经障壁顶部溢流)相同,因此具有相似的规律性和相同结构的基本公式。

10.3.1　薄壁堰溢流

常用薄壁堰可根据堰板上的堰口形状分为矩形薄壁堰、三角形薄壁堰和梯形薄壁堰等三种。

(1)矩形薄壁堰　矩形薄壁堰溢流如图 10.10 所示。因水流特点相同,基本公式的结构形式同式(10.1),对自由式堰流

$$Q = mb \sqrt{2g}H_0^{3/2}$$

图 10.10　矩形薄壁堰溢流

为了能以实测的堰上水头 H 直接求得流量,将行近流速水头 $\dfrac{\alpha v_0^2}{2g}$ 的影响计入流量系数内,则基本公式改写为

$$Q = m_0 b \sqrt{2g}H^{3/2} \tag{10.9}$$

式中,m_0 是计入行近流速水头影响的流量系数,需由实验确定。1898 年法国工程师巴赞(Bazin)提出经验公式

$$m_0 = \left(0.405 + \frac{0.0027}{H}\right)\left[1 + 0.55\left(\frac{H}{H+p}\right)^2\right] \tag{10.10}$$

式中,H、p 均以 m 计,公式适用范围为 $H \leqslant 1.24\text{m}$,$p \leqslant 1.13\text{m}$,$b \leqslant 2\text{m}$。

当下游水位超过堰顶 $h_s > 0$,且 $z/p' < 0.7$ 时,形成淹没溢流,此时堰的过水能力降低,下游水面波动较大,溢流不稳定,所以用于测量用的薄壁堰,不宜在淹没条件下工作。

当堰宽小于上游渠道的宽度 $b < B$ 时,水流在平面上受到束缩,堰的过水能力降低,流量系数可用修正的巴赞公式计算

$$m_c = \left(0.405 + \frac{0.0027}{H} - 0.03\frac{B-b}{B}\right) \times \left[1 + 0.55\left(\frac{H}{H+p}\right)^2\left(\frac{b}{B}\right)^2\right] \tag{10.11}$$

(2)三角形薄壁堰　设三角堰的夹角为 θ,自堰口顶点算起的堰上水头为 H,如图 10.11所示,将微小宽度 db 看成薄壁堰流,则微小流量的表达式为

$$dQ = m_0 \sqrt{2g}h^{3/2}db$$

式中 h 为 db 处的水头，由几何关系 $b=(H-h)\tan\dfrac{\theta}{2}$ 得

$$db=-\tan\frac{\theta}{2}dh$$

代入上式

$$dQ=-m_0\tan\frac{\theta}{2}\sqrt{2g}\,h^{3/2}dh$$

图 10.11　三角堰溢流

堰的溢流量

$$Q=-2m_0\tan\frac{\theta}{2}\sqrt{2g}\int_H^0 h^{3/2}dh=\frac{4}{5}m_0\tan\frac{\theta}{2}\sqrt{2g}H^{5/2}$$

当 $\theta=90°$，$H=0.05\sim0.25\text{m}$ 时，由实验得出 $m_0=0.395$，于是

$$Q=1.4H^{5/2} \tag{10.12}$$

式中，H 为自堰口顶点算起的堰上水头，单位以 m 计，流量 Q 单位以 m^3/s 计。

当 $\theta=90°$，$H=0.25\sim0.55\text{m}$ 时，另有经验公式

$$Q=1.343H^{2.47} \tag{10.13}$$

式中符号和单位与式(10.12)相同。

（3）梯形薄壁堰　梯形薄壁堰可以认为是中间矩形堰和两侧三角堰的叠加，见图 10.12。堰口角度 $\theta=14°$ 的梯形薄壁堰，称为西波利地(Cipoletti)堰，其流量系数 $m_0=0.42$ 不随 H 而变化，流量公式可以表示成

$$Q=0.42b\sqrt{2g}H^{3/2} \tag{10.14}$$

图 10.12　梯形薄壁堰

10.3.2　实用堰溢流

实用堰是水利工程中用来挡水同时又能泄水的水工建筑物，按剖面形状分为曲线形实用堰和折线形实用堰，如 10.1 节图 10.3 所示。曲线形实用堰的剖面，是按矩形薄壁堰自由溢流水舌的下缘面加以修正定型的，折线形实用堰以梯形剖面居多。实用堰基本公式的结构形式同式(10.1)

$$Q=mb\sqrt{2g}H_0^{3/2}$$

实用堰的流量系数 m 变化范围较大，视堰壁外形、水头大小及首部情况而定。初步估算，曲线型实用堰可取 $m=0.45$，折线型实用堰可取 $m=0.35\sim0.42$。

当下游水位超过堰顶 $h_s>0$，实用堰成为淹没溢流时，淹没影响用淹没系数表示

$$Q=\sigma_s mb\sqrt{2g}H_0^{3/2}$$

式中，淹没系数 σ_s 随淹没程度 h_s/H 的增大而减小，见表 10.2。

h_s/H	0.05	0.20	0.30	0.40	0.50	0.60	0.70	0.80	0.90	0.95	0.975	0.995	1.00
σ_s	0.997	0.985	0.972	0.957	0.935	0.906	0.856	0.776	0.621	0.470	0.319	0.100	0

当堰宽小于上游渠道的宽度 $b < B$，过堰水流发生侧收缩，造成过流能力降低。侧收缩的影响用收缩系数表示

$$Q = m\varepsilon b \sqrt{2g} H_0^{3/2}$$

式中，ε 为侧收缩系数，初步估算时常取 $\varepsilon = 0.85 \sim 0.95$。

10.4 小桥孔径的水力计算

10.4.1 小桥过流的水力特性

小桥孔过流的水力现象与宽顶堰相同。这种堰流是在缓流河道中，由于桥墩或桥的边墩在侧向约束了水流的过水断面而引起的。一般没有底坎，即 $p = p' = 0$。

小桥孔过流分为自由出流和淹没出流两种情况。

（1）自由出流   当桥的下游水深 $h < 1.3h_c$ 时，其中 h_c 是桥孔水流的临界水深，下游水位不影响过桥水流，水面有两次降落，桥下的水深为 h_{c0}，$h_{c0} < h_c$ 水流为急流，如图 10.13 所示。对桥前断面和桥下收缩断面列伯努利方程

图 10.13 自由式小桥孔过流

$$H + \frac{\alpha_0 v_0^2}{2g} = h_{c0} + \frac{\alpha v^2}{2g} + \zeta \frac{v^2}{2g}$$

令 $H_0 = H + \dfrac{\alpha_0 v_0^2}{2g}$；$h_{c0} = \Psi h_c$，其中 $\Psi < 1$，视小桥进口形状而定，平滑进口 $\Psi = 0.80 \sim 0.85$，

非平滑进口 $\Psi = 0.75 \sim 0.80$，小桥的流速系数 $\varphi = \dfrac{1}{\sqrt{\alpha + \zeta}}$。

则

$$v = \varphi \sqrt{2g(H_0 - \Psi h_c)} \tag{10.15}$$

$$Q = vA = \varepsilon b \Psi h_c \varphi \sqrt{2g(H_0 - \Psi h_c)} \tag{10.16}$$

式中，ε 为小桥孔的侧收缩系数，侧收缩系数 ε 和系数 φ 的经验值列于表 10.3。

桥 台 形 状	流速系数 φ	侧收缩系数 ε
单孔，有锥体填土（锥体护坡）	0.90	0.90
单孔，有八字翼墙	0.90	0.85
多孔，或无锥体填土多孔，或桥台伸出锥体之处	0.85	0.80
拱脚浸水的拱桥	0.80	0.75

(2)淹没出流 当桥的下游水深 $h \geqslant 1.3 h_c$ 时,下游水位顶托过桥水流,此时为淹没出流。水面只有进口一次水位降落,忽略出口的动能恢复,则桥下的水深 h_{c0} 等于下游水深 h,水流为缓流,如图 10.14 所示。淹没出流的水力计算公式为

$$v = \varphi \sqrt{2g(H_0 - h)} \tag{10.17}$$

$$Q = \varepsilon b h \varphi \sqrt{2g(H_0 - h)} \tag{10.18}$$

图 10.14 淹没式小桥孔过流

10.4.2 小桥孔径水力计算原则

为了小桥设计的安全与经济,水力计算应满足下列三方面要求:

(1)小桥的设计流量由水文计算确定,水力计算应保证通过设计流量所需要的孔径 b。

(2)小桥通过设计流量时,应保证桥基不发生冲刷,即桥孔处的流速 v 不超过河床土壤或铺砌材料的最大允许流速 v'。

(3)桥前壅水水位 H,不大于规范允许的壅水水深 H'。该值由路肩标高及桥梁底部标高决定。

10.4.3 小桥孔径计算方法

(1)计算临界水深 h_c 一般情况桥孔过水断面是矩形,宽度为 b,由于侧收缩影响,有效宽度为 εb。临界水深为

$$h_c = \sqrt[3]{\frac{\alpha Q^2}{(\varepsilon b)^2 g}}$$

水深等于临界水深时,流速为临界流速 v_c,则

$$Q = \varepsilon b h_c v_c$$

可得

$$h_c = \frac{\alpha v_c^2}{g} \tag{10.19}$$

当以允许流速 v' 进行设计时,自由出流桥下的水深为 Ψh_c,有

$$Q = \varepsilon b \Psi h_c v' = \varepsilon b h_c v_c$$

则

$$v_c = \Psi v'$$

代入式(10.19),得临界水深与允许流速的关系

$$h_c = \frac{\alpha \Psi^2 v'^2}{g} \tag{10.20}$$

(2)计算小桥孔径 b 将下游水深 h 与临界水深 h_c 比较,如 $h < 1.3 h_c$,则小桥水流为自由出流,此时桥孔水深 $h_{c0} = \Psi h_c$,则

$$b = \frac{Q}{\varepsilon \Psi h_c v'} \tag{10.21}$$

如 $h \geqslant 1.3 h_c$,则小桥水流为淹没出流,桥孔水深为 h,则

$$b = \frac{Q}{\varepsilon h v'} \qquad (10.22)$$

实际工程中常采用标准孔径,小桥的标准孔径有 4m、5m、6m、8m、10m、12m、16m、20m 等多种。

(3)选用标准孔径 B,应重新计算临界水深

$$h_c = \sqrt[3]{\frac{\alpha Q^2}{(\varepsilon B)^2 g}} \qquad (10.23)$$

判别桥孔出流形式,并计算实际桥孔流速

自由出流($h < 1.3h_c$) $\qquad v = \frac{Q}{\varepsilon B \Psi h_c} \qquad (10.24)$

淹没出流($h \geqslant 1.3h_c$) $\qquad v = \frac{Q}{\varepsilon B h} \qquad (10.25)$

v 应小于 v',以保证桥基不发生冲刷。

(4)验算桥前壅水水深　桥前壅水水深是上游水面曲线的控制水深,决定桥前壅水的影响范围。过高的壅水会部分或全部地淹没桥梁上部结构,使桥孔过流变为有压流,主梁受到水平推力和浮力作用,导致上部结构在洪水中颤动解体。

对自由出流,由式(10.15)得 $\qquad H_0 = \frac{v^2}{2g\varphi^2} + \Psi h_c \qquad (10.26)$

行近水头表达式 $H_0 = H + \frac{\alpha_0 v_0^2}{2g}$ 中,行近流速 $v_0 = \frac{Q}{BH}$,则

$$H = H_0 - \frac{\alpha_0 Q^2}{2g(BH)^2} \qquad (10.27)$$

或近似用 $H \approx H_0$,H 应小于规范允许的桥前壅水水深 H'。

对淹没出流,由式(10.17) $\qquad v = \varphi \sqrt{2g(H_0 - h)}$

解出 $\qquad H_0 = \frac{v^2}{2g\varphi^2} + h \qquad (10.28)$

其他验算与上相同。

【例 10.2】 由水文计算已知小桥设计流量 $Q = 30\text{m}^3/\text{s}$。根据下游河段流量-水位关系曲线,求得该流量时下游水深 $h = 1.0\text{m}$。由规范得到桥前允许壅水水深 $H' = 2\text{m}$,桥下允许流速 $v' = 3.5\text{m/s}$。由小桥进口形式,查得各项系数:$\varphi = 0.90$;$\varepsilon = 0.85$;$\Psi = 0.80$。试设计此小桥孔径。

【解】 (1)计算临界水深

$$h_c = \frac{\alpha \Psi^2 v'^2}{g} = \frac{1.0 \times 0.8^2 \times 3.5^2}{9.8} = 0.8\text{m}$$

$1.3h_c = 1.3 \times 0.8 = 1.04\text{m} > h = 1.0\text{m}$,此小桥过流为自由出流。

(2)计算小桥孔径

$$b = \frac{Q}{\varepsilon \Psi h_c v'} = \frac{30}{0.85 \times 0.8 \times 0.8 \times 3.5} = 15.8\text{m}$$

取标准孔径 $\qquad\qquad\qquad\qquad B = 16\text{m}$

(3)重新计算临界水深

$$h_c = \sqrt[3]{\frac{\alpha Q^2}{(\varepsilon B)^2 g}} = \sqrt[3]{\frac{1 \times 30^2}{(0.85 \times 16)^2 \times 9.8}} = 0.792\text{m}$$

$1.3h_c = 1.3 \times 0.792 = 1.03\text{m} > h$，仍为自由出流。桥孔的实际流速

$$v = \frac{Q}{\varepsilon B \Psi h_c} = \frac{30}{0.85 \times 16 \times 0.8 \times 0.792} = 3.48\text{m/s}$$

$v < v'$ 不会发生冲刷。

(4)验算桥前壅水水深

$$H \approx H_0 = \frac{v^2}{2g\varphi^2} + \Psi h_c = \frac{3.48^2}{2 \times 9.8 \times 0.9^2} + 0.8 \times 0.792 = 1.397\text{m}$$

$H < H'$ 满足设计要求。

10.5　水工建筑物下游的水流衔接与消能

10.5.1　水流衔接消能方式

在堰、闸下游、陡坡渠道的尾端、桥涵出口及水跌等处的水流，一般具有较大的流速，会冲刷河床，危及水工建筑物的安全。如何采用有效的工程措施，消除下泄水流多余的能量，使上游来流平稳地与下游水流衔接起来，减少对河床及岸坡的冲刷，保证建筑物的安全，是水工建筑物设计中必须解决的问题。目前工程中普遍采用的水流衔接消能方式主要有以下几种：

(1)底流型衔接消能　水工建筑物下泄的水流通常为急流，当下游河渠中的水流为缓流时，上游急流将以水跃的形式与下游缓流衔接实现消能。这种水流的主流位于渠道底部的衔接消能方式称为底流型衔接消能，如图 10.15 所示。

(2)面流型衔接消能　在水工建筑物末端设置跌坎，将下泄水流的主流送至下游水体的表层，使之与河床分离，减轻对河床的直接冲刷。同时，在表层水流与渠底间形成底部横轴水滚，可以消除部分下泄水流的余能。这种水流的主流位于河渠表面的衔接消能方式称为面流型衔接消能，如图 10.16 所示。

图 10.15　底流型衔接消能

图 10.16　面流型衔接消能

(3)挑流型衔接消能　在水工建筑物末端设置挑流鼻坎，利用下泄水流自身的惯性作用将水体挑射入空中，随后降落在距离水工建筑物较远的下游，保证了建筑物的安全。通过空中挟气、消散以及在下游水垫中冲击、扩展可以消除下泄水流的大部分余能。这种将水流的主流挑起的衔接消能方式称为挑流型衔接消能，如图 10.17 所示。

（4）戽流型衔接消能　是一种将底流与面流相结合的衔接消能方式。下泄水流通过一定反弧半径的戽斗时，因受下游水体的顶托，主流抬起并部分回跌入戽斗，形成戽内水滚。同时，主流跃入下游后，形成一水面式水跃、一底部横轴水滚及下游涌浪，从而形成所谓"三滚一浪"的典型流态，如图 10.18 所示。这种衔接消能方式由于多个旋滚同时作用，消能效果好，在工程中得到广泛应用。

本书只简单介绍二维底流型衔接消能，其余几种可详见有关书籍。

图 10.17　挑流型衔接消能　　　　　　图 10.18　戽流型衔接消能

10.5.2　底流衔接的形式

经堰下泄的水流在跌落过程中，势能转化为动能。当水流下落到最低点处时流速最大而水深最小，形成收缩断面 c-c。该处水流一般呈急流，水深为收缩水深 h_c。当下游水流为缓流时，堰下水流将通过水跃与下游衔接。现假设水跃在收缩断面发生，则跃前水深 $h' = h_c$，由前述水跃基本方程可以计算得到与之对应的跃后水深 $h'' = h_c''$。由于下游河渠的实际水深 h_t 不一定等于 h_c''，水跃发生的位置将有所不同，出现三种不同的底流衔接形式。

（1）当 $h_t = h_c''$，此时水跃正好在收缩断面处发生，如图 10.15 所示，称为临界水跃衔接。

（2）当 $h_t < h_c''$，由前述水跃函数可知，较小的跃后水深对应着较大的跃前水深。现以 h_t 为跃后水深，对应的跃前水深将大于 h_c。因此从水工建筑物下泄的急流将越过收缩断面继续往下游流去，由于渠道摩阻的存在使水流动能减小、势能增大，水深增加。当水深增大到恰好等于以 h_t 为跃后水深所对应的跃前水深时，水跃发生，如图 10.19 所示，由于水跃发生在收缩断面的下游，称为远驱式水跃衔接。

（3）当 $h_t > h_c''$，由前述水跃函数可知，此时以 h_t 为跃后水深，所对应的跃前水深应该小于 h_c，显然这一水深实际并不存在。但由远驱式水跃的分析可知，随着下游水深的逐渐增加，跃前水深将逐渐减小，且水跃发生的位置也逐渐前移。当下游水深增大到超过临界水跃的跃后水深时，水跃将继续前移并淹没收缩断面，涌向水工建筑物尾端，如图 10.20 所示，此种水跃称为淹没式水跃衔接。

图 10.19　远驱式水跃　　　　　　图 10.20　淹没式水跃

以上三种不同的底流衔接形式都通过水跃消能。须先确定收缩断面水深 h_c，并以 h_c 作为跃前水深,求得与之对应的跃后水深 h''_c。然后将 h''_c 与下游渠道的实际水深 h_t 相比较,判别水跃(底流衔接)的形式,并采取相应的工程措施。

10.5.3　消力池简介

前面介绍了三种底流衔接消能形式。远驱式水跃由于在水跃发生以前有较长一段流速较大的急流段,给河床的保护增加了困难;淹没式水跃在淹没程度较大时消能效率较低,且水跃段长度增加;只有临界水跃同时具有消能效率高和河床保护范围短的特点,是底流衔接消能形式中较好的连接方式。但这种水跃极不稳定,下游水深稍有变动,即会转变为远驱式水跃或淹没式水跃。因此综合考虑水跃的发生位置、水跃的稳定性以及消能效果,采用淹没度较小的淹没式水跃进行消能设计最为适宜。工程中底流衔接消能设计的基本任务就是采取人工措施,努力造成临界水跃或与临界水跃较为接近的淹没水跃衔接形式,这种人工消能设施称为消力池。

形成消力池的首要条件是设法形成发生临界水跃或淹没水跃的下游水深。目前采用的方法主要有三种:(1)降低下游渠底高程以形成消力池,如图 10.21 所示;(2)在下游渠底修筑消力坎以形成消力池,如图 10.22 所示;(3)既降低下游渠底高程同时又修筑消力坎以形成综合式消力池,如图 10.23 所示。有时为提高消力池的消能效率,在消力池中附设趾墩、消能墩和尾槛,如图 10.24 所示,增大渠道粗糙度,使在较短的距离上消除同量的能量,减轻对下游河床的冲刷。

图 10.21　降低渠底高程的消力池

图 10.22　修筑消力坎的消力池

图 10.23　降低渠底高程修筑消力坎的消力池

图 10.24　消力池内附设墩或槛

10.5.4　消力池水力计算

消力池水力计算的基本任务就是计算池深 d 和池长 L。本书仅以降低下游渠底高程的消力池为例说明其计算方法。

如图 10.25 所示,水流从水工建筑物上流下,形成水深 h_c,可用伯努利方程求出:

$$E_0 + d = h_c + \frac{\alpha Q^2}{\varphi^2 2g w_c^2}$$

式中,流速系数 $\varphi = \dfrac{1}{\sqrt{1+\zeta}}$,$\zeta$ 为水流经水工建筑物的局部水头损失系数;w_c 为 c-c 断面的过水断面面积。

图 10.25 降低渠底高程的消力池水力计算示意图

在矩形断面中,上式可改写成

$$E_0 + d - h_c = \frac{\alpha Q^2}{\varphi^2 2g} \frac{1}{b^2 h_c^2} = A_1^2 \frac{1}{b^2 h_c^2}$$

即

$$h_c = \frac{A_1}{b \sqrt{E_0 + d - h_c}} \tag{10.29}$$

其中

$$A_1 = \sqrt{\frac{\alpha Q^2}{\varphi^2 2g}}$$

消力池水力计算的内容是决定渠底高程的降深 d(或称护坦降深)和消力池长度 L。上述 h_c 是此消力池的上游边界条件。

护坦降深 d 的作用是使图 10.25 中的 c-c 断面处形成淹没水跃水流衔接。如图所示,当护坦降深 d 使消力池中的水深 $h + d + \Delta z$ 大于 h_c 的共轭水深 h_c'' 时,则形成淹没水跃,即

$$\sigma h_c'' = h + d + \Delta z$$

由此求出护坦降深

$$d = \sigma h_c'' - h - \Delta z \tag{10.30}$$

式(10.30)中,σ 为安全系数,为保证发生淹没水跃,$\sigma > 1$,一般取 $\sigma = 1.05 \sim 1.10$;Δz 为水流出消力池的水面降落,其水流现象类似于淹没式宽顶堰,流速系数 φ 值可取 $0.85 \sim 0.95$,即 $v = \dfrac{Q}{bh} = \varphi \sqrt{2g\Delta z_0}$,而 $\Delta z = \Delta z_0 - \dfrac{\alpha v_0^2}{2g}$,$v_0$ 为消力池末端的流速。

从图 10.25 可见,由于 h_c 及相应的 h_c'' 和 v_0 都与 d 有关,所以式(10.30)是一个高次代数方程,需用迭代法求解。可先用一经验公式 $d = 1.25(\overline{h_c''} - h)$ 估算,其中 $\overline{h_c''}$ 是未降低护坦时收缩水深 h_c 的共轭水深。然后再用式(10.30)核算安全系数 σ 是否在 $1.05 \sim 1.10$ 之间。若 $\sigma > 1.10$,可减小 d 再核算;若 $\sigma < 1.05$,应增大 d 再核算。

消力池的长度 L 须大于水跃长度。下面再讨论消力池中的水跃,关系到由 h_c 求 h_c'' 及

水跃长度的计算。

由于水跃发生在消力池中,高度为 d 的直壁对水流有作用力,使其共轭水深关系不同于前述的完整水跃。若假设该作用力符合静水压强分布,应用动量方程分析这种水跃(称为壅高水跃)的共轭水深,则有

$$\frac{2\alpha_0 Q}{bg}(v-v_c) = h_c^2 - h_c''^2 \tag{10.31}$$

式中, $v = \dfrac{Q}{b(h+\Delta z)}$; $v_c = \dfrac{Q}{bh_c}$ 。

壅高水跃的长度比完整水跃的长度约小 $20\% \sim 30\%$,则消力池长度可取完整水跃长度的 0.8 倍。

若修建消力坎形成消力池(图 10.22),它的水力计算内容是决定消力坎高度 C 及其距收缩断面 $c\text{-}c$ 的距离 L ,其计算原理与降低护坦的消力池相似,本书不再赘述。

思考题

10-1 为什么说下游水位高于堰顶只是淹没出流的必要条件,而不是充分条件?

10-2 为什么堰宽小于渠宽要考虑侧收缩影响?堰坎高出于渠底的收缩影响是如何考虑的?

10-3 小桥孔径的水力计算中,哪些地方应用了宽顶堰理论,又有哪些修正?

10-4 如果堰下游水流不是缓流而是急流,那么与下游水流衔接情况怎样?

10-5 为什么在底流衔接方式中,要保证形成淹没水跃条件?

习 题

10-1 自由溢流矩形薄壁堰,水槽宽 $B=2\text{m}$,堰宽 $b=1.2\text{m}$,堰高 $p=p'=0.5\text{m}$,试求堰上水头 $H=0.25\text{m}$ 时的流量。

10-2 一直角进口无侧收缩宽顶堰,堰宽 $b=4.0\text{m}$,堰高 $p=p'=0.6\text{m}$,堰上水头 $H=1.2\text{m}$,堰下游水深 $h=0.8\text{m}$,求通过的流量。

10-3 设上题的下游水深 $h=1.70\text{m}$,求流量。

10-4 一圆进口无侧收缩宽顶堰,堰宽 $b=1.8\text{m}$,堰高 $p=p'=0.8\text{m}$,流量堰高 $Q=12\text{m}^3/\text{s}$,下游水深 $h=1.73\text{m}$,求堰顶水头。

10-5 矩形断面渠道宽 2.5m,流量为 $1.5\text{m}^3/\text{s}$,水深 0.9m,为使水面抬高 0.15m,在渠道中设置低堰,已知堰的流量系数 $m=0.39$,试求堰的高度。

10-6 水面面积 50000m^2 的人工贮水池,通过宽 4m 的矩形堰泄流,溢流开始时堰顶水头为 0.5m,堰的流量系数 $m=0.4$,试求 9h 后堰顶水头是多少。

10-7 用直角三角形薄壁堰测量流量,如测量水头有 1% 的误差,所造成的流量计算误差是多少。

10-8 有一个铅垂三角形薄壁堰,顶角 θ 为 $90°$,通过的流量为 $0.05\text{m}^3/\text{s}$,试求堰上水头 H 。

10-9 顶角 θ 为 $90°$ 的铅垂三角形薄壁堰,堰上水头 H 为 0.2m,求通过此堰的流量?若流量增加一倍,问水头如何变化?

10-10 具有两直立隔板的无侧收缩矩形薄壁堰将水槽分为三部分,如题 10-10 图所示。设各部分所需的流量分别为 $Q_1=15L/s$,$Q_2=30L/s$,$Q_3=85L/s$,堰高 $p=0.6m$,堰上水头 $H=0.24m$,试求各部分堰宽 b_1、b_2 和 b_3。

10-11 如题 10-11 图所示的快滤池有三条冲洗水槽,每条长 5.75m,设冲洗流量为 350L/s,试估算冲洗水槽的堰上水头 H。

题 10-10 图   题 10-11 图

10-12 小桥孔径设计,已知设计流量 $Q=15m^3/s$,允许流速 $v'=3.5m/s$,桥下游水深 $h=1.3m$,取 $\varepsilon=0.9$,$\varphi=0.9$,$\Psi=1.0$,允许壅水高度 $H'=2.0m$,试设计小桥孔径 B。

第11章 渗　　流

流体在孔隙介质中的流动称为渗流。流体包括水、石油及天然气等各种流体;孔隙介质包括土壤、岩层等各种多孔和裂隙介质。在给排水工程中水源井、集水廊道出水量的计算,以滤池为代表的各种过滤设备中多孔介质的渗流速度、渗透系数的确定,环境工程中评价和合理开发利用地下水资源、防治地下水污染,结构工程中建筑物地基的防渗处理,以及农田水利中如何灌溉排水、防止土地盐碱化等方面,均需应用有关渗流的理论。本章将着重讨论水在土或岩石空隙中的流动,也称为地下水运动。

11.1　渗流的基本概念

11.1.1　水在土中的状态

水在土中的存在可分为气态水、附着水、薄膜水、毛细水和重力水等不同状态。气态水以蒸汽状态散逸于孔隙中,存量极少,不需考虑。附着水和薄膜水也称结合水,其中附着水以极薄的分子层吸附在土的颗粒表面,呈现固态水的性质;薄膜水则以厚度不超过分子作用半径的薄层包围土的颗粒,性质和液态水近似,结合水数量很少,在渗流运动中可不考虑。毛细水因毛细管作用保持在土的孔隙中,除特殊情况外,一般也可忽略。当土的含水量很大时,除少许结合水和毛细水外,大部分水是在重力的作用下,在土壤孔隙中运动,这种水就是重力水。重力水是渗流理论研究的对象。

11.1.2　土的渗流特性与岩土分类

影响渗流运动规律的土的性质称为土的渗流特性。例如土的透水性即是其重要的渗流特性。土的透水性与土的孔隙的大小、形状、分布等有关,也与土的颗粒的粒径、形状、均匀程度、排列方式等有关。

土的密实程度可用孔隙度 n 来表示。孔隙度是表示一定体积的土中,孔隙体积 $\Delta V'$ 与土总体积 ΔV(包括孔隙体积)的比值,即

$$n = \frac{\Delta V'}{\Delta V} \tag{11.1}$$

由式(11.1)可知,土壤的孔隙度一般小于1。沙质土的孔隙度约为 0.35～0.45,天然黏土和淤泥的孔隙度约为 0.40～0.60,有时更高。从渗流的角度来看,水仅在部分孔隙中流动,如果以有效孔隙度 n_e 表示对水流流动有效的孔隙度,则沙土中有效孔隙度与孔隙度接近,而黏土则两者相差很大。

土的颗粒的均匀程度,常用土的不均匀系数 η 表示。即

$$\eta = \frac{d_{60}}{d_{10}} \tag{11.2}$$

式中,d_{60} 表示土经过筛分后,占总质量 60% 的土粒所能通过的筛孔直径;d_{10} 表示筛分时占

总质量 10％的土粒所能通过的筛孔直径。η 值越大，表示土的颗粒越不均匀。均匀颗粒组成的土，不均匀系数 $\eta=1$。

根据渗流特性可以将土分为以下两大类：

(1)非均质土　渗透性与各点的位置有关。

(2)均质土　渗透性与各点的位置无关。又可分为各向同性土和各向异性土。各向同性土的渗透性与渗流的方向无关，例如沙土；各向异性土的渗透性与渗流方向有关，例如黄土、沉积岩等。本章主要讨论均质各向同性土中的渗流问题。

11.1.3　渗流模型

由于土的孔隙的形状、大小及分布情况极其复杂，要详细地确定渗流在土的孔隙通道中的流动情况极其困难，也无此必要。工程中所关心的是渗流的宏观平均效果，而不是孔隙内的流动细节，为此引入简化的渗流模型来代替实际的渗流运动。

渗流模型是渗流区域（流体和孔隙介质所占据的空间）的边界条件保持不变，略去全部土壤颗粒，认为渗流区连续充满流体，而流量与实际渗流相同，压力和渗流阻力也与实际渗流相同的替代流场。按渗流模型的定义，渗流模型中某一过流断面积 ΔA（其中包括土壤颗粒面积和孔隙面积）通过的实际流量为 ΔQ，则 ΔA 上的平均速度，简称为渗流速度

$$u = \frac{\Delta Q}{\Delta A}$$

而水在孔隙中的实际平均速度

$$u' = \frac{\Delta Q}{\Delta A'} = \frac{u \Delta A}{\Delta A'} = \frac{1}{n} u > u$$

式中，$\Delta A'$ 为 ΔA 中的孔隙面积。若土是均质的，则孔隙度 n 与面积孔隙度相等，由式（11.1）

$$n = \frac{\Delta V'}{\Delta V} = \frac{\Delta A'}{\Delta A}$$

由于土的孔隙度 $n<1$，故渗流速度小于土壤孔隙中的实际速度。

渗流模型将渗流作为连续空间内连续介质的运动，使得前面基于连续介质建立起来的描述流体运动的方法和概念，能直接应用于渗流中，使得在理论上研究渗流问题成为可能。

11.1.4　渗流的分类

在渗流模型的基础上，渗流也可按欧拉法的概念进行分类，例如，根据各渗流空间点上的运动要素是否随时间变化，分为恒定渗流和非恒定渗流；根据运动要素与坐标的关系，分为一元、二元、三元渗流；根据流线是否为平行直线，分为均匀渗流和非均匀渗流，而非均匀渗流又可分为渐变渗流和急变渗流。此外，从有无自由水面，又可分为有压渗流和无压渗流。

11.1.5　流速水头的处理

渗流的速度很小，流速水头 $\frac{\alpha v^2}{2g}$ 则更小可忽略不计，此时过流断面的总水头等于测压管水头。即

$$H = H_\mathrm{p} = z + \frac{p}{\rho g}$$

既然渗流的测压管水头等于总水头，那么测压管水头差就是水头损失，测压管水头线的坡度就是水力坡度，$J_\mathrm{p}=J$。

11.2 渗流基本定律

流体在孔隙介质中流动时,由于黏性作用,必然存在能量损失。法国工程师达西通过实验研究,总结出渗流水头损失与渗流速度之间的关系式,后人称之为达西定律,是渗流理论中最基本的定律。

11.2.1 达西定律

达西渗流实验装置如图 11.1 所示。该装置为上端开口的直立圆筒,筒壁上、下两断面装有测压管,圆筒下部距筒底不远处装有滤板 C。圆筒内充填均匀砂层,由滤板托住。水由上端注入圆筒,并以溢水管 B 使水位保持恒定。水在渗流流动中即可测量出测压管水头差,同时透过砂层的水经排水管流入计量容器 V 中,以便计算实际渗流量。

由于渗流不计流速水头,实测的测压管水头差即为两断面间的水头损失

$$h_1 = H_1 - H_2$$

水力坡度

$$J = \frac{h_1}{l} = \frac{H_1 - H_2}{l}$$

图 11.1 达西渗流实验

达西由实验得出,圆筒内的渗流量 Q 与过流断面面积(圆筒截面积)A 及水力坡度 J 成正比,并和土的透水性能有关,基本关系式为

$$Q = kAJ \tag{11.3}$$

或

$$v = \frac{Q}{A} = kJ \tag{11.4}$$

式中 v——渗流断面平均流速,称为渗流速度;

k——渗透系数,具有速度的量纲。

达西实验是在等直径圆筒内均质砂土中进行的,属于均匀渗流,可以认为各点的流动状况相同,各点的速度等于断面平均流速,式(11.4)可写为

$$u = kJ \tag{11.5}$$

式(11.5)称为达西定律,该定律表明渗流的水力坡度,即单位距离上的水头损失与渗流速度的一次方成正比,因此也称为渗流线性定律。

11.2.2 达西定律的适用范围

达西定律是渗流线性定律,但大量实验表明,随着渗流速度的加大,水头损失将与流速的 $1\sim2$ 次方成比例,即 $h_f \propto v^{1\sim2}$;当流速大到一定数值后,$h_f \propto v^2$。可见达西定律有一定的适用范围。

达西定律的适用范围,可用雷诺数进行判别。因为土壤孔隙的大小、形状和分布在很大的范围内变化,相应的判别雷诺数为

$$Re = \frac{vd}{\nu} \leqslant 1 \sim 10 \tag{11.6}$$

式中,ν 为水的运动黏滞系数,d 为土壤颗粒的有效直径,一般用 d_{10} 表示。为安全起见,可把 $Re=1.0$ 作为线性定律适用的上限。本章所讨论的内容,仅限于符合达西定律的渗流。

11.2.3　渗透系数的确定

渗透系数是反映土的性质和流体性质综合影响渗流的系数,是分析计算渗流问题最重要的参数。由于该系数取决于土的颗粒大小、形状、分布情况及地下水的物理化学性质等多种因素,要准确地确定其数值相当困难。确定渗透系数的方法,大致分为三类。

(1)实验室测定法　利用类似图 11.1 所示的渗流实验设备,实测水头损失 h_1 和流量 Q,按式(11.3)求得渗透系数

$$k = \frac{Ql}{Ah_1}$$

该法简单可靠,但往往因实验用的土样受到扰动,和实际土层有一定差别。

(2)现场测定法　在现场钻井或挖试坑,作抽水或注水试验,再根据相应的理论公式,反算渗透系数。

(3)经验方法　在有关手册或规范资料中,给出了各种土的渗透系数值或计算公式,但它们大都是经验性的,各有其局限性,可作为初步估算用。现将各类土的渗透系数列于表 11.1。

土的渗透系数

表 11.1

土壤名称	渗 透 系 数 k		土壤名称	渗 透 系 数 k	
	(m/d)	(cm/s)		(m/d)	(cm/s)
黏土	<0.005	$<6\times10^{-6}$	粗砂	$20\sim50$	$2\times10^{-2}\sim6\times10^{-2}$
粉质黏土	$0.005\sim0.1$	$6\times10^{-5}\sim1\times10^{-4}$	均质粗砂	$60\sim75$	$7\times10^{-2}\sim8\times10^{-2}$
粉土	$0.1\sim0.5$	$1\times10^{-4}\sim6\times10^{-4}$	圆砾	$50\sim100$	$6\times10^{-2}\sim1\times10^{-1}$
黄土	$0.25\sim0.5$	$3\times10^{-4}\sim6\times10^{-4}$	卵石	$100\sim500$	$1\times10^{-1}\sim6\times10^{-1}$
粉砂	$0.5\sim1.0$	$6\times10^{-4}\sim1\times10^{-3}$	无填充物卵石	$500\sim1000$	$6\times10^{-1}\sim1\times10$
细砂	$1.0\sim5.0$	$1\times10^{-3}\sim6\times10^{-3}$	稍有裂隙岩石	$20\sim60$	$2\times10^{-2}\sim7\times10^{-2}$
中砂	$5.0\sim20.0$	$6\times10^{-3}\sim2\times10^{-2}$	裂隙多的岩石	>60	$>7\times10^{-2}$
均质中砂	$35\sim50$	$4\times10^{-2}\sim6\times10^{-2}$			

注:本表资料引自中国建筑工业出版社的《工程地质手册》。1975 年版。

【例 11.1】　在两个容器之间,连结一条水平放置的方管,如图 11.2 所示,边长 a 均为 20cm,长度 $l=100$cm,管中填满粗砂,其渗透系数 $k=0.05$cm/s,如容器水深 $H_1=80$cm, $H_2=40$cm,求通过管中的流量。若管中后一半换为细砂,渗透系数 $k=0.005$cm/s,求通过管中的流量。

【解】　(1)管中填满粗砂时,过流断面面积 $A=a^2$, 水力坡度 $J=\dfrac{H_1-H_2}{l}$,由式(11.3)

$$Q = ka^2\frac{H_1-H_2}{l} = 0.05\times20^2\times\frac{80-40}{100}$$

$$= 8\text{cm}^3/\text{s} = 0.008\text{L/s}$$

(2)前一半为粗砂 $k_1=0.05$cm/s,后一半为细砂 $k_2=0.005$cm/s,设管道中点过流断面上的测压管水头为 H,则由式(11.3)可知,通过粗砂段和细砂段的渗透流量分

图 11.2

别为:

$$Q_1 = k_1 \frac{H_1 - H}{0.5l} A$$

$$Q_2 = k_2 \frac{H - H_2}{0.5l} A$$

由连续性方程 $Q_1 = Q_2$,即

$$k_1 \frac{H_1 - H}{0.5l} A = k_2 \frac{H - H_2}{0.5l} A$$

可得

$$H = \frac{k_1 H_1 + k_2 H_2}{k_1 + k_2} = \frac{0.05 \times 80 + 0.005 \times 40}{0.05 + 0.005} = 76.36 \text{cm}$$

渗流量　　$Q = Q_1 = k_1 \frac{H_1 - H}{0.5l} A = 0.05 \frac{80 - 76.36}{0.5 \times 100} \times 20^2 = 1.456 \text{cm}^3/\text{s}$

11.2.4 无压恒定渐变渗流的基本公式

达西定律所给出的计算公式(11.4)和式(11.5)是用于均匀渗流断面平均流速及渗流区域任意点上渗流流速的计算。工程上常见的地下水运动,大多是在底宽很大的不透水层基底上的流动,流线簇近似于平行的直线,属于无压恒定渐变渗流,可视为平面问题。为了研究其运动规律,还必须建立无压恒定渐变渗流的断面平均流速 v 的计算公式。

在图 11.3 所示的渐变渗流中,所有流线近似于平行直线,过流断面近似于平面,面上各点的测压管水头皆相等。又由于忽略流速水头,故同一过流断面上各点的总水头也相等。因而断面 1-1 和 2-2 间任一流线上的水头损失也都相等,以水头差 dH 表示。另外,因渐变渗流的流线曲率很小,两断面间各条流线的长度 ds 也近乎相等。所以同一过流断面上各点水力坡度 $J = -\dfrac{dH}{ds}$ 也相等,各点的渗流流速为

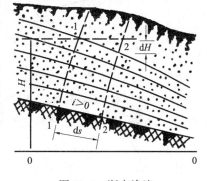

图 11.3 渐变渗流

$$u = kJ = -k \frac{dH}{ds} = \text{const} \qquad (11.7)$$

上式表明渐变渗流同一断面上的流速分布为平行直线,所以断面平均流速 v 即等于同一断面上各点的流速

$$v = u = kJ = -k \frac{dH}{ds} \qquad (11.8)$$

上式称为裘布依(J. Dupuit)公式,是法国学者裘布依在 1857 年首先提出的。该公式形式虽然与达西定律相似,但含义已是渐变渗流过流断面上,平均速度与水力坡度的关系。显然,裘布依公式不适用于流线曲率很大的急变渗流。

11.2.5 渐变渗流浸润曲线的分析

设无压非均匀渐变渗流,不透水地层坡度为 i,取过流断面 1-1、2-2,相距 ds,水深和测压管水头的变化分别为 dh 和 dH,如图 11.4 所示,则 1-1 断面的水力坡度

$$J = -\frac{dH}{ds} = -\left(\frac{dZ}{ds} + \frac{dh}{ds}\right) = i - \frac{dh}{ds}$$

将 J 代入式(11.8),得 1-1 断面的平均渗流速度

$$v = k\left(i - \frac{\mathrm{d}h}{\mathrm{d}s}\right) \tag{11.9}$$

渗流量
$$Q = kA\left(i - \frac{\mathrm{d}h}{\mathrm{d}s}\right) \tag{11.10}$$

上式是无压恒定渐变渗流的基本方程,是分析和绘制渐变渗流浸润曲线的理论依据。

同明渠非均匀渐变流水面曲线的变化相比较,因渗流速度很小,流速水头忽略不计,所以浸润线既是测压管水头线,又是总水头线。由于存在水头损失,总水头线沿程下降,因此,浸润线也只能沿程下降,不可能水平,更不可能上升。

渗流区不透水基底的坡度分为顺坡($i>0$),平坡($i=0$),逆坡($i<0$)三种。只有顺坡渗流存在均匀流,有正常水深。渗流无临界水深及缓流、急流的概念,因此浸润线的类型大为简化。

图 11.4 渐变渗流断面   图 11.5 顺坡基底渗流

(1)顺坡渗流 对顺坡渗流,以均匀流正常水深 N-N 线,将渗流区分为上、下两个区域,即 1 区和 2 区,如图 11.5 所示。将渐变渗流基本方程式(11.10)中的流量用均匀渗流计算式代入

$$kA_0 i = kA\left(i - \frac{\mathrm{d}h}{\mathrm{d}s}\right)$$

$$\frac{\mathrm{d}h}{\mathrm{d}s} = i\left(1 - \frac{A_0}{A}\right) \tag{11.11}$$

上式即顺坡渗流浸润线微分方程。式中 A_0、A 分别为均匀流和实际渗流时的过流断面面积。

1)1 区浸润线的特征($h>h_0$)

在式(11.11)中,当 $h>h_0$、$A>A_0$、$\frac{\mathrm{d}h}{\mathrm{d}s}>0$ 时,浸润线是沿程渐升的壅水曲线,上游端 $h \rightarrow h_0$、$A \rightarrow A_0$、$\frac{\mathrm{d}h}{\mathrm{d}s} \rightarrow 0$,以 N-N 线为渐近线;下游端 $h \rightarrow \infty$,$A \rightarrow \infty$,$\frac{\mathrm{d}h}{\mathrm{d}s} \rightarrow i$,浸润线以水平线为渐近线。

2)2 区浸润线的特征($h<h_0$)

在式(11.11)中,当 $h<h_0$、$A<A_0$、$\frac{\mathrm{d}h}{\mathrm{d}s}<0$ 时,浸润线是沿程渐降的降水曲线,上游端 $h \rightarrow h_0$,$A \rightarrow A_0$,$\frac{\mathrm{d}h}{\mathrm{d}s} \rightarrow 0$,浸润线以 N-N 为渐近线;下游端 $h \rightarrow 0$,$A \rightarrow 0$,$\frac{\mathrm{d}h}{\mathrm{d}s} \rightarrow -\infty$,浸润线与基

底正交。由于此处曲率半径很小,不再符合渐变流条件,式(11.8)已不适用,这条浸润线的下游端实际上取决于具体的边界条件。

设渗流区的过流断面是宽度为 b 的宽阔矩形,将 $A=bh$、$A_0=bh_0$ 代入式(11.11)整理得

$$\frac{i\,\mathrm{d}s}{h_0} = \mathrm{d}\eta + \frac{\mathrm{d}\eta}{\eta - 1}$$

式中,$\eta = \dfrac{h}{h_0}$。将上式从断面 1-1 到 2-2 进行积分,得

$$\frac{il}{h_0} = \eta_2 - \eta_1 + 2.3 \lg \frac{\eta_2 - 1}{\eta_1 - 1} \tag{11.12}$$

式中,$\eta_1 = \dfrac{h_1}{h_0}$,$\eta_2 = \dfrac{h_2}{h_0}$。式(11.12)可用于绘制顺坡渗流的浸润线,并进行水力计算。

(2)平坡渗流　平坡渗流区域如图 11.6 所示。令式(11.10)中底坡 $i=0$,得平坡渗流浸润线微分方程

$$\frac{\mathrm{d}h}{\mathrm{d}s} = -\frac{Q}{kA} \tag{11.13}$$

在平坡基底上不能形成均匀流。上式中 Q、k、A 皆为正值,故 $\dfrac{\mathrm{d}h}{\mathrm{d}s} < 0$,只可能有一条浸润线,为沿程渐降的降水曲线。上游 $h \to \infty$,$\dfrac{\mathrm{d}h}{\mathrm{d}s} \to 0$,以水平线为渐近线;下游 $h \to 0$,$\dfrac{\mathrm{d}h}{\mathrm{d}s} \to -\infty$,与基底正交,性质和上述顺坡渗流的降水曲线末端类似。

设渗流区的过流断面是宽度为 b 的宽阔矩形,$A=bh$,$Q/b=q$(单宽流量),代入式(11.13)整理得

$$\frac{q}{k}\,\mathrm{d}l = -h\,\mathrm{d}h$$

将上式从断面 1-1 到 2-2 积分得

$$\frac{ql}{k} = \frac{1}{2}(h_1^2 - h_2^2) \tag{11.14}$$

此式可用于绘制平坡渗流的浸润曲线并进行水力计算。

(3)逆坡渗流　在逆坡基底上,不可能产生均匀渗流。对于逆坡渗流只可能产生一条浸润线,即沿程渐降的降水曲线,如图 11.7 所示,其微分方程和积分式不再赘述。

图 11.6　平坡基底渗流

图 11.7　逆坡基底渗流

11.3 井和集水廊道的渗流计算

井和集水廊道是汲取地下水源和降低地下水位的集水构筑物,应用十分广泛。在具有自由水面的潜水层中凿的井,称为普通井或潜水井。井贯穿整个含水层,井底直达不透水层者称为完整井,井底未达到不透水层者称不完整井。含水层位于两个不透水层之间,含水层顶面压强大于大气压强,这样的含水层称为承压含水层。汲取承压地下水的井,称为承压井或自流井。

11.3.1 普通完整井

水平不透水层上的普通完整井如图 11.8 所示。管井的直径 50~1000mm,井深可达 1000m 以上。

设含水层中地下水的天然水面 A-A,含水层厚度为 H,井的半径为 r_0。从井内抽水时,井内水位下降,四周地下水向井中补给,并形成对称于井轴的漏斗形浸润面,此时浸润面与纵剖面的交线称为浸润曲线,简称浸润线。如抽水流量不

图 11.8 普通完整井

过大且恒定时,经过一段时间,向井内渗流达到恒定状态,井中水深和浸润漏斗面均保持不变。

取距井轴为 r,浸润面高为 z 的圆柱形过流断面。井的渗流运动,严格来说属于三维渗流问题,通常忽略运动要素在 z 方向的变化,并采用轴对称的假设,除井壁附近外的大部分地区,浸润曲线的曲率很小,可视为一维恒定渐变渗流。可以运用裘布依公式进行分析计算。由裘布依公式

$$v = kJ = -k \frac{dH}{ds}$$

将 $H = z, ds = -dr$ 代入上式,得
$$v = k \frac{dz}{dr} \tag{11.15}$$

渗流量
$$Q = Av = 2\pi r z k \frac{dz}{dr}$$

分离变量并积分
$$\int_h^z z \, dz = \int_{r_0}^r \frac{Q}{2\pi k} \frac{dr}{r}$$

得到普通完整井浸润线方程
$$z^2 - h^2 = \frac{Q}{\pi k} \ln \frac{r}{r_0} \tag{11.16}$$

或
$$z^2 - h^2 = \frac{0.732Q}{k} \lg \frac{r}{r_0} \tag{11.17}$$

从理论上讲,浸润线是以地下水天然水面线为渐近线。当 $r \to \infty, z = H$。但从工程实用观点来看,认为渗流区存在影响半径 R,而 R 以外的地下水位不受影响,即 $r = R, z = H$。代入式(11.17),得井的产水量 Q(或称出水量)公式

$$Q = 1.366 \frac{k(H^2 - h^2)}{\lg \frac{R}{r_0}} \tag{11.18}$$

以抽水深度 s(或称抽水降深)代替井水深 h,即 $s=H-h$,则式(11.18)变为

$$Q = 2.732\frac{kHs}{\lg\dfrac{R}{r_0}}\left(1-\frac{s}{2H}\right) \tag{11.19}$$

当 $\dfrac{s}{2H}\ll 1$ 时,式(11.19)可简化为 $\quad Q = 2.732\dfrac{kHs}{\lg\dfrac{R}{r_0}}$ $\tag{11.20}$

式中的影响半径 R 可由现场抽水试验测定。估算 R 时,可根据经验数据选取:对于细砂 $R=$ $100\sim200$m,中等粒径砂 $R=250\sim500$m,粗砂 $R=700\sim1000$m。或用以下经验公式计算

$$R = 3000s\sqrt{k} \tag{11.21}$$

或 $$R = 575s\sqrt{Hk} \tag{11.22}$$

式中,k 以 m/s 计,R、S 和 H 均以 m 计。

【例 11.2】 有一普通完整井,其半径为 0.1m,含水层厚度 $H=8$m,土的渗透系数为 0.001m/s,抽水时井中水深为 3m。试估算井的出流量。

【解】 最大抽水深度 $s=H-h=8-3=5$m,由式(11.21)求井的影响半径

$$R = 3000s\sqrt{k} = 3000\times5\times\sqrt{0.001} = 474.3\text{m}$$

由式(11.18)求出井的产水量

$$Q = 1.366\frac{k(H^2-h^2)}{\lg\dfrac{R}{r_0}} = 1.366\times\frac{0.001\times(8^2-3^2)}{\lg\dfrac{474.3}{0.1}} = 0.02\text{m}^3/\text{s}$$

11.3.2 自流完整井

自流完整井如图 11.9 所示。含水层位于两不透水层之间,设底板与不透水层底面齐平,间距为 t,凿井穿透含水层。未抽水时地下水位上升到 H,为自流含水层的总水头,井中水面高于含水层厚 t,有时甚至高出地表面向外喷涌。

自井中抽水,井中水深由 H 降至 h,井周围测压管水头线形成漏斗形曲面。取距井轴 r 处,测压管水头为 z 的过流断面,由裴布依公式(11.15)可知

$$Q = Av = 2\pi r t k\frac{\mathrm{d}z}{\mathrm{d}r}$$

分离变量积分 $\displaystyle\int_h^z\mathrm{d}z = \frac{Q}{2\pi kt}\int_{r_0}^r\frac{\mathrm{d}r}{r}$

图 11.9 自流完整井

自流完整井浸润线方程为

$$z-h = 0.366\frac{Q}{kt}\lg\frac{r}{r_0} \tag{11.23}$$

同样引入影响半径的概念,当 $r=R$ 时,$z=H$,代入上式,解得自流完整井涌水量公式

$$Q = 2.732\frac{kt(H-h)}{\lg\dfrac{R}{r_0}} = 2.732\frac{kts}{\lg\dfrac{R}{r_0}} \tag{11.24}$$

【例 11.3】 对自流井进行抽水试验以确定土壤的渗透系数 k 值。在距井轴 $r_1=10$m 和 $r_2=20$m 处分别钻一个观测孔,当自流井抽水后,实测两个观测孔中水面的稳定降深 $s_1=$ 2.0m 和 $s_2=0.8$m。设承压含水层厚度 $t=6$m,稳定的抽水量 $Q=24$L/s,求土壤的渗透系

数 k 值。

【解】 由式(11.23),可得

$$s_1 = z - h_1 = 0.366 \frac{Q}{kt} \lg \frac{r}{r_1}$$

$$s_2 = z - h_2 = 0.366 \frac{Q}{kt} \lg \frac{r}{r_2}$$

两式相减,得

$$s_1 - s_2 = 0.366 \frac{Q}{kt} (\lg r_2 - \lg r_1)$$

$$k = \frac{0.366Q}{t(s_1 - s_2)} (\lg r_2 - \lg r_1) = \frac{0.366 \times 0.024}{6 \times (2 - 0.8)} (\lg 20 - \lg 10)$$

$$= 0.00037 \text{m/s} = 32 \text{m/d}$$

11.3.3 集水廊道

设有一条位于水平不透水层上的矩形断面集水廊道,如图11.10所示。若从廊道中向外抽水,则在其两侧的地下水均流向廊道,水面不断下降,当抽水稳定出流后,将形成对称于廊道轴线的浸润曲面,由于浸润曲面曲率很小,可近似看作为无压恒定渐变渗流。廊道很长,所有垂直于廊道轴线的剖面,渗流情况相同,可视为平面渗流问题。

取廊道右侧的单位长度来看,设 Oxz 坐标,由裘布

依公式 $v = kJ$ 和 $J = \frac{\mathrm{d}z}{\mathrm{d}x}$ 得

$$v = k \frac{\mathrm{d}z}{\mathrm{d}x}$$

设 q 为集水廊道单位长度上自一侧渗入的单宽流量,则

$$q = k \frac{\mathrm{d}z}{\mathrm{d}x} z$$

积分上式,边界条件由集水廊道边 $x=0$, $z=h$ 确定,得集水廊道浸润曲线方程

图11.10 集水廊道渗流计算简图

$$z^2 - h^2 = \frac{2q}{k} x \tag{11.25}$$

由式(11.25)可知,x 值越大时地下水位的降落越小。设在 $x=L$ 处,$z \approx H$,即 $x \geqslant L$ 区域,地下水位已不受抽水的影响,则称 L 是集水廊道的影响范围。将上述条件代入式(11.25),得集水廊道单位长度每侧的渗流量

$$q = \frac{k(H^2 - h^2)}{2L} \tag{11.26}$$

11.3.4 大口井

大口井是集取浅层地下水的一种井,井径较大,约2～10m或更大。由于大口井过流断面面积增大,以及井壁处阻力减少,在相同的水位降低情况下,其出水量远大于管井流量。大口井一般为不完全井,井底的产水量是总产水量的重要部分。

设一大口井,井壁四周为不透水层。水由井底进入井内,假设井底为半球形,并位于深度为无穷大的含水层中,如

图11.11 半球形底面的大口井
渗流计算简图

图 11.11 所示。此时大口井底的渗流流线是径向的,过流断面为与井底同心的半球面,于是有

$$Q = Av = 2\pi r^2 k \frac{dz}{dr}$$

设抽水稳定后的抽水深度为 s,影响半径为 R,大口井半径为 r_0,将上式分离变量后积分

$$Q\int_{r_0}^{R} \frac{dr}{r^2} = 2\pi k \int_{H-s}^{H} dz$$

得

$$Q = \frac{2\pi ks}{\frac{1}{r_0} - \frac{1}{R}}$$

因 $r_0 \ll R$,得到半球形底大口井的产水量公式

$$Q = 2\pi k r_0 s \tag{11.27}$$

11.4 井群的渗流计算

在工程中为了大量汲取地下水源,或更有效地降低地下水位,常需在一定范围内开凿多口井共同工作,这些井统称为井群。因为井群中各单井之间距离不很大,每一口井都处于其他井的影响半径之内,各井的相互影响使渗流区内地下水浸润面形状复杂化,总的产水量也不等于按单井计算产水量的总和。

11.4.1 普通完整井的井群

设由 n 个普通完整井组成的井群如图 11.12 所示。各井的半径、出水量、至某点 A 的水平距离分别为 r_{01}、r_{02}、$\cdots$、r_{0n},Q_1、Q_2、$\cdots$、Q_n 及 r_1、r_2、$\cdots$、r_n。若各井单独工作时,它们的井水深分别为 h_1、h_2、$\cdots$、h_n,在 A 点形成的渗流水位分别为 z_1、z_2、$\cdots$、z_n,由式(11.17)可知各单井的浸润面方程为

$$z_1^2 = \frac{0.732Q_1}{k} \lg \frac{r_1}{r_{01}} + h_1^2$$

$$z_2^2 = \frac{0.732Q_2}{k} \lg \frac{r_2}{r_{02}} + h_2^2$$

$$\cdots\cdots$$

$$z_n^2 = \frac{0.732Q_n}{k} \lg \frac{r_n}{r_{0n}} + h_n^2$$

图 11.12 井群

各井同时抽水,在 A 点形成共同的浸润面高度 z,按势流叠加原理,其方程为

$$z^2 = \sum_{i=1}^{n} z_i^2 = \sum_{i=1}^{n} \left(\frac{0.732Q_i}{k} \lg \frac{r_i}{r_{0i}} + h_i^2 \right) \tag{11.28}$$

当各井抽水状况相同,$Q_1 = Q_2 = \cdots = Q_n$、$h_1 = h_2 = \cdots = h_n$ 时,则

$$z^2 = \frac{0.732Q}{k} [\lg(r_1 r_2 \cdots r_n) - \lg(r_{01} r_{02} \cdots r_{0n})] + nh^2 \tag{11.29}$$

同时,井群也具有影响半径 R,若 A 点处于影响半径处,可认为 $r_1 \approx r_2 \approx \cdots \approx r_n = R$,而 $z = H$,得

$$H^2 = \frac{0.732Q}{k} [n\lg R - \lg(r_{01} r_{02} \cdots r_{0n})] + nh^2 \tag{11.30}$$

式(11.29)与式(11.30)相减,得井群的浸润面方程

$$z^2 = H^2 - \frac{0.732Q}{k}\left[n\lg R - \lg(r_1 r_2 \cdots r_n)\right]$$

$$= H^2 - \frac{0.732Q_0}{k}\left[\lg R - \frac{1}{n}\lg(r_1 r_2 \cdots r_n)\right] \tag{11.31}$$

式中,R 为井群影响半径,可由抽水试验测定或由经验公式(11.21)、式(11.22)估算,s 为井群中心点在抽水稳定后的抽水深度。Q_0 为井群产出水量,$Q_0 = nQ$;若各井的产水量不等,则井群的浸润线方程为

$$z^2 = H^2 - \frac{0.732}{k}\left[Q_1\lg\frac{R}{r_1} + Q_2\lg\frac{R}{r_2} + \cdots + Q_n\lg\frac{R}{r_n}\right] \tag{11.32}$$

式中,Q_1、Q_2、$\cdots Q_n$ 为各井的产水量,其余符号同前。

11.4.2　自流完全井的井群

对于含水层厚度为 t 的自流完全井井群,采用上述普通完全井井群的分析方法,按势流叠加原理,同样可求得井群的浸润面方程为

$$z = H - \frac{0.366Q_0}{kt}\left[\lg R - \frac{1}{n}\lg(r_1 r_2 \cdots r_n)\right] \tag{11.33}$$

井群的总出水量
$$Q = 2.732\frac{kt(H-z)}{\lg R - \frac{1}{n}\lg(r_1 r_2 \cdots r_n)} \tag{11.34}$$

【例 11.4】　为了降低基坑中的地下水位,在基坑周围设置了 8 个普通完整井,其布置见图 11.13。已知潜水层的厚度 $H=10\text{m}$,井群的影响半径 $R=500\text{m}$,渗透系数 $k=0.001\text{m/s}$,总抽水量 $Q_0=0.02\text{m}^3/\text{s}$。试求井群中心 O 点地下水水位降。

图 11.13　降低基坑地下水位

【解】　各单井至 O 点的距离

$$r_4 = r_5 = 30\text{m}, r_2 = r_7 = 20\text{m}$$

$$r_1 = r_3 = r_6 = r_8 = \sqrt{30^2 + 20^2} = 36\text{m}$$

其中 $n=8$,代入式(11.31)

$$z^2 = \sqrt{H^2 - \frac{0.732Q_0}{k}\left[\lg R - \frac{1}{n}\lg(r_1 r_2 \cdots r_n)\right]}$$

$$= \sqrt{10^2 - \frac{0.732 \times 0.02}{0.001}\left[\lg 500 - \frac{1}{8}\lg(30^2 \times 20^2 \times 36^4)\right]} = 9.06\text{m}$$

O 点地下水位降
$$s = H - z = 0.94\text{m}$$

思考题

11-1　何谓渗流模型,它与实际渗流相比较有何区别,为何提出渗流模型?

11-2　达西定律的适用条件是什么?与裘布依公式的含义有何不同?

11-3　渗透系数值与哪些因素有关?如何确定?

11-4　井的影响半径如何定义?引用这一概念的实用意义和理论缺陷是什么?

11-5　井群的渗流计算有什么限制条件?

习　题

11-1　在实验室中用达西实验装置(参见图 11.1)来测定土样的渗流系数。如圆筒直径为 20cm,土层厚度为 40cm(即两测压管间距为 40cm)。测得通过流量 Q 为 100mL/min,两测压管的水头差为 20cm,试计算土样的渗透系数。

11-2　某工地以潜水为给水水源。由钻探测知含水层为夹有砂粒的卵石层,厚度 $H=$ 6m,渗流系数 $k=0.00116$m/s。现打一普通完整井,井的半径 $r_0=0.15$m,影响半径 $R=$ 150m,试求井中水位降深 s 为 3m 时井的涌水量 Q。

11-3　如题 11-3 图所示,从一承压井取水。井的半径 $r_0=0.1$m,含水层厚度 $t=5$m,在离井中心 10m 处钻一观测钻孔。在未抽水前,测得地下水的水位 $H=12$m。现抽水量 $Q=$ 36m³/h,井中水位降深 $s_0=2$m,观测孔中水位降深 $s_1=1$m,试求含水层的渗流系数 k 值及承压井 s_0 为 3m 时的涌水量。

11-4　如题 11-4 图所示,上、下游水箱中间有一连接管,水箱水位恒定,连接管内充填两种不同的砂层($k_1=0.003$m/s,$k_2=0.001$m/s),管道断面积为 0.01m²,试求渗流量。

题 11-3 图

题 11-4 图

11-5　如题 11-5 图所示,河中水位为 65.8m,距河 300m 处有一钻孔,孔中水位为 68.5m,不透水层为水平面,高程为 55.0m,土的渗透系数 $k=16$m/d,试求单宽渗流量。

11-6　有一普通完整井,其直径为 0.5m,含水层厚度 $H=10$m,土壤渗透系数 $k=2.5$m/h,抽水稳定后的井中水深 $h=7$m,试估算井的出水量。

题 11-5 图

第 12 章　紊流射流和扩散基本理论

射流是指流体自孔口、管嘴或条缝向外界流体空间喷射所形成的流动,射流的周围可以是同种流体也可是另外一种流体,这一点与管道流动或明渠流动的周界全部或大部分为固体不同。许多工程技术领域涉及射流问题,在给排水、环境工程排污、排热、排气的排放出口附近的流动,其流场和浓度场的分析都要应用射流理论。

射流可以根据不同的特征进行分类。按流动形态,可分为层流射流和紊流射流,实际工程中多为紊流射流。按射流周围流体的性质,可分为淹没射流和非淹没射流,若射流与周围流体物理性质相同,则为淹没射流;若射流与周围流体物理性质不同,则为非淹没射流;按射流周围固体边界的情况,可分为自由射流(或称无限空间射流)和非自由射流(或称有限空间射流);按射流出口断面的形状,可分为圆断面(轴对称)射流、平面(二维)射流和矩形(三维)射流等;按射流出流后继续流动的动力,可分为动量射流(动力为射流动量)、浮力羽流(动力为射流流体与周围流体存在密度差产生的浮力)和浮力射流(动力为射流动量和浮力共同作用)。本章重点讨论静止流体中淹没的自由紊流射流,这是射流运动中最简单也是最基本的情况。

扩散是流体中含有的物质(如各种污染物)或流体本身的属性(如热量、能量、动量)由于分子无规则运动和流体微团的紊动而输送或传递到另一部分流体中去的现象。扩散的量可以是标量如污染物浓度、泥沙浓度、温度等;也可以是矢量,如动量。流体中含有的物质或流体本身的属性统称为扩散质。本章讨论的内容假定扩散质的存在不改变流体质点的流动特性,同时假定在整个扩散过程中,流体质点带有的扩散质在数量上保持不变。实际上由于扩散质的存在而对流动产生影响的情况是实际存在的,如热污染的散布、海水和淡水的掺混等问题。给排水、环境工程中,工业生产和生活中排放的污染物质在大气和水体内的浓度分布分析就需要掌握扩散基本理论,它是环境保护规划设计所依据的重要资料。

根据扩散产生的物理原因,有分子扩散、移流扩散、紊动扩散和剪切流离散等。分子扩散是由于流体分子的热运动而产生的,在静止或运动的流体中都存在;移流扩散是由于流体质点的运动而产生的;紊动扩散是由于流体质点的脉动而产生的,只在紊流中存在;剪切流离散是由于过流断面上存在纵向速度梯度而产生的,在层流或紊流中都存在。

12.1　紊流自由淹没射流的结构与特征

12.1.1　射流的结构

以半径为 R 的喷嘴圆断面射流为例讨论。设出口断面上速度分布均匀,皆为 u_0,则出口断面上平均速度亦为 u_0。由于存在速度差异及紊流脉动,射出流体与周围静止流体之间不断发生质量、动量交换,不断把周围流体卷吸进来,使射流的横断面积、质量流量沿程不断增加,而速度沿程不断衰减,形成了向周围扩散的锥体状流场。如图 12.1 所示,喷嘴附近速

度保持 u_0 的区域称为射流核心区,核心区消失的横断面称为过渡断面。过渡断面之前具有核心区的部分称为射流起始段,其中速度小于 u_0 的部分称为起始段边界层。过渡断面之后的部分称为射流主体段,主体段中任一过流断面上轴心速度最大,边界处速度为零。实际射流的边界难以严格分辨,这里应从统计意义上理解。

图 12.1 射流基本结构

12.1.2 紊流射流的特性

实验结果及半经验理论都表明紊流自由淹没射流有如下三个基本特征。

(1)几何特征 射流外边界近似是一条直线,如图 12.1 上的 AB 及 DE 线。AB、DE 反向延长至喷嘴内相交于极点 M,$\angle AMD = 2\alpha$,其中 α 称为极角或扩散角。对于圆断面射流有

$$\tan\alpha = K = 3.4a \tag{12.1}$$

式中,K 为试验系数,a 为紊流系数。a 值的大小与出口断面上紊流强度有关,各种不同形状喷嘴 a 的实测值列于表 12.1 中。

紊流系数与扩散角　　表 12.1

喷　嘴　种　类	紊流系数 a	2α	喷　嘴　种　类	紊流系数 a	2α
带有收缩口的喷嘴	0.066	25°20′	收缩极好的平面喷口	0.108	29°30′
圆柱形管	0.08	29°00′	平面壁上锐缘狭缝	0.128	32°10′

由式(12.1)知,紊流系数 a 值确定后,射流边界层的外边界线也就被确定,射流即按一定的扩散角 α 向前作扩散运动。对圆断面射流可求出射流半径 R(或射流直径 D)沿程的变化规律。

设 s 为射流某断面至喷嘴的距离,x_0 为极点至喷嘴的距离,r_0 为喷嘴半径,d_0 为喷嘴直径。由三角形相似,则有

$$\frac{R}{r_0} = \frac{x_0 + s}{x_0} = 1 + \frac{s}{r_0}\tan\alpha$$

将式(12.1)代入上式得
$$\frac{R}{r_0} = 3.4\left(\frac{as}{r_0} + 0.294\right) \tag{12.2a}$$

以直径表示
$$\frac{D}{d_0} = 6.8\left(\frac{as}{d_0} + 0.147\right) \tag{12.2b}$$

以极点起算的无因次距离 $\bar{x} = \dfrac{x_0 + s}{r_0}$ 表示,则有

$$\frac{R}{r_0} = 3.4a\overline{x}$$

(12.2c)

式(12.2c)说明了射流半径与射程的关系,即无因次半径正比于极点起算的无因次距离。

(2)运动特征　为了找出射流速度分布规律,许多学者针对液体射流和气体射流做了大量实验,对不同横截面上的速度分布进行了测定。这里仅给出特留彼尔在轴对称射流主体段的实验结果(图 12.2a),以及阿勃拉莫维奇在起始段内的实验结果(图 12.3a)。

图 12.2　射流主体段流速分布　　　　图 12.3　射流起始段流速分布

无论主体段或起始段内,同一断面上轴心速度 u_m 最大,至边缘速度逐渐减小至零。而且距喷嘴距离越远处边界层厚度越大,主体段轴心速度则越小,速度分布曲线越扁平化。如果纵坐标用相对速度(或无因次速度),横坐标用相对距离(或无因次距离)代替原图中的速度 u 和横向距离 y,可以看到原来各截面不同的速度分布线变为同一条无因次速度分布线,如图 12.2(b)所示。图中 $y_{0.5u_m}$ 表示同截面上速度为 $0.5u_m$ 的点至轴心的距离。这说明射流各截面上速度分布具有相似性。射流起始段边界层速度分布也具有和主体段类似的性质,如图 12.3(b)所示。

气体射流的这种运动特征常用阿勃拉莫维奇的指数型半经验公式,表示为

$$\frac{u}{u_m} = \left[1 - \left(\frac{y}{R}\right)^{1.5}\right]^2$$

(12.3a)

令 $\dfrac{y}{R} = \eta$,则

$$\frac{u}{u_m} = (1 - \eta^{1.5})^2$$

(12.3b)

式(12.3)如用于主体段,则式中 y 为横截面上任意点至轴心距离,R 为该截面的射流半径,u 为 y 点上的速度,u_m 为该截面的轴心速度;如用于起始段边界层,则式中 y 为截面上任意点至核心边界的距离,R 为同截面上边界层厚度,u 为截面上边界层中 y 点的速度,u_m 为该截面轴心速度即核心速度 u_0。

液体射流主体段断面上的流速分布常采用阿尔伯逊的高斯型正态分布经验公式,表示为

$$\frac{u}{u_m} = \exp\left(-\frac{y^2}{R^2}\right)$$

不同研究者的分析方法和依据的实验资料不同,得出的结果会略有差异。本书基于式(12.3)讨论。

(3)动力特征　实验资料表明,射流内部的动压强与静压强分布差别不大,一般分析时,可以认为射流内部及其周围环境流体的压强统一按静压强分布,则有沿流向 $\partial p/\partial x = 0$ 的关系,射流水平轴向外力之和为零。由动量方程可知,任意横截面上动量均等于出口截面上的动量(动量守恒)。这就是射流的动力特征,以公式表达

$$\pi \rho r_0^2 u_0^2 = \int_0^R 2\pi \rho u^2 y \mathrm{d}y \tag{12.4}$$

12.2　圆断面射流的运动分析

根据射流的基本特征可对圆断面射流主要参数(轴心速度 u_m、流量 Q 等)的变化规律进行分析。

12.2.1　主体段轴心速度 u_m

将式(12.4)两端除以 $\pi \rho R^2 u_m^2$ 得

$$\left(\frac{r_0}{R}\right)^2 \left(\frac{u_0}{u_m}\right)^2 = 2\int_0^1 \left(\frac{u}{u_m}\right)^2 \frac{y}{R} \mathrm{d}\left(\frac{y}{R}\right)$$

以运动特征式(12.3b)代入上式,则有

$$\left(\frac{r_0}{R}\right)^2 \left(\frac{u_0}{u_m}\right)^2 = 2\int_0^1 [(1-\eta^{1.5})^2]^2 \eta \mathrm{d}\eta$$

上式右端的积分 $\int_0^1 [(1-\eta^{1.5})^2]^2 \eta \mathrm{d}\eta = 0.046$,再以几何特征式(12.2)代入左端并整理,得轴心速度 u_m 的沿程变化规律:

$$\frac{u_m}{u_0} = \frac{0.965}{\dfrac{as}{r_0}+0.294} = \frac{0.48}{\dfrac{as}{d_0}+0.147} = \frac{0.965}{\bar{a}x} \tag{12.5}$$

12.2.2　主体段断面流量 Q

若出口流量为 Q_0,则无因次流量

$$\frac{Q}{Q_0} = \frac{2\pi \int_0^R u y \mathrm{d}y}{\pi r_0^2 u_0} = 2\int_0^{\frac{R}{r_0}} \left(\frac{u}{u_0}\right)\left(\frac{y}{r_0}\right) \mathrm{d}\left(\frac{y}{r_0}\right)$$

再用 $\dfrac{u}{u_0}=\dfrac{u}{u_m}\cdot\dfrac{u_m}{u_0}$ 和 $\dfrac{y}{r_0}=\dfrac{y}{R}\cdot\dfrac{R}{r_0}$ 代换

$$\frac{Q}{Q_0}=2\frac{u_m}{u_0}\left(\frac{R}{r_0}\right)^2\int_0^1\left(\frac{u}{u_m}\right)\left(\frac{y}{R}\right)\mathrm{d}\left(\frac{y}{R}\right)$$

考虑式(12.5)、式(12.2a)、式(12.3a)并计算定积分值后,得

$$\frac{Q}{Q_0}=2.2\left(\frac{as}{r_0}+0.294\right)=4.4\left(\frac{as}{d_0}+0.147\right)=2.2a\overline{x} \tag{12.6}$$

12.2.3　主体段断面平均流速 v_1

定义断面平均流速 $v_1=\dfrac{Q}{A}$,则无因次断面平均流速为

$$\frac{v_1}{u_0}=\frac{Q/A}{Q_0/A_0}=\frac{Q}{Q_0}\left(\frac{r_0}{R}\right)^2$$

将式(12.2a)、式(12.6)代入得

$$\frac{v_1}{u_0}=\frac{0.19}{\dfrac{as}{r_0}+0.294}=\frac{0.095}{\dfrac{as}{d_0}+0.147}=\frac{0.19}{a\overline{x}} \tag{12.7}$$

12.2.4　主体段质量平均流速 v_2

比较式(12.5)和式(12.7),可知射流断面平均流速 v_1 仅为轴心流速 u_m 的 20%,而工程上通常使用的是轴心附近较高的速度区。说明断面平均流速不能恰当的反映被使用区的速度,故引入质量平均流速 v_2,定义为用 v_2 乘以质量即得真实动量

$$v_2=\frac{\rho Q_0 u_0}{\rho Q}$$

考虑(12.6)式,得

$$\frac{v_2}{u_0}=\frac{0.4545}{\dfrac{as}{r_0}+0.294}=\frac{0.23}{\dfrac{as}{d_0}+0.147}=\frac{0.4545}{a\overline{x}} \tag{12.8}$$

比较式(12.5)和式(12.8),可见质量平均流速 v_2 约为轴心流速 u_m 的 50%,能够较好的反映高速区的状况。使用时应注意不可与断面平均流速混淆。

12.2.5　起始段核心长度 s_n 及核心收缩角 θ

由图 12.1 可知,起始段核心长度即为过渡断面至喷嘴的距离。以 $s=s_n,u_m=u_0$ 代入式(12.5)

$$\frac{u_0}{u_0}=\frac{0.965}{\dfrac{as_n}{r_0}+0.294}$$

故核心长度为　　　　　　　　　　$$s_n=0.671\frac{r_0}{a} \tag{12.9}$$

核心收缩角为　　　　　　　　　　$$\tan\theta=\frac{r_0}{s_n}=1.49a \tag{12.10}$$

12.2.6　起始段流量 Q

由于起始段核心区内保持着出口速度 u_0,同时起始段边界层中速度小于 u_0,由图 12.1

知核心区半径 r 为

$$r = r_0 - s\tan\theta = r_0 - 1.49as \tag{12.11}$$

则起始段核心区内无因次流量为

$$\frac{Q'}{Q_0} = \frac{\pi r^2 u_0}{\pi r_0^2 u_0} = \left(\frac{r}{r_0}\right)^2 = \left(1 - 1.49\frac{as}{r_0}\right)^2$$

起始段边界层中无因次流量为(推导从略)

$$\frac{Q''}{Q_0} = 3.74\frac{as}{r_0} - 0.90\left(\frac{as}{r_0}\right)^2$$

因此起始段整个截面上的流量 Q 为

$$\frac{Q}{Q_0} = \frac{Q'+Q''}{Q_0} = 1 + 0.76\frac{as}{r_0} + 1.32\left(\frac{as}{r_0}\right)^2 \tag{12.12}$$

12.2.7 起始段断面平均流速 v_1

定义 $v_1 = \dfrac{Q'+Q''}{A}$,则

$$\frac{v_1}{u_0} = \frac{1 + 0.76\dfrac{as}{r_0} + 1.32\left(\dfrac{as}{r_0}\right)^2}{1 + 6.8\dfrac{as}{r_0} + 11.56\left(\dfrac{as}{r_0}\right)^2} \tag{12.13}$$

12.2.8 起始段质量平均流速 v_2

定义 $v_2 = \dfrac{\rho Q_0 u_0}{\rho(Q'+Q'')}$,则

$$\frac{v_2}{u_0} = \frac{1}{1 + 0.76\dfrac{as}{r_0} + 1.32\left(\dfrac{as}{r_0}\right)^2} \tag{12.14}$$

【例 12.1】 已知空气淋浴地带要求射流半径为 1.2m,质量平均流速 $v_2 = 3$m/s,圆形喷嘴直径 0.3m。求(1)喷口至工作地带的距离 s;(2)喷嘴流量。

【解】 (1)由表 12.1 查得紊流系数 $a = 0.08$,由式(12.2a)知

$$\frac{R}{r_0} = 3.4\left(\frac{as}{r_0} + 0.294\right)$$

代入数据

$$\frac{1.2}{0.15} = 3.4\left(\frac{0.08}{0.15}s + 0.294\right)$$

则

$$s = 3.86\text{m}$$

(2)由式(12.9)知核心区长度为

$$s_n = 0.671\frac{r_0}{a} = 0.671 \times \frac{0.15}{0.08} = 1.26\text{m} < s$$

故所求横截面在主体段内。同时由式(12.8)得

$$\frac{3}{u_0} = \frac{0.4545}{\dfrac{0.08 \times 3.86}{0.15} + 0.294}$$

$$u_0 = 15.5\text{m/s}$$

则喷嘴流量为

$$Q_0 = \frac{\pi}{4}d_0^2 u_0 = \frac{\pi}{4} \times 0.3^2 \times 15.5 = 1.095\text{m}^3/\text{s}$$

12.2.9　公式小结

紊流自由淹没射流主要参数计算公式小结见表 12.2，其中最后一列对应的是平面淹没射流公式。所谓平面射流即流体从狭长的孔口或缝隙射入无限空间的静止流体中的流动，一般当 $Re = \dfrac{2b_0 u_0}{\nu} > 30$ 时（u_0——射流出口断面流速，b_0——射流出口断面半高度），可认为射流为紊流射流。平面射流基本特征与圆断面射流相似，公式推导过程从略。

射流参数计算公式　　　　　　　　　　　　　表 12.2

分段名	参数名称	符　号	圆 断 面 射 流	平 面 射 流
主体段	扩散角	α	$\tan\alpha = 3.4a$	$\tan\alpha = 2.44a$
	射流直径或半宽度	D、b	$\dfrac{D}{d_0} = 6.8\left(\dfrac{as}{d_0} + 0.147\right)$	$\dfrac{b}{b_0} = 2.44\left(\dfrac{as}{d_0} + 0.41\right)$
	轴心速度	u_m	$\dfrac{u_\mathrm{m}}{u_0} = \dfrac{0.48}{\dfrac{as}{d_0} + 0.147}$	$\dfrac{u_\mathrm{m}}{u_0} = \dfrac{1.2}{\sqrt{\dfrac{as}{b_0} + 0.41}}$
	流　　量	Q	$\dfrac{Q}{Q_0} = 4.4\left(\dfrac{as}{d_0} + 0.147\right)$	$\dfrac{Q}{Q_0} = 1.2\sqrt{\dfrac{as}{b_0} + 0.41}$
	断面平均流速	v_1	$\dfrac{v_1}{u_0} = \dfrac{0.095}{\dfrac{as}{d_0} + 0.147}$	$\dfrac{v_1}{u_0} = \dfrac{0.492}{\sqrt{\dfrac{as}{b_0} + 0.41}}$
	质量平均流速	v_2	$\dfrac{v_2}{u_0} = \dfrac{0.23}{\dfrac{as}{d_0} + 0.147}$	$\dfrac{v_2}{u_0} = \dfrac{0.833}{\sqrt{\dfrac{as}{b_0} + 0.41}}$
起始段	流　　量	Q	$\dfrac{Q}{Q_0} = 1 + 0.76\dfrac{as}{r_0} + 1.32\left(\dfrac{as}{r_0}\right)^2$	$\dfrac{Q}{Q_0} = 1 + 0.43\dfrac{as}{b_0}$
	断面平均流速	v_1	$\dfrac{v_1}{u_0} = \dfrac{1 + 0.76\dfrac{as}{r_0} + 1.32\left(\dfrac{as}{r_0}\right)^2}{1 + 6.8\dfrac{as}{r_0} + 11.56\left(\dfrac{as}{r_0}\right)^2}$	$\dfrac{v_1}{u_0} = \dfrac{1 + 0.43\dfrac{as}{b_0}}{1 + 2.44\dfrac{as}{b_0}}$
	质量平均流速	v_2	$\dfrac{v_2}{u_0} = \dfrac{1}{1 + 0.76\dfrac{as}{r_0} + 1.32\left(\dfrac{as}{r_0}\right)^2}$	$\dfrac{v_2}{u_0} = \dfrac{1}{1 + 0.43\dfrac{as}{b_0}}$
	核心长度	s_n	$s_\mathrm{n} = 0.671\dfrac{r_0}{a}$	$s_\mathrm{n} = 1.03\dfrac{b_0}{a}$
	喷嘴至极点距离	x_0	$x_0 = 0.294\dfrac{r_0}{a}$	$x_0 = 0.41\dfrac{b_0}{a}$
	核心收缩角	θ	$\tan\theta = 1.49a$	$\tan\theta = 0.97a$

12.3　温差射流与浓差射流

所谓温差、浓差射流就是射流本身的温度或浓度与周围流体的温度、浓度有差异。温差、浓差射流的运动分析主要研究射流温度差、浓度差沿射程的变化规律，以及引起射流弯曲的轴心轨迹。

12.3.1　温差射流的基本特征

（1）几何特征　由于此时热量扩散比动量扩散要快些，因此温度边界层比速度边界层发展的要快些厚些,如图 12.4(a)所示,实线为速度边界层,虚线为温度边界层的内外界线。实际应用中为简化起见,可以认为温度内外的边界与速度内外的边界相同,于是参数 R、Q、u_m、v_1、v_2 均可使用上节所述公式。

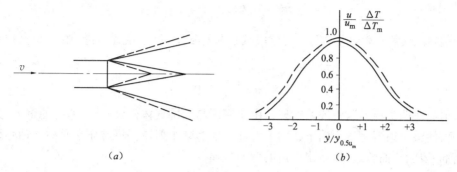

图 12.4 温差射流特征

(2)温差分布特征 设 T_e 为周围环境气体温度,T_0 为射流出口断面温度,T 为横截面上任一点温度,T_m 为轴心温度。相对于环境温度,则出口断面温差 $\Delta T_0 = T_0 - T_e$,轴心温差 $\Delta T_m = T_m - T_e$,截面上任一点温差 $\Delta T = T - T_e$。实验表明,截面上无因次温差分布为图 12.4(b)中的虚线所示,可用如下公式表示

$$\frac{\Delta T}{\Delta T_m} = \sqrt{\frac{u}{u_m}} = 1 - \left(\frac{y}{R}\right)^{1.5} \tag{12.15}$$

(3)热力特征 据热力学得知,在等压的情况下,以周围气体的焓值作为起算点,射流各横截面上的相对焓值不变,这就是其热力特征。若 c 为定压比热,热力特征可用公式表示为

$$\rho Q_0 c \Delta T_0 = \int_A \rho c \Delta T \mathrm{d}Q \tag{12.16}$$

等式左端表示喷嘴出口断面的相对焓值,等式右端表示任意断面的相对焓值。

12.3.2 圆断面温差射流运动分析

(1)主体段轴心温差 ΔT_m

根据式(12.16)相对焓值相等

$$\rho Q_0 c \Delta T_0 = \int_0^R u \rho c \Delta T 2\pi y \mathrm{d}y$$

两端除以 $\rho \pi R^2 u_m c \Delta T_m$,并将式(12.15)代入积分,得

$$\left(\frac{r_0}{R}\right)^2 \left(\frac{u_0}{u_m}\right)\left(\frac{\Delta T_0}{\Delta T_m}\right) = 2 \int_0^1 \left[1 - \left(\frac{y}{R}\right)^{1.5}\right]^3 \frac{y}{R} \mathrm{d}\left(\frac{y}{R}\right)$$

考虑式(12.2)、式(12.5)并计算定积分值,得出主体段轴心温差的变化规律为

$$\frac{\Delta T_m}{\Delta T_0} = \frac{0.706}{\dfrac{as}{r_0} + 0.294} = \frac{0.353}{\dfrac{as}{d_0} + 0.147} \tag{12.17}$$

(2)主体段质量平均温差 ΔT_2

定义质量平均温差为

$$\Delta T_2 = \frac{\rho c Q_0 \Delta T_0}{\rho Q c}$$

即 ΔT_2 乘以 $\rho Q c$ 等于喷嘴出口断面的相对熔值。同时由式(12.6)可得主体段质量平均温差与出口断面温差之比为

$$\frac{\Delta T_2}{\Delta T_0} = \frac{0.455}{\dfrac{as}{r_0} + 0.294} = \frac{0.228}{\dfrac{as}{d_0} + 0.147} \tag{12.18}$$

（3）起始段质量平均温差 ΔT_2　起始段轴心温差 ΔT_m 不变，无需讨论。由式(12.12)知

$$\frac{\Delta T_2}{\Delta T_0} = \frac{1}{1 + 0.76\dfrac{as}{r_0} + 1.32\left(\dfrac{as}{r_0}\right)^2} \tag{12.19}$$

（4）射流弯曲　温差射流或浓差射流由于密度与周围气体密度不同，所受的重力与浮力不相平衡，使整个射流将发生向下或向上弯曲。因为整个射流仍可看作是对称于轴心线，所以研究轴心线的弯曲轨迹，即得出射流的弯曲规律。

精确计算射流轴线的轨迹比较复杂，这里采用一种近似的处理方法。取轴心线上的单位体积流体，所受重力为 $\rho_m g$，浮力为 $\rho_e g$，根据牛顿第二定律得

$$(\rho_e - \rho_m)g = \rho_m \frac{d^2 y'}{dt^2}$$

式中，y' 为射流轴心处 A 点的纵向偏离距离，ρ_m、ρ_e 分别为轴心附近及周围流体的密度，见图 12.5。积分上式得

$$y' = \int dt \int \left(\frac{\rho_e}{\rho_m} - 1\right) g\, dt$$

图 12.5　射流弯曲

考虑气体等压过程状态方程

$$\frac{\rho_e}{\rho_m} = \frac{T_m}{T_e}$$

则

$$y' = \int dt \int \left(\frac{T_m}{T_e} - 1\right) g\, dt = \int dt \int \frac{\Delta T_m}{\Delta T_0} \frac{\Delta T_0}{T_e} g\, dt$$

将轴心温差转换为轴心速度的关系，以式(12.5)和式(12.17)代入上式整理得

$$y' = \frac{0.73g}{u_0^2 T_e} \frac{\Delta T_0}{T_e} \int \frac{\dfrac{as}{r_0} + 0.294}{0.965} s\, ds = \frac{g\Delta T_0}{u_0^2 T_e}\left(0.51\frac{a}{2r_0}s^3 + 0.11 s^2\right)$$

将括号中 0.12 改为 0.35 后更符合实验数据，即有

$$y' = \frac{g\Delta T_0}{u_0^2 T_e}\left(0.51\frac{a}{2r_0}s^3 + 0.35 s^2\right) \tag{12.20}$$

式(12.20)给出了射流轴心轨迹偏离值 y' 随 s 变化的规律。由图 12.5 可知 $y = x\tan\alpha + y'$，α 为喷嘴轴线与 x 轴的夹角，$s = x/\cos\alpha$，因此射流弯曲轴心坐标的无因次轨迹方程为

$$\frac{y}{d_0} = \frac{x}{d_0}\tan\alpha + Ar\left(\frac{x}{d_0\cos\alpha}\right)^2\left(0.51\frac{ax}{d_0\cos\alpha} + 0.35\right) \quad (12.21)$$

式中的 $Ar = \dfrac{gd_0\Delta T_0}{u_0^2 T_e}$ 称为阿基米德准数,为无量纲量。

12.3.3 温差、浓差射流公式小结

若以浓度 x 代替温度 T,以浓度差 Δx 代替温度差 ΔT,则可对浓差射流进行同样的分析,平面射流亦如此,推导过程从略。相关公式列于表 12.3 中。

温差、浓差射流计算公式

表 12.3

段 名	参数名称	符 号	圆 断 面 射 流	平 面 射 流
主体段	轴心温差	ΔT_m	$\dfrac{\Delta T_m}{\Delta T_0} = \dfrac{0.35}{\dfrac{as}{d_0} + 0.147}$	$\dfrac{\Delta T_m}{\Delta T_0} = \dfrac{1.032}{\sqrt{\dfrac{as}{b_0} + 0.41}}$
	质量平均温差	ΔT_2	$\dfrac{\Delta T_2}{\Delta T_0} = \dfrac{0.23}{\dfrac{as}{d_0} + 0.147}$	$\dfrac{\Delta T_2}{\Delta T_0} = \dfrac{0.833}{\sqrt{\dfrac{as}{b_0} + 0.41}}$
	轴心浓差	Δx_m	$\dfrac{\Delta x_m}{\Delta x_0} = \dfrac{0.35}{\dfrac{as}{d_0} + 0.147}$	$\dfrac{\Delta x_m}{\Delta x_0} = \dfrac{1.032}{\sqrt{\dfrac{as}{b_0} + 0.41}}$
	质量平均浓差	Δx_2	$\dfrac{\Delta x_2}{\Delta x_0} = \dfrac{0.23}{\dfrac{as}{d_0} + 0.147}$	$\dfrac{\Delta x_m}{\Delta x_0} = \dfrac{0.833}{\sqrt{\dfrac{as}{b_0} + 0.41}}$
起始段	质量平均温差	ΔT_2	$\dfrac{\Delta T_2}{\Delta T_0} = \dfrac{1}{1 + 0.76\dfrac{as}{r_0} + 1.32\left(\dfrac{as}{r_0}\right)^2}$	$\dfrac{\Delta T_2}{\Delta T_0} = \dfrac{1}{1 + 0.43\dfrac{as}{b_0}}$
	质量平均浓差	Δx_2	$\dfrac{\Delta x_2}{\Delta x_0} = \dfrac{1}{1 + 0.76\dfrac{as}{r_0} + 1.32\left(\dfrac{as}{r_0}\right)^2}$	$\dfrac{\Delta x_2}{\Delta x_0} = \dfrac{1}{1 + 0.43\dfrac{as}{b_0}}$
	轴线轨迹方程		$\dfrac{y}{d_0} = \dfrac{x}{d_0}\tan\alpha +$ $Ar\left(\dfrac{x}{d_0\cos\alpha}\right)^2\left(0.51\dfrac{ax}{d_0\cos\alpha} + 0.35\right)$	$\dfrac{y}{2b_0} = \dfrac{0.226Ar\left(a\dfrac{x}{2b_0} + 0.205\right)^{25}}{a^2\sqrt{T_e/T_0}}$

【**例 12.2**】 工作地点质量平均风速要求 3m/s,工作面直径 $D=2.5$m,送风温度为 $15℃$,车间空气温度 $30℃$,要求工作地点的质量平均温度降到 $25℃$,采用带导叶的通风机,其紊流系数为 0.12。求(1)风口的直径及速度;(2)风口到工作面的距离;(3)射流在工作面的下降值。

【**解**】 (1)由式(12.18)和式(12.2b)

$$\frac{\Delta T_2}{\Delta T_0} = \frac{0.23}{\dfrac{as}{d_0} + 0.147}$$

$$\frac{D}{d_0} = 6.8\left(\frac{as}{d_0} + 0.147\right)$$

两式联立得

$$\frac{D}{d_0} = 6.8 \times 0.23\frac{\Delta T_0}{\Delta T_2}$$

$$d_0 = \frac{D\Delta T_2}{6.8 \times 0.23\Delta T_0} = \frac{2.5 \times (25-30)}{6.8 \times 0.23 \times (15-30)} = 0.533\text{m}$$

又由式(12.8)和式(12.18)得

$$\frac{v_2}{u_0} = \frac{0.23}{\dfrac{as}{d_0} + 0.147} = \frac{\Delta T_2}{\Delta T_0}$$

$$\frac{3}{u_0} = \frac{25-30}{15-30}$$

则　　　　　　　　　　　　　　$u_0 = 9\text{m/s}$

（2）由式（12.8）得

$$\frac{3}{9} = \frac{0.23}{\dfrac{0.12s}{0.533} + 0.147}$$

$$s = 2.41\text{m}$$

（3）周围气体温度 $T_e = 273 + 30 = 303\text{K}$，出口温差 $\Delta T_0 = -15\text{K}$，根据式（12.20）得

$$y' = \frac{g\Delta T_0}{u_0^2 T_e}\left(0.51\frac{a}{2r_0}s^3 + 0.35s^2\right)$$

$$= \frac{9.8\times(-15)}{9^2\times303}\times\left(0.51\times\frac{0.12}{0.533}\times2.41^3 + 0.35\times2.41^2\right)$$

$$= -0.022\text{m}$$

12.4　分子扩散

12.4.1　分子扩散的费克定律

费克（Fick）类比物理学中的热传导规律，于 1855 年提出分子扩散定律：单位时间内通过单位面积的扩散物质质量与物质浓度在该面积法线方向上的梯度成正比，即

$$F = -D\frac{\partial C}{\partial n} \tag{12.22}$$

式中　　F——扩散物质在垂直于 n 方向单位时间通过单位面积的质量，又称通量，
　　　　　　$\text{kg}/(\text{m}^2\cdot\text{s})$；

　　　　C——扩散物质的质量浓度，kg/m^3；

　　　　D——扩散物质的分子扩散系数，m^2/s；

　　　　n——单位面积的法线方向。

式（12.22）称为费克第一定律。因为物质扩散方向与浓度梯度增加的方向相反，即物质由浓度高的地方向浓度低的地方扩散，浓度梯度为负值，故而式中冠以"一"号。费克第一定律建立了扩散物质的质量通量与浓度梯度的关系式，但没有反映浓度随时间变化的规律。

12.4.2　分子扩散方程——费克第二定律

在静止流体中取一微元六面体，如图 12.6，各边长分别为 $\text{d}x$、$\text{d}y$、$\text{d}z$，中心点 M 坐标 (x, y, z)，其浓度为 $C(x, y, z, t)$，中心点 M 在三个坐标轴上扩散物质的质量通量分别为 F_x、F_y、F_z。

x 方向 $\text{d}t$ 时间内，流进与流出六面体的分子扩散物质质量差值为

$$\left(F_x - \frac{1}{2}\frac{\partial F_x}{\partial x}\text{d}x\right)\text{d}y\text{d}z\text{d}t - \left(F_x + \frac{1}{2}\frac{\partial F_x}{\partial x}\text{d}x\right)\text{d}y\text{d}z\text{d}t = -\frac{\partial F_x}{\partial x}\text{d}x\text{d}y\text{d}z\text{d}t$$

图 12.6 分子扩散控制体

同理 y、z 方向 $\mathrm{d}t$ 时间内,流进与流出六面体的分子扩散物质质量差值分别为 $-\dfrac{\partial F_y}{\partial y}$

$\mathrm{d}x\mathrm{d}y\mathrm{d}z\mathrm{d}t$ 和 $-\dfrac{\partial F_z}{\partial z}\mathrm{d}x\mathrm{d}y\mathrm{d}z\mathrm{d}t$。根据质量守恒原理,$\mathrm{d}t$ 时间内进出六面体的分子扩散物质质量的差应等于 $\mathrm{d}t$ 时间内六面体内因浓度变化而引起的扩散物质的增量,即

$$\frac{\partial C}{\partial t}\mathrm{d}x\mathrm{d}y\mathrm{d}z\mathrm{d}t = -\left(\frac{\partial F_x}{\partial x} + \frac{\partial F_y}{\partial y} + \frac{\partial F_z}{\partial z}\right)\mathrm{d}x\mathrm{d}y\mathrm{d}z\mathrm{d}t \tag{12.23}$$

整理后有

$$\frac{\partial C}{\partial t} + \left(\frac{\partial F_x}{\partial x} + \frac{\partial F_y}{\partial y} + \frac{\partial F_z}{\partial z}\right) = 0 \tag{12.24}$$

根据费克第一定律 $F_x = -D_x\dfrac{\partial C}{\partial x}$,$F_y = -D_y\dfrac{\partial C}{\partial y}$,$F_z = -D_z\dfrac{\partial C}{\partial z}$,将上述关系式代入式 (12.24),则有

$$\frac{\partial C}{\partial t} = D_x\frac{\partial^2 C}{\partial x^2} + D_y\frac{\partial^2 C}{\partial y^2} + D_z\frac{\partial^2 C}{\partial z^2} \tag{12.25}$$

当扩散物质在流体中的扩散为各向同性时,即 $D_x = D_y = D_z = D$,于是

$$\frac{\partial C}{\partial t} = D\left(\frac{\partial^2 C}{\partial x^2} + \frac{\partial^2 C}{\partial y^2} + \frac{\partial^2 C}{\partial z^2}\right) \tag{12.26}$$

式 (12.26) 为静止流体中分子扩散下浓度时空关系的基本方程式,称为分子扩散方程。它以费克第一定律为基础,又称费克第二定律。

若扩散物质发生在二维空间或一维空间,上式可分别简化为

二维空间

$$\frac{\partial C}{\partial t} = D\left(\frac{\partial^2 C}{\partial x^2} + \frac{\partial^2 C}{\partial y^2}\right) \tag{12.27}$$

一维空间

$$\frac{\partial C}{\partial t} = D\frac{\partial^2 C}{\partial x^2} \tag{12.28}$$

扩散方程求解有两方面的问题:一是偏微分方程本身的数学求解问题(典型的二阶抛物线型线性偏微分方程);二是扩散系数的确定问题(扩散系数一般由实验确定,根据实测浓度分布,按照已有的理论关系式反算扩散系数值)。在扩散系数确定后,根据初始条件和边界条件,对于一些简单问题,可以求得精确的解析解,对于复杂问题,只能求得近似解或数值解。

扩散方程的数学求解,还与污染源的存在形式有关。根据污染源在流体空间中的存在

形式,分为点源、线源、面源和体积源。实际问题中,真正绝对的点源、线源、面源是不可能存在的,只是一种近似的处理方法。根据污染源的时间分布,分为瞬时源(污染物质在瞬时内投放到流体空间,如突发事故原子核污染、油轮事故污染及一般排污口的突然排放等)和时间连续源(污染物质在一段时间内连续扩散)。时间连续源又可分为恒定时间连续源和非恒定时间连续源。根据污染物质的扩散空间,分为一维空间扩散(即只沿直线方向扩散)、二维空间扩散(即沿平面扩散)、三维空间扩散(即沿空间三个方向扩散)。

　　工程中利用相似变换法可以求解几种基本情况下的扩散方程解析解:如瞬时点源的一维、二维、三维扩散和恒定时间连续点源的一维、二维、三维扩散等,这些基本解在环境污染分析中得到较多应用,也常作为分析复杂问题的基础。具体详见有关书籍,本书不再赘述。

12.5　层流扩散

　　上节式(12.26)只描述了扩散质在静止流体中的扩散,表示扩散物质浓度在时间和空间上的变化规律。若流体处于层流运动状态,则此时扩散质不仅有分子扩散,还有随流体质点一起运动的移流扩散。

　　与推导分子扩散方程类似,如图 12.7,取微元六面体,各边长分别为 dx、dy、dz,中心点 M 坐标(x, y, z),其浓度为 $C(x, y, z, t)$,中心点 M 在三个坐标轴的流速分量分别为 u_x, u_y, u_z,中心点 M 在三个坐标轴上的扩散物质移流质量通量分别为 C_{u_x}、C_{u_y}、C_{u_z}。

　　x 方向 dt 时间内,流入和流出六面体的移流扩散物质质量分别为

图 12.7　移流扩散控制体

$$\left[C_{u_x} - \frac{1}{2}\frac{\partial(C_{u_x})}{\partial x}dx\right]dydzdt \quad \text{和} \quad \left[C_{u_x} + \frac{1}{2}\frac{\partial(C_{u_x})}{\partial x}dx\right]dydzdt$$

则 x 方向移流扩散质量的增量为

$$\left[-\frac{\partial(C_{u_x})}{\partial x}dx\right]dydzdt$$

同理 y 方向增量为 $\left[-\dfrac{\partial(C_{u_y})}{\partial y}dy\right]dxdzdt$

z 方向增量为 $\left[-\dfrac{\partial(C_{u_z})}{\partial z}dz\right]dxdydt$

　　由前面分子扩散推导过程,六面体内的分子扩散质量的增量(三个方向求和)为

$$-\left(\frac{\partial F_x}{\partial x} + \frac{\partial F_y}{\partial y} + \frac{\partial F_z}{\partial z}\right)dxdydzdt = D\left(\frac{\partial^2 C}{\partial x^2} + \frac{\partial^2 C}{\partial y^2} + \frac{\partial^2 C}{\partial z^2}\right)dxdydzdt$$

根据质量守恒定律,dt 时间内流入与流出六面体的扩散物质质量之差(分子扩散和移流扩散叠加)等于同时段六面体内该物质质量的增量,则有

$$\frac{\partial C}{\partial t}\mathrm{d}x\mathrm{d}y\mathrm{d}z\mathrm{d}t = -\left(\frac{\partial F_x}{\partial x} + \frac{\partial F_y}{\partial y} + \frac{\partial F_z}{\partial z}\right)\mathrm{d}x\mathrm{d}y\mathrm{d}z\mathrm{d}t$$

$$-\left(\frac{\partial (C_{u_x})}{\partial x} + \frac{\partial (C_{u_y})}{\partial y} + \frac{\partial (C_{u_z})}{\partial z}\right)\mathrm{d}x\mathrm{d}y\mathrm{d}z\mathrm{d}t$$

整理后有三维的移流扩散方程

$$\frac{\partial C}{\partial t} + \frac{\partial (C_{u_x})}{\partial x} + \frac{\partial (C_{u_y})}{\partial y} + \frac{\partial (C_{u_z})}{\partial z} = D\left(\frac{\partial^2 C}{\partial x^2} + \frac{\partial^2 C}{\partial y^2} + \frac{\partial^2 C}{\partial z^2}\right) \tag{12.29}$$

或

$$\frac{\partial C}{\partial t} + u_x \frac{\partial C}{\partial x} + u_y \frac{\partial C}{\partial y} + u_z \frac{\partial C}{\partial z} = D\left(\frac{\partial^2 C}{\partial x^2} + \frac{\partial^2 C}{\partial y^2} + \frac{\partial^2 C}{\partial z^2}\right) \tag{12.30}$$

对于二维和一维问题，移流扩散方程可分别为

$$\frac{\partial C}{\partial t} + u_x \frac{\partial C}{\partial x} + u_y \frac{\partial C}{\partial y} = D\left(\frac{\partial^2 C}{\partial x^2} + \frac{\partial^2 C}{\partial y^2}\right) \tag{12.31}$$

$$\frac{\partial C}{\partial t} + u_x \frac{\partial C}{\partial x} = D\left(\frac{\partial^2 C}{\partial x^2}\right) \tag{12.32}$$

当流体静止时，移流扩散方程即为分子扩散方程。移流扩散方程的求解，可采用运动坐标系，利用分子扩散方程的解析解，具体详见有关书籍。

12.6　紊　流　扩　散

湍流运动中，扩散质不仅有分子扩散、移流扩散还有紊动扩散。由于湍流运动的复杂性，湍流扩散规律至今仍是一大难题。目前研究湍流扩散有两种比较适用的理论方法：统计理论（拉格朗日法）和梯度输送理论（欧拉法）。本书用欧拉法研究紊流扩散。

欧拉法研究紊流扩散不追踪扩散质的质点，而是研究流动空间中扩散质的浓度分布，即浓度场的确定。

前述移流扩散方程的推导采用的就是欧拉法，只是把流态限制为层流，而没有考虑流场中流速和浓度的脉动。现根据紊流的特点，将各物理量转换为时均量与脉动量之和，如

$$u_x = \bar{u}_x + u'_x, u_y = \bar{u}_y + u'_y, u_z = \bar{u}_z + u'_z, C = \bar{C} + C'$$

将上述关系式代入移流扩散方程式（12.29），然后对全式取时均，运用时均运算法则，可得

$$\frac{\partial \bar{C}}{\partial t} + \bar{u}_x \frac{\partial \bar{C}}{\partial x} + \bar{u}_y \frac{\partial \bar{C}}{\partial y} + \bar{u}_z \frac{\partial \bar{C}}{\partial z} = -\frac{\partial}{\partial x}(\overline{u'_x C'}) - \frac{\partial}{\partial y}(\overline{u'_y C'}) - \frac{\partial}{\partial z}(\overline{u'_z C'})$$

$$+ D\left(\frac{\partial^2 \bar{C}}{\partial x^2} + \frac{\partial^2 \bar{C}}{\partial y^2} + \frac{\partial^2 \bar{C}}{\partial z^2}\right) \tag{12.33}$$

上式即为欧拉型的紊流扩散方程。

式（12.33）与分子扩散方程式（12.26）比较后可以看出，$\bar{u}_x \frac{\partial \bar{C}}{\partial x}, \bar{u}_y \frac{\partial \bar{C}}{\partial y}, \bar{u}_z \frac{\partial \bar{C}}{\partial z}$ 为紊流时均运动所产生的移流扩散项，$-\frac{\partial}{\partial x}(\overline{u'_x C'}), -\frac{\partial}{\partial y}(\overline{u'_y C'}), -\frac{\partial}{\partial z}(\overline{u'_z C'})$ 为紊流脉动所引起的紊动扩散项。考虑到 $(\overline{u'_x C'}), (\overline{u'_y C'}), (\overline{u'_z C'})$ 项的物理意义是由于流体的脉动，在单位时

间内分别通过垂直于 x、y、z 轴单位面积的扩散质量,与费克分子扩散中的质量通量 F 有相似的含义,因此常将紊动扩散与分子扩散相比拟,则有

$$\overline{u'_x C'} = -E_x \frac{\partial \overline{C}}{\partial x}, \overline{u'_y C'} = -E_y \frac{\partial \overline{C}}{\partial y}, \overline{u'_z C'} = -E_z \frac{\partial \overline{C}}{\partial z} \tag{12.34}$$

式(12.34)中,E_x、E_y、E_z 分别为 x、y、z 轴方向的紊动扩散系数(或湍动扩散系数)。一般情况下,不同方向的紊动扩散系数具有不同的值,且可能是空间坐标的函数。

将式(12.34)代入式(12.33),则三维紊流扩散方程为

$$\frac{\partial \overline{C}}{\partial t} + \bar{u}_x \frac{\partial \overline{C}}{\partial x} + \bar{u}_y \frac{\partial \overline{C}}{\partial y} + \bar{u}_z \frac{\partial \overline{C}}{\partial z} = \frac{\partial}{\partial x}\left(E_x \frac{\partial \overline{C}}{\partial x}\right) + \frac{\partial}{\partial y}\left(E_y \frac{\partial \overline{C}}{\partial y}\right) + \frac{\partial}{\partial z}\left(E_z \frac{\partial \overline{C}}{\partial z}\right)$$
$$+ D\left(\frac{\partial^2 \overline{C}}{\partial x^2} + \frac{\partial^2 \overline{C}}{\partial y^2} + \frac{\partial^2 \overline{C}}{\partial z^2}\right) \tag{12.35}$$

对于二维和一维紊流扩散,方程分别为

$$\frac{\partial \overline{C}}{\partial t} + \bar{u}_x \frac{\partial \overline{C}}{\partial x} + \bar{u}_y \frac{\partial \overline{C}}{\partial y} = \frac{\partial}{\partial x}\left(E_x \frac{\partial \overline{C}}{\partial x}\right) + \frac{\partial}{\partial y}\left(E_y \frac{\partial \overline{C}}{\partial y}\right) + D\left(\frac{\partial^2 \overline{C}}{\partial x^2} + \frac{\partial^2 \overline{C}}{\partial y^2}\right) \tag{12.36}$$

$$\frac{\partial \overline{C}}{\partial t} + \bar{u}_x \frac{\partial \overline{C}}{\partial x} = \frac{\partial}{\partial x}\left(E_x \frac{\partial \overline{C}}{\partial x}\right) + D \frac{\partial^2 \overline{C}}{\partial x^2} \tag{12.37}$$

紊动扩散是指由紊流的脉动或紊流的旋涡运动所引起的物质传递,其湍动的尺度远大于分子运动的尺度,因此紊动扩散所引起的物质扩散在数量上远大于分子扩散。除壁面附近,湍动受到限制的区域外,一般在紊流情况下可忽略分子扩散。

若略去分子扩散项,且认为湍动扩散系数沿流程不变,则三维紊流扩散方程简化为下式

$$\frac{\partial \overline{C}}{\partial t} + \bar{u}_x \frac{\partial \overline{C}}{\partial x} + \bar{u}_y \frac{\partial \overline{C}}{\partial y} + \bar{u}_z \frac{\partial \overline{C}}{\partial z} = E_x\left(\frac{\partial^2 \overline{C}}{\partial x^2}\right) + E_y\left(\frac{\partial^2 \overline{C}}{\partial y^2}\right) + E_z\left(\frac{\partial^2 \overline{C}}{\partial z^2}\right) \tag{12.38}$$

式(12.38)又称湍流的移流扩散方程,与前述层流的移流扩散方程形式相同,求解方法亦相同。但须注意,式中湍动扩散系数 E 与分子扩散系数 D 有本质的区别。求解紊流扩散方程的关键,是确定紊动扩散系数 E,目前除在一些比较简单的情况下,能够用分析法得出计算 E 的关系式外,其他均需由实验或实测确定 E 值的大小。

12.7　剪切流的离散

前面介绍的是扩散质在静止流体或均匀流速场中的扩散,实际上在管流或明渠流中,过流断面上的流速分布是不均匀的。过流断面上具有速度梯度的流动称为剪切流,研究剪切流中扩散质的扩散具有重要的实际意义。该问题比较复杂,只有在简单的情况下,才能得到部分的分析结果。

如图 12.8 所示水平设置的有压管流,过流断面没有流速梯度时的浓度扩散(图 12.8a)与过流断面有流速梯度时的浓度扩散(图 12.8b)对比发现,扩散质浓度沿 x 轴方向的分布变化是不同的,后者比前者分散,且浓度扩散速率要快得多。剪切流的离散与前面所述的由于分子运动或流体质点湍动所引起的扩散,在概念上是有区别的。实际工程中管流或明渠流的剪切离散问题,可以简化为一维问题处理,也即按照总流的分析方法采用断面平均流速和断面平均浓度来计算,建立以断面平均值表达的扩散方程。

如图 12.9 所示,在管流中取一微小流段 dx,过流断面 1-1 面积为 A,设任一点的瞬时流速、瞬时浓度分别为 u、C,时均流速、时均浓度分别为 $\bar{u}$、$\bar{C}$,脉动流速、脉动浓度分别为 u'、C',过流断面平均流速、平均浓度分别为 v、C_m,任一点的时均流速与过流断面平均流速之差、时均浓度与过流断面平均浓度之差分别为 $\hat{u}$、$\hat{C}$。则有

$$u = \bar{u} + u' = v + \hat{u} + u'$$
$$C = \bar{C} + C' = C_m + \hat{C} + C' \qquad (12.39)$$

根据质量守恒原理,dt 时段微小流段内流入与流出过流断面 1-1、2-2 的扩散物质的质量差应等于流段内扩散物质的增量,即

$$-\left(\frac{\partial}{\partial x}\int_A \overline{uC}\,dA\right)dx\,dt = \frac{\partial}{\partial t}(C_m A\,dx)\,dt$$

图 12.8 剪切流离散

图 12.9 一维剪切流控制体

整理后有

$$-\left(\frac{\partial}{\partial x}\int_A \overline{uC}\,dA\right) = \frac{\partial}{\partial t}(C_m A) \qquad (12.40)$$

结合式(12.39)和式(12.40)中 $\overline{uC}$ 为

$$\overline{uC} = \overline{(v + \hat{u} + u')(C_m + \hat{C} + C')}$$

根据雷诺时均运算法则,式(12.40)最终整理为

$$-\frac{\partial}{\partial x}[AvC_m + A(\langle\hat{u}\hat{C}\rangle + \langle\overline{u'C'}\rangle)] = \frac{\partial}{\partial t}(C_m A) \qquad (12.41)$$

式(12.41)中符号 $\langle\rangle$ 代表该物理量的断面平均值。

又有

$$\frac{\partial}{\partial t}(C_m A) = A\frac{\partial C_m}{\partial t} + C_m\frac{\partial A}{\partial t}$$

$$-\frac{\partial}{\partial x}(AvC_m) = -C_m\frac{\partial(Av)}{\partial x} - Av\frac{\partial C_m}{\partial x}$$

考虑 dt 时间内,流入、流出微元流段的流量差应等于流段体积的变化,则有

$$-\frac{\partial(Av)}{\partial x}dx\,dt = \frac{\partial(A\,dx)}{\partial t}dt\ ,\text{也即}\ -\frac{\partial(Av)}{\partial x} = \frac{\partial A}{\partial t}$$

考虑上述关系式后,式(12.41)可整理为

$$\frac{\partial C_m}{\partial t} + v\frac{\partial C_m}{\partial x} = \frac{1}{A}\frac{\partial}{\partial x}[A(\langle\hat{u}\hat{C}\rangle + \langle\overline{u'C'}\rangle)] \qquad (12.42)$$

式(12.42)与一维紊流扩散方程式(12.37)对比可以看出,等号右边圆括号内第一项是由于过流断面上流速、浓度分布不均匀引起的剪切离散;第二项是由于流速、浓度脉动引起的紊动扩散。实践表明,在管流或明渠流中,离散占有很重要的地位,不可忽略;而在很多情况下,湍动扩散却可忽略不计。

类似式(12.34),将湍动扩散与分子扩散相比拟,则有

$$\langle \overline{u'\,C'} \rangle = -E_x \frac{\partial C_m}{\partial x} \tag{12.43}$$

将剪切离散与分子扩散相比拟,则有

$$\langle \hat{u}\,\hat{C} \rangle = -E_L \frac{\partial C_m}{\partial x} \tag{12.44}$$

式(12.43)中 E_x 为断面平均湍动扩散系数,E_L 为剪切流纵向离散系数。

结合式(12.43)和式(12.44),式(12.42)则为

$$\frac{\partial C_m}{\partial t} + v \frac{\partial C_m}{\partial x} = \frac{\partial}{A \partial x}\left[A(E_L + E_x) \frac{\partial C_m}{\partial x} \right] \tag{12.45}$$

式(12.45)称为一维剪切流的离散方程。

对于过流断面尺寸不变的管流或明渠均匀流来讲,A 为常数,则有

$$\frac{\partial C_m}{\partial t} + v \frac{\partial C_m}{\partial x} = \frac{\partial}{\partial x}\left[(E_L + E_x) \frac{\partial C_m}{\partial x} \right] \tag{12.46}$$

实用上,有时将 E_L 和 E_x 结合在一起,称 $K = E_L + E_x$ 为综合扩散系数,若 K 沿程不变,则有

$$\frac{\partial C_m}{\partial t} + v \frac{\partial C_m}{\partial x} = K \frac{\partial^2 C_m}{\partial x^2} \tag{12.47}$$

上式与一维移流扩散方程式(12.32)形式相同,求解方法亦相同。但须注意,式中综合扩散系数 K 与分子扩散系数 D 有本质的区别。

求解离散方程的关键在于确定剪切流纵向离散系数 E_L 或综合扩散系数 K,显然,他们与过流断面上流速分布的情况有关,需对不同情况进行理论和实验的研究,详见有关书籍。

思考题

12-1 射流的基本特征是什么?为什么用无因次量研究射流运动?

12-2 何谓过渡断面?何谓起始段和主体段?

12-3 何谓断面平均速度和质量平均速度?为什么要定义质量平均速度 v_2?

12-4 温差射流的基本特征是什么?为什么射流轨迹会发生弯曲?如何建立轨迹方程?

12-5 扩散的种类?各自产生的条件是什么?

12-6 几种基本的扩散方程之间有何共同点?有何不同点?试分析之。

习 题

12-1 喷嘴直径为 400mm 的圆形射流,以 6m/s 均匀分布的流速射出,求离喷口 3m 处射流的半径、流量、轴心速度和质量平均流速。

12-2 岗位送风所设风口向下,距地面 4m。要求在工作区(距地面 1.5m 高范围)造成直径为 1.5m 的射流,限定轴心速度为 2m/s,求喷嘴直径及出口流量。

12-3 圆断面射流出口流速 50m/s,某断面处轴心速度 5m/s。问该断面上气体流量是初始流量的多少倍?

第 13 章　流动要素测量

认识流动现象,就要对流动进行测量。流动要素的测量与分析是流体力学研究、发展与应用中的重要环节,也是工程实践中常常遇到的实际工作。本章主要介绍根据流体力学原理设计制作的压强、液位、流速和流量测量仪器的基本原理,同时简要介绍其他常用的测量仪器的使用方法和特点。

13.1　压强与液位的测量

压强与液位的测量是流动要素测量的基础,因为流速和流量的测量常常需要通过对液位和压强的测量结果来间接实现。而静止流体的连通器原理是压强与液位测量的基本原理。

13.1.1　连通器原理

应用液柱式测压计测量压强,需运用连通器内等压面的概念。

如图 13.1 所示,设容器及其相连通的 U 形管内,装有不同密度、互不混合的液体。过两种液体的分界面作水平面 M-N,以及水平面 M_1-N_1,并取 d 点,其间的距离为 h_1、h_2。

根据液体静力学基本方程式分析水平面上各点的压强关系,由

$$p_d = p_M + \rho_p g h_1$$

$$p_d = p_N + \rho_p g h_1$$

得 　　　　　　　　$p_M = p_N$　　　　　　(13.1)

再由 　　　　$p_M = p_{M_1} + \rho g h_2$

$$p_N = p_{N_1} + \rho_p g h_2$$

图 13.1　连通器内等压面

其中 $\rho \neq \rho_p$,故而得 $p_{M_1} \neq p_{N_1}$

由以上分析可得出一个有用的结论:在连通的容器内作水平面,若连通的一侧只有一种液体,该平面是等压面(如 M-N),否则不是(如 M_1-N_1)。这样,重力场中静止、连通的同一种流体,其等压面为水平面。

13.1.2　压强测量仪表

压强测量仪表按工作原理不同,可分成液柱测压计、弹力测压计与电测计三种;按所测压强的高低分成压强计与真空计两种,压强计用于测量高于大气压的压强,真空计用于测量真空压强。此外,根据仪表的构造与尺寸、测量范围与灵敏度、测压液体的种类等,压强测量仪表又可分成若干种。本节主要介绍基于连通器原理制成的几种液柱测压计,这类测压计一般用于实验室内压强的精确测量。

(1)测压管　测压管是一端接测点,另一端开口竖直向上的玻璃管,如图 13.2 所示。量

出测压管液面高度 h，便可根据液体静力学基本方程式确定被测点 1 的相对压强 $p_1 = \rho g h_1$。

用测压管测压，测点的相对压强一般不宜过大，测压管高度不超过 2m，否则压强再大，测读不便。此外，为避免毛细现象，测压管不能过细。

（2）水银测压计　水银测压计如图 13.2 所示，U形玻璃管中装有水银作为测压液体，其一端与被测液体的 2 点相连通，另一端与大气相通。在 2 点压强的作用下，U 形管的左、右侧水银液面形成高差。设 ρ_p 为水银密度，则

$$p_4 = \rho_p g h, \quad p_3 = p_2 + \rho g h_2$$

由于 3、4 所在的面为等压面，则有

$$p_3 = p_4$$

得到

图 13.2　测压管和水银测压计

$$p_2 = g(\rho_p h - \rho h_2) \tag{13.2}$$

所以，可以通过测量 h 与 h_2 来计算 2 点的压强 p_2 的大小。

（3）压差计　压差计用于测量两点的压强差或测压管水头差。常用的 U 形管水银压差计如图 13.3 所示。左右两支管分别与测点 A、B 连接，在两点压强差的作用下，压差计内的水银柱形成一定的高度差 h_p，h_p 就是压差计的读值。两侧点的高差 Δz 是已知量，设高度 x，做等压面 MN，由 $p_M = p_N$

$$p_A + \rho g(x + h_p) = p_B + \rho g(\Delta z + x) + \rho_p g h_p$$

A、B 两点的压强差

$$p_A - p_B = (\rho_p - \rho)g h_p + \rho g \Delta z \tag{13.3}$$

将 $\Delta z = z_B - z_A$ 代入上式，并以 ρg 除式中各项，整理得 A、B 两点的测压管水头差

图 13.3　压差计

$$\left(z_A + \frac{p_A}{\rho g}\right) - \left(z_B + \frac{p_B}{\rho g}\right) = \left(\frac{\rho_p}{\rho} - 1\right)h_p \tag{13.4}$$

当测量液体是水，压差计的工作液体是水银时，上式化简为

$$\left(z_A + \frac{p_A}{\rho g}\right) - \left(z_B + \frac{p_B}{\rho g}\right) = 12.6 h_p \tag{13.5}$$

在压强差较大的情况下，用水银作为测压液体（称水银测压计）较方便；当压强差较小时，应当采用密度小的轻质流体（如煤油、空气等），以提高测量精度。

【例 13.1】　如图 13.4 所示，密闭容器，侧壁上方装有 U 形管水银测压计，读值 $h_p = 200\text{mm}$。试求安装在水面下 3.5m 处的压力表读值。

【解】　U 形管测压计的右支管开口通大气，液面相对压强 $p_N = 0$，容器内水面压强

$$p_0 = 0 - \rho_p g h_p = -13.6 \times 9.8 \times 0.2 = -26.66\text{kPa}$$

压力表读值

$$p = p_0 + \rho g h = -26.66 + 9.8 \times 3.5 = 7.64\text{kPa}$$

(4)其他测压仪器 最常用的弹力测压计是金属测压计(图 13.5)与弹簧测压表。它们利用弹性材料随压强高低的变形幅度存在差别,通过测量变形的大小达到压强测量的目的。其优点是携带方便、读数容易。金属测压表适合于测量较高的压强,在工业上普遍采用,但是它的精度有限。弹簧测压表有各种类型,能够用于实验室内的精确测定。

图 13.4 密闭容器

图 13.5 金属测压计

压强的电测仪表如图 13.6 所示,其传感器如图13.6(a)所示,采用的敏感元件为电阻应变片。压力 P 通过传力杆作用在弹性梁上,使弹性梁弯曲变形,固定在弹性梁上、下侧的应变片将梁的变形转换成应变片电阻的变化。为了提高测量的敏感度,将应变片电阻作为桥式电路的一个臂,电桥输出信号经放大器放大后,在显示器上显示电阻值;或将放大后的信号存储到计算机中进行分析处理。由此可见,电测仪表先将压强转化成电信号,然后通过对电信号的放大与测量来实现压强的测量。

电测仪表的优点在于压强读测的自动化,便于压强变化过程的跟踪与自动记录。因此,它被广泛用于随时间发生迅速变化的非恒定压强测量。由于电阻应变片或压电材料的性能受温度的影响较大,在电测仪器中需要采用一定的电路设计来减小温度影响。

图 13.6 脉动压强计
(a)压力传感器;(b)测量系统框图

13.1.3 液位测量仪器

(1)恒定液位的测量 重力场中的自由液面是水平的,因此液位测量主要指液面高程的测定。常用的恒定液位测量仪表包括:测尺、测针与测压管。

1)测尺 将木制或金属制的测尺垂直置入液体中,直接读取液位高程。受液体表面张力的影响,此法精度较低。但它直观、简单,常常在桥墩、码头上设置水尺,直观地显示水位的涨落。

2)测针 液位测针如图 13.7 所示。它能够通过在支架上将测针上、下移动,使针尖与液面接触,通过测量针尖的位置来确定液位高程。一般设置在测针套筒上的标尺最小读数为 0.1mm。为了避免表面张力影响、提高测量精度,应当将测针自上而下地逐渐接近液面,当针尖刚好与液面接触时便立即停止移动测针。为了操作方便,常常将液体引出至透明的量筒内,将支架固定在量筒上,从而测量量筒内的液面高度。测针法被广泛地用于室内液位的测量,能够获得较高的测量精度,但读测的方便性较差。

3)测压管　在容器或明渠壁面上开孔后与测压管连接,通过读取测压管水头来计算容器或明渠内的液面高程。为了避免表面张力作用,一般采用较粗的玻璃管(直径不小于10mm)制作成测压管。该法读测方便,在实验室内与工业生产中被大量应用。

(2)非恒定液位测量

1)浮子液位计　它是机械式非恒定液位跟踪测量设备,如图 13.8 所示。主要用于江河湖海水位的野外自动跟踪记录。当液面变化时,浮子会跟随水面一起上、下运动,从而带动游标作相应的运动,能够自动在运动着的时间记录纸上绘制液位变化曲线。浮子液位计较笨重、测量精度较差,但它的优点是适合于测量较大幅度的液位变化。

图 13.7　测针
1—测杆;2—套筒;3—微动轮;
4—支架;5—螺帽;6—针尖

图 13.8　浮子液位计
1—滑轮;2—游标;3—记录纸;
4—配重;5—浮子

2)电阻式液位计　将两个不锈钢电极作为测针,测量两电极之间的电阻,如图 13.9 所示。因空气与液体的电导率有很大差别,容易通过测量两电极之间的电阻来实现液位的测量。这种电阻式液位计造价低,其缺点为电表读数和水位之间关系的线性度差,而且两电极之间的电场易使液体极化。较精确的液位测量一般采用跟踪式液位计,采用的电极很短,将电极固定在能够上、下运动的测杆上,由可逆式伺服电机带动测杆运动,根据空气与液体的电导率相差很大的原理,保持两电极始终位于液面上。一般将两电极之间的电阻作为测量电桥的一臂,当测针偏离液面时,电桥失去平衡,失衡信号放大后驱动伺服电机转动,使电极恢复到液面位置。一般跟踪的最大速度为 5~20mm/s,跟踪的最大距离为 20~40cm,精度为 0.1~0.2mm。跟踪式液位计对温度、液体杂质含量等因素的变化不敏感,因此可靠性较好。

3)电容式液位计　将涂有绝缘材料的金属丝置于液体中,金属丝与液体成为电容的两个电极,如图 13.10 所示。当液面变化时,两极之间的电容量发生变化,通过测量电容量的大小来测定液位的变化。例如,对于水位测量,通常将经氧化处理的钽丝作为电极,表面的氧化钽为绝缘层。电容量与钽丝在水中的长度成比例。若将钽丝垂直于水面放置,容易根据电容量来计算水面高程。一般地,通过适当地标定,测量精度可达到 0.5mm,且能够跟踪较迅速的水位变化。此外,仪器成本较跟踪式电阻液位计低得多。然而,因液体的电介常数受温度与液体杂质含量等因素的影响,通常需要较频繁地率定才能获得较好的精度。

图 13.9　电阻式液位计传感器

图 13.10　电容式液位计传感器

图 13.11　真空压强计算

【例 13.2】　如图 13.11 所示,水箱自由面上为大气,玻璃管的下端与水箱连通、上端封闭。若用抽气机将玻璃管中抽成 $p_0 = 88.2\text{kPa}$ 的真空,当地的大气压强为 $p_a = 98\text{kPa}$,问此时玻璃管内水面将升到水箱水面以上的高度 h 为多少?

【解】　设玻璃管 A 点与水箱自由面同高程。因水箱和玻璃管中液体是相互连通的同种液体,故 A 点与水箱自由面处在同一等压面上,A 点的静压强等于大气压强。若按绝对压强来计算,有 $p_{A\text{abs}} = p_a$。

从玻璃管内来考虑,$p_{A\text{abs}} = p_0 + \rho g h$。故

$$h = \frac{p_{A\text{abs}} - p_0}{\rho g} = \frac{p_a - p_0}{\rho g} = \frac{98000 - 88200}{1000 \times 9.8} = 1\text{m}$$

所以,把玻璃管内抽成真空后,管内的水面将比水箱水面高出 1m。

【例 13.3】　如图 13.3 所示压差计中,若测得 $Z_B = 2\text{m}$,$Z_A = 0.6\text{m}$,$h_p = 0.2\text{m}$,求 A、B 两点的压强差。

【解】　取水银的密度 $\rho_p = 13600\text{kg/m}^3$,水的密度 $\rho = 1000\text{kg/m}^3$,由式(13.3)得

$$\begin{aligned}
p_A - p_B &= \rho g (Z_B - Z_A) + (\rho_p - \rho) g h_p \\
&= 1000 \times 9.8 \times (2 - 0.6) + (13600 - 1000) \times 9.8 \times 0.2 \\
&= 38416\text{N/m}^2 = 38.416\text{kPa}
\end{aligned}$$

13.2　流　速　测　量

在各类涉及流动的科研和生产中,流速测量是常见的而且具有实际意义的工作。总压管与毕托管是根据元流机械能守恒原理而设计的最基本的流速测量仪器,这些仪器通过压强测量来实现流速测量。

13.2.1　总压管

如图 13.12 所示,总压管是一根两端开口、中间弯曲的测压管,其中对准流动方向的探头为半球型,孔口(迎流孔)的直径较小。设均匀流中 A 点的流速为 u,若将探头对准 A 点下游的 B 点(A 点与 B 点在同一流线上),则总压管中的液面与液流的液面形成高差 Δh。由于流体运动受阻,在 B 点形成流速为零的滞止点,应用理想流体的伯努利方程得到

$$\frac{p_A}{\rho g} + \frac{u^2}{2g} = \frac{p_B}{\rho g} \qquad (13.6)$$

图 13.12　总压管

即滞止点 B 的压强 p_B 等于 A 点的总压强 $p_A + \dfrac{\rho u^2}{2}$。根据测

压管原理,能够得到关系 $\dfrac{p_B}{\rho g} = h + \Delta h$。由于均匀流过流断面

上 $z + \dfrac{p}{\rho g}$ 为常数,可知 A 点的压强水头为 $\dfrac{p_A}{\rho g} = h$。将以上两

式代入式(13.6),得到

$$u = \sqrt{2g\Delta h}$$

这就是读数 Δh 和 A 点流速 u 之间的理论关系。由于设计、制造上的各种缺陷,读数 Δh 不恰好等于 A、B 点上的压强水头差。因此,实际应用时将上式修正成

$$u = \varphi \sqrt{2g\Delta h} \qquad (13.7)$$

式中,φ 称为总压管的流速系数,其值需要由标定实验来确定。理想情况下,$\varphi=1$;质量较好时,φ 接近于 1;一般地,$\varphi>1$。

由此可见,只要用一定的方法来确定 A 点的压强,就能够方便地用总压管来测量均匀流或渐变流中固定点的流速大小。除图 13.12 中明渠流的测量外,总压管常常用于气流流速的测量,因为气流中各点的压强常常是已知的(如大气压强)。为了使用方便、提高测量精度,可以将总压管的探头作成各种形状。例如,在实验室内常常将几个注射器的针头改造后固定在支架上,来同时测量多个点上的流速。

将探头开口对准流动方向,对于保证总压管的测量精度十分重要。总压管的测量精度与测速范围取决于压强的测量精度。当存在较大的流速梯度时(如图 13.12 中的近壁区域),在测点附近流动是不对称的,不对称性可能引起一定的测量误差。一般地,总压管适合的水流流速范围为 $0.1 \sim 6.0\text{m/s}$。

13.2.2　应用毕托(Pitot)管测量点流速

如图 13.13 所示,设均匀管流,欲测量过流断面上某点 A 的流速。在该点放置一根两端开口,前端弯转 $90°$ 的细管,使前端管口正对来流方向,另一端垂直向上,此管称为测速管。来流在 A 点受测速管的阻滞速度为零,动能全部转化为压能,该点压强称为驻点压强或滞止压强 p',测速管中液面升高为 $\dfrac{p'}{\rho g}$。另在 A 点上游的同一流线上取相距很近的 O 点,因这两点相距很近,O 点的压强 p、流速 u 实际上等于放置测速管以前 A 点的压强和流速,应用理想流体元流伯努利方程,有

$$\frac{p}{\rho g} + \frac{u^2}{2g} = \frac{p'}{\rho g}$$

$$\frac{u^2}{2g} = \frac{p'}{\rho g} - \frac{p}{\rho g} = h_u$$

式中,O 点的压强水头,由另一根测压管测量。于是测速管和测压管中液面的高度差 h_u,就是 A 点的流速水头,进一步可求出该点的流速为

$$u = \sqrt{2g\frac{p'-p}{\rho g}} = \sqrt{2gh_u} \qquad (13.8)$$

图 13.13　点流速的测量　　　　　　图 13.14　毕托管构造

根据上述原理,将测速管和测压管组合成测量点流速的仪器,称为毕托管(亨利·毕托于1730年首创的),其构造见图13.14。与迎流孔(测速孔)相通的是测速管,与侧面顺流孔(测压孔或环形窄缝)相通的是测压管。考虑到实际流体从迎流孔至顺流孔存在黏性效应,以及毕托管对原流场的干扰等影响,引入毕托管修正系数 C,则计算水流流速的公式为

$$u = C \sqrt{2g \frac{p'-p}{\rho g}} = C \sqrt{2gh_u} \tag{13.9}$$

式中 C 值一般在 $1 \sim 1.04$ 之间,由实验测定。在要求不严格的情况下,可取 $C=1.0$。

用毕托管测量气体流速的计算公式为

$$u = C \sqrt{2g \frac{\rho}{\rho_0} h_u} \tag{13.10}$$

式中　　ρ——液体压差计所用液体的密度;

　　　　ρ_0——流动气体本身的密度。

毕托管不宜测量过小流速,当流速小于 10cm/s 时,测量结果误差较大。另外紊流时,毕托管测量的流速是时间平均值。

【例 13.4】　用毕托管分别测定风道中的空气流速和管道中的水流速,两种情况均测得水柱高差 $h_u = 4\text{cm}$。空气的密度 $\rho = 1.2\text{kg/m}^3$,$C=1$,试分别求空气和水的流速。

【解】　风道中的空气流速

$$u_1 = C \sqrt{2g \frac{\rho}{\rho_0} h_u} = 1 \times \sqrt{2 \times 9.8 \times \frac{1000}{1.2} \times 0.04} = 25.6\text{m/s}$$

管道中水的流速

$$u_2 = C \sqrt{2gh_u} = 1 \times \sqrt{2 \times 9.8 \times 0.04} = 0.89\text{m/s}$$

13.2.3　圆柱体测速管

在工程实践中常遇流体绕经圆柱体的流动,例如各种冷却及加热设备中都采用这种流动方式,在流体力学测试技术中使用的测速管,就是根据流体绕圆柱体的流动原理来测量流体运动速度和方向的。

【例 13.5】　图 13.15 为一种测定流速的装置,圆柱体上开三个相距 $30°$ 的压力孔 A、B、C,分别和测压管 a、b、c 相连通。将柱体置放于水流中,使 A 孔正对水流,其方法是旋转柱体使测压管 b、c 中水面同在一水平面为止。当 a 管水面高于 b、c 管水面 $\Delta h = 3\text{cm}$ 时,求流速 u。

图 13.15　圆柱体测速管

【**解**】　根据第 4 章的势流理论可推导出,对无环量圆柱绕流运动,A 点表面速度 $u_A =$ 0,B、C 两点表面速度的绝对值 $|u_B| = |u_C| = 2u\sin30° = u$。列 A、B 两点元流伯努利方程

$$0 + \frac{p_A}{\rho g} + 0 = 0 + \frac{p_B}{\rho g} + \frac{u_B^2}{2g} = 0 + \frac{p_B}{\rho g} + \frac{u^2}{2g}$$

$$u = \sqrt{2g\frac{p_A - p_B}{\rho g}} = \sqrt{2g\Delta h} = \sqrt{2 \times 9.8 \times 0.03} = 0.767\mathrm{m/s}$$

13.2.4　其他流速测量仪器

除了总压管和毕托管外,流速测量仪器还包括旋桨式流速仪、热线/热膜流速仪、激光流速仪以及示踪式流速计等。

(1)旋桨式流速仪　常见的螺旋桨是利用流体动量守恒原理设计的器件。小型螺旋桨能够用于恒定流场中点流速的测量,因为水流作用下螺旋桨叶轮产生旋转,旋转运动产生的机械摩擦作用与水流作用相平衡,使螺旋桨能够以一定的转速转动,如图 13.16 所示。旋桨式流速仪由旋桨传感器、计数器及有关配套仪表组成。由于螺旋桨对准来流放置时,其转速与来流流速存在固定的关系,因此通过测定螺旋桨转速可以确定流速的大小。目前能够应用光电原理或电

图 13.16　旋桨式流速仪

阻原理方便、精确地计数一定时段内螺旋桨的转数,所以螺旋桨流速仪被广泛用于室内与野外的明渠流速测量。图 13.16 中旋桨探头采用光电原理,螺旋桨每旋转一周,贴在叶片边缘的反光片就将光导纤维中的入射光反射一次,反射光经另一束光导纤维传到液面上照射到导光管上,经测量电路得到电脉冲,利用数字式频率计记下每秒钟螺旋桨的转数,查标定曲线就可得到流速值。

根据测量要求的不同,螺旋桨的尺寸也不同。常用的螺旋桨直径为 10mm,目前最小的螺旋桨直径约为 3mm,用于野外的螺旋桨直径为 50mm 以上。由于螺旋桨的转动需要一定的起动力矩,而且当流速较低时,转速与流速之间关系的线性度差,因此旋桨式流速仪不适合于小流速的测量。直径为 10mm 的螺旋桨的测速范围为 0.05～0.6m/s。微型螺旋桨(直径小于 5mm)能测到的最小流速为 0.01～0.02m/s。此外,螺旋桨在使用过程中会产生磨损,需要经常标定才能保证测量精度。

(2)热线/热膜流速仪　热线/热膜流速仪(HWFA)是 20 世纪 50 年代以来发展起来的脉动流速测量的现代仪器。它根据具有一定温度的金属探头(称为热敏元件)在不同流速的流场中散热率存在差别的原理,通过一定的电测手段测量金属探头的散热率来确定流速的大小。热线/热膜流速仪探头及恒流式测量原理如图 13.17 所示。热敏元件(热线或热膜)固定在支架上,支架由支杆固定,由热敏元件两端引出电极,接在电桥的一臂上。当流速为零时,电桥处于平衡状态。测量时保持热敏元件的电流不变,流体流过热线时,冷却作用使其电阻变小,引起电桥输出电压减小,放大器将电压信号放大后可以在电压表上显示或经采样输入计算机处理。

为了减小高温氧化等影响,一般采用铂金丝或钨丝等金属材料来制作热敏探针。由于探针尺寸较小(直径 1～10μm)、较脆弱,而且灰尘等杂质在探针上附着时会影响散热,一般需要严格控制流体介质中的杂质含量。通常,铂金丝探针的工作温度为 300～800℃,这时探针具有较高的灵敏度。因为在高温下液体会产生汽化,热线流速仪一般不能用于液流的

图 13.17 热线/热膜流速仪(恒流式)

流速测量。

20 世纪 70 年代以来随着科研与生产对脉动流速测量的需求,用于液体测量的热膜探针发展迅速。在国外已制成各种形状的热膜探针,如灵敏度较高(但较脆弱)的单线探针直径约 $50\mu m$,较坚固的圆锥探针(图 13.17)与楔形探针等。此外,将两个热线/热膜元件按一定相对位置固定在同一支杆上,可以测量二维、三维流场,例如 X 形探针和 V 形探针等。热膜探针在较低的工作温度条件下(如 $30\sim60℃$)具有较高的灵敏度,可用于液流与气流的流速测量。

热线热膜流速仪是建立在热对流方式为主的热交换原理基础上的,它反映了热力学理论和电子技术的发展状况,空间和时间分辨率高,通频带宽,具有连续信号,便于进行谱分析和湍流测量,但方向性较差,且属于接触式测量,适用于各种流场,特别是在低速流和低湍流场研究中显示了较大的优越性。其次,热线热膜流速仪的测速范围较宽,特别是高速测量。例如,热线探针适合于 $0.2\sim500.0m/s$ 的气流流速,热膜探针适合于 $0.01\sim25.0m/s$ 的水流流速。其缺点为仪器比较昂贵、探针消耗费用高、需要频繁标定、对流体杂质含量的要求较严格等。因此,一般在实验室内用于较精细的测量。

(3)激光流速仪　如图 13.18 所示,激光多普勒流速仪(LDV)利用跟随流体运动的固相颗粒的激光多普勒效应来测量流体的点流速。当光线照射到跟随流体运动的固相微粒上时,运动微粒的散射光产生多普勒频移,能够通过电测来测定频移的大小,并确定微粒的运动速度。因此,需要在流体中散播适当尺寸与浓度的微粒即示踪粒子(如大气中的尘埃、水中的悬浮物、牛奶微粒等),微粒必须具有较好的跟随性。由于激光具有良好的单色性,在激光多普勒流速仪中氦氖激光与氩激光被用作产生信号的光源。

图 13.18 激光多普勒流速仪工作原理

激光多普勒流速仪是 20 世纪 60 年代至 70 年代随着激光技术的发展与推广而发展起来的现代测速测量仪器。它的最大优点是实现了非接触式无干扰的流速测量、测点的空间分辨率较高(测点体积约 $0.001mm^3$)、测速范围很宽($1\sim1000m/s$),而且时均流速的测量精度较高、一般不需要标定、能够测量流速脉动的平均强度等。其测量精度比 HWFA 高,且可以利用频移装置测量反相流,在高速流、强湍流研究中显示了比 HWFA 更大的优越性。近来有关技术的发展使激光流速仪能够测量非恒定流、多相流等复杂情况下的流速。激光流速仪的缺点为仪器昂贵、探头较笨重、依赖于示踪粒子等。因此,一般在实验室内使用。

(4)示踪式流速计　示踪式流速计通过测量示踪物质的速度来测量流速,需要在释放点将跟随性好的示踪物质突然释放到流场中,并在一定距离的下游监测点上由探头来监测示踪物质的到达时间,根据示踪物质在释放点释放与到达监测点的时间差以及该两点之间的距离,来计算两点间的平均流速。根据测量要求,盐水、气泡等能够被用作示踪物质。示踪物质的释放与监测能够由一定的电控手段来完成,从而使测量精度提高。示踪式流速计的优点是在气液、气固两相流或气液固多相流中能够克服悬浮体(如液流中的气泡或固体颗粒等)的干扰、能够有效地测量较小的流速等。缺点是测量精度一般较低。所以,示踪式流速计一般用于特殊情况的流速测量。

13.3　流　量　测　量

文丘里管、量水堰、孔板流量计和喷嘴流量计等都是根据总流的机械能守恒原理而设计的最基本、最常用的流量测量仪器,它们通过测量流体不同部位的压差来实现有压流与明渠流的流量测量,因此称为压差式流量计。结构简单、使用方便、可靠度高、应用范围广是压差式流量计所具有的优点,被广泛用于实验室与野外的流量测量。本节将重点介绍文丘里管、量水堰及孔口与喷嘴流量计的工作原理。

13.3.1　体积流量计

最原始的、最可靠的流量测量方法是直接测定一定时段内流出某一过流断面的流体体积或重量。根据这种方法制作的设备称为体积流量计或重量流量计。这类测量设备一般体积较大、较笨重,但因具有很高的可靠度,仍被用于其他流量计的标定与校准。

13.3.2　文丘里流量计

文丘里(Venturi)流量计是最常用的有压管道内流量的测量设备,由文丘里管与压差计组成。典型的文丘里管如图 13.19 所示,它由收缩段、喉管与扩散段三部分构成。在收缩段进口断面 1-1 与喉管断面 2-2 上开设测压孔与测压管或 U 形压差计连接。管道收缩将流体的一部分压能转化成动能,能够通过测量两断面的测管水头差 Δh(或压差计液面高差 h_p)来确定管道内的流量。若忽略断面 1-1 与 2-2 之间的水头损失,并取动能修正系数 $\alpha_1 = \alpha_2 = 1.0$,以 0-0 为基准面,该两断面间总流的能量方程能够写成

$$z_1 + \frac{p_1}{\rho g} + \frac{v_1^2}{2g} = z_2 + \frac{p_2}{\rho g} + \frac{v_2^2}{2g}$$

则　$\dfrac{v_2^2}{2g} - \dfrac{v_1^2}{2g} = \left(z_1 + \dfrac{p_1}{\rho g}\right) - \left(z_2 + \dfrac{p_2}{\rho g}\right)$

$$(13.11)$$

图 13.19　文丘里流量计

上式中有 v_1,v_2 两个未知量,补充连续性方程

$$v_1 A_1 = v_2 A_2$$

则

$$v_2 = \left(\frac{A_1}{A_2}\right) v_1 = \left(\frac{d_1}{d_2}\right)^2 v_1$$

将上式代入(13.11)式,整理得

$$v_1 = \frac{1}{\sqrt{\left(\frac{d_1}{d_2}\right)^4 - 1}} \sqrt{2g} \sqrt{\left(z_1 + \frac{p_1}{\rho g}\right) - \left(z_2 + \frac{p_2}{\rho g}\right)}$$

引入仪器常数 K,其值取决于流量计的结构尺寸

$$K = \frac{\frac{1}{4}\pi d_1^2}{\sqrt{\left(\frac{d_1^2}{d_2^2}\right)^2 - 1}} \sqrt{2g}$$

当用测压管测量时,测压管水头差为

$$\left(z_1 + \frac{p_1}{\rho g}\right) - \left(z_2 + \frac{p_2}{\rho g}\right) = \Delta h$$

则文丘里流量计的理论流量计算公式为

$$Q_0 = K \sqrt{\left(z_1 + \frac{p_1}{\rho g}\right) - \left(z_2 + \frac{p_2}{\rho g}\right)} = K \sqrt{\Delta h}$$

由于推导过程中采用了理想流体的力学模型,求出的流量较实际值偏大。故考虑两断面间的水头损失而引入由实验确定的 μ 值进行修正,称为文丘里流量系数,其值在 $0.95 \sim 0.98$ 之间,则文丘里流量计的实测流量为

$$Q = \mu Q_0 = \mu K \sqrt{\Delta h} \tag{13.12}$$

当用 U 型管水银压差计测量时

$$\left(z_1 + \frac{p_1}{\rho g}\right) - \left(z_2 + \frac{p_2}{\rho g}\right) = \left(\frac{\rho_p}{\rho} - 1\right) h_p = 12.6 h_p$$

则文丘里流量计的实测流量为

$$Q = \mu Q_0 = \mu K \sqrt{12.6 h_p}$$

【例 13.6】 文丘里流量计,见图 13.19。进口直径 $d_1 = 100\text{mm}$,喉管直径 $d_2 = 50\text{mm}$,实测测压管水头差 $\Delta h = 0.6\text{m}$(或水银压差计的水银面高差 $h_p = 4.76\text{cm}$),流量计的流量系数 $\mu = 0.98$,试求管道的输水量。

【解】 由已知的流量计结构尺寸可算得 $K = 0.009\text{m}^{2.5}/\text{s}$,则管道输水流量

$$Q = \mu K \sqrt{\Delta h} = 0.98 \times 0.009 \times \sqrt{0.6} = 6.83\text{L/s}$$

当用 U 形水银压差计测量时

$$\left(z_1 + \frac{p_1}{\rho g}\right) - \left(z_2 + \frac{p_2}{\rho g}\right) = \left(\frac{\rho_p}{\rho} - 1\right) h_p = 12.6 h_p = \Delta h$$

将上式代入(13.12)式,则对应的管道输水流量

$$Q = \mu K \sqrt{12.6 h_p} = 0.98 \times 0.009 \times \sqrt{12.6 \times 0.0476} = 6.83\text{L/s}$$

13.3.3 孔板流量计与喷嘴流量计

在管路中装一有薄壁孔口的隔板,称为孔板。流动经过孔板产生收缩,与文丘里流量计

类似,称为孔板流量计,如图 13.20 所示。测得孔板前后渐变流断面上的压差,由式(8.8)即可求得管道中流量

图 13.20　孔板流量计

$$Q = \mu A \sqrt{\frac{2}{\rho}(p_1 - p_2)} \qquad (13.13)$$

孔板流量计的流量系数 μ 值可通过实验测定,圆形薄壁孔板的流量系数曲线如图 13.22 所示,工程中的具体孔板可查相关孔板流量计手册。喷嘴流量计与孔板流量计结构类似,见图 13.21,原理相同。

图 13.21　喷嘴流量计

图 13.22　孔板流量计 μ 值计算曲线

孔板流量计与喷嘴流量计结构简单,但局部水头损失较文丘里流量计要大些。

【**例 13.7**】　有一孔板流量计,测得 $\Delta p = 50 \text{mmH}_2\text{O}$,管道直径为 $D = 200 \text{mm}$,孔板直径为 $d = 80 \text{mm}$。若此孔板流量计分别安装在水管和气体管路上,试求水和气体的流量。

【**解**】　孔板流量计安装在水管上时为液体淹没出流,若认为流动处于紊流粗糙区,μ 值与 Re 无关,则由 $d/D = 0.4$ 在图 13.22 上查得 $\mu = 0.61$,由式(13.13)求得水的流量

$$Q = \mu A \sqrt{2gH_0} = 0.61 \times \frac{\pi}{4} \times 0.08^2 \times \sqrt{2 \times 9.8 \times 0.05} = 0.00303 \text{m}^3/\text{s}$$

若此孔板流量计安装在气体管路上时为气体淹没出流,则由 $d/D = 0.4$ 查得 $\mu = 0.61$,根据式(13.13)求得气体流量

$$Q = \mu A \sqrt{\frac{2\Delta p_0}{\rho}} = 0.61 \times \frac{\pi}{4} \times 0.08^2 \times \sqrt{\frac{2 \times 1000 \times 9.8 \times 0.05}{1.2}} = 0.0876 \text{m}^3/\text{s}$$

13.3.4　量水堰

量水堰是一种用来测量流量的薄壁堰,能够通过测量堰板上游的水位 H 来确定渠道中的流量 Q,流量计算公式详见第 10.3 节。根据堰口的形状可分为矩形堰、三角形堰和梯形堰。其中用矩形堰测量流量时,在小流量的情况下,堰上水头 H 很小,测量误差增大。为使小流量仍能保持较大的堰上水头,就要减小堰宽,为此采用三角形堰。三角形堰一般用于小流量($Q < 100 \text{L/s}$)的测量,流量范围较宽时可选用梯形薄壁堰。

需要引起注意的是,利用薄壁堰来量水时,测量水头 H 的位置必须设在堰板上游 $3H$ 或更远的地方。此外设置整流栅以减少水面波动是提高测量精度的基本措施。

13.3.5　非压差式流量测量仪器

常用的非压差式流量测量仪器包括涡轮流量计、电磁流量计、浓度法流量计、超声波流

量计等。

（1）涡轮流量计　涡轮流量计实际上是一种转轮式流速计,如图 13.23 所示。涡轮轴沿水流方向放置,涡轮旋转速度与流速成正比,当管道直径一定时转速也与流量成正比。在管壁上装有磁铁线圈,涡轮每转一圈,带动叶片上的线圈切割磁力线,线圈中脉冲信号的频率与转速成正比,因此能够通过标定来建立流量与频率的关系,从而根据频率来确定管道中的流量。涡轮流量计的测量误差较小(一般小于 1%),但使用过程中会产生机械磨损而影响精度。

（2）电磁流量计　如图 13.24 所示,在由绝缘材料制成的管道外壁上安装一对交变磁极,当导电流体通过两磁极间时,电磁感应产生电动势,电动势的大小与流体的速度、管径的大小以及磁通量有关,与管道的流量成正比。因此,通过测定电动势的大小能够确定流量。电磁流量计无磨损影响,而且能够迅速跟踪流量的变化,但其测量精度受流体导电性能变化的影响。

图 13.23　涡轮流量计

图 13.24　电磁流量计原理

（3）流量测量的浓度法　在流场中某固定点上按照一定的流量注入与被测流体不同且易于与被测流体混合的物质,在一定距离的下游处注入物质已经与被测流体充分混合,因此能够测定充分混合的流体中注入物质的浓度含量,来确定被测流体的流量。一般地,注入流量较被测流体的流量小得多,因此注入物质的百分比浓度即是两者流量之比。浓度法能够用于有压流与明渠流的测量。对于水流流量,一般由盐水等容易确定其浓度的物质作为注入物质。采用浓度法能够测量很大的流量,这是其他方法所不可比拟的优点。但浓度法的精度取决于混合的充分性与浓度测定方法的精度。

（4）超声波流量计(用于有压流)　超声波流量计最常用的测量方法主要有两类:时差法(纯净单一液体)和多普勒效应法(混合液体)。时差法是通过测量超声波脉冲顺流传播和逆流传播的时间差来进行流测量定的方法。多普勒效应法是利用声学上的多普勒效应进行流测量定的,它要求被测介质中含有一定量的悬浮颗粒或气泡。关于测量的具体原理详见有关书籍。

13.4　流动显示与全流场测速法

在 13.2 节中介绍的流速测量方法只适合于测量一个固定点上的流速,即便精度高、分辨率好的单点测量技术,都难以获得流场的整体结构和瞬态图像。当需要同时观测全部流动区域内的流动情况时,能够通过流动显示的方法来定性地显示瞬时流态,或采用全流场测速法来定量地测量某瞬时流速场内各点的流速大小,当流动为非恒定时,流动显示与全流场测速法是观测流场变化过程的重要手段,是点流速测量方法所不能取代的。

13.4.1　流场显示的示踪法

对于具有自由面的液流,能够通过在自由面上放置纸片与铝粉等反光示踪浮标,并且按一定时间间隔记录或拍摄浮标的位置与轨迹的方法,来计算水流流速。昼间太阳光、夜间的各种灯光能够用作光源。对于尺度较大的流速场观测,也可在夜间将光源置于浮标上,进行记录或拍摄。这种方法称为自由面浮标示踪法,它所测得的流速误差较大,主要用于显示自由面的流态。

根据目的不同、流体介质不同,能够在实验室内采用各种跟随性好的浮粒子(如固体颗粒或小液滴等)与被测流体混合的方法来显示或观测流速场。例如,在昼间的液流流场中的不同部位同时释放染料、气流流场中释放烟雾类固体颗粒,能够用于显示流动的形态。在夜间,要求浮粒子有较好的反光性,能够将浮粒子与被测流体混合,用较强的片光源照亮所测断面,透过透明平整的流道边壁来拍摄浮粒子的轨迹。若进行定量测量,一般要求浮粒子具有一定的尺度大小与浓度含量,以便根据拍摄的轨迹来计算流速的大小。这种方法称为浮粒子示踪法。该法适合于流速较小的流场显示,常常用高速摄像机拍摄照片。

20 世纪 70 年代以来,将置于水流中的铂金丝电离后生成的氢气泡作为示踪粒子的方法得到了广泛的应用。由于能够将经过特殊处理的铂金丝同时置于多个过流断面上,气泡的产生能够用电脉冲的方法来控制,使用较方便,而且能较好地显示并测算出断面的流速分布。

13.4.2　现代图像处理技术

现代图像处理技术是近十几年来迅速发展起来的全流场流速定量测量技术,如粒子成像速度场仪(PIV)。它综合使用了有关光源、录像与图像处理技术的近代科研成果,能够较精确地定测量定流速中各点的流速大小与方向。其流动显示与记录测速原理与上述浮粒子示踪法类似,但对光源、摄像与图像处理技术方面的要求较高。在光源方面,通常使用特制的大功率激光器与光学元件,一般同时用一个或多个固定式的或移动式片光源;在录像技术上,用普通摄像机或特制的可控式高速录像机,以便自动记录具有较高分辨率的图像;在图像处理上,用现代微型计算机、工作站或超级计算机完成整个处理过程,即首先将图像信息离散化、滤去噪音得到有用的图像信息,然后经过大量的与图像识别处理有关的运算得到浮粒子的运动速度,最后需要根据浮粒子的速度来计算全流场的流速大小与方向,包括二维流动与三维流动的全流场的测量、具有旋涡运动等复杂流态的测量。但是,现代图像处理技术对示踪浮粒子的尺寸、反光性与浓度要求也较严格。目前 PIV 的空间分辨率已经达到了mm 级,清晰度也很高,流速测量范围也很宽,足以适应一般流场研究的需要,但其缺点是使用频率较低(目前仅为 30Hz),不适合高频流场测试。

总之,流动要素的测量要做到量体裁衣、具体问题具体分析。每种仪表都有它自己的特点和适用范围,没有一种可以用在任何场合的万能仪表。各类测量技术各有所长,也各有所短,可以相互补充、共同发展。

思考题

13-1　试分析影响毕托管测量精度的因素。

13-2　文丘里流量计分别用测压管和 U 形水银压差计测量进口和喉管断面压差时,其流量计算公式有何不同?

13-3 毕托管、热线热膜流速计、激光多普勒流速计和粒子成像速度场仪等上述四种流速测量仪器,哪些为接触式单点测量? 哪些为非接触式单点测量? 对流场的干扰如何?

习　题

13-1 某气体管道安装了孔板流量计,如题 13-1 图所示 U 形管测压计的读值 $h=100mmH_2O$,流量系数为 0.62,管道直径 $d=10cm$,输送空气温度为 20℃,求此时的流量。

13-2 为了测量石油管道的流量,安装文丘里流量计(图 13.19)。管道直径 $d_1=200mm$,流量计喉管直径 $d_2=100mm$,石油密度 $\rho=850kg/m^3$,流量计流量系数 $\mu=0.95$。现测得水银压差计读数 $h_p=150mm$,问此时管中流量 Q 多大?

13-3 如题 13-3 图所示,油管直径为 75mm,已知油的密度为 900kg/m³,运动黏滞系数为 0.9cm²/s,在管轴位置安放连接水银压差计的毕托管,水银面高差 $\Delta h=20mm$,试求油的流量。

13-4 要求用毕托管一次测出半径为 r_0 的圆管层流的断面平均流速,如题 13-4 图所示,试求毕托管测口应放置的位置。

题 13-1 图　　　　　　　　　题 13-3 图　　　　　　　　　题 13-4 图

13-5 油在管中以 $v=1m/s$ 的速度流动,油的密度为 920kg/m³,$l=3m$,直径 $d=25mm$,如题 13-5 图所示水银压差计测得 $h=9cm$,试求(1)油在管中的流态;(2)油的运动黏滞系数;(3)若保持相同的平均流速反向流动,压差计的读数有何变化?

13-6 一直立的突扩管如题 13-6 图所示,水由上向下流动,已知 $d_1=150mm$,$d_2=300mm$,$h=1.5m$,$v_2=3m/s$,试确定水银测压计中的水银液面哪一侧较高? 差值为多少?

题 13-5 图

题 13-6 图

13-7　三角形堰的顶角 θ 为 70°,流量系数 $m=0.62$。若流量 $Q=42.5\text{L/s}$,求堰上水头 H。

13-8　题 13-8 图所示铅直放置的圆管,直径为 3.0m,水流从管道上端进口溢流至圆管内,若管壁上端可以作为薄壁堰处理,管壁高出水箱底部 0.6m,水箱内水深为 0.75m,求流入圆管内的水流流量。

13-9　用盐水浓度分析法测量一大型泄水管道内的水流流量,如题 13-9 图所示。测得盛有盐水的容器内水位下降率为 0.02m/s,在注入点 a 下游已发生充分混合的断面 1-1 处采样分析,得到该处水体的含盐度为 2g/m^3。若盐水容器的横截面积为 1m^2,注入盐水的含盐度为 50g/m^3,求管道内的水流流量。

题 13-8 图

题 13-9 图

附录1 本书各章主要专业术语中、英文对照

第1章 绪 论

流体力学 fluid mechanics   连续介质 continuum medium

表面力 surface force   质量力 mass force

流体质点 fluid particle   牛顿流体 Newtonian fluid

惯性 inertia   压缩性 compressibility

黏滞性 viscosity   热胀性 expansibility

表面张力 surface tension   汽化压强 vaporization pressure

内摩擦力 internal frictional force   剪切变形 shear strain

压应力 compressive pressure   切应力 shear stress

牛顿内摩擦定律 Newton's law of viscosity   黏滞系数 coefficient of viscosity

理想流体 ideal fluid   黏性流体 viscous fluid

第2章 流体静力学

大气压强 atmospheric pressure   水头 head

水头线 head line   总水头 total head

测压管水头 piezometric head   位置水头 elevation head

压强水头 pressure head   流速水头 velocity head

等压面 isobaric surface (equipressure surface)   静水压强 hydrostatic pressure

压力体 pressure prism   压力表 pressure gauge

相对压强 relative pressure   绝对压强 absolute pressure

真空压强 vacuum pressure   压强分布图 pressure distribution diagram

静水总压力 total hydrostatic force   相对平衡 relative equilibrium

潜体 submerged body   浮体 floating body

第3章 流体运动学

当地加速度(时变加速度) local acceleration   拉格朗日法 Lagrangian method

迁移加速度(位变加速度) convective acceleration   欧拉法 Eulerian method

流场 flow field   流量 discharge (rate of flow)

总流 integral flow (total flow)   元流 stream filament

连续性方程 continuity equation   恒定流 steady flow

流线 streamline   迹线 path line

过流断面 cross section   断面平均流速 mean velocity

均匀流　uniform flow　　　　　　　　　　非均匀流　non-uniform flow

急变流　rapidly varied flow　　　　　　　渐变流　gradually varied flow

平移运动　motion of translation　　　　　旋转运动　motion of rotation

变形运动　motion of deformation　　　　　环量　circulation

线变形　linear deformation　　　　　　　角变形　angular deformation

涡线　vortex line　　　　　　　　　　　涡量　vorticity

有旋流动　rotational flow　　　　　　　　无旋流动　irrotational flow

亥姆霍兹速度分解定理　Helmholtz velocity decomposing theorem

第 4 章　流体动力学基础

水泵　pump　　　　　　　　　　　　　水轮机　hydraulic turbine

扬程　pump head　　　　　　　　　　　水力坡度　energy gradient

动量方程　momentum equation　　　　　动量矩方程　moment of momentum equation

能量方程（伯努利方程）　energy equation（Bernoulli equation）

动能修正系数　kinetic energy correction factor　　动量修正系数　momentum correction factor

平面势流　two-dimensional potential flow　　　　驻点（滞止点）　stagnation point

流函数　stream function　　　　　　　势函数　potential function

圆柱绕流　flow around a cylinder　　　　应力张量　stress tensor

势流叠加原理　superposition principle of potential flow

第 5 章　量纲分析和相似原理

量纲　dimension　　　　　　　　　　　单位　unit

无量纲数　dimensionless number　　　　　量纲分析　dimensional analysis

基本量纲　fundamental dimension　　　　导出量纲　derived dimension

量纲和谐原理　theory of dimensional homogeneity　　相似定理　similarity principle

相似条件　similarity condition　　　　　相似准则　similarity criterion

几何相似　geometric similarity　　　　　动力相似　dynamic similarity

运动相似　kinematic similarity　　　　　模型试验　model experiment

π 定理　the π theorem　　　　　　　瑞利法　Rayleigh's method

原型　prototype　　　　　　　　　　　模型　model

长度比尺　length scale　　　　　　　　速度比尺　velocity scale

第 6 章　流动阻力和能量损失

沿程水头损失　frictional head loss　　　　局部水头损失　local head loss

沿程阻力系数　frictional loss coefficient　　局部阻力系数　local loss coefficient

层流　laminar flow　　　　　　　　　　紊流　turbulent flow

紊流光滑区　hydraulically smooth region of turbulent flow

紊流过渡区　transition region of turbulent flow　　达西公式　Darcy formula

紊流粗糙区　completely rough region of turbulent flow

脉动值	fluctuating value	时均值	time-average value
临界流速	critical velocity	临界雷诺数	critical Reynolds number
水力半径	hydraulic radius	湿周	wetted perimeter
黏滞切应力	viscous shear stress	紊流附加切应力	Reynolds stress
黏性底层	viscous sublayer	当量直径	equivalent diameter

第7章　边界层和绕流运动

边界层	boundary layer	边界层分离	separation of boundary layer
升力	lift	阻力	drag
摩擦阻力	frictional drag	卡门涡街	Karman vortex street
压强阻力（或形状阻力）	pressure drag（form drag）		
边界层动量积分方程	momentum integral equation of boundary layer		

第8章　不可压缩流体的管道流动

作用水头	acting head	孔口出流	orifice flow
自由出流	free discharge	淹没出流	submerged discharge
管嘴出流	nozzle discharge	沿程均匀泄流管道	pipe with uniform discharge
短管	short tube	长管	long pipe
枝状管网	branching pipes	环状管网	looping pipes
串联管道	pipes in series	并联管道	pipes in parallel
管网	pipe network	水击	water-hammer
直接水击	rapid closure	间接水击	slow closure

第9章　明渠恒定流

明渠流动	open channel flow	明渠均匀流	uniform flow in open channel
底坡	slope of channel bed	宽深比	ratio of width to depth
不冲流速	nonscouring velocity	不淤流速	nonsilting velocity
水力最优断面	best hydraulic cross section	水面曲线分析	analysis of flow profile
壅水曲线	backwater curve(rising curve)	降水曲线	falling curve
水跃	hydraulic jump	水跌	hydraulic drop
正常水深	normal depth	临界水深	critical depth
缓坡	mild slope	陡坡	steep slope
临界坡	critical slope	粗糙系数	coefficient of roughness
棱柱形渠道	prismatic channel	非棱柱形渠道	non-prismatic channel
断面单位能量	specific energy	谢才公式	Chezy formula
水跃的共轭水深	conjugate depths of hydraulic jump		

第10章　堰　　流

堰	weir	薄壁堰	sharp-crested weir

三角形薄壁堰　triangular sharp-crested weir　　矩形薄壁堰　rectangular sharp-crested weir

梯形薄壁堰　trapezoidal sharp-crested weir　　自由溢流　free overflow

宽顶堰　broad-crested weir　　堰上水头　head on crest

淹没溢流　submerged overflow　　淹没系数　coefficient of submergence

堰顶溢流　overflow through weirs　　消力池　stilling basins

堰流的侧收缩　lateral contraction of weir flow　　临界水跃　critical jump

远驱式水跃　remote jump　　淹没式水跃　submerged jump

第 11 章　渗　　流

渗流　seepage flow　　多孔介质　porous medium

孔隙度　porosity　　地下水　groundwater

渗透系数　coefficient of permeability　　影响半径　influence radius

裘布依公式　Dupuit formula　　达西定律　Darcy law

井　well　　井群　multiple-well

完全井　completely penetrating well　　自流井　artesian well

浸润线　line of seepage（depression line）　　渐变渗流　gradually varied seepage flow

无压含水层　unconfined aquifer　　承压含水层　confined aquifer

均质土壤　homogeneous soil

第 12 章　紊流射流和扩散基本理论

自由射流　free jet　　圆断面射流　round jet

紊流射流　turbulent jet　　射流边界层　jet boundary layer

射流主体段　fully established zone of jet flow　　射流起始段　initial zone of flow

射流核心区　jet kernel region　　费克定律　Fick's law

分子扩散　molecular diffusion　　紊流扩散　turbulence diffusion

离散　dispersion　　扩散系数　diffusion coefficient

第 13 章　流动要素测量

毕托管　Pitot tube　　文丘里管　Venturi meter

孔板流量计　orifice meter　　激光多普勒流速仪　laser doppler anemometer

热线流速计　hot-wire anemometer　　热膜流速计　hot-film anemometer

压差计　differential gauge

附录2 习题参考答案

第1章

1-1　2kg　　19.6N

1-2　900kg/m^3

1-3　增加3.5%

1-4　1.0N

1-5　0.05Pa・s

1-6　4.3×10^{-5}N

1-7　39.5N・m

1-8　dρ/ρ=0.026%

1-9　0.51×$10^{-9}m^2$/N　1.96×10^9N/m^2

1-10　0.2m^3

1-11　53.3MPa

1-12　435.4kPa

第2章

2-1　14.994kPa

2-2　−5.88kPa

2-3　352.8kN　274.4kN

2-4　37.7kPa　29.6kN

2-5　362.8kPa

2-6　22.7kPa

2-7　处处为 p_0

2-8　1.63m/s^2

2-9　18.67rad/s

2-10　−2462N 向下　3977N 向上

2-12　31.0kN

2-13　88.2kN　距水底 1.5m

2-14　距液面 1.56m

2-15　距液面 1.41m　2.59m

2-16　23.45kN　19.9°

2-17　$P_x = \frac{1}{2}\rho g h^2$　$P_z = \frac{2}{3}\rho g h \sqrt{\frac{h}{a}}$

2-18　153.85kN　0　0

2-19　23.08kN,2.56kN

2-20　21:184

第3章

3-1　35.86m/s^2

3-2　(1)无线变形　无角变形　有旋 $\omega_z = a$

　　　(2)有线变形　有角变形　无旋

$\varepsilon_{xx} = \frac{2cxy}{(x^2+y^2)^2}$　$\varepsilon_{yy} = \frac{-2cxy}{(x^2+y^2)^2}$　$\varepsilon_{zz} = 0$

$\varepsilon_{xy} = \frac{c(y^2-x^2)}{(x^2+y^2)^2}$　$\omega_z = \omega_y = \omega_z = 0$

3-3　$ay - bx = c$

3-4　$x^2 + y^2 = c$

3-5　$3x - 2y = 3$

3-6　$y = 0.242r_0$

3-7　(1) 不连续;(2)连续;(3)不连续

3-8　$u_x = -2x(y+1) + f(y)$

281

3-9　$Q=\dfrac{4}{3}bu_{max}$

3-10　(1)8.16　2.04　0.51;(2)16.32
　　　4.08　1.02;4.08　1.02　0.25L/s

3-11　4.77m/s

3-12　$r_i=\sqrt{0.025i}\cdot d(i=1,3,5,7,9)$

$Q=0.05\rho\pi d^2\cdot\displaystyle\sum_{i=1}^{5}u_i$

3-13　300mm　1.18m/s

3-14　$Q_1/Q_2=0.28$

第 4 章

4-1　10.9L/s

4-2　1.87m

4-3　235.5mm

4-4　0.79m　B→A

4-5　3.85m/s　4.34m/s

4-6　12.7L/s

4-7　11.8m　79.0kPa

4-8　68.1kPa　−0.48kPa　−20.1kPa
　　　0kPa

4-9　1.23m

4-10　143.2kN　水平向左

4-11　25.05L/s　8.35L/s　1.97kN

4-12　3.26kN,5.26kN

4-13　0.51kN

4-14　8.47m³/s,22.42kN

4-16　(1)$\psi=y-2x+c_1$　$\varphi=x+2y+c_2$
　　　(2)$\psi=0.5(x^2+y^2)$　φ 不存在
　　　(3)ψ、φ 均不存在
　　　(4)$\psi=2x^2y-\dfrac{1}{3}y^3+c_1$

　　　　$\varphi=\dfrac{1}{3}x^3-2xy^2+\dfrac{1}{2}(x^2-y^2)+c_2$

4-17　$\psi=\dfrac{0.2\theta-\ln r}{2\pi}u_r=0.0285$m/s

　　　$\varphi=\dfrac{0.2\ln r+\theta}{2\pi}u_\theta=0.142$m/s

4-18　$\psi=10y^2+c$　φ 不存在

第 5 章

5-1　$S=kgt^2$

5-2　$N=kM\omega$

5-3　$v=\sqrt{\dfrac{\Delta p}{\rho}}\cdot f\left(Re,\dfrac{d_2}{d_1}\right)$

5-4　$u_f=\sqrt{fd}\cdot f\left(\dfrac{\rho_v}{\rho},Re\right)$

5-5　$Q=\mu_0 A\sqrt{2gH}$　其中

　　　$\mu_0=f\left(\dfrac{d}{H},Re\right)$

5-6　5m　0.034L/s　1.296m

5-7　2.26m³/s

5-8　1.0m　14kN

5-9　74.7Pa　−35.6Pa

5-10　150min

5-11　8320kN

5-12　17.9L/s　3.6m

5-13　54min

5-14　2.5kN, 17.7kW

5-15　1932s

5-16　7.61，1236N

第 6 章

6-1　紊流　0.03m/s

6-2　紊流　层流

6-3　紊流

6-4　110Pa　147Pa　73.5Pa　98Pa

6-5　19.4mm

6-6　0.18m

6-7　0.118mm　0.113mm

6-8　0.0175

6-9　1.83m　3.36Pa　0.06m/s　0.2mm

6-10　0.022

6-11　12.8

6-12　0.32

6-13　0.76

6-14　$0.5v_1$　$1.414d_1$　$v_1^2/4g$

6-15　$\dfrac{v_1+v_2}{2}$　$\dfrac{(v_1-v_2)^2}{4g}$

6-16　$H=\dfrac{d(1+\sum\zeta)}{\lambda},H>\dfrac{d(1+\sum\zeta)}{\lambda},$

　　　$H<\dfrac{d(1+\sum\zeta)}{\lambda}$

6-17　3.12L/s,101Pa

6-18　19.5　0.024m³/s

6-20　43.9m

6-21　2.4L/s

6-22　324.3m　6.9m

第7章

7-1　6.44m　5m

7-2　0.06mm

7-3　0.08mm　0.20m/s

7-4　0.003N　1585.0kg/m³

7-5　15.0kW　5.25kW

第8章

8-1　0.64　0.62　0.97　0.06

8-2　1.22L/s　1.61L/s　1.5m

8-3　15.85L/s

8-4　1.07m　1.43m,3.57L/s

8-5　37.3L/s　21.5L/s　23.6L/s

8-6　394s

8-7　7.89h

8-8　$4lD^{1.5}/(3\mu A\sqrt{2g})$

8-9　14.13L/s　3.11m

8-10　50.7L/s

8-11　2.50L/s　0.188m

8-12　2.15L/s

8-13　324s

8-14　58L/s

8-15　44L/s　是原来的3.5倍

8-16　0.835m

8-17　118.7s²/m⁵　2106.1s²/m⁵　3.56m

8-18　108.7kPa

8-19　24.2m

8-20　20.55L/s　4.45L/s　6.29m

8-21　35L/s　45L/s　3.76m

8-22　$Q_1/Q_2=0.79$

8-23　$Q\downarrow$　$Q_1\downarrow$　$Q_2\uparrow$

8-24　5.657

8-25　4.47L/s　2.41L/s　0.63L/s

8-26　258.9kPa

8-27　67L/s　33L/s　15.24m

8-28　33m

8-29　300mm　250mm　200mm

8-30　$Q_{AB}=45$L/s　$Q_{BC}=29$L/s
　　　$Q_{BD}=16$L/s　$Q_{CD}=4$L/s　39m

8-31　2784s

8-32　91.7L/s　57.6L/s　34.1L/s

8-33　2.64倍

8-34　1609kPa　1507kPa

第 9 章

9-1   3.09m³/s

9-2 $h=1.7$m $b=3.4$m

9-3 $h=0.5$m $b=2.0$m

9-4   500mm

9-5   0.908m³/s

9-6   1.334m,16.2%

9-7   1.07m

9-8   0.67m

9-9   0.60m   0.007

9-10   2

9-13   0.28m³/s   0.2m

第 10 章

10-1   0.27m³/s

10-2   8.97m³/s

10-3   8.16m³/s

10-4   2.52m

10-5   0.08m

10-6   0.07m

10-7   2.5%

10-8   0.2639m

10-9   25.04L/s   0.2641m

10-10   66.3mm,132.5mm,375.4mm

10-11   60mm～98mm

10-12   4.0m

第 11 章

11-1   0.0106cm/s

11-2   14.2L/s

11-3   0.146cm/s,54m³/s

11-4   4.8mL/s

11-5   0.02L/(s•m)

11-6   16.3L/s

第 12 章

12-1   1.0m   2.48m³/s   3.86m/s
      1.85m/s

12-2   0.14m   0.1m³/s

12-3   21.1 倍

第 13 章

13-1   196.7L/s

13-2   51.0L/s

13-3   5.2L/s

13-4   0.707r_0

13-5   层流   0.72cm²/s   不变

13-6   0.219m/s   右侧液面高

13-7   0.283m

13-8   1.04m³/s

13-9   0.5m³/s

参 考 文 献

[1] 张维佳. 水力学(第二版). 北京:中国建筑工业出版社,2015.
[2] 蔡增基. 流体力学泵与风机. 4 版. 北京:中国建筑工业出版社,1999.
[3] 闻德荪. 工程流体力学(上、下册). 2 版. 北京:高等教育出版社,2004.
[4] 刘鹤年. 流体力学. 2 版. 北京:中国建筑工业出版社,2004.
[5] 刘鹤年. 水力学. 武汉:武汉大学出版社,2001.
[6] 胡敏良. 流体力学. 武汉:武汉工业大学出版社,2000.
[7] 李玉柱. 流体力学. 北京:高等教育出版社,1998.
[8] 董曾南. 水力学(上册). 4 版. 北京:高等教育出版社,1995.
[9] 余常昭. 水力学(下册). 4 版. 北京:高等教育出版社,1996.
[10] 屠大燕. 流体力学与流体机械. 北京:中国建筑工业出版社,1994.
[11] 吕文舫. 水力学. 上海:同济大学出版社,1990.
[12] 大连工学院水力学教研室. 水力学解题指导及习题集. 2 版. 北京:高等教育出版社,1984.
[13] 西南交通大学水力学教研室. 水力学. 3 版. 北京:高等教育出版社,1983.